21世纪普通高等教育规划教材

涂料及原材料质量评价

温绍国　刘宏波　周树学　等编著

化学工业出版社
·北京·

本书是根据教学改革的需要，为了涂料工业持续地、环境协调地发展培养人才而编写的。

本书可以方便查阅涂料原材料的性能检测方法、各种涂料性能的检测方法以及涂料在施工过程中的相关测试方法等，同时每个方法都标有对应的标准出处，完整注明了应用范围、测试原理、测试方法和结果表示。

本书可作为高分子材料专业或其他化工专业涂料工程方向的教材，也可作为相关专业研究生的主要参考书。

图书在版编目（CIP）数据

涂料及原材料质量评价/温绍国，刘宏波，周树学等编著. —北京：化学工业出版社，2013.1（2023.9 重印）
21 世纪普通高等教育规划教材
ISBN 978-7-122-16100-0

Ⅰ.①涂… Ⅱ.①温…②刘…③周… Ⅲ.①涂料-原材料-高等学校-教材 Ⅳ.①TQ63

中国版本图书馆 CIP 数据核字（2012）第 304337 号

责任编辑：白艳云　　装帧设计：杨　北
责任校对：边　涛

出版发行：化学工业出版社（北京市东城区青年湖南街 13 号　邮政编码 100011）
印　　装：天津盛通数码科技有限公司
787mm×1092mm　1/16　印张 17　字数 429 千字　　2023 年 9 月北京第 1 版第 3 次印刷

购书咨询：010-64518888　　售后服务：010-64518899
网　　址：http://www.cip.com.cn
凡购买本书，如有缺损质量问题，本社销售中心负责调换。

定　　价：55.00 元　

编审委员会

编写说明

涂料是涂于物体表面能形成具有保护、装饰或特殊性能（如绝缘、防腐、标志等）的固态涂膜的一类液体或固体材料之总称。早期大多以植物油为主要原料，故有油漆之称。现合成树脂大部或全部取代了植物油，故称为涂料。

建国初年，全国只有小型油漆企业50家，年产油漆约万吨，从业人员千人左右。1978年全国涂料年产量34.36万吨，列于世界第八位。改革开放后涂料工业迅速发展。至2010年，对全国1401家规模以上的涂料企业统计，产量达966.6万吨，跃居世界第一，销售产值达2324.6亿元。

我国虽是涂料大国，但和发达国家相比，在涂料技术和高档工业涂料品种与质量上仍有较大差距，目前国内高端涂料市场竞争仍是国外涂料公司占主导地位。

为了涂料工业持续地、环境协调地发展，人才培养是关键。2009年，中国涂料工业协会和上海工程技术大学化学化工学院合作创办了涂料工程本科班，上海工程技术大学列为国家教育部“卓越工程师人才培养计划”的试点高校，涂料工程班进入试点班。

由中国涂料工业协会推荐，上海工程技术大学聘任了几位涂料行业专家为兼职教授，负责授课和编写教材。在两届学生使用的基础上，教材经作者修改，由教材编委会集体讨论修订，现由化学工业出版社正式出版。

整套教材由8本组成，它们是《涂料及原材料质量评价》、《涂料树脂合成工艺》、《涂料用颜料与填料》、《涂料用溶剂与助剂》、《涂料制造及应用》、《涂料生产设备》、《涂料和涂装的安全与环保》、《涂装工艺及装备》。

本套教材有以下特点。

1. 用于高分子材料专业或其他化学化工专业涂料工程方向的教材，并可作为有关专业研究生的主要参考书。

2. 学生学习了有关化工基础课与技术基础课后开始学习本专业课，本教材中不介绍基础课内容。

3. 教材既是学生了解行业的素材，更是学生发展潜能、分析问题、解决问题的基础，是钥匙。因此，注重讲清道理，以便举一反三。在内容安排上，对已商品化的涂料原料及涂料品种，简单介绍其制造原理和过程，着重介绍其性能特点、选用原则和改性途径。涂料清洁文明生产标准和三废处理技术，全封闭一体化涂料生产工艺技术等节能环保与循环经济侧重介绍。适当介绍超支化树脂合成与应用技术，有机-无机杂化复合技术，纳米改性涂料、颜料技术，不用多异氰酸酯合成聚氨酯树脂等新技术。

这是国内第一套涂料工程教材。尽管我们主观上希望编写质量尽量提高，限于水平和时间，肯定会有许多不足。诚望得到业内同仁和有关高校师生的选用与评议，给我们反馈建议，以便进一步修订。

教材编审委员会

前　言

人类从使用涂料至今已有数千年的历史，中国在2009年成为涂料生产大国。然而随着市场的需求和应用领域的开拓，对涂料技术的要求不断提高。对于开发涂料技术或者检验涂料性能的工作者来说，一本可随手翻阅的涂料产品性能检验手册，显得迫切需要。为配合中国涂料工业协会和上海工程技术大学联合培养“涂料卓越工程师”的行动，我们邀请了涂料行业的知名专家以及有经验的技术工作者共同参与，收集和参照了目前已经颁布的国家标准、行业标准、企业标准和部分国外标准所采用的测试方法，进行反复汇总、比较，编写了这本《涂料及原材料质量评价》，一来为“涂料卓越工程师”培养提供一本合适的教材，二来为涂料工作者提供了方便快捷的涂料检测工具书。

本书的最大优点在于全面性和可操作性，使用者可以很方便查阅到涂料原材料的性能检测方法、各种涂料性能的检测方法以及涂料在施工过程中的相关测试方法等。每个方法都标有对应的标准出处，同时完整地注明了应用范围、试样制备、测试原理、测试方法和结果表示。

本书共分为七章，其中第一章由刘宏波编写，第二章由许迁、温绍国编写，第三章由宋诗高、温绍国编写，第四章由杨健、唐丽、王继虎编写，第五章由杨健、唐丽、周树学编写，第六章由沈艳、温绍国编写，第七章由温绍国、刘国杰编写。全书统一由温绍国、刘宏波、王继虎做文字和图表整理，最终的校正、审核并定稿。

本书在编写过程中得到了中国涂料工业协会和上海工程技术大学等相关单位的大力支持，借此向他们表示衷心感谢。在资料收集过程中借鉴了虞莹莹、胥甲琳、王利群、钱大庆、王家兴、陈燕舞和刘志广等专家在涂料性能检测方面书籍中的编写经验，借此，向他们表示感谢！

本书可供涂料专业师生参考，也可供涂料研发、涂料生产、涂料应用等过程中从事原材料、助剂的性能检测和涂料成品的性能检验工作人员查阅参考。

本书在资料收集和文字编写上如有疏漏之处，恳请读者及时批评指正。

编者

2012年11月

目　录

第一章　涂料常规性能检测

学习目的

本章介绍了涂料本征性能检测、施工性能检测、应用性能，需重点掌握。

涂料，传统称为“油漆”，是一种可以采用不同的施工工艺涂覆在物件表面，形成黏附牢固、具有一定强度、连续的固态薄膜。形成的膜通称涂膜，又称漆膜或涂层。目前涂料的品种很多，按涂料的形态、成膜机理、施工方法、涂膜的干燥方式、使用层次、使用对象、涂膜性能等分类和命名，则各有不同。根据不同的涂料品种，检验方法各有侧重，由于涂料具有一般的共性，因此在常规性能检测方面是相通的。本章就涂料的液态性能、施工性能、成膜后的理化性能等一些常规检验项目作一汇总介绍[1~3]。

第一节　涂料本征性能检测

一、涂料产品的取样

1. 范围及说明

本方法适用于色漆、清漆和有关产品的取样，目的是得到适当数量的具有代表性的样品。取样是检测工作的第一步，取样的正确与否直接影响检测结果的准确性。对不适用于本方法的产品应按产品说明或供需双方商定的方法进行取样。

2. 产品类型

根据涂料产品的特性和物理性质，可划分为以下几种产品类型。

① A 型。单一均匀液相的流体，如清漆和稀释剂。

② B 型。两个液相组成的液体，如乳液。

③ C 型。一个或两个液相与一个或多个固相一起组成的流体，如色漆和乳胶漆。

④ D 型。黏稠状，由一个或多个固相带有少量液相所组成，如腻子、厚浆涂料和用油或清漆调制的颜料色浆，也包括黏稠的树脂状物质。

⑤ E 型。粉末状，如粉末涂料。

3. 盛样容器

依据产品类型，以下几种容器可供选择：内部不涂漆的金属罐；棕色或透明的可密封玻璃瓶；纸袋或塑料袋。

对于液体样品，所用的容器应是无色或棕色的玻璃瓶或金属罐。对于浆状物、液体与固体的混合物或固体，应采用广口的金属罐或玻璃瓶。在任何情况下，容器必须洁净和干燥，容器及其盖子应为不污染样品的材料。

4. 取样器械

为了保证取样器械不受产品侵蚀，且能容易清洗，可采用不锈钢、黄铜或玻璃制成，并应有光滑表面、无尖锐的内角或凹槽等。取样器械并应具有能使产品尽可能混合均匀和取出确有代表性样品的功效。

5. 取样产品的初检程序

（1）检查桶的外观　记录桶的外观缺陷或可见的损漏，如损漏严重，应予舍弃。

（2）开启包装桶时　应除去桶外包装及污物，小心地打开桶盖，不要搅动桶内产品。

（3）对A、B类流体状产品的初检程序

① 目测检查。

a. 结皮。记录表面是否结皮及结皮的程度，如软、硬、厚、薄，如有结皮，则沿容器内壁分离除去，记录除去结皮的难易。

b. 稠度。记录产品是否有触变或胶凝现象。

注：色漆和清漆的触变性和胶凝两者都呈胶冻状，但是触变性样品的稠度通过搅拌或摇动会明显降低，而胶凝的色漆和清漆经搅拌后稠度不能降低。

c. 分层、杂质及沉淀物。检查样品的分层情况，有无可见杂质和沉淀物，并予记录。

② 混合均匀。凝胶或有干硬沉淀不能均匀混合的产品，则不能用来试验。

为减少溶剂损失，操作应尽快进行。除去结皮，如结皮已分散不能除尽，应过筛除去结皮。有沉淀的产品可采用搅拌器械使样品充分混匀。有硬沉淀的产品也可使用搅拌器。在无搅拌器或沉淀无法搅动的情况下，可将桶内流动介质倒入一个干净的容器里。用刮铲从容器底部铲起沉淀，研碎后，再把流动介质分几次倒回原先的桶中，充分混合。如按此法操作仍不能混合均匀时，则说明沉淀已干硬，不能用来试验。

（4）对E类粉末状产品初检程序　检查是否有反常的颜色、大或硬的结块和外来异物等不正常现象，并予记录。

6. 取样

（1）贮槽或槽车的取样　对A、B、C、D类产品，搅拌均匀后，选择适宜的取样器，从容器上部（距液面1/10处）、中部（距液面5/10处）、下部（距液面9/10处）三个不同水平部位取相同量的样品，进行再混合。搅拌均匀后，取两份各为0.2～0.4L的样品分别装入样品容器中，样品容器应留有约5%的空隙，盖严，并将样品容器外部擦洗干净，立即作好标志。

（2）生产线取样应以适当的时间间隔，从放料口取相同量的样品进行再混合　搅拌均匀后，取两份各为0.2～0.4L的样品分别装入容器中，样品容器应留有约5%的空隙，盖严，并将样品容器外部擦洗干净，立即作好标志。

（3）桶（罐和袋等）的取样　按本方法规定的取样数，选择适宜的取样器，从已初检过的桶内不同部位取相同量的样品，混合均匀后，取两份各为0.2～0.4L的样品分别装入容器中，样品容器应留有约5%的空隙，盖严，并将样品容器外部擦洗干净，立即作好标志。

（4）粉末产品的取样　按本方法规定的取样数，选择适宜的取样器，取相同量的样品，用四分法取出试验所需最低量的4倍，分别装于两个容器内，盖严，立即作好标志。

7. 参照标准

国家标准GB/T 3186—2006、国家标准GB/T 10111—2008。

二、透明度

透明度是物质透过光线的能力。透明度可以表征清漆、清油和漆料等是否含有机械杂质和悬浊物。产品的透明程度将影响成膜后的光泽、颜色和干燥时间等性能。目前透明度测定有目测法和仪器法两种[4]。

（一）目测法

1. 格氏管法

（1）仪器和所需材料　格氏管，透明玻璃，平底，管内径（10.65±0.025）mm，管外长（114±1）mm，见图 1-1；试管架。

（2）测定步骤

① 将试样装于一支清洁的格氏管内，在塞子下面留一个空气泡。把格氏管倾斜使同水平面成一个很小的角度，使空气泡缓慢移动，观察正在移动的液体中产生轻微浑浊的细微粒子。

图 1-1　格氏管

② 倒出格氏管中 80%～90%的试样，塞上塞子，垂直放于试管架上 15min（如为高黏度样品，放置时间另作规定），以使样品完全流到管底，观察留在管壁上极薄层样品膜中有无细微粒子。

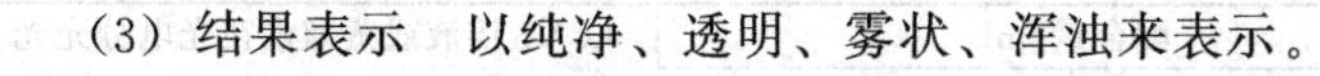

（3）结果表示　以纯净、透明、雾状、浑浊来表示。

纯净表示在样品薄膜中用可见光进行观察时，完全看不出任何明显的、有时被认为是“颗粒”一样的物质所引起的不均匀性。透明表示在格氏管中，借强烈的透射光线对试样进行观察时，完全看不出任何明显的不均匀性。雾状表示有极少量不沉降“絮凝物”或“悬浮物”，它们不可能与试样均匀一体，尽管液体是“半透明的”，并透过入射的大部分光线。浑浊表示有相当量的不沉降“絮凝物”、“悬浮物”或“凝胶粒子”等，即使液体是“半透明的”，还能透过少量光线。

（4）参照标准　美国标准 ASTM D 2090。

2. 标准液比较法

（1）仪器和材料　具塞比色管，容量 25mL；比色架；吸管，10mL；量筒，20mL、100 mL；天平，感量为 0.01g；铁钴比色计，列有色阶标号的铁钴标准色阶溶液，以 1～18 号表示，见图 1-2；光电分光光度计，72 型；目视比色箱，应具有 D65 标准光源，在箱内中央比色位置照度为 2000lx（勒克斯），仪器见图 1-3；直接黄棕新 D3G 染料。

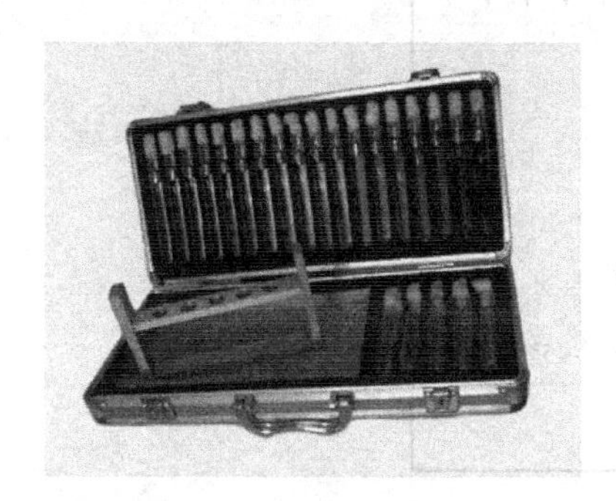

图 1-2　铁钴比色计

图 1-3　目视比色箱

（2）标准液的配制

① 直接黄棕新 D3G 溶液。称取 0.1g 直接黄棕新 D3G 染料，用量筒量取 20mL 蒸馏水加入并充分搅拌，使其溶解。如有沉淀，则取用上部清液。

② 柔软剂 VS 溶液。称取 1g 柔软剂 VS，用量筒依次量取共 200mL 蒸馏水加入并充分搅拌，使其溶解。静止 48h 后，弃除上层清液，取中间溶液备用。

③ 按照表 1-1 所列柔软剂 VS 溶液和蒸馏水的用量，配成“透明”、“微浑”、“浑浊”三

级试液，分别在光电分光光度计上（波长选用460nm）校正至相当于该三级透明度的透光率，校正好的试液作为无色部分的标准液。

表 1-1 各级透明度的配合量（无色）

等级	透明度	配合量/mL		以VS溶液或蒸馏水在光电分光光度计上校正的透光率/%
		柔软剂VS溶液	蒸馏水	
1	透明	0	200	100
2	微浑	6	200	85±2
3	浑浊	11	200	75±2

④ 按照表1-2所列柔软剂VS溶液和蒸馏水的用量，以同样的方法进行配制并校正，校正好的试液再加直接黄棕新D3G溶液调整至相当于铁钴比色计色阶为12～13之间，作为有色部分的标准液。

表 1-2 各级透明度的配合量（有色）

等级	透明度	配合量/mL		以VS溶液或蒸馏水在光电分光光度计上校正的透光率/%
		柔软剂VS溶液	蒸馏水	
1	透明	0	200	100
2	微浑	14	200	60±2
3	浑浊	20	200	35±2

⑤ 无色和有色的标准液分别装于比色管中，加塞盖紧并密封，排列于比色架上，防止光照。标准液的有效使用期为6个月。

（3）测定方法

① 将试样倒入干燥洁净的比色管中，调整到温度（23±2)℃，于比色箱的透射光下与一系列不同浑浊程度的标准液（无色的用无色部分，有色的用有色部分）比较，见图1-4。

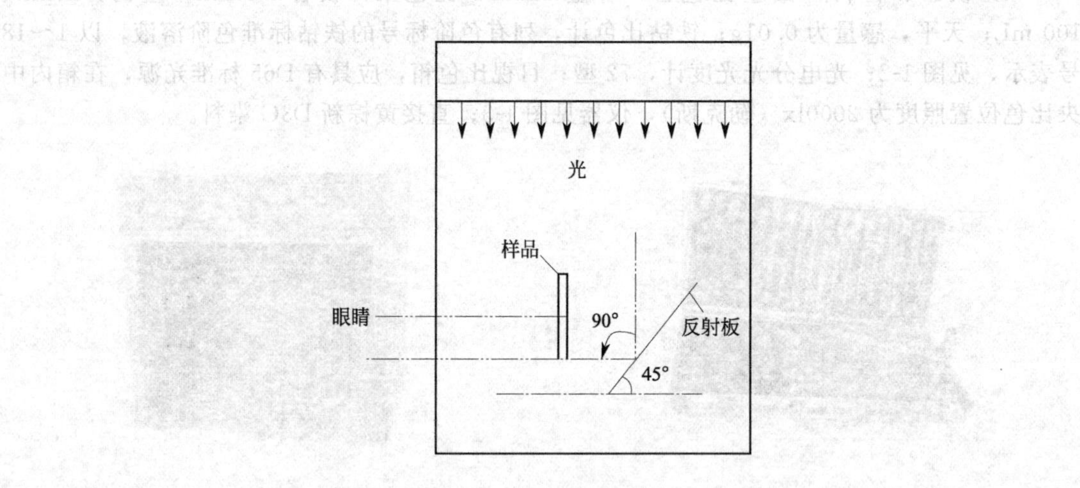

图1-4 透明度测定

② 经过比较，选出与试样最接近的一级标准液。试样的透明度等级直接以标准液的等级表示。

③ 如试样因温度低而引起浑浊，可在水浴上加热到50～55℃，保持5min，然后冷却至(23±2)℃，再保持5min后进行测定。

（4）结果表示　直接以1、2、3级即“透明”、“微浑”、“浑浊”三个等级来表示。

（5）参照标准　国家标准GB/T 1721—2008。

（二）仪器法

1. 扩散光测定法

（1）仪器和材料　浊度计见图1-5，仪器配备有标准试管和标准浊度管（高、中浊度各一支）。

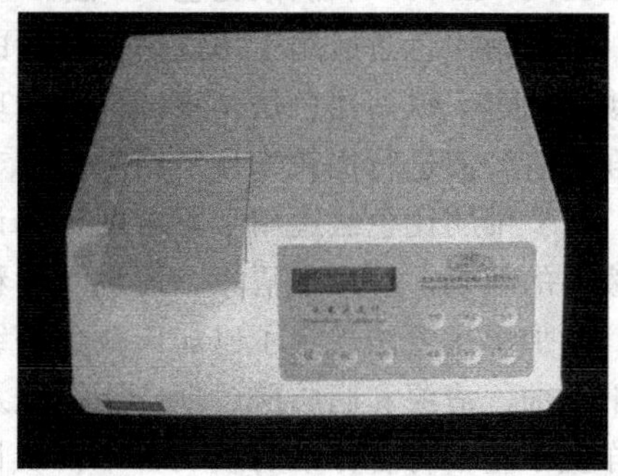

图1-5　浊度计

（2）测定方法

① 首先根据被测溶液的颜色，拨动装有白（无色）、红、绿，蓝滤色片的转轮，使与溶液的颜色相对应。

② 将装有蒸馏水的标准试管（作为校零试管）插入测头的测量孔内，并盖好金属遮光罩，调整主机面板旋钮，以蒸馏水作为完全透明，校正指示为零。

③ 取出蒸馏水标准试管，换上磨砂有机玻璃棒(作为高浊度校正试管)，盖好金属遮光罩，调整主机面板旋钮，将指示定为100或所标定的浊度值。

④ 将装有被测溶液的试管插入测头的测量孔内，并盖好金属遮光罩，此时主机面板上仪表指示的读数即为该被测溶液的浊度值。

⑤ 测量浊度时，应注意被测溶液中不能有气泡，液面应与试管壁上刻度线平齐，试管底部不应有沉淀物。若有气泡或少量沉淀物，应先摇动试管，待气泡或沉淀物消失后再测量。

图1-6　透明度测定仪

2. 透射光测定法

（1）仪器和材料　透明度测定仪，TMD型，见图1-6，透明度等级20～100，测量精度±2%；铜网，80～100目。

（2）测试原理　如果被测溶液是完全透明的，当一束定向入射光I经过溶液时，能检测到定向透射光I_C的光强度；若溶液存在不同程度的浑浊，当定向入射光I经过溶液时，必定会产生光的扩散，从而使定向透射光I_C的光强减小，因此只要准确测量出定向透射光I_C的光强大小，就能定量反映出溶液的透明程度。

（3）测定方法

① 先打开仪器预热，然后盖好仪器上部测量口上盖，调节校准旋钮，使仪器的显示值为100。

② 将待测溶液用80目或100目铜网过滤，去除机械杂质，然后把过滤后的溶液倒入一干燥洁净的液体槽中，液体高度不低于槽深的4/5。

③ 将液体槽插入测量口，合上盖子，读取仪器显示的数值，即为被测溶液的透明度等级。

④ 平行测定两次，如果两次测定结果之差小大于2。取两次测定结果的平均值。

（4）结果表示　按表1-3判断透明度等级。

表1-3　测量值与透明度等级的对应关系

透明度	不带色	带　色
透明	86～100	70～100
微混	63～85	31～69
浑浊	<60	<30

三、颜色

涂料作为家庭装修中最后一个环节，对整个装修的质量、美感、健康等性能方面起着极为关键的作用，并且和人体的接触也最直接。涂料有各种各样的色彩以满足人们装饰的需要，常见的颜色的测定方法有铁钴比色法（GB/T 1722—1992）、罗维朋比色法（GB/T 1722—1992）、加氏比色法（GB/T 9281.1—2008、ISO 4630—2004）、铂钴比色法（GB/T 9282.1—2008）和碘液比色[5,6]法。

铁钴比色法适用于用铁钴比色计的色阶号表示液体颜色，可用于清漆、清油及稀释剂的颜色测定。铁钴比色法是将试样置于玻璃试管中，以目视法将试样与一标有色阶号的铁钴标准色阶溶液进行比较来评定结果。

罗维朋比色法适用于罗维朋比色计目视比色测定透明液体的颜色，以罗维朋色度值表示液体的颜色。可用于清漆、清油及稀释刺的颜色测定。

加氏比色法规定了以加氏颜色等级评定色漆和清漆漆基的透明液体颜色的方法。适用于干性油、清漆和脂肪酸、聚合脂肪酸及树脂溶液，对于其他物质不适用。加氏比色法是将试样置于直径符合标准的玻璃管中，以目视法与一系列标有号数的标准颜色进行比较，确定与样品颜色最接近的颜色标准，测定结果以加氏颜色号数表示。

铂钴比色法规定了用铂钴单位来评定透明液体颜色的方法。铂钴单位是1L溶液中含1mg铂（以氯铂酸盐离子形式存在）及2mg氯化钴（Ⅱ）六水合物时的溶液颜色。本方法适用于颜色和铂钴等级标准颜色相似的透明液体。铂钴等级评定法是将样品的颜色与颜色标准进行比较，并用铂钴颜色单位来表示结果。

碘液比色法适用于用碘液比色计的色阶号来表示液体的颜色，可用于油脂、树脂、溶液和清漆的颜色测定。碘液比色法是将试样置于玻璃试管中，以目视法将试样与一标有色阶号的碘液标准色阶溶液进行比较来评定结果。

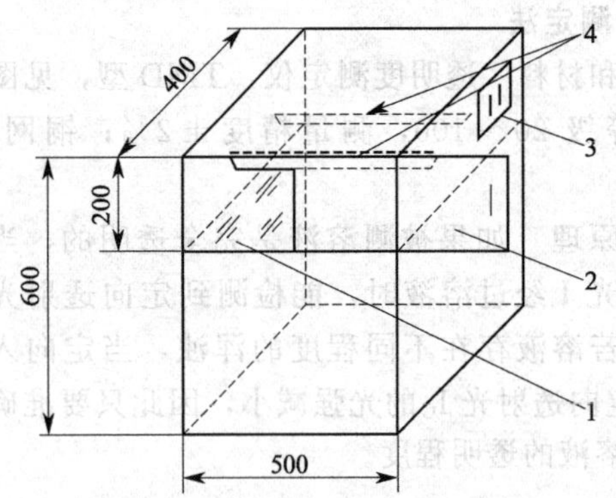

图1-7　木制暗箱（单位：mm）
1—磨砂玻璃；2—挡光板；
3—电源开关；4—15W日光灯

下面重点介绍一下铁钴比色法。

1. 仪器和材料

铁钴比色计；无色玻璃管（格氏管）直径(10.75±0.05)mm，高（114±1)mm；人造日光比色箱或木制暗箱如图1-7所示。

2. 铁钴比色计标准色阶溶液

（1）试剂　蒸馏水（H_2O）；盐酸（HCl），分析纯；硫酸（H_2SO_4），分析纯，密度1.84g/mL；氯化钴（$CoCl_2 \cdot 6H_2O$），分析纯或化学纯；三氯化铁（$FeCl_3 \cdot 6H_2O$），分析纯或化学纯；重铬酸钾（$K_2Cr_2O_7$），分析纯。

（2）标准色阶溶液用试剂的配制

① 稀盐酸。1质量份的盐酸溶于17质量份的蒸馏水中。

② 三氯化铁（$FeCl_3 \cdot 6H_2O$）溶液。将约5质量份的三氯化铁（$FeCl_3 \cdot 6H_2O$）溶解于1.2质量份的稀盐酸中，调整它的颜色相当于3.0g重铬酸钾溶于100mL酸中的溶液颜色。如重铬酸钾不全部溶解，可用水浴加热到温度不超过80℃下溶解。

③ 氯化钴溶液。1质量份的氯化钴溶解于3质量份的稀盐酸中。

（3）标准色阶溶液的制备　将上述配制好的三氯化铁溶液、氯化钴溶液和稀盐酸按表1-4所列的用量配成18挡色阶溶液，准确调整它们的颜色至相当于同表同行所列重铬酸钾溶于硫酸中的标准溶液的颜色。重铬酸钾必须准确配制，当日使用，然后分别装于18支试管中，将试管密封，按顺序排列于架上，妥善保管，防止光照。铁钴比色计每三年校正一次。

表 1-4　铁钴比色计及重铬酸钾标准溶液配合量

色阶编号	配合量(容量计)/%			重铬酸钾标准溶液配合量(容量计)/%	
	三氯化铁溶液	氯化钴溶液	稀盐酸	重铬酸钾	浓硫酸(1.84g/mL)
1	0.13	0.19	99.68	0.13	99.87
2	0.19	0.29	99.52	0.16	99.84
3	0.29	0.43	99.28	0.24	99.76
4	0.43	0.65	98.92	0.37	99.63
5	0.65	0.97	98.38	0.68	99.32
6	1.00	1.30	97.70	1.07	98.93
7	1.70	1.70	96.60	1.28	98.72
8	1.50	1.00	95.50	1.72	98.28
9	3.30	1.60	94.10	1.60	97.40
10	5.10	3.60	91.30	5.47	94.53
11	7.50	5.30	87.20	8.33	91.67
12	10.80	7.60	81.60	11.67	87.33
13	16.60	10.00	73.40	19.07	80.93
14	21.20	13.30	64.50	25.43	74.57
15	29.40	17.60	53.00	34.70	65.30
16	37.80	21.80	39.40	41.67	57.33
17	51.30	25.60	23.10	74.00	26.00
18	100.00	0.00	0.00	100.00	0.00

3. 测定方法

将试样装入洁净干燥的格氏管中，温度保持在（23±2)℃，置于人造日光比色箱或木制暗箱内，以 30～50cm 视距的透射光与铁钴比色计的标准色阶溶液进行比较。选出两个与试颜色深浅最接近的，或一个与试样颜色深浅相同的标准色阶溶液。在测试时，试样若由于低温而引起浑浊，可在水浴上加热至 50～55℃，保持 5min，然后冷却至（23±2)℃，再保持 5min 后进行测定。

4. 结果表示

以与铁钴比色计颜色最相近的标准色阶号数表示试样颜色的等级。

四、密度

1. 范围及说明

密度的是物质的一种特性。某种物质的质量和其体积的比值，即单位体积的某种物质的质量，叫作这种物质密度。用水举例，水的密度在 4℃时为 $10^3 kg/m^3$，物理意义是每立方米的水的质量是 1.0×10^3kg，密度通常用“ρ”表示。密度是物质的特性之一，每种物质都有一定的密度，不同物质的密度一般是不同。因此我们可以利用密度来鉴别物质。其办法是测定待测物质的密度，把测得的密度和密度表中各种物质的密度进行比较，就可以鉴别物体是什么物质做成的。

本方法适用于在规定的温度下测定液体色漆、清漆及有关产品的密度。其测试原理为首先用蒸馏水的密度校准比重瓶（质量/体积杯）的体积，然后利用比重瓶，在一定温度下称量试样质量，再根据试样的质量和比重瓶的体积，计算出试样的密度。

2. 仪器和材料

(1) 比重瓶　一种是容量为 20～100mL 的玻璃比重瓶，如图 1-8(1) 和（2）所示；另一种是容量为 37mL 的金属比重瓶如图 1-8(3) 所示。

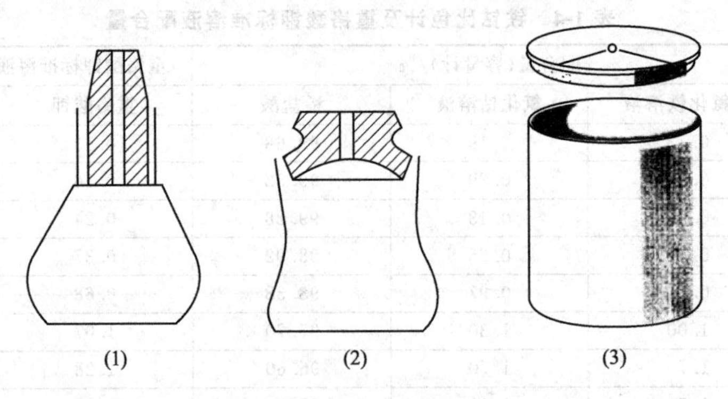

图 1-8　比重瓶

(1) 盖伊-芦萨克 (Cay-Lussac) 比重瓶；(2) 哈伯德 (Hubband) 比重瓶；(3) 金属比重瓶

(2) 温度计　分度为 0.1℃，精确到 0.2℃。

(3) 水浴或恒温室　当要求精确度高时，能够保持在试验温度的±0.5℃的范围内。对于生产控制，能保持在试验温度的±2℃的范围内。

(4) 分析天平　要求高精确度时，可精确至 0.2mg。

3. 测定方法

(1) 比重瓶的校准　用铬酸溶液、蒸馏水和蒸发后不留下残余物的溶剂依次清洗玻璃比重瓶，并使其充分干燥。用蒸发后不留下残余物的溶剂清洗金属比重瓶，且将它干燥。将比重瓶放置到室温，并将它称重。假若要求很高的精确度，则应连续清洗、干燥和称量比重瓶，直至两次相继的称量间之差不超过 0.5mg。如精确度要求更高，则为 (23±0.5)℃，不超过 1℃的温度下，在比重瓶中注满蒸馏水。塞住或盖上比重瓶，使留有溢流孔开口，严格注意防止在比重瓶中产生气泡。将比重瓶放置在恒温水浴中或放在恒温室中，直至瓶的温度和瓶中所含物的温度恒定为止。用有吸收性的材料❶擦去溢出物质，并用吸收性材料彻底擦干比重瓶的外部。不再擦去继后任何溢出物❷。立即称量该注满蒸馏水的比重瓶，精确到其质量的 0.001%❸。

(2) 比重瓶容积的计算　按下式计算比重瓶的容积 V（以 mL 表示）：

$$V=\frac{m_1-m_0}{\rho}$$

式中　m_0——空比重瓶的质量，g；

m_1——比重瓶及水的质量，g；

ρ——在水 23℃或其他商定温度下的密度（表 1-5），g/mL。

(3) 产品密度的测定

① 用试样代替蒸馏水，重复上述操作步骤。用沾有适合溶剂的吸收材料擦掉比重瓶外部的试样残余物，并用干净的吸收材料擦拭，使之完全干燥。

② 操作时应戴分析手套，避免用手直接接触比重瓶。称量前，应快速注满比重瓶，使易挥发试样质量损失减少到最小限度。

❶ 为此目的，建议用棉纸。

❷ 直接用手操作时，比重瓶会增高温度而引起溢流孔更多的溢流，且也会留下指印，因此建议只能用钳子和用干净、干燥的吸收性材料保护的手来操作比重瓶。

❸ 建议立即快速地称量注满了的比重瓶，是为了使质量损失减少到最低限度。质量损失是由于水可通过溢流孔蒸发和由于继达到温度后的第一次擦干之后水的溢出，该溢出物不留在覆盖的罩内亦会蒸发所致。

表 1-5　水的密度

温度/℃	密度/(g/mL)	温度/℃	密度/(g/mL)
15	0.9991	23	0.9975
16	0.9989	24	0.9973
17	0.9987	25	0.9970
18	0.9986	26	0.9968
19	0.9984	27	0.9965
20	0.9982	28	0.9962
21	0.9980	29	0.9960
22	0.9978	30	0.9957

③ 当试样注入比重瓶中时，应防止产生气泡。将溢流口周围的溢出物彻底擦净，保证称量准确。

4. 结果表示

按下式计算产品在试验温度下（23℃或其他商定的温度）的密度 ρ(以 g/mL 表示)：

$$\rho=\frac{m_2-m_0}{V}$$

式中　m_0——空比重瓶的质量，g；

m_2——比重瓶和试样的质量，g；

V——在试验温度下按测定方法（1）和（2）规定所测得的比重瓶的体积，mL。

注：在工场成品检验中，较多的是使用金属比重瓶，因操作方便，易清洗。

5. 参照标准

国家标准 GB/T 6750—2007。

五、物质量

1. 范围及说明

物质量是指容器中的实际质量和体积，即去除包装容器和其他包装材料后内容物的净含量。本方法规定了测定容器中色漆和清漆及有关产品数量的方法。

2. 仪器和材料

(1) 磅秤　称量范围应满足检验要求。

(2) 分析天平　要求高精确度时，可精确至 2mg。

(3) 温度计　分度为 0.1℃，精确到 0.2℃。

(4) 水浴或恒温室　当要求精确度高时，能够保持在试验温度的±0.5℃的范围内。对于生产控制，能保持在试验温度的±2℃的范围内。

(5) 比重瓶。

3. 测定方法

(1) 假若要试验的是一批交付的尚未开封的容器，则应按照本书第一章第一节的规定选择受检容器的数目。

(2) 擦净容器的外部，逐个称量容器和内装物的总重量，取其算术平均值。

(3) 把容器中的内装物倒出，用适当的溶剂把容器、盖或塞子刷洗干净并完全烘干。

(4) 逐个称重带有盖或塞子的空容器的重量，取其算术平均值。

(5) 假若需要求内装物的体积，则要把试验的内装物充分混合。

4. 结果表示

按下式计算净含量、偏差、平均偏差和体积：

$$净含量(Q_i)=总重-皮重$$

$$偏差=净含量(Q_i)-标准净含量(Q_0)$$

$$平均偏差\ \Delta Q=\frac{1}{n}\sum_{i-1}^{n}(Q_i-Q_0)$$

$$体积(V)=\frac{净含量(Q_i)}{密度(\rho)}$$

在产品标准中，对产品计量偏差、平均偏差已有规定的，则按其规定作出检验结论。产品净含量允许负偏差应符合 2005 年国家质量监督检验检疫局第 75 号令《定量包装商品计量监督管理办法》。

六、细度

1. 范围及说明

细度主要是测定色漆和漆浆内的颜料、体质颜料等颗粒的大小和分散程度，以微米（μm）表示。本方法是采用刮板细度计来对涂料的细度进行测定[7]。

2. 仪器和材料

（1）小调漆刀或玻璃搅棒。

（2）刮板细度计　如图 1-9 所示，量程分别为 0～25μm、0～50μm、0～100μm、0～150μm。规格有单槽和双槽。

① 刮板细度计的磨光平板是由工具合金钢（牌号 Cr12）制成，板上有一长沟槽［长(155±0.5)mm，宽 (12±0.2)mm］。在 150mm 长度内刻有 0～150μm（最小分度 5μm，沟槽倾斜度 1∶1000)、0～100μm（最小分度 5μm，沟槽倾斜度 1∶1500)、0～50μm（最小分度 1.5μm，沟槽倾斜度 1∶3000）的表示槽深的等分刻度线。分度值误差为±0.001mm。

② 刮刀是由优质工具碳素钢（牌号 TlOA）制成，两刃均磨光，长（60±0.5)mm、宽(42±0.5)mm，硬度应稍低于刮板。

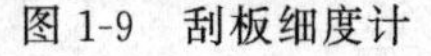

图 1-9　刮板细度计

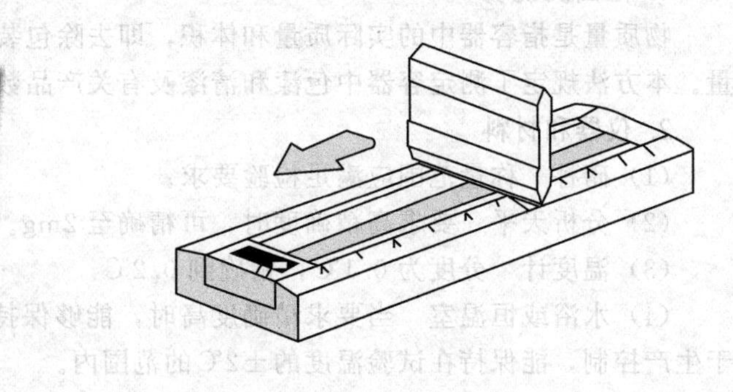

图 1-10　刮板细度计的操作

3. 测定方法

（1）首先根据涂料品种的不同，选择不同量程的刮板细度计。细度在 30μm 及 30μm 以下时，应采用量程为 0～50μm 的刮板细度计；细度为 31～70μm 时，应采用量程为 0～100μm 的刮板细度计；细度在 70μm 以上时，应采用量程为 0～150μm 的刮板细度计。

（2）刮板细度计在使用前必须用溶剂仔细洗净擦干，在擦洗时应用细软揩布。

（3）用小调漆刀将试样充分搅匀，然后在刮板细度计的沟槽最深部分滴入 2～3 滴试样，以能充满沟槽而略有多余为宜。

(4) 以双手持刮刀（如图 1-10 所示），横置在磨光平板上端（在试样边缘处），使刮刀与磨光平板表面垂直接触。在 3s 内从上到下匀速刮过，使试样充满沟槽而平板上不留有余漆。

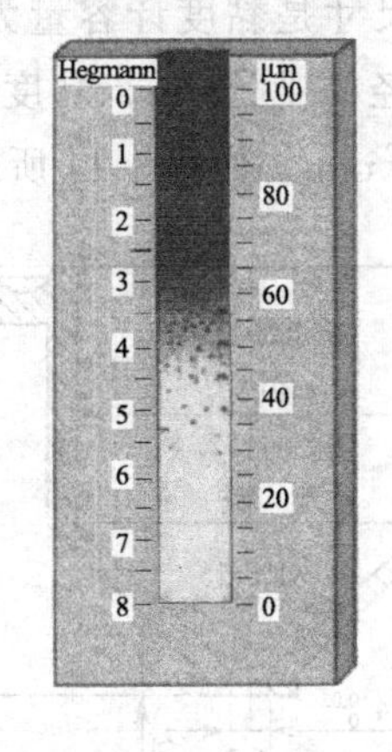

图 1-11　细度计（读出值 35μm）上的典型读数

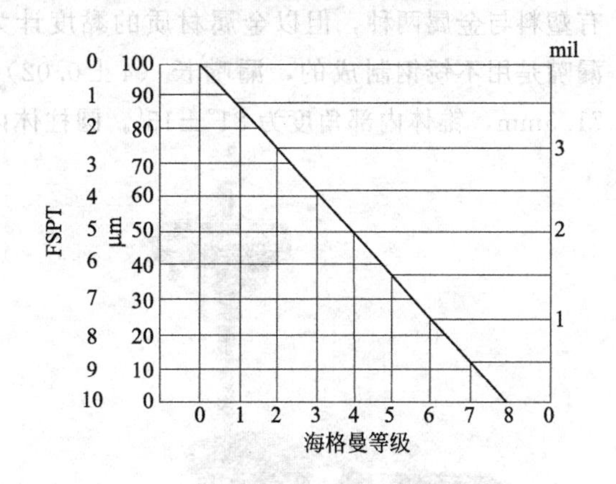

图 1-12　研磨细度换算

(5) 刮刀拉过后，立即（不超过 5s）使视角与沟槽平面成 150°～300°角，对光观察沟槽中颗粒均匀显露处，记下读数（精确到最小分度值）。如有个别颗粒显露于其他分度线时，则读数与相邻分度线范围内不得超过三个颗粒，如图 1-11 所示。

4. 结果表示

以颗粒均匀显露处刮板细度计凹槽深度（μm）表示涂料细度，细度读数与相邻分度线范围内颗粒不得超过三个，平行测定三次，结果取两次相近读数的算术平均数。两次读数的误差应不大下仪器的最小分度值。细度除了用微米（μm）表示外，还有采用米尔（mil）（1mil＝25.4μm）、海格曼（Hegmann）等级（0～8 级）和 FSPT 规格（0～1 0 级）来表示的。它们的换算关系如图 1-12 所示。

5. 参照标准

国家标准 GB/T 1724—1998。

七、黏度

（一）流出杯黏度

在检测黏度的诸多仪器中，最经济实用且操作方便的，当推目前涂料界使用最为广泛的流出型黏度计——流出杯。其设计原理是在毛细管黏度计基础上进行改制及放大，各国型号繁多且互不统一。如美国的福特杯（Ford Cup）、赛波特（Say Bolt）黏度计；德国的 DIN 杯、恩格拉（Engler）黏度计；法国的 Afnor 杯、巴贝（Barbey）黏度计；英国的 BS 杯、雷德伍德（Redwood）黏度计，以及蔡恩杯（Zahn Cup）、歇尔杯（Shell Cup）等均属此类。我国国家标准则是涂-1 杯和涂-4 杯，国际标准化组织推荐的是 ISO 流出杯。下面重点介绍涂-4 杯法[8]。

1. 范围及说明

本方法规定了使用涂-4 黏度计测定涂料黏度的方法。涂-4 黏度计适用于测定流出时间在 150s 以下的涂料。本方法也适用于测定黏度类似的涂料半成品和其他相关产品。涂-4 杯黏度计测定的黏度是条件黏度，即为一定量的试样在一定的温度下从规定直径的孔所流出的时间，以秒（s）表示。

2. 仪器和材料

(1) 涂-4 黏度计　见图 1-13 所示。

涂-4 黏度计是上部为圆柱形、下部为圆锥形的金属容器。圆锥底部有漏嘴。在容器上部有一个凹槽，作为多余试样溢出用。黏度计置于带有两个调节水平螺钉的台架上。其材质有塑料与金属两种，但以金属材质的黏度计为准。其基本尺寸是黏度计容量为 100^{+1}_{0}mL，漏嘴是用不锈钢制成的，漏嘴长（4±0.02）mm。嘴孔内径 $4^{+0.02}_{0}$ mm。黏度计总高度为 71.5mm，锥体内部角度为 81°±15′。圆柱体内径为 $49.5^{+0.2}_{0}$mm。如图 1-14 所示。

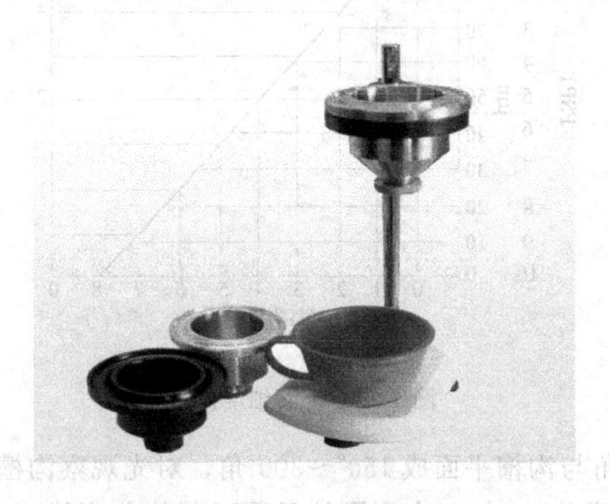

图 1-13 涂-4 杯黏度计

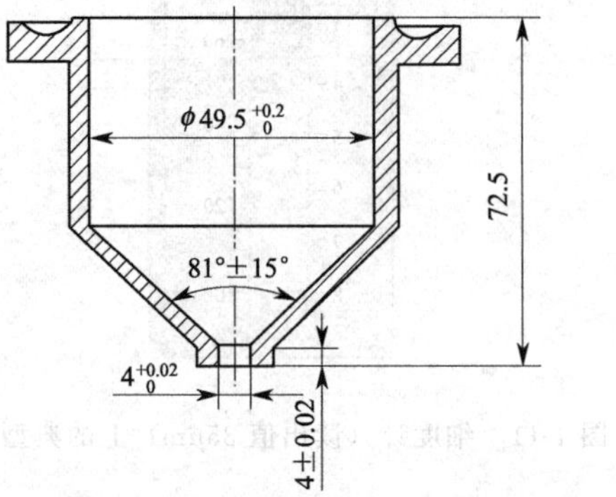

图 1-14 涂-4 杯尺寸（单位：mm）

（2）温度计　温度范围 0～50℃，分度为 0.1℃、0.5℃。

（3）秒表　分度为 0.2s。

（4）承受杯　150mL 搪瓷杯。

3. 测定方法

（1）测定前后均需用纱布蘸溶剂将黏度计擦拭干净，并干燥或用冷风吹干。对光检查，黏度计漏嘴等应保持洁净。

（2）将试样搅拌均匀，调整试样温度至（23±1）℃或（25±1）℃。

（3）调节黏度计置于水平状态，在黏度计漏嘴下放置 150mL 搪瓷杯。

（4）用手指堵住漏嘴，将温度为（23±1）℃或（25±1）℃的试样倒满黏度计，用玻璃棒或玻璃板将气泡和多余的试样刮入涂-4 杯的凹槽中。迅速移开手指，同时启动秒表，待试样流束刚中断时立即停止秒表。秒表读数即为试样的流出时间（s）。

4. 结果表示

取两次测定的平均值为测定结果。两次测定值之差不应大于平均值的 3%。用下列公式可将涂-4 黏度计试样的流出时间秒（s）换算成运动黏度值厘斯（mm^2/s）。

$$t=0.154\nu+1.1 \quad (t<23s)$$

$$t=0.223\nu t+6.0 \quad (23s\leqslant t<150s)$$

式中　t——流出时间，s；

ν——运动黏度，mm^2/s。

5. 涂-4 杯的校正

（1）运动黏度法　此法是按照国家标准 GB/T 265—1988，采用毛细管黏度计测得各种标准油的运动黏度。然后在规定的温度条件下［如（23±0.2）℃或（25±0.2）℃］，使用各种已知运动黏度的标准油，按照涂-4 杯的测定方法测出被校黏度计的流出时间 t。根据标准油的运动黏度，通过公式求出涂-4 杯的标准流出时间 T。

$$T=0.223\nu+6 \quad (23s\leqslant T<150s) \qquad (1\text{-}1)$$

$$T=0.154\nu+11 \quad (T<23s) \tag{1-2}$$

式中　T——标准流出时间，s；

ν——运动黏度，mm^2/s。

在相同的条件下，被校黏度计的标准流出时间 T 与测定的流出时间 t 之比值即为该黏度杯的修正系数 K。公式为：

$$K=\frac{T}{t}$$

式中　K——黏度计修正系数；

T——标准流出时间，s；

t——测定的流出时间，s。

按上述公式求得一系列的修正系数 K_1、K_2、K_3 等，取其算术平均值，即为该黏度杯的修正系数 K。若 K 在 0.95～1.05 的范围内，则该黏度杯合格，仍可使用，但测试数据应与修正系数 K 相乘，才是真正的实测黏度。

(2) 标准黏度计法　标准黏度杯习称 K 值杯，定期用标准黏度杯对所使用的涂-4 杯进行校验。

(3) 恩格拉条件度法　恩格拉条件度是指试样在某温度下从恩氏黏度计流出 200mL 所需的时间与蒸馏水在 20℃流出相同体积所需时间秒（s）之比。恩格拉黏度计的标准值应为 (51±1)s。利用恩格拉黏度计求出各标准油的条件度（°E），对照相应表格查出运动黏度，用式(1-1) 或式(1-2) 算出，与被校黏度杯测出的流出时间 t 之比，即为修正系数 K。由于该方法随着标准油黏度的增高，数据偏差逐渐增大，故目前已较少使用。

6. 参照标准

国家标准 GB/T 1723—1993。

（二）落球法黏度

落球式黏度计是实验室常用的测量透明溶液黏度的仪器，结构简单。将待测溶液置于玻璃测黏管中，放入加热恒温槽，使之恒温。然后向管中放入不锈钢小球，令其自由下落，记录小球恒速下落一段距离 S 所需时间 t，由此计算溶液黏度。根据小球下落的方式的不同可分为垂直式落球测定法和偏心式落球测定法。

1. 垂直式落球测定法

(1) 范围及说明　本方法适用于测定黏度较高的透明的涂料产品，测定的黏度是条件黏度。即为在一定温度下，一定规格的钢球垂直下落通过盛有试样的玻璃管上、下两刻度线所需的时间，以秒（s）表示。

(2) 仪器和材料

① 落球黏度计。规格尺寸如图 1-15 所示。黏度计由两部分组成：玻璃管与钢球。玻璃管长 350mm，内径为 (25±0.25)mm，距两端管口边 50mm 处各有刻度线，两线间距为 250mm。在管口上、下端有软木塞子，上端软木塞中间有一铁钉。玻璃管被垂直固定在架子上（以铅锤测定）。钢球直径为 (8±0.03)mm，其规格应符合 GB/T 308—2002 标准中的规定。

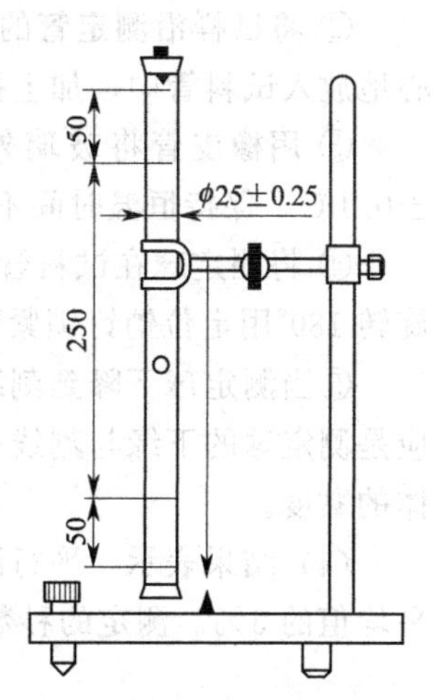

图 1-15　落球黏度计

（单位：mm）

② 秒表。分度 0.2s。

③ 永久磁铁。

（3）测定方法

① 将透明试样倒入玻璃管中，使试样高于上端刻度线40mm。放入钢球，塞上带铁钉的软木塞。将永久磁铁放置在带铁钉的软木塞上。

② 将管子颠倒使铁钉吸住钢球，再翻转过来，固定在架上。使用铅锤，调节玻璃管使其垂直。将永久磁铁拿走，使钢球自由下落，当钢球刚落到刻度线时，立即启动秒表。至钢球落到下刻度线时停止秒表计时。以钢球通过两刻度线的时间（s）表示试样黏度的大小。

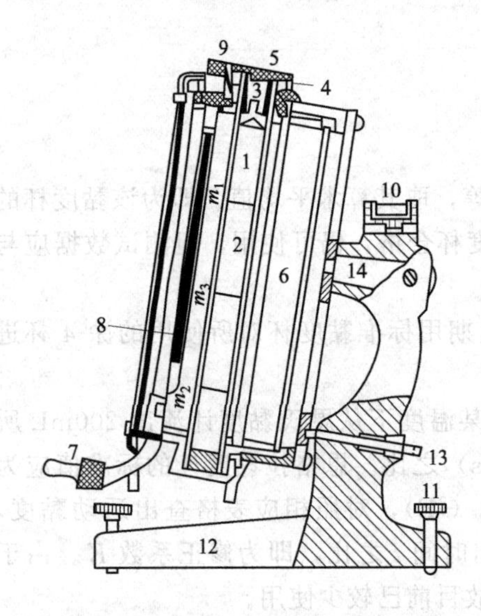

图1-16 滚动落球黏度计结构示意

m_1，m_2，m_3——刻线

1—试料管；2—测定球；3—排气塞；4—密封盖；5—螺帽；6—玻璃外筒；7—进水管；8—出水管；9—温度计；10—水准泡；11—水平螺钉；12—支架；13—定位销钉；14—转轴

（4）结果表示 取两次测定的平均值为测定结果，两次测定值之差不应大于平均值的3%。

（5）参照标准 国家标准GB/T 1723—1993。

2. 偏心式落球测定法

（1）范围及说明 偏心式落球黏度计即赫伯勒（Hoeppler）黏度计也称滚动落球黏度计，结构如图1-16所示。其特点是管子倾斜成一定的角度，使小球沿管壁滚动并稳定下滑，可避免小球在垂直降落过程中因偏离垂线而引起的测量误差；另外，小球沿管壁下滑时，在管壁上能映出银灰点，故也可以测定不透明液体的黏度。

（2）仪器和材料 偏心式落球黏度计试料管内径为16mm，上刻有两个环形测定线 m_1 和 m_2，上刻线 m_1 与下刻线 m_2 之间的距离为（50±1）mm［或（100±1）mm］，m_1 离测定管的顶端约60mm，m_2 离底面的距离约40mm，黏度计配备一台循环供水的超级恒温槽以控制测试温度。

（3）测定方法

① 黏度计试料管、测定球等首先用无水乙醇或其他有机溶剂洗涤数次，直至清洁为止，然后用电吹风机吹干。

② 将试样沿测定管的内壁注入，使液面低于测定管顶端约15mm。用镊子将测定球小心地放入试料管中，加上排气塞，密封盖旋紧螺帽，待测定液中气泡消失后，方可测定。

③ 用橡皮管将玻璃外筒与超级恒温槽相连并循环供水，使玻璃外筒的温度控制在±0.1℃，保持恒温时间不少于20min。

④ 将测定球在试料管中来回降落2～3次后直至降落到试料管的顶端，然后将玻璃外筒旋转180°用定位销钉锁紧黏度计准备测定。

⑤当测定球下降到刻线 m_1 时开始计时，到刻线 m_2 时停止计时，启动和停止秒表的瞬间应是测定球的下缘与刻线相切的瞬间。测定球下降通过两刻线所需的时间（s）即代表该液体的黏度。

（4）结果表示 平行测定两次，取两次测定值的算术平均值，两次测定值之差不应大于平均值的3%。测定的秒数可用下列公式换算成绝对黏度：

$$\eta=t(\rho_b-\rho_f)B$$

式中 η——黏度，mPa·s；

t——下降时间，s；

ρ_b——测定球的密度，g/cm³；

ρ_f——液体的密度，g/cm³；

B——测定球常数，mPa·s·cm³/(g·s)。

其中测定球常数 B 和测定球的密度 ρ_b 是已知的，均由仪器提供。

（三）气泡法黏度[9]

本方法适用于漆料、树脂溶液和清漆等透明液体的黏度测定。气泡黏度计是由一组同种规格的玻璃管内封入不同黏度、无色透明的矿物油所组成，预先测知管内气泡上升的时间（s）和运动黏度（cm²/s）的值按黏度递增次序排列的标准液。其特点是能在短时间内给出精确的黏度数据，因此多用于涂料生产过程的中间控制。由于气泡黏度计的规格不同，有加氏管法和 ASTM 管法，下面主要介绍加氏管法。

1. 范围及说明

此方法最初是由美国 Gardner 实验室提供，称为加德纳-霍尔德（Gardner-Holdt）气泡黏度计，故习惯称加氏气泡黏度计或格氏管。

2. 仪器和材料

（1）加氏气泡黏度计　玻璃管内径为（10.75±0.025）mm，总长度为（114±1）mm，距管底部 99mm 及 107mm 处各划有一道线，以英文字母进行编号，黏度范围从最小的 A-5 起至最大的 Z-10 止，共 41 个档次，它们的已知黏度范围为 0.005～1066cm²/s，见图 1-17。

（2）加氏管　内径（10.75±0.025）mm，总长度（114±1）mm，距管内底部 99mm 及 107mm 处各划有一道线，以保证液体高度 99mm、气泡高度 8mm。

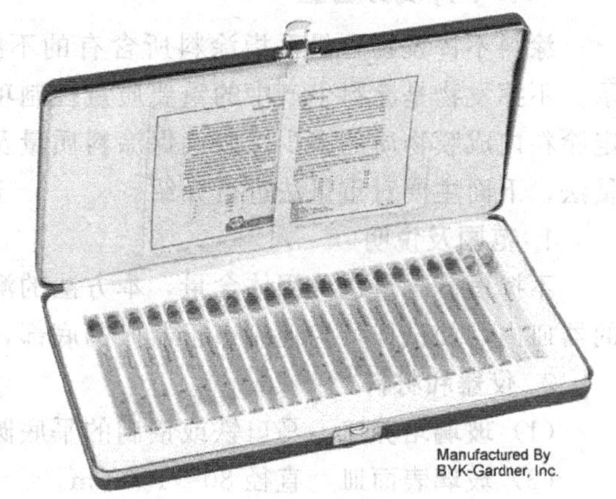

图 1-17　加氏气泡黏度计

（3）恒温水浴。

（4）软木塞。

（5）试管架　有塑料把手的金属架子，标准管和试样可并行地放在完全垂直的位置上。

（6）秒表。

3. 测定方法

（1）对比法

① 将待测试样装入同样规格的格氏管内，用恒温水浴调节温度至（25±0.5）℃。

② 选取四个与试样黏度最接近的标准管，加氏管一起插入试管架中，如图 1-18 所示。试样上方留有一规定的空间，盖上软木塞，并将四个标有字母的玻璃管和装有试样的格。

③ 测试时，将试管架反转，试样由于自身重力下流，气泡上升直到管底，比较管中气泡移动的速度，找到与试样气泡上升时间最接近的标准管，如图 1-19 所示。

（2）计时法将待测试样装入格氏管内，盖上软木塞，于恒温水浴中调整温度至（25±0.5）℃，取出后迅速将格氏管垂直翻转，同时开动秒表，记录气泡上升的时间。

4. 结果表示

（1）对比法　以相同或最近似的标准管的字母编号来表示。

（2）计时法气泡上升的时间即为该试样的黏度，以秒（s）表示。

注：使用该方法需注意，盛试样时，管子必须与标准管的尺寸，气泡大小及测试温度（一般为 25℃）完全一致。

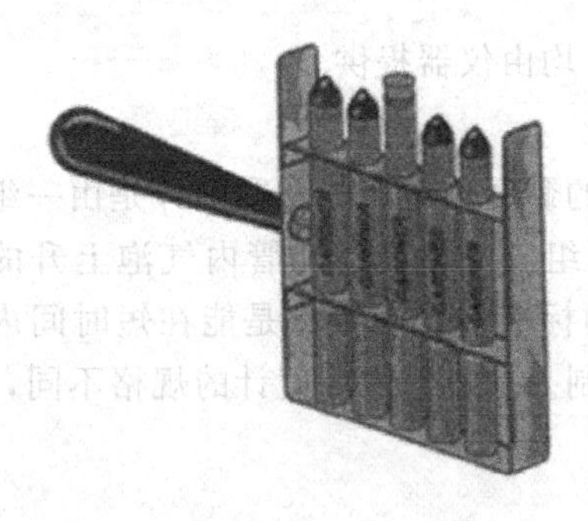

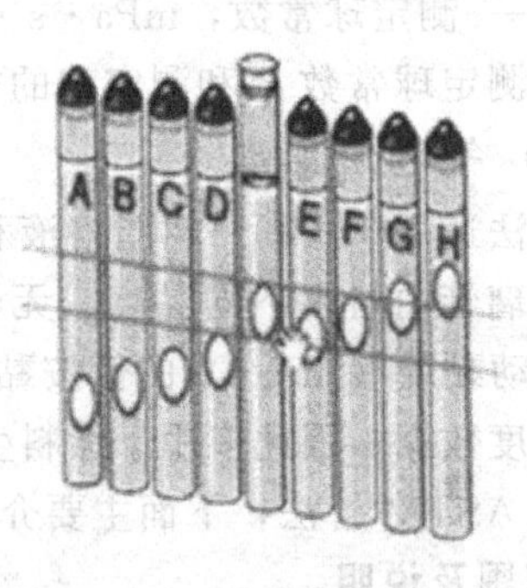

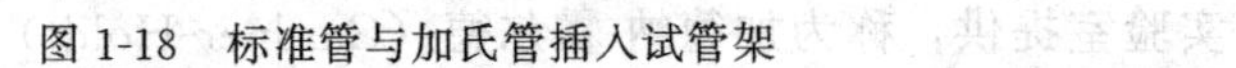

图 1-18 标准管与加氏管插入试管架　　图 1-19 对比法测定黏度

八、不挥发分含量

涂料不挥发物含量系指涂料所含有的不挥发物质的量，一般用不挥发物的质量分数表示。不挥发物是涂料生产中的重要质量控制项目之一。通过不挥发物的测定，可以定量地确定涂料内成膜物质的多少，以确保涂料质量及批次的稳定性。其主要测定方法有重量法和容量法，下面主要对重量法进行介绍。

1. 范围及说明

不挥发分含量也称固体含量，本方法的测试原理是将少量试样置于预先干燥和准确称量的器皿内，使试样均匀地流布于器皿的底部，在规定的温度下经烘干后，恒重、称量。

2. 仪器和材料

（1）玻璃培养皿、马口铁或铝制的平底圆盘，直径约 75mm。

（2）玻璃表面皿　直径 80～100mm。

（3）玻璃干燥器　内放变色硅胶或无水氯化钙。

（4）天平　感量为 0.001g。

（5）鼓风恒温烘箱。

（6）细玻璃棒　长约 100mm。

3. 测定方法

（1）培养皿法　适用于一般性涂料。

① 先将干燥洁净的玻璃培养皿、马口铁或铝制的平底圆盘和玻璃棒在（105±2)℃（或其他商定温度）烘箱内焙烘 30min。取出放入干燥器中，冷却至室温。

② 称量带有玻璃棒的圆盘，准确到 1mg，然后以同样的精确度在盘内称受试产品（2±0.2)g（过氯乙烯漆取样 2～1.5g，丙烯酸漆及固体含量低于 15%的漆类取样 4～5g，或其他双方认为合适的数量）。确保样品均匀地分散在盘面上。如产品含高挥发性的溶剂，用减量法从一带塞称量瓶样至盘内，然后于热水浴上缓缓加热到大部分溶剂挥发完为止。

③ 把盛玻璃棒和试样的盘一起放入预热到（105±2)℃（或其他商定温度）的烘箱内，保持 3h（或其他商定的时间）。经短时间的加热后从烘箱内取出盘，用玻璃棒搅拌试样，把表面结皮加以破碎，再将棒、盘放回烘箱。

④ 到规定的加热时间后（或直至试样恒重），将盘、棒移入干燥器内，冷却到室温再称重，精确到 1mg。试验平行测定两个试样。

（2）表面皿法　本方法适用于不能用培养皿法测定的高黏度涂料如腻子、乳液和硝基电缆漆等。

容量法适用于测定由涂布成膜的一定体积的液体涂料按规定条件固化（或干燥）后，所能得到的干涂料体积——不挥发分容量的方法。本方法的测试原理是首先测定未涂漆圆片的重量和体积，再测涂漆圆片在一定温度和时间烘干后的重量和体积。计算出圆片上干膜的体积和形成干膜的液体漆的体积。这两个体积之比就是该涂料不挥发分的容量。由本方法测得的结果可用来计算色漆、清漆及有关产品按一定干膜厚度的要求施涂时所能涂装的面积大小。

第二节　涂料施工性能检测

一、涂膜的制备

本方法适用于测定漆膜一般性能用试板的制备。制备涂膜时，应选择制备涂膜用的材料、底材的表面处理、制板的方法、漆膜的干燥和状态调节、恒温恒湿条件以及漆膜厚度等。本方法介绍了五种底材的材质要求和处理方法，并列出了六种制板方法，为有关产品通用试样方法中所采用的标准试板及涂漆方法。具体方法请见国家标准 GB/T 1727—1992、国家标准 GB/T 1736—1989、国家标准 GB/T 9271—2008 和国家标准 GB/T 9278—2008。

二、干燥时间

干燥也称固化，系指液体涂料涂在物体表面，从流体层变成固体漆膜的物理或化学的变化过程，通称为涂料的干燥。干燥过程一般分为表面干燥、实际干燥和完全干燥三个阶段。由于涂料要求完全干燥的时间较长，故一般常测定表面干燥和实际干燥两项内容[10]。

（一）表干测定法

1. 范围及说明

本方法适用于漆膜、腻子膜干燥时间的测定。表面干燥时间指在规定的干燥条件下，液体层表层成膜的时间。本方法是在产品到达标准规定的时间后，在距膜面边缘不小于 1cm 的范围内，检验漆膜是否表面干燥（烘干漆膜和腻子膜从电热鼓风箱中取出，应在恒温恒湿条件下放置 30min 测试）。

2. 仪器和材料

脱脂棉球，1cm^3 疏松棉球；小玻璃球，直径 125～250μm；软毛刷；计时器，秒表或时钟。

3. 测定方法

（1）吹棉球法　在漆膜表面上轻轻放上一个脱脂棉球，用嘴距棉球 10～15cm，沿水平方向轻吹棉球，如能吹走，膜面不留有棉丝，即认为表面干燥。

（2）指触法　以手指轻触漆膜表面，如感到有些发黏，但无漆黏在手指上，即认为表面干燥。

（3）小玻璃球法　将样板放平，从 50～150mm 高度上将重约 0.5g、直径为 125～250μm 小玻璃球倒落到漆膜表面上。10s 后，将样板保持与水平面成 20°，用软毛刷轻轻刷漆膜。用一般直视法检查漆膜表面，若小玻璃球能被刷子刷掉，而不损伤漆膜表面时，即认为表面已经干燥。小玻璃球法仅适用于自干型涂层。

4. 结果表示

记录达到表面干燥所需的最长时间，以 h 或 min 表示。按规定的表干时间判定通过或者未通过。

5. 参照标准

国家标准 GB/T 1728—1989、国家标准 GB/T 6753.2—1986。

（二）实干测定法

1. 范围及说明

本方法适用于漆膜、腻子膜干燥时间的测定。实际干燥时间指在规定的干燥条件下，液体层全部形成同体涂膜的时间。本方法是在产品到达标准规定的时间后，在距膜面边缘不小于 1cm 的范围内，检验漆膜是否实际干燥（烘干漆膜和腻子膜从电热鼓风箱中取出，应在恒温恒湿条件下放置 30min 测试）。

2. 仪器和材料

定性滤纸，标重 75g/m^2，15cm×15cm；秒表，分度为 0.2s；干燥试验器，质量 200g，底面积 1cm^2；脱脂棉球，1cm^3 疏松棉球；保险刀片；铝片盒，45mm×45mm ×20mm（铝片厚度 0.05～0.1mm）；天平，感量为 0.01g；电热鼓风干燥箱；聚酰胺丝网，由单丝织成的正方形丝网，尺寸为 25mm×25mm（丝网的单丝线径为 0.120mm，孔径约为 0.2mm）；橡皮圆板，直径 22mm，厚度 5mm；圆柱形砝码，质量为 200g、500g、1000g，直径不小于 22mm。

3. 测定方法

(1) 压滤纸法　在漆膜上放一片定性滤纸（光滑面接触漆膜），滤纸上再轻轻放置干燥试验器，同时开动秒表，经 30s，移去干燥试验器，将样板翻转（漆膜向下），滤纸能自由落下，或在背面用握板之手的食指轻敲几下，滤纸能自由落下而滤纸纤维不被黏在漆膜上，即认为漆膜实际干燥。对于产品标准中规定漆膜允许稍有黏性的漆，如样板翻转经食指轻敲后，滤纸仍不能自由落下时，将样板放在玻璃板上，用镊子夹住预先折起的滤纸的一角，沿水平方向轻拉滤纸，当样板不动，滤纸已被拉下，即使漆膜上黏有滤纸纤维亦认为漆膜实际干燥，但应标明漆膜稍有黏性。

(2) 压棉球法　在漆膜表面上放一个脱脂棉球，于棉球上再轻轻放置干燥试验器，同时开动秒表，经 30s，将干燥试验器和棉球拿掉，放置 5min，观察漆膜有无棉球的痕迹及失光现象，漆膜上若留有 1～2 根棉丝，用棉球能轻轻掸掉，均认为漆膜实际干燥。

(3) 刀片法　用保险刀片在样板上切刮漆膜或腻子膜，并观察其底层及膜内均无黏着现象（如腻子膜还需用水淋湿样板，用产品标准规定的水砂纸打磨，若能形成均匀平滑表面，不黏砂纸），即认为漆膜或腻子膜实际干燥。

(4) 厚层干燥法（适用绝缘漆）　用二甲苯或乙醇将铝片盒擦净、干燥。称取试样 20g（以 50%固体含量计，固体含量不同时应换算），静止至试样内无气泡（不消失的气泡用针挑出），水平放入加热至规定温度的电热鼓风箱内。按产品标准规定的升温速度和时间进行干燥。然后取出冷却，小心撕开铝片盒将试块完整地剥出。检查试块的表面、内部和底层是否符合产品标准规定，当试块从中间被剪成两份，应没有黏液状物，剪开的截面合拢再拉开，亦无拉丝现象，则认为厚层实际干燥。平行试验三次，如两个结果符合要求，即认为厚层干燥。

注：油基漆样板不能与硝基漆样板放在同一个电热鼓风箱内干燥。

(5) 无印痕法　在漆膜表面上放一块 25mm×25mm 的聚酰胺丝网，并在正方形丝网中心放一块橡皮圆板，然后在橡皮圆板上小心放上所需重量的砝码，使圆板的轴线与砝码的轴线重合，同时启动秒表。经过 10min 后移去砝码、橡皮圆板及丝网，观察漆膜有无印痕来评定干燥程度。若测定无印痕的时间，则在预计达到无印痕时间前不久开始，以适当的间隔时间重复上述试验步骤，直至试验显示涂层无印痕为止，记录涂层刚好无印痕的时间。

4. 结果表示

记录达到实际干燥所需的最长时间，以 h 或 min 表示。按规定的实干时间判定通过或是未通过。无印痕法则记录经过规定时间涂层是否达到无印痕（通过和未通过）或涂层刚好无印痕的时间，以 h 或 min 表示。

5. 参照标准

国家标准 GB/T 1728—1989、国家标准 GB/T 9273—1988。

（三）仪器测定法

由于涂料的干燥和涂膜的形成是进行比较缓慢和连续的过程，为了能观察到干燥各个阶段的进程，可以采用自动干燥时间测定仪，形式有齿轮型、落砂型和划针型等。近来的发展趋势都采用划针式，有直线划针式（见图 1-20）和圆周划针式（见图 1-21）。

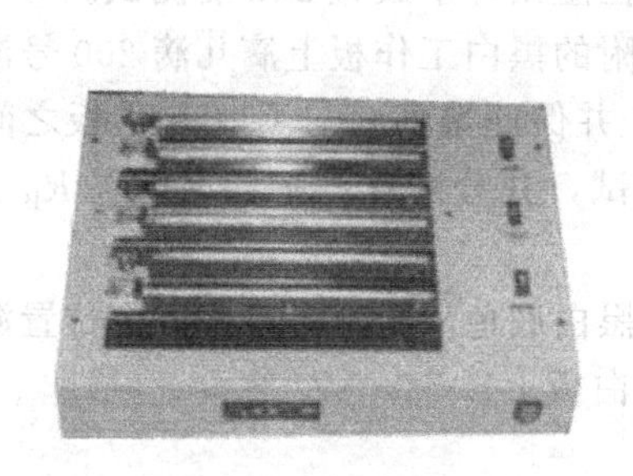

图 1-20 直线划针式干燥时间测定仪

图 1-21 圆周划针式干燥时间测定仪

三、遮盖力测试

遮盖力（hiding power）是指色漆、油墨等经均匀涂覆后，其涂膜遮盖被涂表面底色的能力，是颜料对光线产生散射和吸收的结果。涂料遮盖力是指把色漆均匀涂布在物体表面上，使其底色不再呈现的最小用漆量，用 g/m^2 表示。颜料遮盖率是指颜料和调墨油研磨成色浆，均匀地涂刷于黑白格底材上，使黑白格恰好被遮盖的最小用颜料量[11]。

颜料遮盖力的强弱主要决定于下列性能：折射率，折射率愈大，遮盖力愈强；吸收光线能力，吸收光线能力愈大，遮盖力愈强；结晶度，晶形的遮盖力较强，无定形的遮盖力较弱；分散度，分散度愈大，遮盖力愈强。

同样重量的涂料产品，在相同的施工条件下，遮盖力高的产品可比遮盖力低的产品能涂装更多的面积。为了克服目测黑白格板遮盖力的不准确性，用反射率仪对遮盖力进行测定，把被测试样以不同厚度涂布于透明聚酯膜上，干燥后置于黑、白玻璃板上，分别测定其反射率，其比值为对比率，对比率等于 0.98 时，即为全部遮盖，根据漆膜厚度就可求得遮盖力，适用于白色及浅色漆。下面重点介绍反射率法测定遮盖力。

1. 范围及说明

本方法是将试样涂布于无色透明聚酯薄膜上，或者涂布于底色黑白各半的卡片纸上，用反射率仪测定涂膜在黑白底面上的反射率，其在黑色和白色底面上的反射率之比即为对比率，即其相应的遮盖率。国际标准推荐采用反射率仪对遮盖力进行测试，其精确性高，但这种方法主要适用于白色漆和浅色漆。

2. 仪器和材料

线棒涂布器，规格 100（即线径为 100μm）；间隙式漆膜制备器，100μm；聚酯薄膜，无色透明，厚度为 30～50μm；底色黑白各半的卡片纸；反射率仪，一种能给出指示读数与受试表面反射光度成正比的光电仪器，其精度在 0.3%以内，其光谱灵敏度近似等于 CIE 光源 C 或 D65 的相对光谱能量分布和 CIE 标准观察者的颜色匹配函数 $\bar{y}(\lambda)$ 的乘积，仪器由探头、主机、黑白标准板（各一块）、黑白上作陶瓷板（各两块）等组成。探头采用 0°照射、漫反射接收的原理。当试样的反射光作用于硒光电池表面时产生电讯号输入到直流放大器进行放大，并予以读数显示。用反射率仪测量时，白标准板反射率应为（80±2）%，黑标准板反射率应不大于 1%。该仪器可用于漆膜遮盖力的测定和反射率的测量。

注：仪器使用前应预热 15min 以上，反复调零、校准。连续测试时，在测试的间隙应将测头放置在调零板上，以防止硒光电池光电疲劳。

3. 测定方法

（1）用线棒或间隙式漆膜制备器在聚酯薄膜或黑白各半的卡片纸上均匀地涂布被测涂料，在温度（23±2）℃、相对湿度（50＋5）%的恒温恒湿条件下放置 24h 后测试。

（2）如用聚酯薄膜为底材制备涂膜，则在仪器所附的黑白工作板上滴几滴 200 号溶剂汽油（或其他适合的溶剂），将涂漆聚酯膜铺展在上面，并保证聚酯膜与黑白 T 作板之间无气隙，然后用反射率仪在至少四个位置进行反射率的测试，并分别计算平均反射率 R_B（黑板上）和 R_w（白板上）。

（3）如用黑白各半的卡片纸制备涂膜，则直接在黑白底色涂膜上各至少四个位置测景反射率，并分别计算平均反射率 R_B（黑板上）和 R_W（白板上）。

4. 结果表示

平行测定两次，如两次测定结果之差不大于 0.02，则取两次测定结果的平均值，否则重新测试。

5. 参照标准

国家标准 GB/T 9755—2001、国家标准 GB/T 9756—2009、国家标准 GB/T 9757—2001。

四、打磨性

图 1-22 打磨性测定仪

打磨性是指漆膜或腻子层经砂纸或浮石等研磨材料干磨或湿磨后，产生平滑无光表面的难易程度。它对施工质量和效率有影响，特别是对底漆和腻子是一项重要性能指标。

1. 范围及说明

本方法适用于底漆、腻子膜打磨性的测定。本方法可采用仪器或手工方式打磨漆膜表面，通过对待测底漆、腻子样板经一定次数打磨后，根据负荷重量、打磨次数与磨损程度，观察该底漆、腻子表面现象来评定打磨性。

2. 仪器和材料

水砂纸；打磨性测定仪如图 1-22 所示，该仪器是用于评价底漆、腻子打磨性优劣的装置，通过对试样的来回打磨，打磨次数可由计数器直接读取，以涂膜的表面现象进行评定。

3. **测定方法**

在打磨性测定仪的磨头上装上产品标准规定的水砂纸，将待磨样板置于吸盘正中，磨头经一定次数往复打磨后，观察样板表面现象。在进行腻子膜打磨时，应在仪器磨头上加上按产品标准规定的负荷。采用手工方式打磨时，用水砂纸在样板上均匀地摩擦，可以干磨也可以湿磨。手工打磨时，应注意用力及打磨速度的均匀。

4. **结果表示**

三块样板中以其中两块现象相似的样板评定结果。判断表面是否均匀平滑无光，是否有磨不掉的微粒或发热变软等现象。合格与否按产品标准规定。

5. **参照标准**

国家标准 GB/T 1770—2008。

五、流平性

流平性是指涂料在施工后，其涂膜由不规则、不平整的表面流展成平坦而光滑表面的能力。涂料流平是重力、表面张力和剪切力的综合效果。本方法适用于涂料流平性的测定，分为刷涂法、喷涂法和刮涂法。将油漆刷涂、喷涂或刮涂于表面平整的底板上，以刷纹消失和形成平滑漆膜表面所需时间，以 min 表示[12]。

1. **仪器和材料**

马口铁板，表面平整，50mm×120mm×(0.2～0.3)mm；黑白各半测试纸，见图1-23；漆刷，宽 25～35mm；喷枪；秒表；流平测试器，见图 1-24，是一个耐腐蚀、不锈钢结构的刮涂器，其上切口有一组间隔相等的五对凹槽，槽深分别为 100μm、200μm、300μm、500μm 和 1000μm。

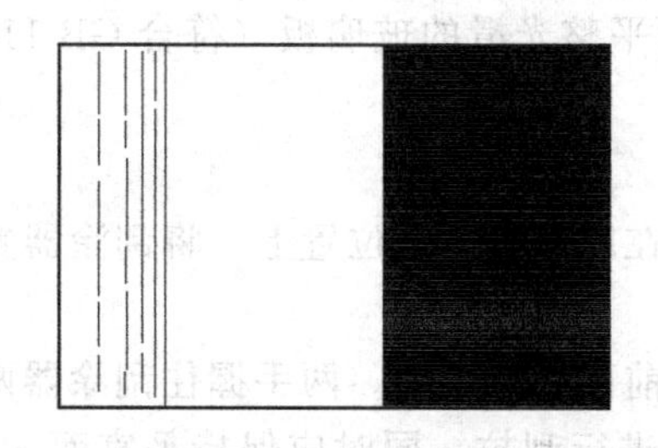

图 1-23　黑白测试纸

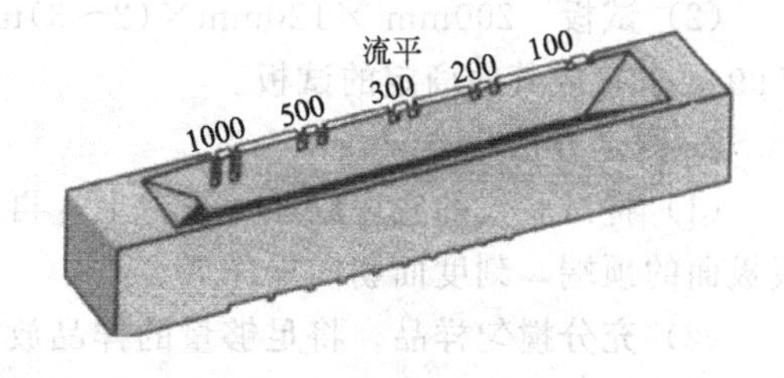

图 1-24　流平测试器

2. **测定方法**

(1) 刷涂法　在恒温恒湿的条件下，按本章节一的刷涂法，用漆刷在马口铁板上制备漆膜。刷涂时，应迅速先纵向后横向地涂刷，涂刷时间不多于 2～3min。然后在样板中部纵向地由一边到另一边涂刷一道（有刷痕而不露底）。自刷子离开样板的同时，开动秒表，测定刷子划过的刷痕消失和形成完全平滑漆膜表面所需之时间，合格与否按产品标准规定。

(2) 喷涂法　按本章节一的刷涂法，在马口铁板表面上制备漆膜，将样板置于恒温恒湿的条件下，观察涂漆表面达到均匀、光滑、无皱（无橘皮或鹅皮）状态所需的时间，合格与否按产品标准规定。

(3) 刮涂法　在恒温恒湿条件下，用流平试验器将试样刮涂于测试卡纸上，产生五对各种涂膜厚度的条纹。保持测试卡纸的水平位置，观察其中哪一对条纹并拢在一起，并记录并拢的时间。

六、流挂性测试

流挂性是指涂料涂布在垂直表面上，受重力的影响，在湿膜干燥以前，部分湿膜的表面容易向下流坠，形成上部变薄、下部变厚或严重的形成球形、波纹形状现象的能力。一般检测的方法是在试板上涂上一定厚度的涂膜，将试板垂直立放，观察湿膜的流坠现象，进行记录。检查是否符合产品的规定。本方法适用于色漆相对流挂性的测定，不适于测试清漆和粉末涂料的流挂性。

1. **仪器和材料**

(1) 流挂试验仪　如图 1-25 所示，由三个多凹槽刮涂器、底座、试板置放架组成；测量范围为 50～675μm。每个刮涂器能将待测试样刮涂成 0 条不同厚度的平行湿膜，湿膜宽度为 6mm，条膜间距为 1.5mm，相邻条膜厚度差 25μm。底座为带有刮涂导边和玻璃试板挡块的表面平整之钢质构件。

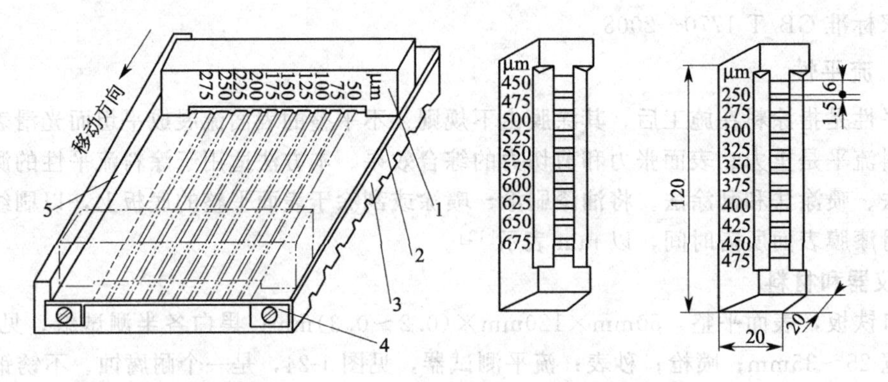

图 1-25　流挂试验仪及装置　单位：mm

1—多凹槽刮涂器；2—玻璃试板；3—底座；4—玻璃试板挡块；5—导边

(2) 试板　200mm ×120mm×(2～3)mm 的表面平整光滑的玻璃板（符合 GB 11614—1999 要求）或其他商定的试板。

2. **测定方法**

(1) 将试验仪的底座放在一平台上，再将试板放在底座的适宜位置上。将刮涂器置于试板板面的顶端，刻度面朝向操作者。

(2) 充分搅匀样品，将足够量的样品放在刮涂器前面的开口处。两手握住刮涂器两端使其一端始终与导边紧密接触，平稳、连续地从上到下进行刮拉，同时应保持平直而无起伏，约 2～3s 完成这一操作。

(3) 将刮完涂膜的试板立即垂直放置，放置时应使条膜呈横向且保持“上薄下厚”，待涂膜表干后，观察其流挂情况。若该条厚度涂膜不流到下一个厚度观察其流挂情况。若该条厚度涂膜不流到下一个厚度条膜内时，即为该厚度的涂膜不流挂。涂膜两端各 20mm 内的区域不计。示例如图 1-26 所示，1～5 条涂膜为不流挂，以第 5 条湿膜厚度为不流挂读数。

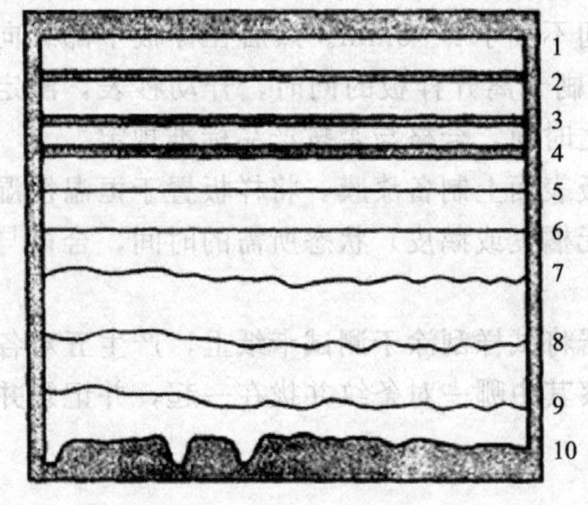

图 1-26　不流挂的示例

3. **结果表示**

同一试样以三块样板进行平行试验。试验结果以不少于两块样板测得的涂膜不流挂的最大湿膜厚度一致来表示，以微米（μm）计。

4. **参照标准**

国家标准 GB/T 9264—1988。

七、闪点

1. 范围及说明

本方法适用于色漆、清漆产品闪点的测定，其闪点的测量范围为 110℃以下，含有卤代烃的混合溶剂所测得的结果有异常现象。在本方法中的闪点（闭杯）是指在规定的条件下，加热闭杯中的试样时，所逸出的蒸气在火焰的存在下能瞬间闪火的最低温度[13]。

注：本方法的闪点应按标准大气压 101.3kPa。

2. 仪器和材料

(1) 闪点测定器　如图 1-27 所示，仪器由试验杯、试验杯盖、加热装置、冷却装置和计时装置组成。

① 试验杯。由黄铜或其他适宜的导热好的耐腐蚀的金属块制成。金属块上部有一带盖的直径约 50mm、深约 10mm 的试验凹槽，温度计插入该金属块的温度计孔内，图 1-28 为其平面图。

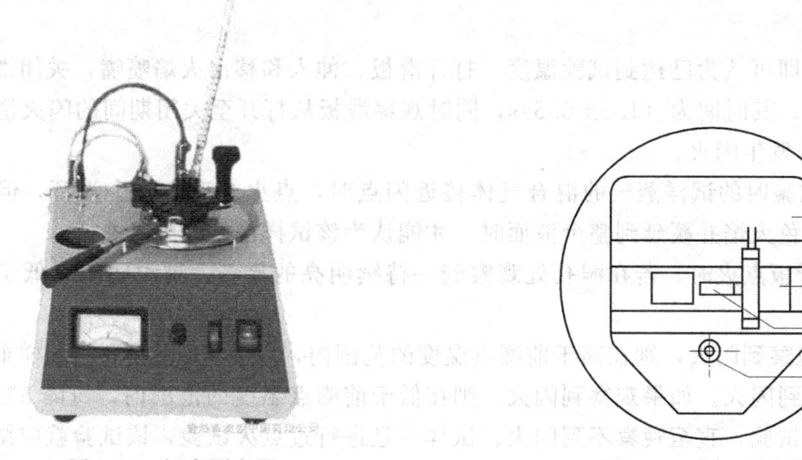

图 1-27　闪点测定器

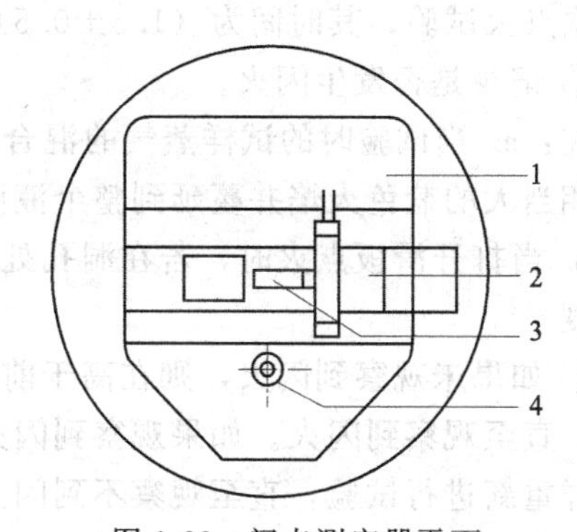

图 1-28　闪点测定器平面

1—平板；2—疏气管；3—打火喷气孔；4—点火开关

② 试验杯盖。用厚约 2mm 的黄铜或其他适合的金属制成。上装有可开关的滑板（用厚约 1.2mm 的不锈钢或其他适合的金属制成。一般采用电动装置，也装有手动装置）以及当滑板打开时能将试验火焰［直径为（3.5±0.5)mm］伸入试样凹槽内的点火装置。火焰伸入时，试验火焰的喷嘴口应距试验杯盖底面±0.1mm。盖上还有一个伸入试样凹槽的小孔，以便装入试样。为了保证盖与试验杯的紧密结合，可以采用适当的夹具使盖上的三个孔的中心线与试样凹槽的直径重合。当盖上的滑板处于打开的位置时，滑板上的两个孔同盖上相对应的两个孔必须完全重合。

③ 加热装置。采用电加热并装有一个温度控制器，使金属块的温度能够控制在要求温度 0.2℃的范围内。

④ 冷却装置。采用半导体制冷元件冷却。

⑤ 计时装置。采用数码管计时。

(2) 温度计　水平放置、量程合适的充氮水银玻璃温度计，最小分度为 0.5 ℃，适于插入金属块的温度计孔内。测量试验杯温度的最大误差不应超过 0.5℃。试验时，先涂一层具有导热性良好的热塑性材料，再插入孔内。

(3) 注射器　容量为 2mL，精确至±0.1mL。对于高黏度产品，可以使用勺匙。

（4）点火装置的燃料　通常是丁烷，亦可使用煤气或天然气。

3. **测定方法**

（1）方法1　适用于预计闪点为室温至110℃（如果预计闪点接近于室温时，推荐采用方法2）。

① 将样品及盛样容器冷却至低于预计闪点10℃。

② 保证试样凹槽、盖及滑板干燥洁净，盖上盖子，关闭滑板。

③ 开启加热装置，当温度达到低于待测试样预计闪点3℃时，缓慢调节加热装置的控制器，直至试样凹槽达到预计闪点温度并保持稳定。

④ 用干燥洁净的注射器吸取2mL冷却的试样，通过加料孔将试样快速地注入试样凹槽内。注意不要使试样有任何损失。拔出注射器，立即开动计时器。

注：如待测试样的黏度大，难以通过加料孔注入时，可以打开盖子，改用勺匙将2～3mL。试样加入试样凹槽内，取出试样后应盖严盛样容器，并放回低于预计闪点10℃处。

⑤ 打开气体控制阀，点燃试验火焰，并将火焰调节成球形，使其直径为（3.5±0.5)mm。

⑥ 60s后，即可认为已达到试验温度。打开滑板，伸入和移出火焰喷嘴，关闭滑板，完成一次点火试验，其时间为（1.5±0.5)s，同时观察滑板从打开至关闭期间的闪火情况。

⑦ 记录是否发生闪火。

注：a. 当试验时的试样蒸气的混合气体接近闪点时，点火会产生一个光环，但是只有出现相当大的蓝色火焰并蔓延到整个液面时，才能认为该试样已经闪火。

b. 当打开滑板点火时，若在洞孔处观察到一持续明亮的火焰，这说明闪点低于试验时的温度。

⑧ 如果未观察到闪火，则在高于前测点温度的范围内，每隔5℃用新取的试样重新进行试验，直至观察到闪火。如果观察到闪火，则在低于前测点温度的范围内，每隔5℃用新取的试样重新进行试验，直至观察不到闪火。试样一旦进行过点火试验，该试验就应结束，随后的每个试验都应采取新取的试样。

⑨ 在已确定闪火与不闪火的相隔5℃的两个温度之间，再用新取的试样从较低温度开始，每隔1℃按上述的步骤进行试验，直至观察到闪火。闪火时，温度计读数要精确至0.5℃，并记录此结果。此值作为该试样在试验时的大气压力下的闪点，同时记录以kPa、mbar或mmHg表示的大气压力。

⑩ 重复测定并计算修正了的闪点的算术平均值，精确至0.5℃。

注：每次完成点火试验后，必须关闭气体控制阀，立即清洗试样凹槽及盖子。

（2）方法2　适用于预计闪点在室温以下。

① 将样品及盛样容器冷却至低于预计闪点3～5℃。试验时，仪器应先通冷却水。

② 冷却试样凹槽，缓慢调节到预计闪点温度，并保持稳定。试样凹槽应干燥洁净并关闭滑板。

③ 用干燥洁净的注射器吸取2mL试样，通过加料孔将试样快速地注入试样凹槽内，注意不要使试样有任何损失，拔出注射器，立即开动计时器。

注：如待测试样的黏度大，难以通过加料孔注入时，可以打开盖子，改用勺匙将2～3mL。试样加入试样凹槽内，取出试样后应盖严盛样容器，并放同低于预计闪点10℃处。

④ 打开气体控制阀，点燃试验火焰，并将火焰调节成球形，使其直径为（3.5±0.5)mm。

⑤ 60s后，即可认为试样已达到试验温度。打开滑板，伸入和移出火焰喷嘴，关闭滑板，完成一次点火试验，其时间为（1.5±0.5）s，同时观察滑板从打开至关闭期间的闪火情况。

注：a. 当试验时的试样蒸气的混合气体接近闪点时，点火会产生一个光环，但是只有出现相当大的蓝色火焰并蔓延到整个液面时，才能认为该试样已经闪火。

b. 当打开滑板点火时，若在洞孔处观察到一持续明亮的火焰，这说明闪点低于试验时的温度。

⑥ 关闭气体控制阀，并清洗试样凹槽及盖子。

⑦ 记录是否发生闪火。

⑧ 如果未观察到闪火，则在高于前测点温度的范围内，每隔5℃用新取的试样重新进行试验，直至观察到闪火。如果观察到闪火，则在低于前测点温度的范围内，每隔5℃用新取的试样重新进行试验，直至观察不到闪火。试样一旦进行过点火试验，该试验就应结束。随后的每个试验都应采取新取的试样。

⑨ 在已确定闪火与不闪火的相隔5℃的两个温度之间，再用新取的试样从较低温度开始，每隔1℃按上述步骤进行试验，直至观察到闪火。闪火发生时，温度计读数要精确至0.5℃，并记录此结果。此值作为该试样在试验时的大气压力下的闪点，同时也记录以kPa、mbar或mmHg表示的大气压力。

⑩ 重复测定并计算修正了闪点的算术平均值，精确至0.5℃，

注：a. 试验前，样品应放置在密闭的容器中，容器中的空余体积应超过整个容器量的10%，样品不应贮存在塑料（如聚乙烯、聚丙烯等）瓶内。取出试样以后，应立即盖严盛样容器，以保证容器中挥发组分的损失降到最低限度。否则，该样品不宜再作试验用。

b. 在有争议的情况下，应在（25±1）℃、相对湿度60%～70%的条件下进行试验。

4. 参照标准

国家标准GB/T 5208—2008。

八、贮存稳定性

贮存稳定性是指涂料产品在正常的包装状态和贮存条件下，经过一定的贮存期限后，产品的物理或化学性能所能达到原规定使用要求的程度。它反映涂料产品抵抗其存放后可能产生的异味、增稠、结皮、返粗、沉底、结块、干性减退、酸值升高等性能变化的程度。试验方法是将液态色漆和清漆密闭在容器中，放置自然环境或加速条件下贮存后，测定所产生的黏度变化、色漆中颜料沉降、色漆重新混合以适于使用的难易程度以及其他按产品规定所需检测的性能变化。

1. 仪器和材料

恒温鼓风干燥箱，能保持（50±2）℃；容器，容积为0.4L标准的压盖式金属漆罐；天平，分度值为0.2g；黏度计，涂-4黏度计、涂-1黏度计或其他适宜的黏度计；秒表，分度值为0.1s；温度计，0～50℃，分度值0.5℃；调刀，长100mm左右，刀头宽20mm左右，质量约为30g；狼毛刷，宽25mm；试板，120mm×90mm×（2～3）mm的平玻璃板。

2. 测定方法

（1）按本章第一节一的取样规定，取出三份试样装入三个容器中，装样量以离罐顶15mm左右为宜。

（2）贮存试验前先将一罐原始试样测定黏度，检查容器中的状态和漆膜颗粒、胶块及刷痕等，以便对照比较。

（3）将另两罐试样盖紧盖子后，称量试样质量，准确至 0.2g，然后放入恒温干燥箱内，在（50±2）℃加速条件下贮存 30d，也可在自然环境条件下贮存 6～12 个月。

（4）试样贮存至规定期限后，由恒温干燥箱中取出试样，在室温放置 24h 后，称量试样重量，如与贮存前的重量差值超过 1%，则可认为由于容器封闭不严密所致，其性能测试结果值得怀疑。

注：在（50+2）℃加速条件下贮存 30d，大致相当于自然环境条件下贮存半年至 1 年。如果对（50+2）℃加速条件的试验结果有争议或怀疑，可在标准温度［（23±2）℃或（25±1）℃］条件下，按产品规定的贮存期限贮存 6～12 个月后，再检查各项性能，以此作为仲裁性试验。

3. 结果表示

（1）结皮、压力、腐蚀及腐败味的检查与评定　在开盖时，注意容器是否有压力或真空现象，打开容器后检查是否有结皮、容器腐蚀及腐败味、恶臭或酸味。每个项目的质量分别按下列六个等级记分：10＝无；8＝很轻微；6＝轻微；4＝中等；2＝较严重；0＝严重。

（2）沉降程度的检查与评定　如有结皮，应小心地去除结皮，然后在不振动或不摇动容器情况下，将调刀垂直放置在油漆表面的中心位置，调刀的顶端与油漆罐的顶面取齐，从此位置落下调刀，用调刀测定沉降程度。如果颜料已沉降，在容器底部形成硬块，则将上层液体的悬浮部分倒入另一清洁的容器中，存之备用。用调刀搅动颜料块使之分散，加入少量倒出的备用液体，使之重新混合分散，搅匀。再陆续加入倒出的备用液体，进行搅拌混合，直到颜料被重新混合分散，形成适于使用的均匀色漆，或者已确定用上述操作不能使颜料块重新混合分散成均匀的色漆为止。沉降程度的评定如下：10 为完全悬浮，与色漆的原始状态比较，没有变化；8 为有明显的沉降触感并且在调刀上出现少量的沉积颜料，用调刀刀面推移没有明显的阻力；6 为有明显的沉降的颜料块，以调刀的自重能穿过颜料块落到容器的底部，用调刀刀面推移有一定的阻力，凝聚部分的块状物可转移到调刀上；4 为以调刀的自重不能落到容器的底部，调刀穿过颜料块，再用调刀刀面推移有困难，而且沿罐边推移调刀刀刃有轻微阻力，但能够容易地将色漆重新混合成均匀的状态；2 为当用力使调刀穿透颜料沉降层时，用调刀刀面推移很困难，沿罐边推移调刀刀刃有明显的阻力，但色漆可被重新混合成均匀状态；

0 为结成很坚硬的块状物，通过手工搅拌在 3～5min 内不能再使这些硬块与液体重新混合成均匀的色漆。

（3）漆膜颗粒、胶块及刷痕的检查与评定　将贮存后的色漆刷涂于一块试板上，待刷涂的漆膜完全干燥后，检查试板上直径为 0.8mm 左右的颗粒及更大的胶块，以及由这种颗粒或胶块引起的刷痕。对不适宜刷涂的涂料，可用 200 目滤网过滤调稀的被测涂料，观察颗粒或胶块情况。每个项目分别按下列六个等级评定：10＝无；8＝很轻微；6＝轻微；4＝中等；2＝较严重；0＝严重。

注：如试验样品显著增稠，允许用 10%以内的溶剂或按产品规定的稀释后，再进行刷涂试验。

（4）黏度变化的检查与评定　如果试样按上述（2）搅拌后能使所有的沉淀物均匀分散，则立即用黏度计测定色漆的黏度。如有未分布均匀的沉淀物或结皮碎块，可用 100 目筛网过滤之后再行测试。测定黏度时，试样的温度可按产品规定的要求，保持在（23±2）℃或（25±1）℃（应注明温度），黏度以时间（s）表示，精确到 0.1s。在色漆搅拌均匀并经过滤后，用产品规定的适宜的黏度计测定黏度，根据贮存后黏度与原始黏度的比值，按下列等级评定黏度变化值：10 为黏度变化值不大于 5%；8 为黏度变化值不大于 15%；6 为黏度变化值不大于 25%；4 为黏度变化值小大于 35%；2 为黏度变化值不大于 45%；0 为黏度变化值大于 45%。

本方法最终评定以"通过"或"不通过"为结论性评定。

4. 参照标准

国家标准 GB/T 6753.3—1986。

九、湿膜厚度

在涂料和涂膜的检测中，涂膜厚度是一个很重要的控制项目内容。在涂膜施工过程中，由于涂后漆膜厚度不均匀或厚度未达到规定要求，均对涂层的性能产生重大的影响。本方法适用于湿膜厚度的测定，测定时必须在漆膜制备后立即进行，以免由于挥发性溶剂的蒸发而使漆膜发生收缩现象。目前常用的湿膜厚度计有轮规、梳规两种。

（一）轮规

1. 范围及说明

本方法适用于实验室试板或新涂漆表面的湿膜厚度的测量。

2. 仪器和材料

轮规：由三个等间隔的轮同轴组成，中间的一个略小于外轮，并偏心，具有高度差。当该仪器在湿膜上滚动时，能从中间轮边缘刚刚触及湿膜表面的位置，对应于外轮上的标尺读出湿膜厚度。

3. 测定方法

(1) 测试时，应将轮规垂直放于漆膜表面，以使两个外轮的最大刻度处与底材接触，轮规不能左右晃动，否则所测值有误差。

(2) 沿表面滚动轮子 180°，检查中间轮缘与湿膜表面首先接触的位置，标定的尺度将指出这一点的湿膜厚度。

注：轮规在涂层表面滚动时，最好由间隙最大处开始，湿膜不受推动挤压，所测值比较准确。

4. 结果表示

在不同部位以相同方式至少再取两个读数，以得到涂漆范围内的代表性结果，以 μm 表示。

5. 参照标准

国家标准 GB/T 13451.2—1992。

（二）梳规

1. 范围及说明

本方法适用于现场涂漆操作时的湿膜厚度测量，测量值可粗略指明湿膜厚度。

2. 仪器和材料

梳规：由金属或塑料薄板制成，周边由梳齿组成，两端的外齿处于同一水平面，形成一条基线，中间内齿则距水平面有依次递升的不同间隙，指示有不同的读数，表示涂层厚度值。

3. 测定方法

测试时，将梳规垂直而稳固地压在被测涂膜的表面，部分齿被沾湿，移去梳规，检查齿口，确定与湿膜表面接触的最短的一个齿，以最后触及湿膜齿和第一个未触及湿膜齿的所示刻度之间的值记录为湿膜厚度。

4. **结果表示**

最后一个被沾湿的齿与未被沾湿的齿之间的读数就是被测湿漆膜的厚度，以 m 表示。以同一方式至少在不同部位再取两次读数，以得到涂漆范围内的代表性结果。

5. **参照标准**

国家标准 GB/T 13451.2—1992。

十、干膜厚度

在实际工作中大量遇到的是干膜厚度的测量，因为涂料的某些物理性能的测定及耐候性等专用性能的试验均需把涂料制成试板，在一定的膜厚下进行测试。干膜厚度的测量方法较多，按工作原理来分，基本上分为磁性法和机械法两类，此外还有显微镜法。

机械测量法中常用杠杆千分尺或千分表测量漆膜厚度。使用时不受底材性质的限制和漆膜中导电或导磁颜料的影响，测量精度较高，可达±2μm，但只能对较小面积的样板进行测量，而且漆膜必须足够硬，以经受住与千分尺卡头或千分表触针紧密接触时而无压痕，测量时，漆膜需遭到局部破坏。千分尺法适用于实验室使用的小尺寸金属板或类似材料的平整表面，也可用于圆棒涂层的测量。测试原理为测定杠杆千分尺两个测量面之间的距离来得出相应的漆膜厚度。千分表法又称指示表法，适用于测定平整的涂漆试板。测试原理为利用仪器的触针测量漆膜与底材的高度差即可得到漆膜厚度。

显微镜法中有 A 和 B 两种方法，分别用来测定不同底材上的干膜厚度，并可来作为仲裁试验方法，A 法是测量切自试板或涂漆物体断面上干膜厚度的一般方法。在测量由于底材不平整造成漆膜厚度发生变化时，特别有用。其测试原理为试块经过处理后置于显微镜下，用目镜上的标尺直接标量，读取漆膜厚度。B 法不涉及试块的切割，直接在显微镜下测定，其测试原理是将涂层切割出一个 V 形缺口直至底材，用带有标尺的显微镜测量 a'、b' 的宽度，标尺的分度已通过校正系数换算成相应的微米数，因此可从显微镜中直接读出漆膜的实际厚度 a 和 b。本方法除能测定总漆膜厚度外，还能测出多层漆系统的每层厚度。下面重点介绍一下磁性法。

1. **范围及说明**

磁性法为非破坏性仪器的测量方法。根据被测底材的不同，可分为磁性测厚仪和非磁性测厚仪，分别适用于磁性金属底材及非磁性金属底材上漆膜干膜厚度的测定，是目前干膜厚度测量的主要方法。磁性测厚仪主要是利用电磁场磁阻原理，通过流入钢铁底材的磁通量大小，即破体与磁性底材之间间隙的变化引起磁通量的改变来测定漆膜厚度。也有利用磁吸力法原理，即以克服永久磁铁与磁性底材之间的磁引力所需的力来测量漆膜厚度。非磁性测厚仪则利用涡流测厚原理来测量，即感应涡流的大小是随仪器探头线圈与金属底材件漆膜厚度的大小而变化，通过感应涡流的变化测量诸如铝板、铜板等不导磁底板上涂层的厚度。

2. **仪器和材料**

测厚仪：精确度为 2μm，有台式和便携式，规格有刻度盘式和数字显示式，图 1-29 为运用磁吸力法原理的刻度盘式的 Mikrotest 型磁性测厚仪；图 1-30 为运用磁通量原理的 Elcometer345 型测厚仪。图 1-31 为运用涡流原理的测厚仪。

3. **测定方法**

(1) 刻度盘式测厚仪

① 手动式将测头置于被测漆膜上，用手指把仪器刻度盘缓慢向前推，听到“嗒”一声响，停止推动，指针所指读数即为该样板的漆膜厚度。

② 自动式将刻度盘向前推至最大量程，按动按钮，仪器自动进行测定。

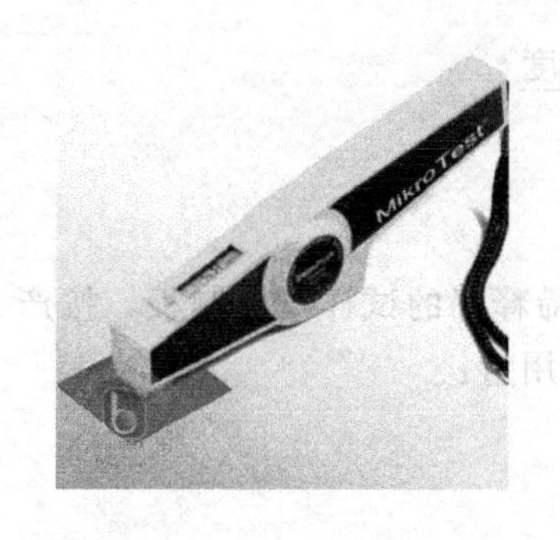

图 1-29　Mikrotest 型磁性测厚仪

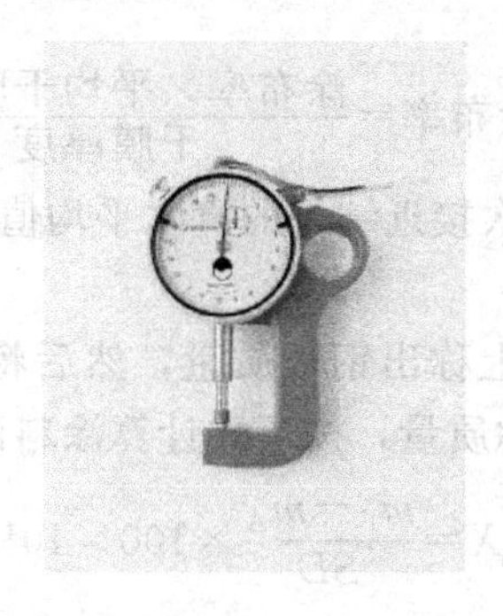

图 1-30　Elcometer345 型测厚仪

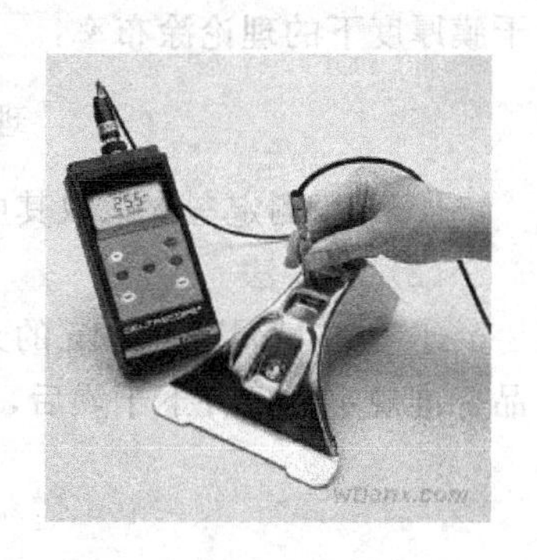

图 1-31　涡流测厚仪

(2) 数显式磁性测厚仪　在性质相似于受试底材的参照表面上，小心地调至零位，然后用仪器附带的标准片校准。测量时将探头放在样板上，取距边缘不少于 1cm 的上、中、下三个位置进行测量，读取漆膜厚度值。

4. 结果表示

取各点厚度的算术平均值为漆膜的平均厚度值。

5. 参照标准

国家标准 GB/T 13451.2—1992。

十一、涂布率的测定

涂布率是指在一定的施工条件下，按规定的方法施涂一道涂层，每单位体积的涂料所能覆盖规定底材的平均面积，以 m^2/L 表示[14,15]。

1. 仪器和材料

天平，感量为 0.1g、0.01g、0.001g；漆刷，宽 25～35mm；漆膜刮涂器，间隙 100μm；湿膜测厚仪（轮规），0～100μm；磁性测厚仪，0～300μm；杠杆千分尺，精度 2μm；喷枪；钢板；聚酯薄膜。

2. 测定方法

(1) 刷涂法

① 在未经打磨的平整钢板上刷涂一定厚度、一定面积的漆膜后，立即用减量法在感量为 0.1g 的天平上称出刷涂量，按下式计算涂料的使用量：

$$X=(m_1-m_2)\times 10^4/S$$

式中　X——使用量，g/m^2；

m_1——涂漆前漆刷及盛有试样的容器质量，g；

m_2——涂漆后漆刷及盛有试样的容器质量，g；

S——涂漆面积，cm^2。

② 根据液体涂料的密度，由下式计算出涂布率：

$$R=\frac{1}{X\rho^{-1}}\times 10^3$$

式中　R——涂布率，m^2/L；

X——使用量，g/m^2；

ρ——液体涂料的密度，g/mL。

③ 待样板实干后，用磁性测厚仪测出样板上漆膜的平均厚度，按下式计算出在要求的

干膜厚度下的理论涂布率：

$$理论涂布率=\frac{涂布率\times平均干膜厚度}{干膜厚度}$$

④ 平行测定三次，取其中两次接近结果的算术平均值。

（2）喷涂法

① 先在感量为 0.01g 的天平上称出钢板质量，然后将已稀释好的试样喷涂制板，按产品标准规定的条件下干燥后，再称质量，按下式计算涂料的使用量：

$$X=\frac{m_B-m_A}{SD}\times100\times10^4$$

式中　X——使用量，g/m^2；

m_A——喷漆前钢板质量，g；

m_B——喷漆后钢板质量，g；

S——喷漆面积，cm^2；

D——该试样的固体含量，%。

② 然后按上述刷涂法同样的换算步骤计算出在要求的干膜厚度下的理论涂布率。试验也平行测定三次，取其中两次接近结果的算术平均值。

（3）刮涂法

① 在聚酯膜上用刮涂器制备漆膜，待实干后用裁刀裁取一定面积的试片，在感量 0.001g 的天平上进行称量，得 m_2。同时用杠杆千分尺测出聚酯膜上干漆膜的平均厚度 H，再用对聚酯膜干燥质量无影响的溶剂除去漆膜，经完全干燥后．称取该聚酯膜质量，得 m_1，按下式计算干漆膜的表面密度 ρ_A：

$$\rho_A=\frac{m_2-m_1}{S}$$

式中　ρ_A——干漆膜表面密度，g/mm^2；

m_1——未涂漆的聚酯膜质量，g；

m_2——涂漆的聚酯膜质量，g；

S——聚酯膜试片的面积，mm^2。

② 在已知干漆膜表面密度和其他数据的基础上，可按下式计算出湿膜厚度：

$$WFT=\frac{\rho_A}{\rho NV}\times10^6$$

式中　WFT——湿膜厚度，μm；

ρ_A——干漆膜表面密度，g/mm；

ρ——液体涂料的密度，g/mL；

NV——不挥发物含量，%。

③ 涂布率 R 是湿膜厚度的倒数，即：

$$R=\frac{1}{WFT}=\frac{SNV}{m_2-m_1}\times10^6$$

因此在要求的干膜厚度下的理论涂布率为：

$$理论涂布率=\frac{涂布率(R)\times平均干膜厚度(H)}{干膜厚度}$$

（4）体积固体含量法

① 取一块较大面积（0.5～1.0m^2）的平整钢板，按施工要求将试样平均喷涂其上，立

即用湿膜厚度仪（轮规）在上、中、下三个部位测出湿膜厚度，取其平均值。待实干后再用磁性测厚仪测出干膜厚度，至少 10 点以上，取其平均值，按下式计算体积固体含量（SV，%）：

$$SV=\frac{干膜厚度}{湿膜厚度}\times 100\%$$

② 再按下式计算出在要求的干膜厚度下的理论涂布率：

$$理论涂布率=\frac{SV\times 10}{干膜厚度}$$

注：实际涂布率因受到施工方法、表面形状、漆膜厚度、操作技术等因素的影响而有所差别，需考虑综合的损耗系数（Consumption factor），实际耗漆量可按下式计算得出：

$$实际耗漆量=\frac{面积}{理论涂布率\times CF}$$

式中　CF——损耗系数，一般 CF 在 0.4～0.6 左右。

十二、孔隙率

涂料在施涂到物件上后，由于层间配套、溶剂挥发和漆膜厚度等各种因素，漆膜会或多或少地存在着少量孔隙或针孔，这样环境中的湿气和各种介质就会通过针孔渗入到漆膜内部，从而产生腐蚀现象。采用针孔检测方法就能对涂装部位是否有足够膜厚、配套合理性及施工质量做出判断[16]。

（一）湿海绵试验法

1. 范围及说明

本方法是将被测表面弄湿，采用检测仪在漆膜表面移动，对涂层是否存在孔隙或针孔进行测定。

2. 仪器和材料

（1）低压针孔检测仪　测头为海绵，直流电压为 5V，适用于检测干膜厚度小于 350μm 的涂层，仪器见图 1-32。

（2）自来水。

3. 测定方法

（1）调整电压到 5V，连接仪器，用鳄嘴夹将接地端和被测表面未涂漆的部分相连。

（2）用自来水将海绵湿润，平平地刷过被测漆膜表面，如果听到鸣叫声，则说明该部位存在针孔。

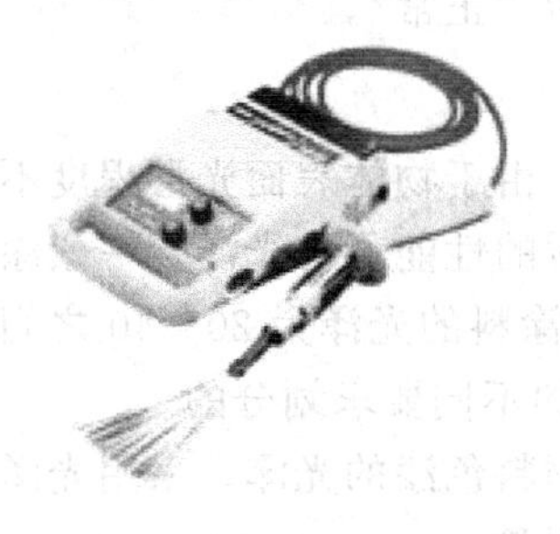

图 1-32　低压针孔检测仪

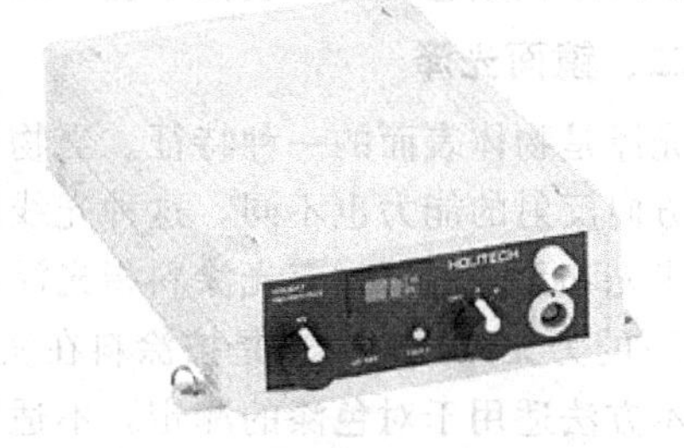

图 1-33　高压针孔检测仪

4. 结果表示

记录下每 100cm² 被测到的针孔数。

（二）柱状刷试验法

1. 范围及说明

本方法是采用高压探测仪对涂层表面是否存在孔隙或针孔进行测定。

2. 仪器和材料

高压针孔检测仪：测头为柱状的细钢丝刷，直流电压为 20kV，适用于检测较厚的涂层，仪器见图 1-33。

3. 测定方法

（1）首先测量漆膜厚度，根据干膜厚度来调整电压，输出电压与涂膜的关系见表 1-6。

表 1-6 输出电压与涂膜的关系

干膜厚度/mm	测试用电压/V	干膜厚度/mm	测试用电压/V
0.2～0.31	1500	1.55～1.04	1.55～1.04
0.32～0.46	2000	1.05～1.55	10000
0.47～0.77	2500	1.56～3.19	12000
0.78～1.03	4000	3.20～4.07	15000
1.04～1.54	5000	4.08～5.09	20000

（2）用柱状刷慢慢地刷过被测漆膜表面，探测到针孔或孔隙时，仪器会发出声音信号和可见信号。

4. 结果表示

记录下每 100cm² 被测到的针孔数。

第三节 涂膜光应用学性能测试

一、漆膜外观

1. 范围及说明

用于检测涂料施工性制备的涂膜样板使其干燥后，或用制得的均匀涂膜的样板检测涂膜的表面状态。

2. 测定方法

采用目测的方法，通常是在自然日光下用眼睛对涂膜外观进行观察，检查漆膜有无如刷痕、颗粒、起泡、起皱、缩孔等缺陷。一般是与标准样板比较，观察涂膜表面有无缺陷。

3. 结果表示

如果涂膜颜色均匀，表面平整，无明显差别，则评为“正常”。

二、镜面光泽

光泽是物体表面的一种特征。当物体受光的照射时，由于物体表面光滑程度不同，光朝一定方向反射的能力也不同，这种光线朝一定的方向反射的性能称为光泽。一般涂料分为有光、半光和无光三种。有光涂料指光泽在 40 以上，半光涂料的光泽为 20～40 之间，光泽在 10 以下的为无光涂料，这是按涂料在实际应用中对光泽的不同要求划分的。

本方法适用于对色漆的测定，不适用于测定含金属颜料色漆的光泽。采用光泽计，利用光反射原理，相对镜向光泽度标准板，对试样光泽进行测量。

1. 仪器和材料

（1）光泽计 由光源部分和接收部分组成。光源所发射的光线经透镜变成平行光线或稍微会聚的光束以一定角度射向试板漆膜表面，被测表面以同样的角度反射的光线经接收部分透镜会聚，经视场光栏被光电池所吸收，产生的光电流借助于检流计就可得到光泽的读数。光电池所接受的光通量大小取决于样板的反射能力。目前主要使用的标准角度有20°、60°和85°三种

几何角度测定漆膜的镜面光泽，测定原理见图1-34所示。60°角度适用于所有色漆漆膜的测定，但对于光泽很高的色漆或接近无光泽的色漆，20°或85°则更为适宜。20°适用于高光泽（60°测量高于70光泽单位）的色漆，85°适用于低光泽（60°测量低于30光泽单位）的色漆。

光泽计的规格有台式和便携式，台式光泽计由测头和主机组成，多用于实验室，如图1-35所示。便携式既可用于实验室又可在施工现场使用，目前使用得较为广泛。根据测试角度（光路）的不同，又可分为多角度（或三角度）光泽计和单角度光泽计。

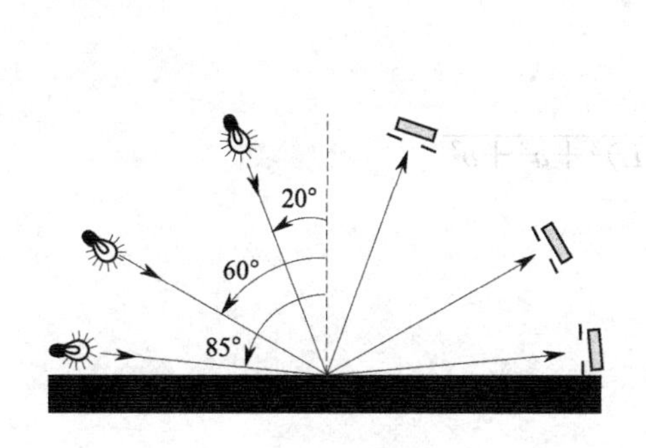

图1-34　光泽计测试原理

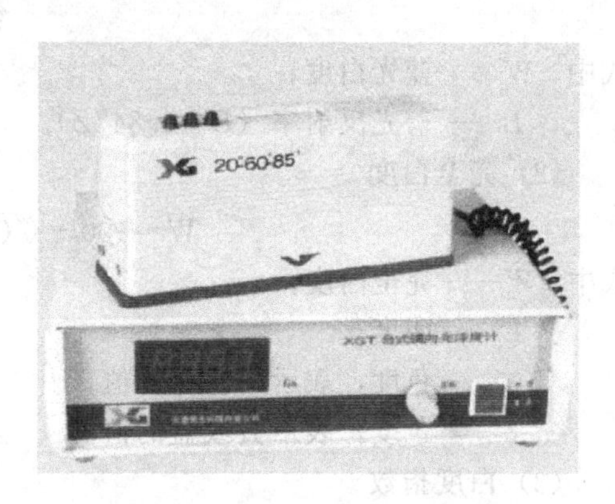

图1-35　台式（三角度）光泽计

（2）标准板通常包括高光泽和低光泽两种标准板。高光泽板采用高度抛光的黑玻璃板或采用背面和边缘磨砂并涂以黑漆的透明玻璃板，有定标标准值用于校标。低光泽陶瓷板只用于检查仪器工作是否良好，不能做定标用。如低光泽板的仪器读数与规定的数值相差超过1光泽单位，仪器需重新调整。

2. 测定方法

测试前，先用黑色标准板对仪器进行校准，校正并调整好光泽计后，在平行于样板涂布方向的不同位置测得三个读数，记录平均值作为镜面光泽值。

3. 结果表示

以一定角度下的光泽单位值表示。

4. 参照标准

国家标准GB/T 9754—2007。

三、白度

白度是一个颜色属性，是白色涂膜接近纯白的程度。本方法是以仪器的标准白板（或工作白板）对特定波长的单色光的绝对反射比为基准，以相应波长测定试样表面的绝对反射比来得到试样的蓝光白度或完全白度等，以百分数表示。

1. 仪器和材料

白度仪，蓝光白度峰值457nm，仪器见图1-36；

图1-36　数显白度仪

测色色差仪，光源 Ds，几何条件垂直/漫射（0/d）或漫射/垂直（d/0）。

2. 测定方法

（1）用于白度测定的试板，测量区域的颜色应均一，表面平整·并经标准条件处置。同一样品需制备三块试板。

（2）按仪器使用说明预热和操作，用标准白板（或工作白板）调校仪器至规定的量值。

（3）待仪器稳定后，分别测定每块试板的绝对反射比。

3. 结果表示

结果取三块试板的算术平均值，保留小数点后一位数字。

4. 计算公式

（1）蓝光白度

$$W=B$$

式中 W——蓝光白度；

B——蓝光反射率（$B=0.847Z$）。

（2）完全白度

$$W=100-\sqrt{(100-L)^2+a^2+b^2}$$

式中 W——完全白度；

L——明度；

a——色度，表示红或绿的值；

b——色度，表示黄或蓝的值。

（3）白度指数

$$WI=4B-3G$$

式中 WI——白度指数；

B——蓝光反射率；

G——绿光反射率（$G=Y$）。

5. 参照标准

国家标准 GB/T 5950—2008、美国标准 ASTM E 313。

四、硬度

涂料的硬度按照测试手段的不同可以分为摆杆硬度、铅笔硬度、划痕硬度[17]、摆杆硬度

1. 摆杆硬度

本方法适用于色漆、清漆及有关产品的单层涂层上进行摆杆阻尼试验，测定其阻尼时间的标准方法。测试原理为通过摆杆下面嵌入的两个钢球接触漆膜样板，在摆杆以一定周期摆动时，摆杆的固定质量对漆膜压迫而使涂膜产生抗力。根据摆的摇摆规定振幅所需的时间判定涂膜的硬度，摆动衰减时间长的涂膜硬度就高。摆杆阻尼试验有两种试验方法，根据仪器的不同可分为双摆法和复摆法。

双摆法采用双摆杆式阻尼试验仪，俗称漆膜摆杆硬度计。漆膜的硬度是以一定重量的双摆置于被试涂膜上，在规定摆动角范围内摆幅衰减的阻尼时间与在玻璃板上于同样摆动角范围内摆幅衰减的阻尼时间的比值来表示（国家标准 GB/T 1730—2007）。

复摆法采用科尼格（Konig/K 摆）和珀萨兹（Persoz/P 摆）两种摆杆式阻尼试验仪，由于其摆杆的复合结构，俗称复摆试验仪，复摆的优点是摆的刚性强，克服了双摆前后晃动的现象，提高了仪器的准确度。其工作原理为：接触涂层表面的摆杆以一定周期摆动时，如

表面越软，则摆杆的摆幅衰减越快；反之，衰减越慢。通常科尼格摆的阻尼时间接近珀萨兹摆的一半（国家标准 GB/T 1730—2007）。

2. **铅笔硬度**

本方法适用于涂膜硬度的测定，是采用已知硬度标号的铅笔刮划涂膜，以铅笔标号表示涂膜硬度的测定方法，有仪器法和手动法两种试验方法（见图 1-37）。仪器法通过采用铅笔硬度试验仪（见图 1-37），用一组已知硬度的铅笔测定涂膜表面的相对硬度。

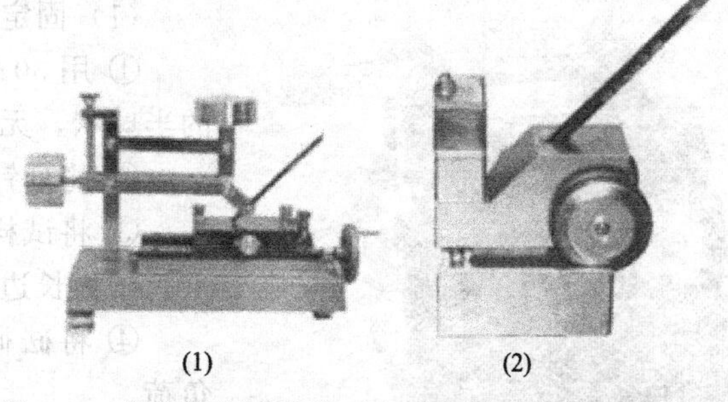

图 1-37　铅笔硬度试验仪（1）和便携式铅笔硬度计（2）

测定方法如下。

（1）先用削笔刀将铅笔削去木杆部分，使铅芯呈圆柱形露出约 3mm（不可削伤笔芯）。然后使铅芯垂直在 400# 水砂纸上画圆圈，慢慢地研磨，直至铅笔尖端磨成平整、边缘锐利为止（边缘不得有破碎或缺口）。

（2）将样板涂膜面向上水平放在试验机的放置台上。固定样板，固定铅笔，使铅芯与试验机重物通过重心的垂直线成 45°夹角。

（3）调节平衡重锤，使样板上加载的铅笔荷重处于不正不负的状态。在重物放置架上加 (1.00±0.05)kg 的重物，放松固定螺丝，慢慢使铅笔芯的尖端接触到涂漆面上。

（4）恒速地摇动手轮・使样板以 0.5mm/s 的移动速度向着铅笔芯反方向水平划出约 3mm 的划痕。变动位置，刮划五道，每道刮划前应将铅笔芯旋转 180°再用或重新磨平后使用。

（5）使用便携式铅笔硬度计，则将小推车放置于样板上，将处理好的铅笔放人小推车中固定，使铅笔笔尖与试样表面接触。恒速地推动小推车，使其在样板上推进的行程为 6.5mm。

铅笔硬度的结果分为擦伤和刮破两种。擦伤为用铅笔刮划漆膜时，漆膜上有划痕但不伤及底材；刮破为铅笔将漆膜划破，露出底材。判断时以五道划痕中出现两道以上（含两道）有破坏，则换下一级硬度标号的铅笔。直至出现五道中未满两道破坏的铅笔为止，以该铅笔的硬度标号作为漆膜的硬度（国家标准 GB/T 6739—1996）。

手动法操作简便、适应性强（见图 1-38），实验室及施工现场均可使用，但更多地适用于施工现场。参照国家标准 GB/T 6739—1996。

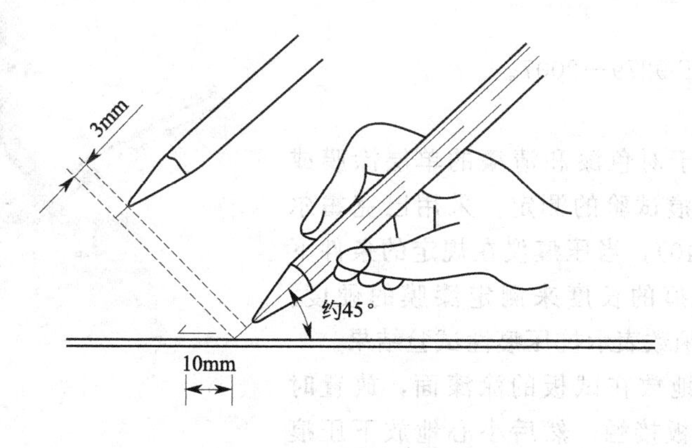

图 1-38　手动法状态

3. 划痕硬度

划痕硬度适用于色漆和清漆或有关产品的单一涂层或复合涂层抗划针划透性能的测定。其测试原理是以测定使漆膜划破所消耗的力或功为基础，以仪器的划针划透漆膜所需的最小负荷表示，也可以根据在划针上加一给定的负荷进行试验，判定漆膜是否被划针划透，以通过/不通过表示。

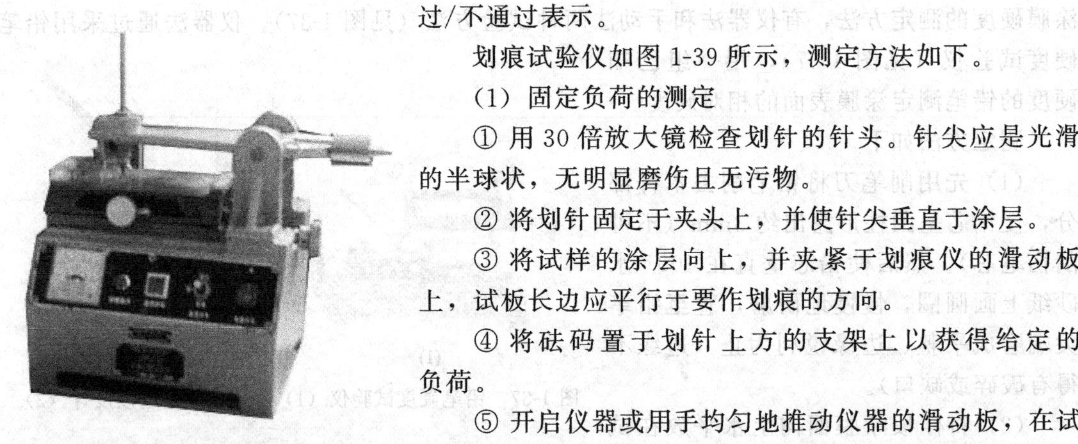

图 1-39 划痕试验仪示意

划痕试验仪如图 1-39 所示，测定方法如下。

(1) 固定负荷的测定

① 用 30 倍放大镜检查划针的针头。针尖应是光滑的半球状，无明显磨伤且无污物。

② 将划针固定于夹头上，并使针尖垂直于涂层。

③ 将试样的涂层向上，并夹紧于划痕仪的滑动板上，试板长边应平行于要作划痕的方向。

④ 将砝码置于划针上方的支架上以获得给定的负荷。

⑤ 开启仪器或用手均匀地推动仪器的滑动板，在试板涂层上划出划痕。

⑥ 取下试板，检查涂层是否被划穿露底，或通过电动仪器的导电指示装置判断。根据双方协商，可使用适当倍数的放大镜检查，但应在报告中注明。

(2) 划透涂层的最小负荷的测定

① 按照上述步骤进行划痕试验。每次划痕应在试板的未划部分进行。

② 先从较小负荷开始，然后逐渐增加负荷直至涂层刚好被划破为止。

③ 在该试板的未划部分和一块新试板上用该最后负荷重复试验，所得结果相符，则记下划针划透涂层的最小负荷。

注：如果使用电动划痕仪，因为仪器利用导电性连接有涂层穿透指示器，因此被测样板 H 面不应涂有任何绝缘性材料。

4. 结果表示

(1) 固定负荷的测定 在一给定的负荷下判定漆膜是否被划针划透，以通过/不通过表示。

(2) 划透涂层的最小负荷的测定 以划破漆膜时的最小负荷作为该漆膜的硬度值。

5. 参照标准

国家标准 GB/T 9279—2007。

6. 压痕硬度

压痕硬度适用于对色漆和清漆的单层涂膜或多层涂膜上进行压痕试验的测定。采用巴克霍尔兹压痕仪（见图 1-40），当压痕仪在规定的条件下施压涂膜时，从压痕的长度来测定漆膜的硬度。以压痕长度倒数的函数表示抗压痕性试验结果。

图 1-40 巴克霍尔兹压痕试验仪

将压痕器轻轻地放在试板的涂漆面，放置时先使装置的脚与试板接触，然后小心地放下压痕器。用秒表计时，放置 (30±1)s 后，抬起装置离开试板，应先是压痕器，再是装置的脚。移去压痕器后（35±5）s内，用显微镜放在测定的位置上，测定压痕产生的影像长度，作为压痕长度，以毫米（mm）表示，精确到0.1mm。以形成的压痕长度表现涂层对压头压入的抵抗能力，结果以抗压痕性来表示：

$$H=100/L$$

式中　H——抗压痕性；

　　L——压痕长度，mm。

同一试板的不同部位进行五次试验，计算其算术平均值（国家标准GB/T 9275—2008）。

五、耐冲击性

耐冲击性是材料及其制品抗冲击作用的能力。其常用测定方法为以固定质量的重锤落于试板上而不引起漆膜破坏的最大高度（cm）表示漆膜的耐冲击性。实质是涂膜在经受高速重力的作用下，发生快速变形而不出现开裂或从金属底材上脱落的能力，它表现了被试验漆膜的柔韧性和对底材的附着力。测试时需要采用的主要仪器为冲击试验机，如图1-41所示。冲击试验器各部件的规格如下：滑筒上的刻度应等于（50±0.1)cm，分度为1cm；重锤质量为（1000±1)g，应能在滑筒中自由移动；冲头上的钢球应符合GB 308—2008 81V的要求，冲击中心与铁砧凹槽中心对准，冲头进入凹槽的深度为（2±0.1）mm；铁砧凹槽应光滑平整，其直径为（15±0.3)mm，凹槽边缘曲率为1.5～3.0mm。

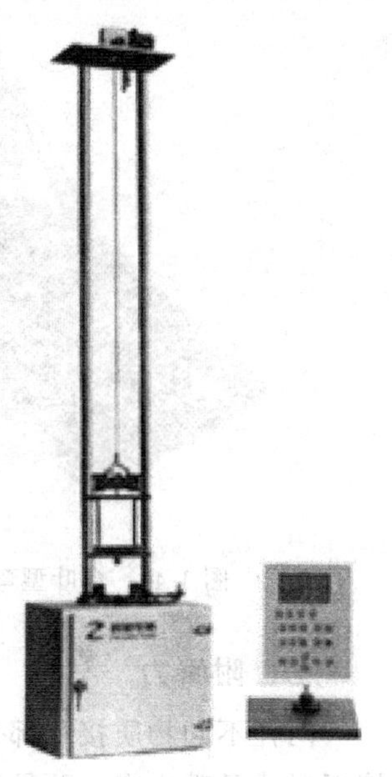

图1-41　冲击试验机

测量时将涂漆试板漆膜朝上平放在铁砧上，试板受冲击部分距边缘不少于15mm，每个冲击点的边缘相距不少于15mm。将重锤提升至规定高度，借控制装置固定在滑筒上，按压控制钮，重锤即自由地落于冲头上。提起重锤，取出试板，用4倍放大镜观察，判断漆膜有无裂纹、皱纹及剥落等现象。以不引起漆膜破坏的最大高度表示漆膜的耐冲击性，以厘米（cm）表示。同一试板进行三次冲击试验（国家标准GB/T 1732—1993）。

六、柔韧性

当涂膜受到外力作用而发生弯曲时，所表现出的弹性、塑性和附着力等综合性能称为柔韧性。柔韧性的测定主要通过涂膜与底材共同受力弯曲，检查其破裂伸长情况，其中也包括了涂膜与底材的界面作用。目前柔韧性的测定一般常用的有三种，即轴棒测定器检测法、圆柱轴弯曲试验仪检测法和圆锥轴弯曲试验仪检测法[18]。

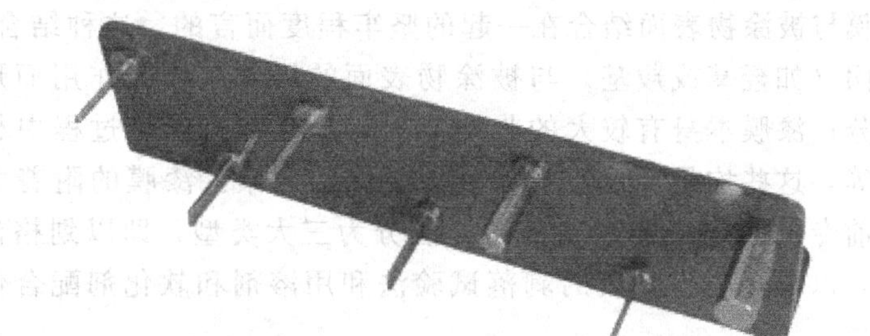

图1-42　柔韧性测定器

轴棒测定器检测法采用柔韧性测定器（图 1-42）对漆膜连同底材一起受力变形后，其破裂伸长情况进行测定，测定时，用双手将试板漆膜朝上，紧压于规定直径的轴棒上，利用两大拇指的力量在 2～3s 内，绕轴棒弯曲试板，弯曲后两个拇指应对称于轴棒中心线。弯曲后，用 4 倍放大镜观察漆膜，检查漆膜是否产生网纹、裂纹及剥落等破坏现象。以样板在不同直径的轴棒上弯曲而不引起漆膜破坏的最小轴棒的直径（mm）表示漆膜的柔韧性（国家标准 GB/T 1731—1993）。

圆柱轴弯曲试验仪检测法适用于色漆、清漆的单涂层和多涂层系统在标准条件下绕圆柱轴弯曲时抗开裂或从金属底板上剥离性能的评价。采用弯曲试验仪，一种是合叶型，如图 1-43 所示，有一个固定的铰链，彼此连接圆柱的轴，轴的直径分别为 2mm、3mm、4mm、5mm、6mm、8mm、10mm、12mm、16mm、20mm、25 mm 和 32mm，共 12 根轴棒。轴面和铰链座板之间的缝隙为（0.55±0.05）mm。轴在轴座里能自由转动，仪器配有一个挡条，以保证当试板弯曲时，其两部分是平行的。该仪器适用于 0.3mm 厚度以下的试板。

另一种是杠杆式，如图 1-44 所示，轴棒直径也是从 2～32mm 共 12 根轴，适用于厚度为 1mm 的试板。测试时，系推动手柄以使试板弯曲 180°（国家标准 GB/T 6742—2007）。

图 1-43 合叶型弯曲试验仪

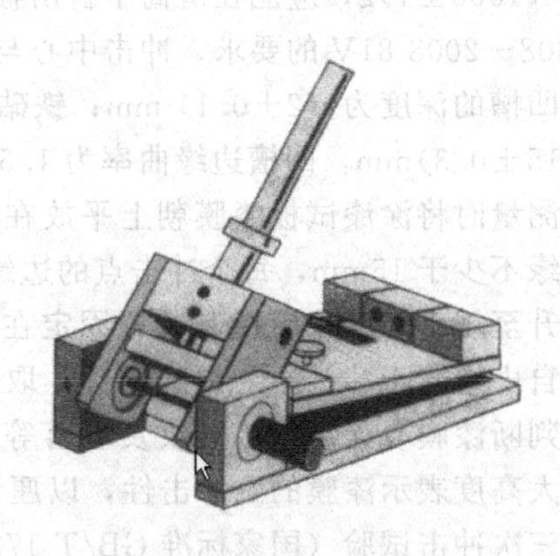

图 1-44 杠杆式弯曲试验仪

七、附着力

两种不同物质接触部分的相互吸引力，分子力的一种表现。只有当两种物质的分子十分接近时才显现出来。两种固体的一般不能密切接触，它们之间的附着力不能发生作用；液体与固体能密切接触，它们之间的附着力能发生作用，例如涂料与所涂覆的物体之间具有附着力[19]。

附着力指漆膜与被涂物表面结合在一起的坚牢程度而言的。这种结合力是由漆膜中，聚合物的极性基团（如羟基或羧基）与被涂物表面的极性基相互作用而形成的。被涂物表面有污染或水分；漆膜本身有较大的收缩能力；聚合物在固化过程中相互交联而使极性基的数量减少等，这些均是导致漆膜附着力下降的因素。漆膜的附着力只能以间接的手段来测定。目前专门测定漆膜附着力的方法分为三大类型，即以划格法、划圈法为代表的综合测定法，以拉开法为代表的剥落试验法和用溶剂和软化剂配合使用的测试水试验法。

1. 划圈法测定附着力

本方法是将样板固定在一个前、后可移动的平台上，在平台移动时，做圆圈运动的唱针划透漆膜，并能划出重叠的圆滚线，按圆滚线划痕范围内的漆膜完整程度评级，以级表示。

所用主要仪器为附着力测定仪　如图 1-45 所示。该仪器试验台丝杠螺距为 1.5mm，其转动与转针同步；转针采用三五牌唱针，空载压力为 200g；荷重盘上可放砝码，其质量为 100g、200g、500g、1000g；转针回转半径可调，标准回转半径为 5.25mm。

测试前先检查附着力测定仪的针头，如不锐利，应予更换。提起半截螺帽，抽出试验台，即可换针。再检查划痕与标准回转半径是否相符，不符时应调整回转半径。调整方法是松开卡针盘后面的螺栓、回转半径调整螺栓，适当移动卡针盘后，依次紧固上述螺栓，将划痕与标准圆滚线图比较，一直调整到与标准回转半径 5.25mm 的圆滚线相同为止。测定时，将样板涂漆面朝上放在试验台上，拧紧固定样板调整螺栓，向后移动升降棒，使转针的尖端接触到漆膜，按顺时针方向均匀摇动摇柄，转速以 80～100r/min 为宜，划完后，向前移动升降棒，使卡针盘提起，松开固定样板的有关螺栓，取出样板，用漆刷除去划痕上的漆屑，以 4 倍放大镜检查划痕并评级。

图 1-45　附着力测定仪

注：如划痕未露底板，应酌情加砝码。

以样板上划痕的上侧为检查的目标，依次标出 1、2、3、4、5、6、7 七个部位。相应分为七个等级。按顺序检查各部位的漆膜完整程度，如某一部位的格子有 70%以上完好，则定为该部位是完好的，否则应认为坏损。以漆膜完好的最低等级表示漆膜的附着力，结果以至少两块样板的级别一致为准，一级最佳，七级最差（国家标准 GB/T 1720—1979）。

2. 划格法附着力

划格法附着方法适用于在以直角网格图形切割涂层穿透至底材时，评定涂层从底材上抗脱离的能力。本方法不适用于涂膜厚度大于 250μm 的涂层，也不适用于有纹理的涂层。

主要仪器有切割刀具、软毛刷、透明胶带和放大镜。测量时首先根据底材及漆膜厚度选择适宜的刀具，并检查刀刃是否锋利，否则应予更换。厚度为 0～60μm 并施工于硬底材上的漆膜用刀刃间隔为 1mm 的划格器；厚度为 0～60μm 并施工于软底材上的漆膜和厚度为 61～120μm 并施工于硬或软底材上的漆膜用刀刃间隔为 2mm 的划格器；厚度为 121～250μm 并施工于硬或软底材上的漆膜用刀刃间隔为 3mm 的划格器。将样板涂漆面朝上放置在坚硬、平直的物面上，握住切割刀具，使刀垂直于样板表面，均匀施力，以平稳的手法划出平行的 6 条切割线。再与原先的切割线成 90°角垂直交叉划出平行的 6 条切割线，形成网格图形，所有的切口均需穿透到底材的表面。用软毛刷沿着网格图形的每一条对角线，轻轻地向后扫几次，再向前扫几次。在硬底材的样板上施加胶带（根据网格定胶带的位置，见图 1-46），除去胶带最前面一段，然后剪下长约 75mm 的胶带，将其中心点放在网格上方压平，胶带长度至少超过网格 20mm，并确保其与漆膜完全接触。

在贴上胶带 5min 内，拿住胶带悬空的一端，并以与样板表面尽可能成 60°的角度，在 0.5～1.0s 内平稳地将胶带撕离（图 1-47）。然后目视或用双方商定的放大镜观察漆膜脱落的现象。在试样表面三个不同部位进行试验，记录划格试验等级。如果采用电动机驱动的刀具切割涂层，操作步骤与手工操作相同。以三组切割评定一致的结果报出（国家标准 GB/T 9286—1998）。

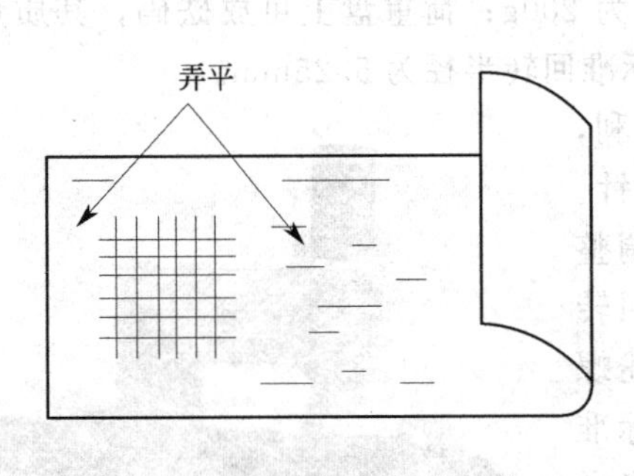

图 1-46 根据网格定胶带的位置

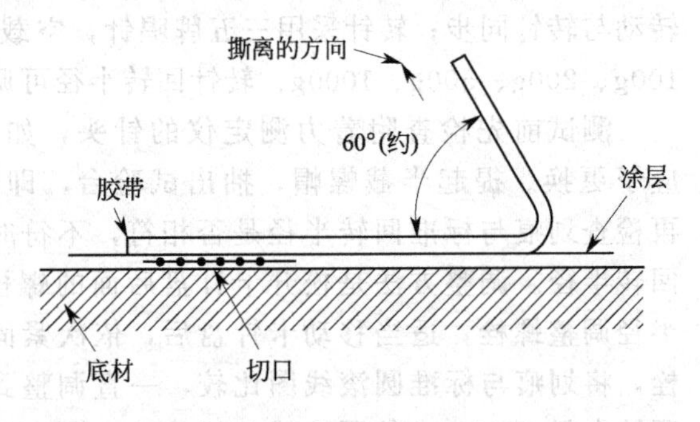

图 1-47 从网格上撕离胶带示意

3. 拉开法附着力

本方法适用于色漆、清漆或相关产品的单涂层或复合涂层与底材间或涂层间附着力的测定，并适用于多种底材，如薄金属、塑料、木材、混凝土和厚的金属板，不同类型的底材采用不同的步骤。

拉开法所测定的附着力是指在规定的速度下，在试样的胶结面上施加垂直、均匀的拉力，以测定涂层间或涂层与底材间附着破坏时所需的拉力。用破坏界面间（附着破坏）的拉力或自身破坏（内聚破坏）的拉力来表示试验结果，以 kPa 表示。所用主要仪器为拉开法附着力试验机。

在温度（23±2)℃、相对湿度为（50±5)％的环境下进行试验。胶黏剂固化后，立即把试验组合置于拉力试验机下，小心地定中心放置试柱，使拉力能均匀地作用于试验面积上面没有任何扭曲动作。在与涂漆底材平面垂直方向上施加拉伸应力，该应力以不超过 1MPa/s 的速度稳步增加，试验组合的破坏应从施加应力起 90s 内完成。记录破坏试验组合的拉力。在准备的每个试验组合上重复进行拉力试验，至少进行 6 次测量，即至少使用 6 个试验组合。

参照标准为国家标准 GB/T 5210—2006。

八、耐磨性

涂膜的耐磨性是指涂膜对摩擦机械作用的抵抗能力。耐磨性实际上是漆膜的硬度、附着力和内聚力综合效应的体现，与底材种类、表面处理、漆膜干燥过程中的温度和湿度有关。目前一般采用砂粒或砂轮等磨料来测定漆膜的耐磨程度，常用的方法有落砂法和橡胶砂轮法[20]。

1. 落砂法

落砂法是让一定大小的砂粒通过导管从规定的高度落到试验样板上，直至磨到露出基材为止，称取将漆膜破坏所需要的砂量，以单位涂层厚度所用的标准砂量来评定该漆膜的耐磨性。

测量时在试板上划三个直径为 25mm 的圆形区域，在每个区域内至少测涂层厚度三次，取平均值作为涂层厚度。将试板放在耐磨性试验仪器上，调整试样使板上的圆形区域之一的中心正好在导管的正下方，测试面与导管成 45°角。倒入标准砂，让砂通过导管自由下落冲击试样。按产品标准要求控制落砂流量，不断加入标准砂，直到逐渐磨掉表面涂层露出直径为 4mm 圆点的基材为止。依次磨耗试样上剩下的两个区域。

耐磨性（A）按下式计算：

$$A=V/T$$

式中　A——耐磨性，L/μm；

V——所消耗磨料的体积，L；

T——涂层厚度，μm。

试验结果以三个试样的九个耐磨性的平均值表示，精确到 0.1L/μm。

参照标准：国家标准 GB/T 5237.5—2008 附录 A、行业标准 JG/T 133—2000 附录 A、美国标准 ASTM D 968。

2. 橡胶砂轮法

本方法适用于漆膜耐磨性的测定。采用漆膜耐磨仪，可以干磨也可以湿磨。用标准橡胶砂轮在一定的负载下对试样经规定的磨转次数后，以漆膜的失重来表示其耐磨性。

测量时将样板待测面朝上固定于耐磨仪的工作转盘上，加压臂上加所需的载重（加压臂自重 250g 应计算在内）和经整新的橡胶砂轮，在臂的末端加上与砂轮重量相同的平衡砝码，轻轻放下加压臂。放下吸尘嘴，并调节至离样板 1～1.5mm。开启磨耗仪（图 1-48），把样板先磨 50 转，使之形成较平整的表面。关闭仪器，取出样板，用毛笔轻轻抹去浮屑，在天平上称重，准确至 0.001g。将样板重新固定在耐磨仪上，按产品标准规定调整计数器进行试验。当达到规定的耐磨转数时，停止试验。取出样板，抹去浮屑，再次称重。试验前后质量之差即为漆膜失重，以克（g）表示。平行试验两次，两次结果之差应不大于平均值的 7%，结果取两个平行试验的算术平均值。参照国家标准 GB/T 1768—2006。

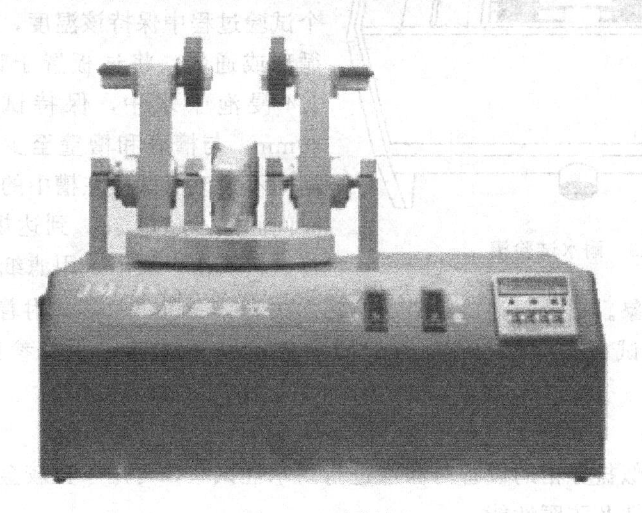

图 1-48　磨耗仪

九、耐水性

涂料产品在实际使用中往往与潮湿的空气或水分直接接触，随着漆膜的膨胀与透水，就会发生起泡、变色、脱落、附着力下降等各种破坏现象，直接影响到产品的使用寿命，因此对某些涂料产品的涂膜应进行耐水性能的检测。目前常用的耐水性测定方法有常温浸水法、浸沸水法、加速耐水法和水雾试验法等。

1. 常温浸水试验法

本方法使用得较广，适用于醇酸、氨基漆等绝大多数品种，是以漆膜浸泡达到规定的试验时间后，以漆膜表面变化现象表示其耐水性能。测定时在玻璃水槽中加入蒸馏水或去离子水，调节水温为（23±2)℃，并在整个试验过程中保持该温度。将三块试板放入其中，并使每块试板长度的2/3浸泡于水中。在产品标准规定的浸泡时间结束时，将试板从水槽中取出，用滤纸吸干，立即或按产品标准规定的时间状态调节后以目视检查试板。检查试板表面，记录是否有失光、变色、起泡、起皱、脱落、生锈等现象和恢复时间。参照国家标准GB/T 1733—1993。

2. 浸沸水试验法

本方法适用于经常盛有热水、热汤等器皿物件的涂膜，是以漆膜浸泡在沸腾的热水中，待达到规定的试验时间后，以漆膜表面变化现象表示其耐水性能。测定时在玻璃水槽中加入蒸馏水，并用加热装置调节水温至沸腾，并保持水处于沸腾状态，直到试验结束。将三块试板放入其中，并使每块试板长度的2/3浸泡于沸水中。试验过程中，为保持同一液面，也需用正在沸腾的水进行补充。在产品标准规定的浸泡时间结束时，将试板从水槽中取出，用滤纸吸干，立即或按产品标准规定的时间状态调节后以目视检查试板。检查试板表面，记录是否有失光、变色、起泡、起皱、脱落、生锈等现象和恢复时间。参照国家标准GB/T 1733—1993。

3. 加速耐水试验法

由于常温浸水法对某些涂料的测试时间较长，影响产品的周转，为了缩短检测时间，加快试验进程，可使漆膜存在于类似发生冷凝水的情况下加速破坏的试验方法。

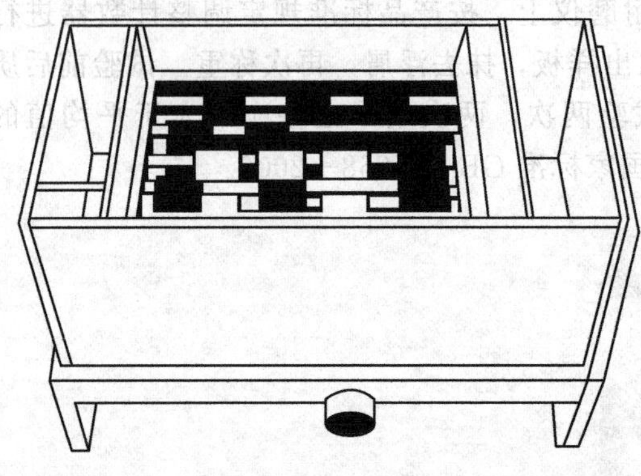
图1-49　耐水试验槽

向耐水试验槽（见图1-49）中加入足够量的去离子水，调节水温为（40±1)℃，并在整个试验过程中保持该温度，然后开始槽内水的循环或通气。将试板置于试板架上，试板的3/4浸泡于水中，保持试板之间相隔至少30mm，与槽底和槽壁至少相隔50mm。试验期间不断改变试板在槽中的位置，变动位置的时间间隔不超过3d。到达规定的试验周期后，将试板从槽中取出，用滤纸吸干水迹即可检查试板表面的破坏现象。记录起泡、起皱、锈污、失光、变色、脱落、附着力降低以及脱漆后底材的锈蚀情况。试板边缘8mm内的破坏现象不列入试验结果。参照国家标准GB/T 5209—1985。

4. 水雾试验法

本方法使用类似盐雾箱的设备对涂层进行耐水性试验，可用于比较金属底材上不同有机涂层体系的抗气泡性及防腐性能。

按产品要求的规定制板和干燥，并在温度（23±2)℃、相对湿度（50±5)%的条件下，进行状态调节至少16h以上，然后尽快投入试验。试板放在箱内的支持架上，与垂直方向成15°左右，试验表面应与水平雾流方向平行。试板的排列应避免互相接触，且最好放在箱内的同一水平面上，以避免液滴从某一试板落到其他试板上。试验箱内温度保持在（38±1)℃，喷雾压力70～170kPa，在整个试验周期内，连续进行喷雾。调节雾化空气装置，以保证每一个直径为100mm的收集器每16h运转平均每小时水的收集量为1.0～3.0mL/h。试验达到规定时间后，取出试板，擦干，对试板的颜色变化、起泡等进行评价。由于暴露在水雾中的效果在短时间内会改变，所以取出试板后应在5～10min之间进行评定。

检查漆膜是否有失光、变色、起泡、生锈及附着力降低等现象，也可进行12～24h的恢复期，评定水雾暴露的永久效果和暂时效果的差别。参照美国标准 ASTM D 1735。

十、耐盐水性

涂膜在盐水中不仅受到水的浸泡而发生溶胀，同时又受到溶液中氯离子的渗透而引起强烈的腐蚀破坏，所以可用耐盐水性试验来检测涂膜的防腐蚀性能。

1. 常温耐盐水法

本方法是将漆膜浸泡在一定质量分数的常温盐水中，观察其受侵蚀的程度。按产品要求的规定制板和干燥，然后在恒温恒湿［温度（23±2)℃、相对湿度（50±5)%］的条件下处置。处置时间按产品标准的规定。将氯化钠用蒸馏水配成质量分数为 3%的氯化钠溶液，然后将足够量的氯化钠溶液倒入盐水槽中，调节温度为（23±2)℃。将试板面积的 2/3 浸入盐水溶液中，待达到产品规定的浸泡时间后取出，用自来水彻底清洗试板，用吸湿纸或布擦拭试板表面，并立即检查试板涂层的变化现象。

检查漆膜有无剥落、起皱、起泡、生锈、变色和失光等现象。以三块试板中小少于两块试板符合产品标准规定为合格。参照国家标准 GB/T 9274—1988。

2. 加温耐盐水法

本方法采用一套恒温控制设备（见图 1-50)，使漆膜浸泡在一定质量分数的加温盐水中，观察其受侵蚀的程度。

图 1-50　恒温控制设备

按产品要求的规定制板和干燥，然后在恒温恒湿［温度（23±2)℃、相对湿度（50±5)%］的条件下处置。处置时间按产品标准的规定。将足够量的氯化钠溶液倒入盐水槽中，恒温控制设备将试验温度控制在（40±1)℃。将试板面积的 2/3 浸入盐水溶液中，待达到产品规定的浸泡时间后取出，用自来水彻底清洗试板，用吸湿纸或布擦拭试板表面，并立即检查试板涂层的变化现象（注：氯化钠溶液应每试验一次，更换一次)。检查漆膜有无剥落、起皱、起泡、生锈、变色和失光等现象。以三块试板中不少于两块试板符合产品标准规定为合格。参照国家标准 GB/T 9274—1988。

十一、耐酸性、碱性

涂膜在使用过程中，常受到工业化学品如酸、碱等溶液的溅泼或浸渍而使涂膜受到破坏，涂膜对酸、碱侵蚀的抵抗能力称为耐酸性、耐碱性。

1. 浸泡法

本方法是将试板浸泡在规定温度和时间的酸、碱溶液中，观察涂膜受侵蚀的情况。

先将试件按产品标准规定的时间和条件进行干燥（或烘烤和放置），然后在恒温恒湿[温度（23±2)℃，相对湿度（50±5)%]的条件下处置。处置时间按产品标准的规定。将足够量的试液倒入试验槽或一适当容器中，并调整测试温度为（23±2)℃。将试件全部或2/3的部分浸入在规定的酸、碱溶液中，可用适当的支架使试件以几近垂直位置浸入。浸入的试件至少离槽内壁30mm，如果数个试件浸入同一个槽中，互相间隔至少应为30mm。为减少试液由于蒸发或溅洒损失，容器要加盖。当达到规定的浸泡期终点时，用水彻底清洗试件，并以适宜的吸湿纸或布擦拭表面除去残留液体，立刻检查试件涂层变化现象，可与未浸泡试件对比，如果规定有恢复期，那么应在规定恢复期后，重复这种检查和对比（注：如果需要检查底材侵蚀现象，用规定方法除去涂层）。观察漆膜是否有失光、变色、起泡、斑点、脱落等现象。以三个试件中两个结果一致为准。参照国家标准GB/T 9274—1988。

2. 吸收性介质法

本方法是使用吸收性介质对漆膜的耐酸、碱性进行测定。使吸湿盘浸入适当数量的试液，让多余液体滴干。然后将吸湿盘放至试板上，使吸湿盘均匀地分布，并且至少离试板边缘12mm。用曲率接触不到吸湿盘的表面皿盖上圆盘，使试板在受试期（这种测试期间不应超过7d）妥善置于无风环境中，且测试应在（23±2)℃的温度下进行。到规定的试验期后移去吸湿盘，用水彻底清洗漆膜，并用适当的吸湿纸或布沾吸去残留液体，立即检查试板涂层变化现象。如规定有恢复期，达到恢复时间后，应重复检查和对比，如果需要检查底材侵蚀现象，用规定方法除去涂层。观察与吸湿盘接触的漆膜是否有失光、变色、起泡、斑点、脱落等现象。以不少于两块试板符合产品标准规定为合格。参照国家标准GB/T 9274—1988。

3. 点滴法

本方法是在漆膜表面滴加酸、碱溶液，在规定的温度和时间内，观察涂膜的变化情况。将试板置于水平位置，并在涂层上滴加数滴试液，每滴体积约0.1mL，液滴中心至少间隔20mm，并且至少离试板边缘12mm。温度维持在（23±2)℃，在规定时间内，使试板不受干扰，充分接触空气。如有规定，则在测试部位以适当方法覆盖以防止过度蒸发。达到规定的试验期后，用水彻底清洗试板，用吸湿纸或布擦拭表面，并立即检查涂层的变化现象，如果需要检查底材的侵蚀现象，用规定的方法除去涂层。观察漆膜是否有失光、变色、起泡、斑点、脱落等现象。以不少于两块试板符合产品标准规定为合格。参照国家标准GB/T 9274—1988。

十二、耐溶剂性

本方法采用浸泡法测试漆膜耐有机溶剂侵蚀的能力。将试板按产品标准规定的时间和条件进行干燥（或烘烤和放置），然后在恒温恒湿[温度（23±2)℃，相对湿度（50±5)%]的条件下处置。处置时间按产品标的规定。将足够量的试液倒入试验槽或一适当容器中，将试板完全或2/3的部分浸入温度为（23±2)℃的有机溶剂中，可用适当的支架使试件以几近垂直位置浸入。浸入的试板应离槽内壁30mm，如果数个试板浸入同一个槽中，互相间隔至少应为30mm。为减少试液的蒸发或溅洒损失，容器要加盖。当达到规定的浸泡期终点时，用水彻底清洗试板，用吸湿纸或布擦干表面，立刻检查试板涂层的变化现象，可与未浸泡试板对比，如果规定有恢复期，那么应在规定恢复期后，重复这种检查和对比，如果需要检查底材侵蚀现象，用规定方法除去涂层。观察漆膜是否有失光、变色、起泡、斑点、脱落等现象。以三个试板中两个结果一致为准。参照国家标准GB/T 9274—1988。

十三、耐热性

本方法适用于漆膜耐热性能的测定。漆膜耐热性是指漆膜在给定温度下保持其所需要的力学性能和保护性能的能力。采用鼓风恒温烘箱或高温炉加热，达到规定的温度和时间后，以物理性能或漆膜表面变化现象表示漆膜的耐热性能。

按产品标准规定制备四块样板。一涂漆样板留作比较，其余三块样板放置于已调节到产品标准规定温度的鼓风恒温干燥箱（或高温炉，又叫马弗炉，见图 1-51）内。待达到规定时间后，将样板取出，冷却至温度(25±1)℃，与预先留下的一块样板相比较。检查漆膜有无起层、皱皮、鼓泡、开裂、变色等现象或按产品标准规定检查，以不少于两块样板均能符合产品标准规定为合格。参照国家标准 GB/T 1735—2009。

图 1-51　马弗炉

十四、耐湿热性

漆膜对高温高湿环境作用的抵抗能力称为耐湿热性，湿热试验也是检测涂膜耐腐蚀性的一种方法，一般与盐雾试验同时进行。

1. 恒温恒湿法

本方法适用于漆膜耐湿热性能的测定，采用调温调湿箱，控制一定的温度、湿度和时间进行试验，以样板的外观破坏程度评定等级。

(1) 试板制备

① 仪器和材料。底板，钢板 70mm×150mm×(0.8～1.5)mm，铝板 70mm×150mm×(1～2)mm；涂-4 黏度计；喷枪，喷嘴内径 0.75～1.00mm；秒表，分度值为 0.2s；恒温鼓风烘箱；室温干燥箱；干燥器；测厚仪或杠杆千分尺，精确度为 2μm。

② 底板的表面处理。钢板、铝板表面处理参见本章第二节中的相关内容进行表面处理。

③ 制板方法。涂漆前，将试样搅拌均匀，用 80～120 目的筛子过滤，并稀释至工作黏度 15～30s（涂-4 黏度计），在 0.2～0.4MPa 的压力下进行喷涂，控制适当的喷距、角度和喷枪移动的速度，喷涂好的自干漆样板平放于干燥箱中；烘干漆样板在室温干燥箱中放置30min，再放入恒温鼓风烘箱中。各道漆的干燥条件和时间按产品标准规定执行。各道底、面漆在涂下一道漆前，用 400 号水砂纸打磨（磷化底漆和最后一道面漆不需打磨），晾干。在末道漆干燥后，用耐水的自干漆封边、编号。操作时应带上干净的棉纱手套，以免沾污样板。自干和烘干的样板应在恒温恒湿［温度 (23+2)℃，相对湿度 (50±5)%］条件下，分别放置 7d 和 1d，再投入试验。同一品种的同一试验应制备四块样板，三块投入试验，一块作为标准板保存于干燥器中。

(2) 喷涂道数及厚度　试验用样板的涂膜厚度见表 1-7。

表 1-7　试验涂膜的厚度要求

底面漆 \ 类型	一般涂料	低固体分、低黏度涂料	磷化底漆	清漆
底漆	两道，共(40±5)μm	两道，共(30±5)μm	一道，(10±2)μm	两道，共(25±5)μm
面漆	两道，共(60±5)μm	两道，共(40±5)μm		
总厚度	(100±5) μm	(70±5) μm		

(3) 测定方法

① 根据产品标准规定选用底材和配套底漆，并制成样板。

② 投试前，记录样板的原始状态。

③ 将样板垂直悬挂于样板架上，样板正面不相互接触。放人预先调到温度 (47±1)℃、相对湿度 (96±2)%的调温调湿箱中，当回升到规定的温、湿度时，开始计算试验时间。

④ 试验中样板表面不应出现凝露。连续试验 48h 检查一次。两次检验后，每隔 72h 检查一次。每次检查后，样板应变换位置。按产品标准规定的时间进行最后一次检查，无产品标准的检查时间可根据具体情况确定。

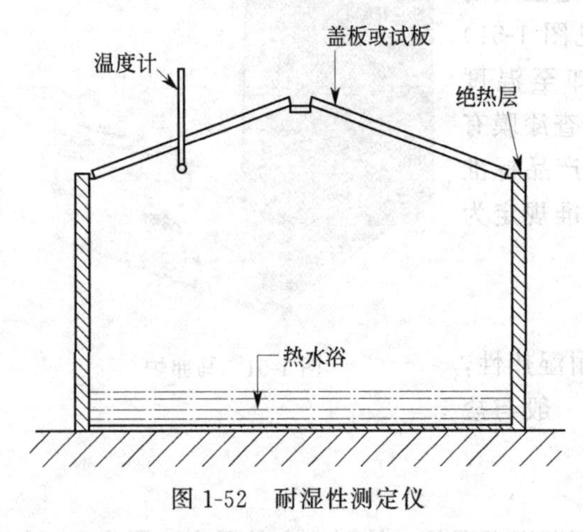

图 1-52 耐湿性测定仪

(4) 参照标准 国家标准 GB/T 1740—2007、国家标准 GB/T 1765—1979。

2. 连续冷凝法

本方法适用于测定多孔性底材（如木材、水泥石棉板）和非多孔性底材（如金属）上的涂层的耐湿性能，采用耐湿性测定仪，使涂膜在连续冷凝的高湿环境中进行试验。

(1) 仪器和材料

① 耐湿性测定仪 如图 1-52 所示，是一个电加热水浴，其顶盖用惰性材质的盖板（如不透明的玻璃板）构成，侧面和底部适当加以绝热。顶盖可放置规格为 150mm×100mm 的试板若干块。仪器采用自动调节液面装置或人工定时调节液面。水浴顶部的结构应使试板与水平面的夹角成 60°±5°，试板之间用非金属惰性材料隔开，以使试板上的冷凝水单独排出。

② 去离子水或蒸馏水，符合 GB/T 6682—2008 中规定的三级水。

③ 吸水纸。

(2) 试板的制备

① 材质和尺寸。根据产品标准的规定或双方商定选用的底材，按本章第二节中的相关内容进行处理，试板尺寸为 150mm×100mm，厚度与待测涂料实际使用底材的厚度相符。

② 试板制备。按产品标准规定的方法进行漆膜制备和干燥（自然干燥或烘烤）。用适宜的封闭剂进行封边处理。在恒温恒湿［温度 (23±2)℃，相对湿度 (50±5)%］标准环境中，按产品规定的时间进行状态调节。

(3) 测定方法

① 将盖板装在仪器上构成顶盖，使仪器置于 (23±2)℃不通风的环境中，将水浴温度控制在 (40±2)℃，空间气温为 (38±2)℃。

② 达到上述的温度条件时，立即用试板取代盖板，并使试验面朝向水，试板与水平面的夹角为 60°±5°，试板相互间或与其他金属材料之间不应相互接触，使涂层表面连续处于冷凝状态。

③ 试验期间，如规定有中间检查，则用盖板换下试板，用吸水纸吸干表面，检查其破坏情况，然后立即放回仪器。

④ 试验结束时，取下试板，用吸水纸吸干，检查表面的破坏情况。如规定有恢复期，达到恢复时间后，再检查涂层表面的破坏情况。

注：如果需要检查底材腐蚀情况，用无腐蚀性的脱漆剂或其他适当的方法将涂层除去。

(4) 参照标准 GB/T 13893—2008、国际标准 ISO 6270—1：1998。

十五、耐盐雾性

漆膜的耐盐雾性是指漆膜对盐雾侵蚀的抵抗能力。本方法适用于评价涂层在中性盐雾中的耐蚀性，是目前普遍用来检验涂膜耐腐蚀性的方法之一。本方法是模拟自然界中的盐雾腐蚀环境，采用一定压力的空气通过试验箱内的喷嘴把氯化钠盐水喷成雾状并沉降在试样表面，至规定的时间后，观察其表面起泡、锈蚀等级和腐蚀蔓延距离等情况来评定漆膜的耐盐雾腐蚀性。

1. 设备和材料

(1) 盐雾试验箱　见图1-53，主要由盐雾箱体（喷雾室）、恒温控制元件、喷嘴、盐雾收集器、试验溶液贮槽、洁净空气供给器等组成。

① 喷雾室。由耐盐水溶液的材料制成，衬里、顶盖或盖子应向上倾斜，与水平面的夹角应大于25°，使凝集在盖子上的液滴不致滴落在试板上。喷雾室的大小和形状应保证在箱内的每一收集器中收集的溶液其氯化钠的浓度和pH值符合要求，所收集的溶液每$80cm^2$的面积应为1～2mL/h。为保证喷雾的均匀性，喷雾室的容积不得小于$0.4m^3$。对于容积超过$2m^3$的喷雾室，在设计和构造上应考虑喷嘴和挡板的数量及位置应能保证喷雾均匀，收集量符合上述规定的范围；加热、隔热及其他温度控制方式均应使喷雾室内所有试板在各位置上的温度分布均匀；如喷雾室的尺寸不允许使顶盖与水平面夹角大于25°角时，顶盖的设计（如辅助顶盖）应能防止液滴落在试板上。

图1-53　盐雾试验箱

② 恒温控制元件。设在喷雾室内，离箱壁至少100mm的地方，或设在室内的水夹套内，并能使喷雾室内各部位达到规定的温度。温度计设在室内离箱壁大于100mm的地方，并能在箱外读数。

③ 喷嘴。由耐盐水腐蚀的惰性材料制造，如玻璃或塑料。采用可调节的挡板防止盐雾直接冲击试板，以有助于室内喷雾分布均匀。喷嘴压力保持在70～170kPa。

④ 盐雾收集器。由玻璃或其他化学惰性材料制成，推荐使用直径为10cm的玻璃长颈漏斗以及带有刻度的量筒，其收集面积为$80cm^2$。箱内至少放两个收集器，置于喷雾室内放置试板的地方。一个置于靠近喷雾的入口，一个置于远离喷雾入口处，其位置要求收集到的只是盐雾，而不是从试样或室内其他部件滴下的液体。

注：如果使用两个或两个以上的喷嘴，则收集器的微量最少是喷嘴数量的2倍。

⑤ 试验溶液贮槽。由耐盐水溶液腐蚀的材料制成，并设有保持槽内恒定水位高度的装置。

⑥ 洁净空气供给器。供给喷雾的压缩空气应通过滤清器除去油分和固体微粒。空气在进入喷嘴之前应通过装有符合CB/T 6682—2008三级水的要求其温度比喷雾室内高几度的空气饱和罐，使空气增湿，防止试验溶液的气化。水的温度取决于所用的空气压力和喷嘴的类型，调节空气压力使箱内收集速度和收集浓度保持在规定的范围内。

注：为防止喷雾室内形成压力，通常是把装置的空气排放到实验室外的大气中。

(2) 划线工具　推荐使用单刃切割器，或由供需双方商定。

(3) pH计或精密pH试纸（测量精度为0.3）。

(4) 氯化钠　化学纯。

(5) 蒸馏水或去离子水　符合GB/T 6682—2008三级水要求。

2. 试验溶液

（1）氯化钠溶液的配制　将氯化钠试剂溶解于蒸馏水中，使其浓度为（50±10）g/L。

（2）用pH计（精度0.1pH）或使用精密pH试纸在25℃时测定配制的盐溶液的pH值，使其在6.5～7.2之间。超出范围时，溶液的pH值可用分析纯盐酸或氢氧化钠溶液进行调整。

（3）试验溶液注入设备的贮罐之前应予过滤，以防止固体物质堵塞喷嘴。

3. 试验样板

（1）材料和尺寸　试板应使用GB 9271—2008要求的磨光钢板，尺寸为100mm×150mm如不需要划痕，也可使用70mm×150mm的试板。也可供需双方协商。

（2）样板制备　按本章第六节所述内容进行样板的制备。

① 平板试样。样板四周用适当的材料（其耐蚀性应不低于试样涂层的油漆或胶带）进行封边处理。

② 划痕试样。如需划痕，划痕应划透涂层至底材，并使划痕离试板的任一边缘大于20mm。

（3）样板应在温度（23±2）℃、相对湿度（50±5）%、具有空气循环、不受阳光直接曝晒的条件下，状态调节至少16h以上，然后尽快投入试验。

4. 测定方法

（1）按如下条件调试盐雾试验箱。喷雾室内温度应为（35±2）℃；每一收集器中收集的溶液其氯化钠的浓度为（50±10）g/L，pH值为6.5～7.2，在最少经24h周期后，开始计算每个收集器的溶液，每80cm^{2}的面积应为1～2mL/h；已喷雾过的试验溶液不能再使用；如果设备已经作过不同于本试验规定的试验，则在试验前必须清洗干净。

（2）将试板（或部件）排放在喷雾室内。不应该将试板放置在雾粒从喷嘴出来的直线轨迹上，可使用挡板防止喷雾直接冲击试板。试板的被试表面朝上，每块试板在箱内的曝露角度与垂直的夹角是20°±5°。试板的排列应不使其相互接触或与箱体接触。被试表面应暴露在盐雾无阻碍地沉降的地方。试板最好放在箱内的同一水平面上，以避免液滴从上层的试板或支架上落到下面的其他试板上。试板的支架必须由玻璃、塑料或涂漆木材之类的惰性非金属材料制成。如果试板需要悬挂，则挂具应用合成纤维、棉线或其他惰性绝缘材料制成。

注：当有不同形状的涂漆部件试验时，暴露方法可商定。如进行这种试验时，特别重要的是应将这些不同形状的部件按其使用的正常状态来放置，在此要求下，部件放置应尽可能避免妨碍气流的流动，如果部件妨碍了气流的流动，其他试板和部件则不能同时进行试验。

（3）关闭喷雾室顶盖，开启试验溶液贮罐阀，使溶液流到贮槽，进行试验。在整个试验周期内，进行连续喷雾。

（4）在试验周期中，可定期变换试板的位置，并应在试验报告中说明换位的方法。

（5）试板应周期地进行目测检查，但不允许破坏试板表面。在任一个24h为周期的检查时间不应超过60min，并且尽可能在同一时间进行检查。试板不允许呈干燥状态。

（6）在规定的试验周期结束时，从箱中取出试板，用清洁的水冲洗试板以除去表面上残留的试验溶液，立即检查试板表面的破坏情况。如有要求，可将试板放置在恒温恒湿［温度（23±2）℃，相对湿度（50±5）%］的标准环境中状态调节到规定时间，再检查试板表面的破坏现象。

注：如需检查底材的破坏情况，则按商定的方法除去涂层。

5. 结果表示

对于平板试样，观察样板的破坏现象，如起泡、生锈、附着力的降低等。对于划痕试样，观察划痕处腐蚀的蔓延情况。测量划痕处至起泡和锈蚀的最大腐蚀蔓延距离，取其算术平均值，即为平均腐蚀蔓延距离，并记录划痕最大和最小腐蚀蔓延距离。进行两次平行试验测定。

6. 参照标准

国家标准 GB/T 1771—2007。

十六、耐霉菌性

漆膜的耐霉菌性是指漆膜抵抗霉菌在其上生长的能力。一般涂料产品在 15～35℃、相对湿度在 80%以上的环境中使用，最容易受到各种霉菌的侵蚀，使涂膜遭到一定的破坏。霉菌对漆膜的破坏首先霉菌在漆膜上生长引起漆膜表面的斑点、起泡；同时由于霉菌在新陈代谢过程中所产生的有机酸能引起漆膜表面颜料的溶解及漆基的水解，从而透入底层，导致漆膜的破坏并失去保护作用。耐霉菌的试验方法一般采用培养皿法和局部法。

1. 培养皿法

培养皿法适用于使用小片试样检验漆膜耐霉菌的性能。测定方法：将三块马口铁板（水性漆可选用铝板）用溶剂擦洗干净，按本章第二节中的喷涂法制备样板，待漆膜实干后，平放在无机盐培养基表面。用喷雾器将悬浮液均匀细密地喷在样板上，稍晾干后，盖上皿盖。盖口注明试样、编号和日期，放入保温箱中保持在 29～30℃培养。2d 后检查样板表面生霉是否正常，若生霉正常，可将培养皿倒置，使培养基部分在上，这样培养基不易干，样板表面凝露减少。若不见霉菌生长（从培养基上可以辨明），则需另喷混合霉菌孢子悬浮液。7d 后检查试样生霉程度，14d 后总检查。按耐霉菌性的评级标准评定等级。检查周期如产品标准中另有规定，则按产品标准规定进行。

直接从正面或侧面观察样板表面霉菌、菌体、菌丝生长状况。在 14d 培养期内以不开盖检查为宜，以保持样板在培养过程的稳定状况，避免霉菌在温度改变时枯萎，影响检验的准确性，以级表示。参照国家标准 GB/T 1741—2007。

2. 局部法

本方法适用于大型器件成品漆膜的耐霉菌性能的测定。在大件成品试样局部的漆膜表面上均匀细密地喷洒混合孢子悬浮液。稍晾干后，先放上半块平板培养基，盖上留下半块平板培养基的圆皿（半个培养皿），使上、下两个半块培养基相互交叉，构成优越的生霉环境。四周用胶布固定（但不能将盖缝封死），标明试样编号和日期，放入保温箱中，在 29～30℃培养。3d 后检查样板表面生霉状况，如生霉正常，7d 后检查试样生霉程度，14d 后总检查。按耐霉菌性的评级标准评定等级。检查周期如产品标准中另有规定，按产品标准规定进行。参照国家标准 GB/T 1741—2007。

十七、人工加速老化试验

本方法适用于漆膜耐候性和耐光性的人工加速测定。通过在实验室内模拟自然环境进行各种类型气候的涂膜老化试验，并给予一定的加速催化因素，从而克服天然暴露试验所需时间太长的不足。紫外线是涂膜老化中的一个很重要的因素，大气中的温度、湿度和氧气的含量也对涂膜的老化起着重要的影响。人工老化试验就是利用一定的设备即人工老化机，通过改变光源种类、强弱，以及各种类型气候的温度、湿度、含氧量的变化等因素的控制，测试在人造气候的环境条件下，各种涂膜的老化程度及变化状况，从而判断相应漆膜的耐老化能力，即耐老化性。

1. 仪器和材料

(1) 人工老化机　见图 1-54，由试验箱、光源、温湿度调节系统、试板架等组成。

① 试验箱。由耐腐蚀材料制成，其内装置包括有滤光系统的辐射源、温湿度调节系统、试板架等。

② 辐射源和滤光系统。氙弧灯被用作光辐射源，辐射光应经滤光系统使辐照度在试板架平

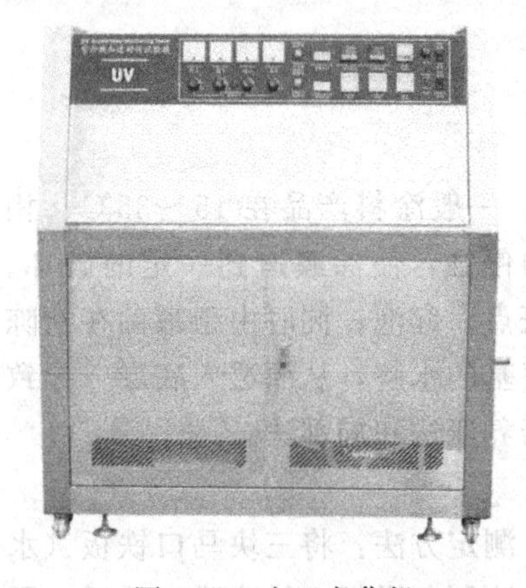

图 1-54 人工老化机

面的相对光谱能量分布与太阳的紫外光和可见光辐射近似。

③ 试验箱温湿度调节系统。试验箱中空气的温度和相对湿度采用防止直接辐射的温度和湿度传感器来监控，使试验箱保持规定的黑板标准温度、湿度。在试验箱中应流通无尘空气，应使用蒸馏水或软化水使相对湿度保持在规定的范围。

④ 润湿试板用的装置。润湿试板的目的是模拟户外环境的降雨和凝露作用。试板的受试表面可用水喷淋或试验箱有水溢流进行润湿。

注：用于润湿的蒸馏水应符合 GB/T 6682—2008 实验室用水二级水的要求，电导率低于 2μS/cm 而且蒸发残留物少于 1×10^{-6}。

⑤ 试板架。由惰性材料制成。

⑥ 黑标准温度计。由 70mm×40mm×0.5mm 不锈钢板组成，此板朝辐射源的表面应涂有能吸收波长 2500nm 内全部入射辐射光的 93%、有良好耐老化性能的平整黑涂层。温度通过装在背面的中央与板有良好热接触的电传感器测量。背面装有 5mm 厚的聚偏氟乙烯（PVDF）板，使传感器区域留有密闭的空气空间，传感器和 PVDF 板的凹槽之间的距离约为 1mm，PVDF 板的长度和宽度应保证黑标准温度计的金属板和试板之间没有金属对金属的热接触，离试板架的金属固定架四边至少为 4mm。除了黑标准温度计外，还推荐采用类似设计的白标准温度计，表面应涂有在 300～1000nm 波长范围至少有 90%反射率、在1000～2000nm 波长范围至少有 60%反射率、具有良好耐老化性能的白色涂层。

⑦ 辐射量测定仪。试验箱中试板表面的辐照度 E 和暴露辐射能 H 应采用具有 2π 球面角视场和良好余弦对应曲线的光电接收器池的辐射量测定仪进行测量。

(2) 蒸馏水　符合 GB/T 6682—2008 实验室用水二级水。

2. 测定方法

(1) 将试板放在试板架上，周围空气要流通，可以商定试板在试板架上排列位置以有规律间隔时间改变，例如上排与下排进行交换。

(2) 把辐射量测定仪、黑标准温度计装在试验箱框架上。黑标准温度通常的试验控制在 (65±2)℃。当选择颜色变化项目进行试验时，则使用 (55±2)℃。

(3) 试板的润湿和试验箱中的相对湿度按表 1-8 的规定进行。操作程式 A 和 B 规定了周期润湿样板，操作程式 C 和 D 规定使试验箱中的相对湿度保持恒定。

表 1-8　试板润湿操作

项　目	人工气候老化		人工辐射暴露	
操作程式	A	B	C	D
操作方式	连续光照	非连续光照	连续光照	非连续光照
润湿时间/min	18	18	—	—
干燥周期/min	102	102	持久	持久
干燥期间的相对湿度/%	60～80	60～80	40～60	40～60

注：润湿过程中，辐射暴露不应中断。

(4) 开启人工老化机，按试验条件进行试验。试验期间按规定的周期检查试板。试验进行至规定的时间（或循环周期）或规定的表面损坏程度后停止。

注：中间各次检查时，试板不应洗涤或磨光。

3. 结果表示

按照涂层老化的评级方法评定试样变色等级、失光等级、粉化等级每次评定取两块试板。取平行试样的最差值为试验结果。对于涂层的最终检查，也可双方商定测定的性能项目或变化指标，以及测定的表面是否要洗涤或者抛光。

4. 参照标准

国家标准 GB/T 1865—2009。

思考与练习

1. 涂料液态性能主要检测哪些性能？
2. 涂料黏度有哪几种测定方法？
3. 如何测定涂料的不挥发分含量？
4. 涂料施工性能检测主要包括哪些性能？
5. 涂料施工性能检测时，如何制备涂膜？
6. 如何用最小湿膜厚度法测定涂膜的遮盖力？
7. 如何测定涂料的贮存稳定性，结果如何表示？
8. 涂膜的光学性能检测主要检测哪些性能？
9. 涂膜的力学性能检测主要检测哪些性能？
10. 使用铅笔硬度计测量涂膜硬度时，如何表示涂膜硬度，测量时有哪些注意事项？
11. 涂膜的高弹性主要体现在哪些力学性能上？
12. 涂膜的附着力有哪几种测量方法？用划格法如何测附着力？
13. 涂膜耐性检测主要包括哪些性能检测？
14. 测定涂膜耐酸碱性时有哪几种方法，如何操作？
15. 若要检测涂膜力学性能，在一块标准马口铁上涂膜，成膜后，请设计检测性能的先后顺序，思考最多可用一块试样检测多少种性能？

参 考 文 献

[1] 虞亨．涂料检测（国家涂料质量监督检验中心讲义）[I]．1994.
[2] 涂料工艺编委会．涂料工艺 [M]．第3版．北京：化学工业出版社，1997.
[3] 马庆麟．涂料工业手册 [M]．北京：化学工业出版社，2001.
[4] 窦明．液体物料透明度的测量 [J]．涂料工业，2002，32（9）：37-38.
[5] 化学工业标准汇编．涂料与颜料（上、下册）[S]．北京：中国标准出版社，2003.
[6] 窦明．颜色管理的标准化Ⅰ [J]．现代涂料与涂装，2005，(1)：50-51.
[7] 刘振作．涂料研磨细度测定技术及其应用 [J]．涂料与应用，2003，33（3）：18-20.
[8] 虞莹莹．涂料黏度测定——气泡黏度计法 [J]．涂料工业，1998，28（10）：41-43.
[9] 虞莹莹．涂料黏度测定——流出杯法 [S]．化工标准·计量·质量，2005，25（2）：25-27.
[10] 刘振作．涂抹干燥时间测定技术及其应用 [J]．中国涂料，1995，(6)：47-48.
[11] 吴璇．色漆的遮盖力及其测试方法述评 [J]．涂料工业，2002，32（1）：38-41.
[12] 牛清平．涂膜的流平性与流挂性研究 [J]．涂料技术，2000，(4)：30-32.
[13] 毛蕾蕾，钱叶苗．涂料闪点的测定 [J]．上海涂料，2008，46（8）：43-45.
[14] 周文沛，陈刚．涂料涂布率测定方法的讨论 [J]．涂料技术与文摘，2004，25（2）：31-32.
[15] 陈益，蒋旭东，理论涂布率的测定 [J]．涂料技术与文摘，2004，25（1）：38-39.
[16] 国英杰，张风林．涂膜孔隙率的测试方法及仪器 [J]．涂料技术，1992，(2)：42-44.
[17] 刘振作．涂膜硬度试验的技术进展 [J]．上海涂料，2002，40（1）：30-32.
[18] 王征粹．漆膜柔韧性评定 [J]．上海涂料，1999，(2)：57-59.
[19] 郑国娟．漆膜附着力及其测试方法 [J]．涂料技术与文摘，2003，24（2）：30-32.
[20] 王征粹．漆膜耐磨性评定 [J]．上海涂料，1991，(4)：52-53.

第二章　原材料的检测技术

学习目的

本章介绍了涂料用原材料包括树脂原料、油脂类原料、颜料、乳液、溶剂及各类助剂的常规检测技术，需重点掌握。

第一节　取 样 方 式

一、基本目的

（1）从被检的总体物料中取得有代表性的样品，通过对样品的检测，得到在允许误差内的数据，从而求得被检物料的某一或某些特性的平均值及其变异性[1]。

（2）基本原则　为了掌握整体物料的成分、性能、状态等特性，往往需要按一定方案从总体物料中采得能代表总体物料的样品，通过对样品的检测来了解总体物料的情况。因此，使采得的样品具有充分代表性是采样的基本原则。

二、主要标准名称

中国国家标准 GB 9285—1988（等效采用 ISO 842—1984）。

1. 适用范围

适用于涂料产品所用原材料的取样，如植物油、液体溶剂、树脂，干燥粉末如颜料及体质颜料取样适用方法。在特殊情况下，可以进行某些修改，但必须使取得的样品准确地代表该批产品。

2. 引用标准

GB 3723—1999、GB 4756—1998。

三、取样方法

1. 装样容器

对于液体样品所用之装样容器应是清洁和干燥的无色或茶色玻璃瓶或金属罐。对于浆状物料、液体与固体的混合物或固体，应采用广口瓶或广口金属罐，并保证装样容器及盖（塞）子用不污染样品材料制成。

无色玻璃瓶的优点是可以目视检验其洁净程度，并容易观察样品的含水或杂质情况。对于光敏感的材料可用茶色玻璃瓶装，镀锌或铝制的罐和盖子不应用于酯类物料的盛样，溶剂类产品的装样瓶不应用橡胶塞子，软木塞在使用前应用锡箔或铝箔等保护膜包好。如果瓶子使用磨口玻璃塞则需检验盖塞后瓶子是否会泄漏。

2. 取样工具

为了保证器具不受产品侵蚀并易清洗，可采用不锈钢、黄铜或玻璃制成。在取植物油类时，不能使用含铜金属制品。取样器表面应光滑、无划痕凹槽。

（1）植物油、溶剂及液体物料取样器

① 取样瓶。此种取样瓶是容量为 300～500mL 的加重玻璃瓶、可折式不锈钢或黄铜制的取样罐，瓶或罐上面有用合适的链条杆或绳子连着的可拔掉的塞子或盖子，这种装置可以

下降到所要求的各种深度，在该处拔掉塞子以让容器装满液体。

② 底部或区域取样瓶。此取样瓶的容量为300～500mL，由不锈钢或黄铜制成。可抽取地面贮槽、槽车中任何水平面的样品。取样瓶底部开进料口，中轴有一个带着底阀的中心拉杆。取样瓶和中心拉杆分别由两根可区别的不锈钢链条系住。

取底部样时，取样瓶降至贮槽底部，小心拉杆底阀可自动打开，液体从取样瓶下进料口进入取样瓶内。当提起取样瓶时，底阀自动关闭。取深度液体样品，取样瓶下降到所要求的深度，然后拉中心杆镀条，将阀打开，待液体装满取样瓶后，松开中心杆链条，底阀关闭，拉上瓶链条提出取样瓶。

③ 取样管。取样管是供选取已知均匀性好的液体样品用的，它是由一根金属管或厚壁玻璃管组成，其直径可在20～40mm，长度在500～1100mm之间变动，其上端和下端都是圆锥形的，并往下逐渐缩小到5～10mm，上端有两个环作为把手。选取样品时，用大拇指或塞子将管子顶部堵住，并下降到所需的深度，然后打开一会，使液体进入，最后堵住管子口并将其取出。

（2）粉末、小颗粒、小晶体用取样器探子取样器或固体取样勺　取样管是开口的，可用于选取固体粉末等样品，它是用不锈钢或铝合金制成半圆形截面，并且整个管是中空的。使用时将取样管开槽向下插入桶或包、袋内旋转管，当开槽向上时抽出。取样时插入不同的位置，如前、后、深和浅等部位。

3. 样品取样收集

（1）液体样品收集

① 在取液体物料时，有其他固体物质或该物料是一半固态时，需要在取样前，进行充分外加热使其均匀混合。

② 取火车槽车、汽车槽车应了解槽车的游离水体积或深度，当槽装满液体时，应在液体表面1/10深度处（上部）、深度一半处（中间部分）和距离液体9/10处（下部），把在不同深度取出的样品按总量中占有相同比例混合在一起。

③ 在液体输送中采取龙头或滴栓时应保证龙头不可接在管道侧面或底部，应在管道中心并朝向液体流动方向引出接管嘴。用此法必须仔细观察取样的准确性。

（2）粉末、颗粒大样收集

① 当取样批包括不同类容器时，可按容器类型分，如批次不能分开应按交付日期区别取样。如果一个交付批是由几个可区别的生产批组成，则将它们分开来考虑。

② 取样时从整个批次的所有容器中随机取样。但包装预先不应被打开过或破损。从各包装容器包装的中心位置附近沿不同方向插入，然后旋出取样管，小心地把探子抽回，并注意抽回时应保持槽口向上，将物料倒入容器中，将其混合为大样量不少于2kg，或相当于各项试验总用量的3～4倍。

（3）固体树脂收集

① 应对原包装未打包的树脂进行取样。每批货中随机选择不少于10%的包装的样品（每批不超过200件）。

② 样品应从每一包装的不同处取出碎块，自每一包装中取大约相等量的分量组成总量样品。然后将物料充分混合堆积起来，沿着两个直径呈直角相交分成四份，将相对的两个1/4混合起来。如果需要可将一半物料进一步用正规的分法细分成若干样品。另一半样品经粗研磨以通过标称孔径为8.3mm的网筛制成实验室样品。

③ 检验用样品需研磨到完全通过标称筛孔为0.4～0.7mm之间的筛子，将这些研细物

料充分混合入密封的容器中。

4. **随机取样的计数**

如果申明一个交付批中各生产批次产品是相同（或同等）的，可以适当从该交付批的那些容器中取样。除已规定取样数以外的应按表 2-1 进行取样件数进行。

表 2-1　取样数

每批容器的总数	取样容器的最低件数	每批容器的总数	取样容器的最低件数	每批容器的总数	取样容器的最低件数
1～2	全部	9～25	3	101～500	8
3～8	2	25～100	5	501～1000	13

5. **样品标记**

（1）应按规定容器收集样品，样品应避光、防潮和防尘、防过热、过冷。

（2）样品装好后，应立即在容器上贴上标签，标签应写明以下内容：样品名称及编号（生产日期、批、次）；交付货物件数；总量及容器详细情况；取样地点、位置；取样日期；取样人姓名；产品说明。

6. **安全措施**

（1）某些原料在取样时，可能引起不同程度的危险性，如包括可燃性和毒性等，所以必须参考某些物品的危险程度进行防护。

（2）取样时必须有两人在场，如包括可燃性和毒性等。

（3）为避免膨胀系数大的某些产品的胀溢和抽样时需摇混，也为了避免上层带有的空间过大对多数油类起不良影响，样品的装入量应为容器含量的 80％～90％。

（4）必须注意全部取样设备应是清洁和干燥的。在整个取样过程中必须保证物料、取样设备、盛样容器及样品免受雨水、灰尘等外来污染。

第二节　油脂类性能检测技术

油是不饱和高级脂肪酸甘油酯，脂肪是饱和高级脂肪酸甘油酯，统称为油脂，都是高级脂肪酸甘油酯，是一种有机物。一般把常温下是液体的称作油，而把常温下是固体的称作脂肪。脂肪是油料在成熟过程中由糖转化而形成的一种复杂的混合物，是油籽中主要的化学成分。油脂的主要成分是各种高级脂肪酸的甘油，动物中多为固体，植物中多为液体。油脂不但是人类的主要营养物质和主要食物之一，也是一种重要的工业原料。油脂的色泽、酸值、黏度、碘值、折射率、透明度等性质影响着其实际使用，下面将介绍这些性质的一些常见的检测方法。

一、色泽

色泽是油脂重要的质量指标之一，同时也是消费者从货架上选购时的外观依据，因而成为油脂质量检验的常规项目。油脂加工企业也必须根据国家标准规定来控制成品油的色泽，以求得油脂加工工艺的最佳脱色条件，从而获得最大的利润。

常用的油脂色泽的测定方法有目视法、重铬酸钾法和罗维朋比色计法。目视法是靠人眼直接观察油脂色泽；重铬酸钾法是将油样与配制好的重铬酸钾硫酸标准溶液进行比色，比至等色时的色值就是重铬酸钾法色值；罗维朋比色计法是用标准颜色玻璃片与油样的色泽进行比较，色泽的深浅用所需标准颜色玻璃片上标明的数字来表示，此法是目前国际上通行的检验方法。其中罗维朋比色计使用得最为普遍。

我国国家标准规定用罗维朋比色计法（GB 5525—1985）测定油脂色泽，如实际测定菜籽油时黄色为参比值，红色为控制值，先固定黄色为35，然后调节红色玻璃片（有时要加蓝色玻璃片），当视野中两部分颜色相同时，各种玻璃色片的数字即为油脂色泽的测定值。该方法测定较准确，但需要有经验的检验人员才能得到较好的可靠性和重现性。

植物油色泽罗维朋比色计法 其原理为在一定光源通过两片碳酸镁反光片和不同深度的红、黄、蓝三种标样颜色片与被测油样进行对比。所使用仪器为罗维朋比计、加德纳颜色比色计和比色管（图 2-1）。

图 2-1 比色管示意

其基本操作过程为：放平仪器，安置观测管和碳酸镁片，检查光源是否完好。取澄清的试样注入比色槽中，达到距比色槽上口约 5mm 处。将比色槽置于比色计中。先按规定固定黄色玻璃片色值，打开光源，移动红色玻璃片调色，直至玻片色与油样色完全相同为止。如果油色有青绿色，需配入蓝玻片，这时移动红色玻片，使配入蓝色破片的号码达到最小值为止，记下黄、红或黄、红、蓝玻片的号码的各自总数，即为被测油样的色泽样品试管装满待测样品。如果样品略见浑浊应该过滤。用玻璃标准比较，确定哪一标准在色度和饱和度方面最接近样品，色调差别可以忽略。

目前色泽的测定还存在着许多不足之处，主观因素往往占有较大比例，因此发展一种客观的检测方法已是势在必行，图像处理方法正是顺应了这一趋势而发展起来的测定油脂色泽的新方法。1999 年，孙凤霞和周展明等人采用计算机图像处理方法成功地测定了花生油、菜籽油、棉籽油、大豆油和芝麻油的色泽，由于图像处理避免了人为的主观误差，同时多次测定同一油脂色泽的重现性和重复性均较好，因此该方法的测定结果具有客观性。

二、酸值

酸值是指中和 1g 油脂中的游离脂肪酸所需氢氧化钾的毫克数。酸值是检验油脂中游离脂肪酸含量的一项指标，测定油脂酸值既可以评价油脂品质的好坏，又可以判断储藏期间品质的变化情况，也为油脂碱炼工艺提供计算所需的加碱量。目前，油脂酸值的主要测定方法是滴定法，其测试标准为 GB/T 5530—2005 动植物油脂酸值和酸度测定。规定了测定动植物油脂中酸度的方法（两种滴定法和一种电位计法），酸度通常以酸值表示。热乙醇测定法为参考方法，冷溶剂法适用于浅色油脂，不适用于蜡。

热乙醇测定法原理为将试样溶解在热乙醇或混合溶剂中，用氢氧化钠或氢氧化钾水溶液滴定，使用仪器包括常规实验室仪器及微量滴定管 10mL，最小刻度为 0.02mL。

三、黏度

1. 定义与内容

黏度是液体或胶态体系的主要物理化学特性之一，其物理意义是液体在外力（压力、重力、剪切力）的作用下，分子间相互作用而产生阻碍其分子间相对运动的能力，即流体流动的阻力[2,3]。

2. 测定方法

（1）使用标准 GB 1660—1982 增塑剂黏度的测定——品氏法。

（2）实验原理 黏度为流体在流动中所产生的内部摩擦阻力，其数字意义是剪切应力与剪切速率的比值。

（3）操作 将黏度计调整为垂直状态。将恒温器调整到规定温度，将装好试样的黏度计浸在恒温液体内。利用管身所套着的橡皮管将试样吸入扩张部分，使液面稍高于图 2-2 标线 a，并且注意不要让毛细管和扩张部分中的液体产生气泡或裂隙。液面正好达到标线 a 时开动秒表，流面正好流动图 2-2 标线 b 时，停住秒表，记下流动时间。

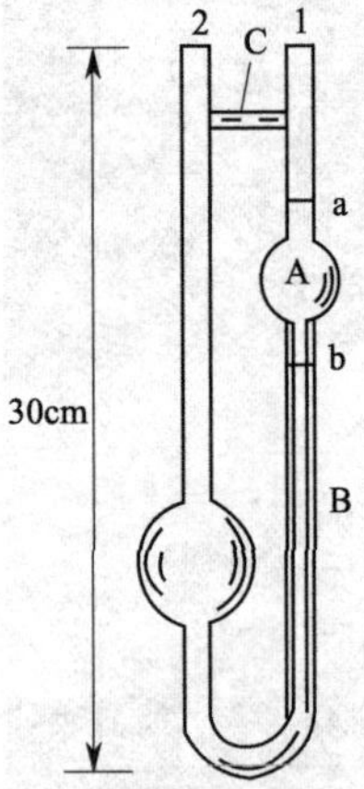

（4）仪器 品氏毛细管黏度计、恒温水浴、自动搅拌等。

图 2-2 品氏毛细管

四、碘值

1. 定义

油脂的碘值用来表示油脂的不饱和程度。碘值是指 100g 油脂在一定时间及一定浓度之试剂内吸收碘的克数。碘值的测定是区分油脂种类的重要手段。

2. 测定方法

（1）标准 GB/T 5532—2008 动植物油脂碘值的测定。

（2）原理 在溶剂中溶解试样，加入韦氏（Wijs）试剂反应一段时间后，加入碘化钾和水，用硫代硫酸钠溶液滴定析出的碘。

（3）操作简介 按规定的数量准确称取干燥过滤的试样注入洁净、干燥的碘值瓶中，加 25mL 韦氏液，（防止碘挥发），摇匀后，在 20～25℃条件下，置暗处静置 30min（碘值在 130 以上时静置 60min），到时立即加入 15%碘化钾溶液 20mL 和水 100mL，用 0.1mol/L 的硫代硫酸滴定至溶液呈浅黄色时，加入淀粉指示剂继续滴定至蓝色消失为止。

于 250mL 有玻璃塞的碘值瓶中加入 5mL 的四氯化碳。将规定重量的样品（标准到 0.1mg）溶解在四氧化碳中。确保样品完全溶解，然后放在光的强度经照度计上测量，或在红色安全灯照明下有的暗室中，放置 1h，将烧瓶放入光线暗淡的实验室中。用吸液管加入 20mL 碘化钾溶液。摇动 2～3 次，加 20mL 水再摇动。盖上瓶塞放置 1min，然后在正常用照明下，约用 10mL 水冲洗瓶塞和烧瓶的颈口从 50mL 滴定管中快速加入硫代硫酸钠溶液，在不停地摇动下沉析的碘加入需要的硫代硫酸钠溶液约 25～30mL。然后按常规滴速滴定，将近终点时以淀粉作指示剂。加水 30mL 继续滴定至蓝色消失为止。在相同的条件下进行两个空白试验。

五、折射率

1. 定义与内容

光线自一种透明介质进入另一种透明介质时，产生折射现象，这种现象是由于光线在各种不同的介质中进行的速度不同造成的。折射率系指光线在空气中传播的速度与在其他物质中传播速度之比值。测定油脂的折射率是判断油脂的纯度。

2. 测定方法

（1）标准 GB 5527—2010 植物油脂测试折射率的测定法。

（2）原理 当光从折射率为 n 的被测物质进入折射率为 N 的棱镜时，入射角为 i，折射角为 θ，则：$\sin i/\sin\theta=N/n$，$n=N\sin\theta$。棱镜的折射率 N 为已知值，则通过测量折射角即可求出被测物质的折射率 n。

(3) 操作　用玻璃体取混匀过的试样两滴，滴在棱镜上，转动上棱镜，关紧两块镜，约经 3min 待试样温度稳定后，拧动阿米西棱镜手轮和镜转手轮，使视野分成清晰可见的两个明暗部分，其分界线恰好在十字交叉的焦点上，记下标尺的读数和温度。

(4) 仪器　阿贝折射仪（见图 2-3）和恒温水浴锅。

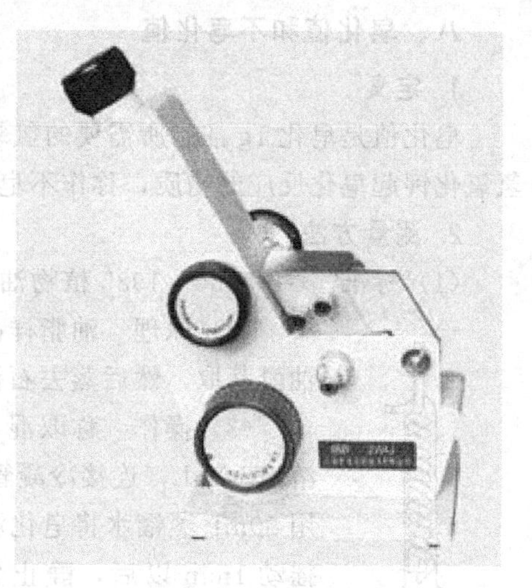

图 2-3　阿贝折射仪

六、相对密度

1. 定义

密度是物质单位体积内所含的质量，相对密度是指物质在 20℃时的密度与纯水在 4℃时的密度之比。

2. 测试方法

(1) 使用标准　GB 5526—1985 植物油脂检验比重测定法（液体比重天平法）。

(2) 原理　在水和被测试样中，分别测出“浮锤”的浮力，由游码的读数计算出试样的密度。

(3) 操作　称量水，先将仪器校正好，在挂钩上挂好砝码，向量筒内加入蒸馏水达到浮标上的白金丝浸入水中 1cm 为止，将水调到 20℃时，拧动天秤座上的螺丝使天平达到平衡，再不要移动，倒出量筒内的水，先用乙醇，后用乙醚将浮标、量筒和温度计上的水冲净，再用脱脂棉揩干，将试样注入量筒内，达到浮标上的白金丝浸入试样中 1cm 为止，待试样温度达到 20℃时，在天平刻槽上移加砝码使天平恢复平衡。计算法码的结果。

比重瓶或比重杯的校正。在规定的温度下，按下述步骤校正容器的容积；清洗并干燥比重瓶，使之恒重。在容器中装入新鲜煮沸的蒸馏水，其湿度应稍低于规定温度，盖上瓶盖，让溢流孔开着，立即用丙酮或乙醇洗凹槽，以除去溢流水和凹槽中的水，并用能吸湿的物质把它擦干。要避免在容器中留存气泡，把容器及其内容物质放在规定的温度下恒温。用吸水性物质擦净溢流孔。在达到规定温度以后发生溢流水的就不再接了，立即称出容器连同装有物的重量，精确到其总重量的 0.01%。以试样代替蒸馏水，用适当的无不挥发物的溶剂代替丙酮或乙醇重复上述操作。记录容器装有试样时的重量和容器的重量以克表示，计算结果。

(4) 仪器　韦氏天平，见图 2-4。

图 2-4　韦氏天平

七、透明度

1. 定义

油脂在一定温度下，静止一定时间，目测而得的浑浊程度。

2. 测试方法

(1) 标准　GB 5525—2008 植物油脂透明度、气味、滋味鉴定法。

(2) 原理　目测油脂在规定温度下的透明程度。

(3) 操作　量取试样 100mL 注入比色管中，在

20℃温度下静置24h（蓖麻油静置48h），然后移置在乳白灯前（或在比色管后衬以白纸），观察透明程度。分3级判定：透明，无絮状悬浮物及浑浊；微浊，有少量的絮状物；浑浊，有明显的絮状物出现。

（4）仪器 比色管。

八、皂化值和不皂化值

1. 定义

皂化值是皂化1g油脂所需要的氢氧化钾的毫克数。油脂及合成脂肪酸等样品中不能与氢氧化钾起皂化反应的物质，称作不皂化物，其所占比例为不皂化值。

2. 测量方法

（1）标准 GB 5535—1985 植物油脂检验不皂化物测定法。

（2）原理 油脂样品中能与碱起反应的物质能溶于水中，不皂化物用石油醚萃取，然后蒸去石油醚用重量法测定残留物的含量。

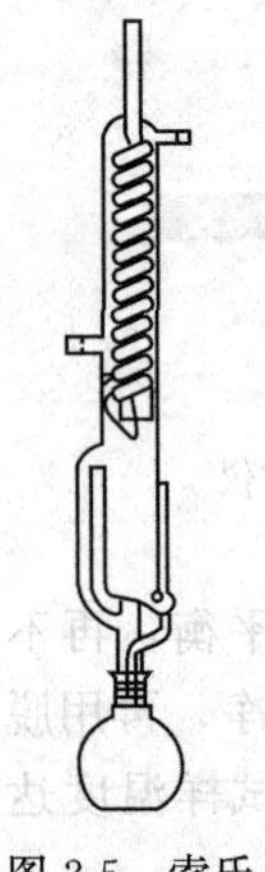
图2-5 索氏提取器

（3）操作 称取混合试样5g注入锥形瓶中，加0.1mol/L的KOH乙醇溶液50mL，连接冷凝管，在水浴锅上煮沸约30min煮到溶液清澈透明为止，用50mL蒸馏水将皂化液转移入分液漏斗中，加入50mL乙醚，趁热时猛烈摇动1min以后，静止分层。将下层皂液放入第二只分液漏斗中，每次用50mL乙醚提取两次。合并乙醚提取液，加水20mL轻轻旋摇，等分层后，放出水层，每次再加水20mL，猛烈振摇洗涤两次先后用0.5mol/L的氢氧化钾水溶液和水各20mL。充分振摇洗涤一次，如此再洗涤两次。最后用水洗至加酚酞指示时不显红色为止。用索氏提取器回收乙醚，将抽提瓶中的残留物在105℃温度下烘1h，冷却称重，再烘30min，直至恒重为止。将称重后的残物溶于30mL中性乙醚乙醇中，用0.02mol/L氢氧化钾溶液滴定至粉红色。

（4）仪器 索氏提取器（见图2-5）、滴定管等。

第三节 树脂性能检测技术

一、外观与透明度

1. 定义与内容

液体树脂（漆料）是否含有机械杂质和呈现的浑浊程度的鉴定。

2. 测定方法

（1）标准 GB 1721—1979 清漆、清油及稀释剂外观和透明度测定方法。

（2）原理 树脂在规定条件下与一系列标准对比得出外观和透明度情况。

（3）操作

① 外观的测定。将试样装入干燥洁净的比色管中，在温度23℃于暗箱的透射光下观察是否含有机械杂质。

② 透明度的测定。将试样倒入干燥洁净的比色管中，在温度25℃，于暗箱的透射光下与一系列不同浑浊程度的标准液（无色的则用无色部分、有色的用有色部分）比较选出与试样最接近的一级标准液。在测试过程中如发现标准液有絮状悬浮物或沉淀时，可摇匀后再与试样进行对比。

二、固体含量

1. 定义与内容

树脂在一定温度下加热焙烘后剩余物质为其固体分，其质量与试样质量的比值为固体含量。

2. 测定方法

（1）标准　GB 6740—1986 漆料挥发物和不挥发物的测定。

（2）原理　树脂的组成中挥发物质在一定温度加热焙烘，使挥发分逸出留下剩余物计算出其固体含量。

（3）操作　将玻璃、马口铁或铝盘、玻璃棒在试验温度下放入烘箱中干燥，然后放入干燥器中在室温下冷却，准确称量带有玻璃棒的盘。然后把要均匀布满整个盘于的底部。将烘箱调到商定或规定的温度，把带有玻璃帮的盘子及试样放入烘箱中，在该温度下放置商定的或规定的时间。加热一段时间后，弄开表面，将物质搅拌一下，再放回烘箱内。达到规定的加热时间，将盘子和玻璃棒放入干燥器内，冷却至室温，然后精确称重。

三、黏度

1. 定义

黏度是液体在外力（压力、重力、剪切力）的作用下，其分子间相互作用而产生阻碍其分子间相对运动的能力，即液体流动的阻力。

2. 测定方法

（1）标准　GB/T 1723—1993 涂料黏度测定法。

（2）原理　涂-1、涂-4 黏度杯测定的黏度是条件黏度，即为一定量的试样在一定湿度下，从规定直径的孔所流出的时间；落球黏度计测定的黏度是条件黏度，即为在一定温度下，一定规格的钢球垂直下落通过盛有试样的玻璃管上、下两刻度线所需要的时间。

（3）操作　涂-4 黏度杯（见图 2-6）。黏度计擦拭干净，干燥或用冷风吹干，黏度计漏嘴等应保持洁净，将试样搅拌均匀。除另有规定外，将试样温度调整至 23℃或 25℃。黏度计处于水平位置，在黏度计漏嘴下放置 150mL 搪瓷杯，用手指堵住漏嘴、将试样倒满黏度计中，用玻璃棒或玻璃板将气泡和多余的试样赶出凹槽。迅速移开手指，同时启动秒表，待试样刚中断时立即停秒表，秒表读数即为试样的流出时间。

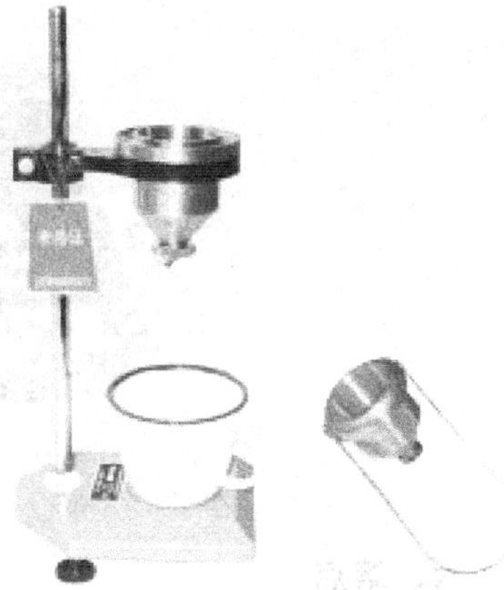

图 2-6　涂-4 黏度杯

四、酸值

1. 定义与内容

中和 1g 产品的不挥发物中的游离酸所需氧氧化钾的毫克数。

2. 测定方法

（1）标准　GB 6743—1986 色漆和清漆用漆基酸值的测定法。

（2）原理　以滴定法测定，从氢氧化钾标准溶液消耗量计算酸值。

（3）操作　精确称取试样放入锥形瓶中，加入 50mL 乙醇，使试样完全溶解，加入 2～3 滴酚酞指示剂溶液。立即用氢氧化钾乙醇标准溶液滴定至出现红色，至少 10s 不消失即为终点。对于聚酯树脂等用酚酞作指示剂终点颜色变化判断不明显的物质，可改用溴百里酚蓝等指示剂，同时进行空白试验。

五、软化点

1. 定义

软化点温度主要指无定型聚合物开始变软时的温度。

2. 测定方法

（1）标准　GB 8146—1987 脂松香、松香试验方法。

（2）原理　加热使试样在钢球重力作用下，从圆环中下落，其温度即为软化点。

（3）操作　取粉碎至直径近 5mm 的树脂约 5g 于干燥皿中，慢慢加热使其温度在尽可能的温度下熔融避免产生气泡和发烟。将熔融的树脂立即注入平板在铜板上预热的圆环中，待树脂完全凝固，轻轻移去铜片，环内应充满树脂，表面凸起用电熨斗熨平后备作检验。如环内树脂有凹下或气泡等情况，应重新制作。将准备好的试样圆环放在环架板上，把钢球定位器装在圆板上，再把钢球放入钢球定位器上，另从环架顶插入温度计，使水银底部与圆环底面在同一水平面上，然后将整个环放入 800mL 烧杯内。以上装置完成后，倾入新煮沸而冷却至 35℃以下水于烧杯中，使环架板的上面至水面保持 51mm。放置 10min 后，用可调的电炉或其他热源加热，使得水温每分钟升高 5℃，并且不断充分搅拌，使得温度均匀上升，直至测定完毕。当包着钢球的树脂落到平板时读取的温度数值即为树脂的软化点，如果试样的软化点高于 80℃时容器内传热液应改用甘油。

（4）使用仪器　软化点测试仪，见图 2-7。

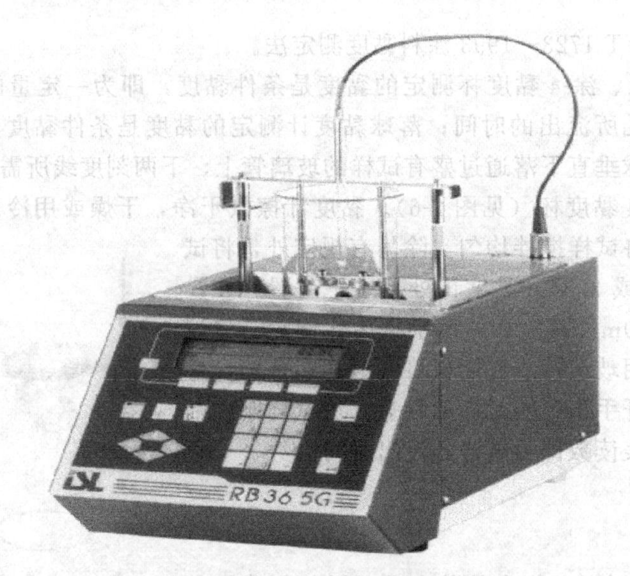

图 2-7　软化点测试仪

六、熔点

1. 定义

当晶体固体物质加热到一定温度时，即从固体状态转变为液态此时的温度，可视为该物质的熔点。

2. 测定方法

（1）标准　GB 617—1988 熔点范围测定通用方法。

（2）原理　加热使得熔点管中样品从低于其初熔时的温度逐渐升高于其终熔的温度，观察其初熔和终熔时的温度，确定样品的熔点范围。

(3) 操作 将样品研成尽可能细密的粉末，装入清洁干燥的熔点管中，取一长约800mm的干燥玻璃管，且立于玻璃板上，将装有试样的熔点管在其中提落数次，直到熔点管内样品紧缩至2～3mm高。如所测的是易分解或易脱水的样品，应将熔点管的另一端熔封。先将传热液体的温度缓缓升至比样品规格所规定的熔点范围的初熔温度低10℃，此时将装有样品的熔点管附着于测量温度计上，使熔点管样品底端与水银球的中部处于同一水平，测量温度计水银球应位于传热液体的中部。使升温速率稳定保持在1.0℃/min，如所测的是易分解或易脱水样品则升温速度应保持在3℃/min。当样品出现明显的局部液化现象时的温度即为实际初熔温度，当样品完全熔化时的温度即为终熔温度，记下初熔温度和终熔温度。如测定中使用的是全浸式温度计，则应对所测的熔点范围进行校正。

七、羟值

1. 定义

羟值表示树脂中羟基的含量，以每克样品相当量之KOH毫克数表示。

2. 测量方法

(1) 标准 ASTM D 1957—1986 油脂和脂肪酸的羟值。

(2) 操作 称取样品称准确至0.1mg移入250mL锥形瓶中，称取9～11g样品到另一只锥形瓶供测试酸值用。吸取5mL，吡啶-乙酐溶液到盛有乙酰化的样品的锥形瓶中。对0～20羟值的样品，则外加5mL吡啶到锥形瓶中，缓缓摇动使其充分混合。

另外吸取5mL吡啶-乙酐溶液到测试空白的锥形瓶中，以酚酞作指示剂进行中和，加10mL吡啶于酸值空白测定的样品中，轻轻摇动使其混匀。在锥形瓶上安装回流冷凝器，在蒸汽浴上加热1h，用本方法只要稍微加热，回流即可进行。

经冷凝器加10mL水到锥形瓶中，继续在蒸汽浴上加热10min，然后在不取下冷凝器的情况下，冷却到室温于每只锥形瓶中加25mL中和过的正丁醇，其中约一半是通过冷凝器加入，把冷凝器取下，其余的丁醇沿锥形瓶内壁洗下。

每只锥形瓶中加1mL酚酞指示剂溶液，以0.5mol KOH醇溶液滴定到淡红色终点，计算结果。

八、溶解性

1. 定义

树脂在溶剂或其他液体中的溶解能力。

2. 测量方法

(1) 标准 ASTM D 3132—1984 树脂和聚合物的溶解性的测试。

(2) 操作 把树脂或聚合物中聚集的大块用不致造成污染的办法弄成合适的小块，但不要弄成细粉，因为细粉会导致黏结或氧化。对生成的低黏度溶液的树脂，溶剂可加到溶质中。对于倾向胶凝的高分子量树脂，加入次序显著地影响树脂溶解和胶凝粒子消除所需的时间，因此应将溶剂先称入锥形瓶中，然后将样品小量分批加入在加入数量适当和溶剂溶质后，紧密盖好锥形瓶，摇动或旋动经混合的内容物，从一端到另一端将锥形瓶滚转或旋转24h，转动的速度不应快到妨碍锥形瓶中的液体前后流动，每分钟1～5次的速度是合适的，24h后即将锥形瓶排成一条直线观察，让其静置数分钟，然后对内容物的外观分类。

九、容忍度

1. 定义

树脂或其溶液可以与不相溶的溶剂相互混溶时不发生浑浊现象的程度。

2. **测定方法**

(1) 标准　ASTM D1198—1993 氨基树脂溶剂容忍度。

(2) 操作　将溶剂和试剂调整到 25℃并在这个温度下进行。将锥形瓶在适当的天平上称重，要准确，加入约 10g 树脂，再称重，并准确至 20mg，即得试样重。将滴定管装入溶剂，滴定试样，同时不断摇动烧瓶。加入溶剂要快，但是其速度以保持最低的局部溶剂过虑而析出沉淀为度，直到加入所需量的 90%为止。当接近终点时，要减慢溶剂滴加速度。当放在烧瓶下的 10 磅印刷品字迹变得模糊时即为终点，记下所加入的溶剂量。

第四节　乳液检测技术

一、乳液残留单体的测定

1. **直接滴定法**

(1) 范围及说明　本方法适用于醋酸乙烯乳液残留单体的测定。

(2) 仪器和材料　三角烧瓶，容量 200mL；滴定管，25mL；天平，称量 100g 以上，感量 0.1g；容量瓶，100mL、1000mL；带刻度的移液管，5mL；移液管，10mL、20mL、25mL；15%碘化钾溶液，将 15g 分析纯碘化钾溶于蒸馏水中，移入 100mL 容量瓶中，稀释至刻度；0.1mol/L 硫代硫酸钠水溶液，将 24.8g 分析纯硫代硫酸钠（含 5 个结晶水）溶于水中，移入 1000mL 容量瓶中，稀释至刻度；淀粉指示剂；溴-溴化钾溶液，将 60g 分析纯溴化钾和 3.8mL 溴溶解于 1000mL 容量瓶中，用蒸馏水稀释至刻度。

(3) 测定方法

① 先测定溴-溴化钾溶液的校正因子。取 20mL 溴-溴化钾溶液，加入 10mL 15%的碘化钾溶液，再加淀粉指示剂，用 0.1mol/L 的硫代硫酸钠溶液进行滴定，溴-溴化钾溶液的校正因子 f 由下式算出：

$$f=B\times 0.005$$

式中　f——溴-溴化钾溶液的校正因子；

B——滴定所消耗的 0.1mol/L 的硫代硫酸钠溶液的量，mL。

② 准确称量约 10g 试样，置于 200mL 的三角烧瓶中，用 25mL 蒸馏水稀释，然后用溴-溴化钾溶液进行滴定，至褐色在 15s 内不消失为终点。

(4) 结果表示　残留单体含量按下式计算：

$$c_v=\frac{Af\times 0.043}{S}\times 100\%$$

式中　c_v——残留单体，%；

A——滴定时消耗溴-溴化钾溶液的量，mL；

f——溴-溴化钾溶液的校正因子；

0.043——每毫升溴-溴化钾溶液（$f=1.000$）所相当的醋酸乙烯的质量，g/mL；

S——试样的质量，g。

注：计算值有效数字取小数点后两位。

(5) 参照标准　日本工业标准 JIS K 6828 合成树脂乳液试验方法。

2. **气相色谱法**

(1) 范围及说明　本方法使用气相色谱仪，采用内标物法求出乳液试样中的残留单体含量。

（2）仪器和材料　气相色谱仪，包括氢离子火焰检测器及列管式或毛细管式色谱柱；微型注射器，10μL、100μL；容量瓶，100mL、1000mL；带盖三角烧瓶，100mL；天平，称量 50g 以上，灵敏度 0.1mg；单体，纯度 99%以上；*N*,*N*-二甲基甲酰胺、二甲亚砜或四氢呋喃，纯度 99%以上；内标物，符合所选定的气体分析柱所要求的条件，试样中不含有该物质，且不与单体的吸收峰相重叠，能够得到独立吸收峰的适当物质；去离子水；磁力搅拌器。

（3）测定方法

① 先制作内标物的校正曲线。在 100mL 的容量瓶中预先注入 70～80mL 溶剂，即 *N*,*N*-二甲基甲酰胺（或二甲亚砜或四氢呋喃），用 100μL 的微量注射器吸取约 50μL 的内标物注入容量瓶中，同样用 100μL 的微量注射器吸取定量单体（精确至 0.1mg）加入容量瓶中，加溶剂至刻度线，充分混合均匀，依次调制成单体的梯级浓度的标准液。

② 将上述不同浓度的标准液分别用 10μL 的微量注射器吸 1μL，注入气相色谱仪的进样口，记录并测定其峰面积，做出校正曲线。

③ 试样测定液的制备。先在 1000mL 容量瓶中准确称量 500mg 的内标物，精确至 0.1mg，加去离子水至刻度线。在 100mL 带盖三角烧瓶中加入 10g 试样，准确至 0.01g，加入 10g 上述内标物稀释液，用氟树脂棒搅匀，再补加 40g 内标物稀释液，在 1min 内将其搅匀，然后再用磁力搅拌器搅拌 3～5min。

用 10μL 的微量注射器吸取该液体 1μL，将其注入气相色谱仪进样口，记录并测定其峰面积。

（4）结果表示　测定试样与内标物的峰面积，用内标法计算出残余单体的含量（%），有效数字取小数点后两位。

（5）参照标准　日本工业标准 JIS K 6828 合成树脂乳液试验方法。

二、乳液粗粒子的测定

1. 范围及说明

本方法适用于测定合成树脂乳液反乳胶漆含有粗颗粒的质量。

2. 仪器和材料

（1）恒温干燥箱　能保持（105±2）℃。

（2）干燥器　内放干燥硅胶。

（3）滤网　孔径为 74μm 和 44μm 的平织不锈钢滤网。

（4）天平　称量 100g 以上、感量 0.1g 和称量 50g 以上，感量 0.1mg。

（5）去离子水。

3. 测定方法

（1）将滤网在（105±2）℃的干燥箱中干燥 30min，取出放到干燥器中冷却，称其质量。

（2）准确称量 100g 试样，用去离子水稀释 4 倍。

（3）将试样通过滤网过滤，然后用去离子水冲洗，直至冲洗液透明为止。

（4）将滤网置于恒温干燥箱中央，在（105±2）℃的条件下干燥（60±5）min，取出后放入干燥器，冷却至室温，称其质量。

4. 结果表示

粗粒子含量按下式表示：

$$R=\frac{m_2-m_1}{m_0\times 100}$$

式中 R——粗粒子，mg/100g；

m_2——过滤干燥后滤网质量，mg；

m_1——过滤前滤网质量，mg；

m_0——试样的质量，g。

结果要记录滤网的孔径（目数）。

三、乳液粒径的测定

1. 光学显微镜法

（1）范围及说明 本方法适用于合成乳液粒子粒径大小的测定，采用光学显微镜来计算乳液粒径的大小。当光学显微镜观察不出来时，要用电子显微镜。

（2）仪器和材料 光学显微镜；玻璃载片，符合光学显微镜的要求；玻璃盖片，符合光学显微镜的要求；蒸馏水，符合 GB/T 6682—2008 中规定的三级水要求。

（3）测定方法 将试样用蒸馏水稀释至固体分约为 1%，在玻璃载片上滴下一滴，然后用玻璃盖片将其盖住，并紧密压紧后，用光学显微镜观察粒子的大小。

（4）结果表示 粒径值以 μm 表示，是取 50 个粒子以上粒径平均值作为结果，取小数点后 1 位。同时记录光学显微镜的倍率。

2. 浊度法

（1）范围及说明 本方法是采用浊度法来计算乳液粒径的大小。

（2）仪器和材料 分光光度计；滤网；聚苯乙烯分散树脂，试剂级，其数均粒径分别为 0.1μm、0.5μm、1.0μm；蒸馏水，符合实验室用三级纯水。

（3）测定方法

① 将已知粒径的试剂，即聚苯乙烯分散树脂用蒸馏水稀释至固体分约为 0.1% 的溶液，放到分光光度计的吸收池中，用 375nm 波长的光源使吸光度保持在 0.50±0.01 的范围内。如不在此范围内，则要调整池内试剂的固体分，使之在此范围内。

② 调整后，用 550nm 波长的光源测定吸光率。

③ 将 550nm 波长测得的吸光率与数均粒径的关系作对数曲线，为标准工作曲线。

④ 试样经滤网过滤后，用蒸馏水稀释至固体分约为 0.1%，放到分光光度计的吸收池中，用 375nm 波长的光源使吸光度保持在 0.50±0.01 的范围内。如不在此范围内，则要调整池内试样的固体分，使之在此范围内。

⑤ 调整后，用 550nm 波长的光源测定吸光率。

（4）结果表示 试样的粒径在 550nm 波长的光源下测出的吸光率对照标准工作曲线算出，有效数字为小数点后 1 位。

四、乳液黏度的测定

1. 范围及说明

本方法系使用旋转黏度计来准确测定采用各种单体通过乳液聚合而成的合成树脂乳液的黏度。

2. 仪器和材料

旋转黏度计，QNX 型或 NDJ-79 型；烧杯，100mL；温度计，0～50℃，分度为 0.1℃；秒表，精确度为 0.2s。

3. 仪器说明

（1）本仪器共有三组测定器，每组包括一个测定容器和几个测定转子配合使用，可根据被测液体的大致黏度范围选择相应的测定转速及转子。

(2) 第Ⅰ测定转速用于测量黏度范围在 10^3～2×10^4mPa·s 的液体，测定转子呈圆币形，测定用的容器可以是随仪器提供的玻璃杯，也可以是烧杯等类似的容器，需要的液体容积约 50mL，见图 2-8。

(3) 第Ⅱ测定转速用于测量高黏度液体，黏度范围为 10～10^6mPa·s，配有三个呈圆筒状的转子、两个转速器、一个带有水夹套的测定容器，需要的液体容积约 15mL。

(4) 第Ⅲ测定转速用于测量低黏度液体，黏度范围为 1～50mPa·s，配有四个呈圆筒状的转子、一个带有水夹套的测定容器，需要的液体容积约 70mL。

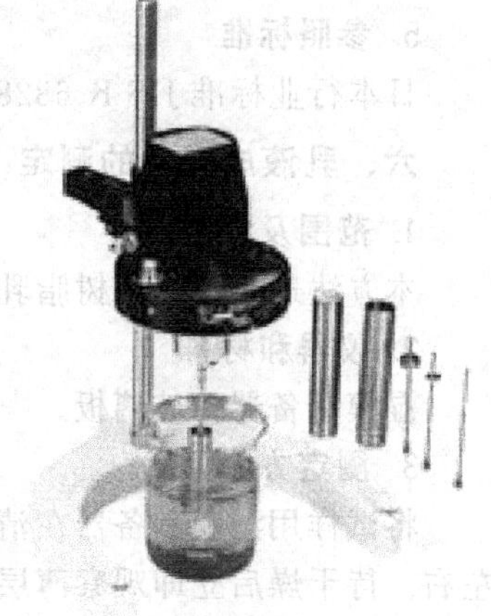

图 2-8　旋转黏度计

4. **测定方法**

(1) 第Ⅰ测定转速系用于对比法进行测定。常使用的为第Ⅱ、Ⅲ测定组。先将试样小心地注入带有水夹套的测定容器中，直至液面达到容器口的锥形面下部边缘。

(2) 将圆筒形转子浸入试样中，直到完全浸没为止，将容器放到仪器托架上，并将转子悬挂于仪器联轴器上。

(3) 启动电机，转子从开始晃动直到对准中心为止，当指针稳定后即可读数。要求读数最好大于 30 分度而不得小于 20 分度，否则应变换转子或测定组。

5. **结果表示**

指针指示之读数乘以转子系数，即为实际测得的动力黏度（mPa·s）。

$$\eta=Ka$$

式中　η——动力黏度，mPa·s，

K——系数；

a——指针指示读数（偏转角度）。

五、乳液不挥发分的测定

1. **范围及说明**

本方法适用于合成树脂乳液在一定温度下加热焙烘后不挥发成分的测定。

2. **仪器和材料**

恒温烘箱，能保持（105±2)℃的带热风循环的烘箱；干燥器，内放有有效的干燥剂，如硅胶；天平，称量 100g 以上，感量在 1mg 以下；容器，用铝箔制成的圆形器皿，直径 50mm 左右。

3. **测定方法**

(1) 在容器中准确称取 1g 试样，摊开。如果样品黏度太高，最好用水或溶剂进行稀释。

(2) 将容器置于恒温烘箱中，在（105±2)℃下焙烘（60±5)min，然后在干燥器中冷却至室温，称量。

4. **结果表示**

按下式计算不挥发分：

$$NV=\frac{W_1}{W_2}\times100\%$$

式中 NV——不挥发分，%；

W_1——干燥后试样的质量，g；

W_2——干燥前试样的质量，g。

同一试样做两个，求其算术平均值，有效数字取小数点后3位。

5. 参照标准

日本行业标准JIS K 6828合成树脂乳液试验方法。

六、乳液成膜性的测定

1. 范围及说明

本方法适用于合成树脂乳液成膜效果的检测。

2. 仪器和材料

湿膜制备器；玻璃板。

3. 测定方法

将试样用湿膜制备器在清洁的玻璃板上涂布一个平整的薄层，湿膜厚度控制在100μm左右。待干燥后立即观察薄层是否连续，有无缩孔、缩边，并查看其透明、光滑性以及是否发黏。

七、乳液最低成膜温度（MFT）的测定

1. 范围及说明

本方法是测定乳胶漆用乳液形成连续均匀透明薄膜的极限温度即称为最低成膜温度（MFT），也适用其他乳液的MFT测定。

2. 仪器和材料

（1）最低成膜温度仪　主要由金属（铝、不锈钢或铜）矩形板构成，表面完全平滑，也可以从冷端到热端开几道0.2～0.3mm深的槽。在金属矩形板的一端为热源，一端为冷源，沿板面有间隔均匀的孔，孔中插有温度计，以测量温度平衡时板的温度梯度。板的上方有一个玻璃罩，并留有一定的空间，以便从冷端到热端通入干燥空气流或放入干燥剂，仪器见图2-9。

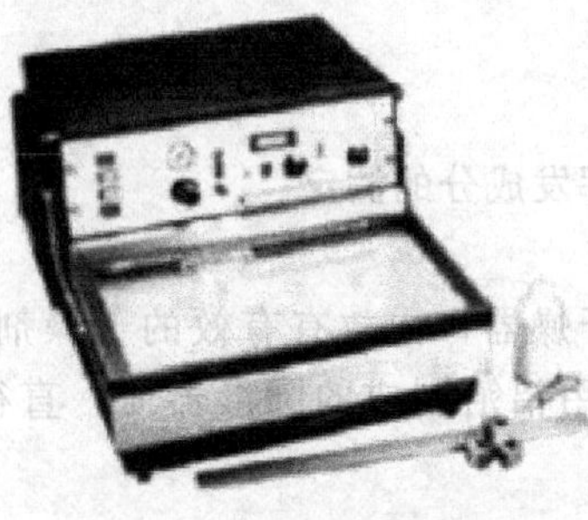

图2-9　最低成膜温度测试仪

（2）温度计　测量范围－10～50℃，精确度0.1℃，如水银温度计、热电偶、表面温度计等。

（3）薄膜涂布器　不锈钢制，能在金属板上制备0.2～0.3mm厚、20～25mm宽的涂膜。

3. 测定方法

（1）将温度计依次插进最低成膜温度计的插孔内，用热源和冷源使金属矩形板形成适当的温度梯度，并在测量时保持恒定。

（2）如果矩形金属板是平板，用薄膜涂布器将乳液从高温端开始涂布。矩形金属板是有槽的，则将乳液从高温端注入槽中，其量要稍高于槽的总容量，再用薄膜涂布器涂布。

（3）涂布后放入干燥剂盖上玻璃罩，或以恒定的低速度从冷端到热端通入干燥的空气流。

（4）涂膜干燥后读出形成连续均匀的无裂纹透明薄膜的最低温度即为乳液的最低成膜温度。

4. 结果表示

以摄氏温度（℃）整数表示。

5. 参照标准

国家标准 GB/T 9267—1988 乳胶漆用乳液最低成膜温度的测定。

八、乳液膜吸水率的测定

1. 范围及说明

乳胶漆的耐水性与乳液吸水率的大小有关，本方法就是将乳液膜浸入到保持一定温度的蒸馏水中，观察其浸入前后的质量变化来判断其吸水率。

2. 仪器和材料

天平，精确 0.0001g；恒温干燥箱；干燥器；玻璃板；聚四氟乙烯塑料板；小毛刷；定性滤纸；玻璃容器，盛蒸馏水用。

3. 游离膜的制备

(1) 将乳液均匀地涂刷在玻璃板上，在室温下放置 7d，自然干燥成膜后，取下使用。

(2) 也可将乳液倒在聚四氟乙烯塑料板上，室温干燥 24h 后，在 50℃恒温干燥箱内干燥 48h。待冷却后将膜取下，放入干燥器内备用。

4. 测定方法

(1) 将乳液膜裁成 30mm×30mm 大小，称量至恒重后，在室温下浸入蒸馏水中，24h 后取出，用滤纸吸掉表面的水分，立即称量。

(2) 乳液膜浸入前后的质量变化按下式计算：

$$W=\frac{m_2-m_1}{m_1}\times 100\%$$

式中　W——吸水率，%；

m_1——浸水前乳液膜的质量，g；

m_2——浸水后乳液膜的质量，g。

5. 结果表示

以乳液膜质量增加的百分数（%）表示。

第五节　颜料检测技术

一、颜色

1. 定义

颜色是个心理物理量，它既与人的视觉特性有关，又与所观测的客观辐射有关。颜色是评定颜料产品质量的重要指标[4]。

颜色的表达一般可分两类，一类是用颜色三个基本属性来表示，如将各种物体表色进行分类和标定的孟塞尔颜色系统，在这一系统中 H 表示色调，V 表示明度，C 表示彩度，写成 HV/C；另一类是以两组基本视觉数据为基础，建立的一套颜色表示、测量和计算方法，即 CIE 标准色度学系统。

颜料颜色的检验方法分两类，一类是颜色比较法，即与参比样品目视或仪器测试比较给出结果；另一类是直接测色法，即使用仪器或目视直接给出颜色的量值或标号。

2. 测量方法

(1) 标准　GB/T 1864—1989 颜料颜色的比较。

（2）原理　以相同方法分别制备试样和标样色浆，按规定方法目视比两颜色差异，以试样和标样的颜色差异程度表示结果。

（3）操作　以精制亚麻仁油为分子散介质，用平磨仪分别制得试样和标样浆，刮于玻璃板上，于散射日光或标准光源下比较两者颜色差异。

（4）仪器　平磨仪（图 2-10）、标准光源、湿膜制备器和无色透明光学玻璃。

图 2-10　平磨仪

二、白度

1. 定义

白度指物体表面色白的程度，一般以白度指数 W 表示。该值愈大，则白色程度越大。颜料白度测定是针对白色颜料而言，一般分干粉白度测定和油膜白度测定。

2. 测定方法

（1）使用仪器　颜料白度测定一般使用白度计、色差计进行。型号很多，国内生产厂家主要有北京康光仪器有限公司、杭州轻通仪器开发公司、温州仪器仪表有限公司等。

（2）测定前样品的准备

① 干粉白度测定前，取适量粉末，用粉末制样器制成粉饼，表面要求平整，无凹凸点点和划痕。

② 油膜白度测定前，按适当方式将颜料制成颜料浆，取少量浆于油膜制样器中，加光学玻璃薄片，使浆与玻璃片紧密接触。

三、消色力

1. 定义与内容

白色颜料的重要光学性能之一，在一定试验条件下，白色颜料使有色颜料颜色变浅的能力。

2. 测试方法

（1）有目视法、仪器测定法和雷诺指数法。

（2）标准　GB/T 13451.2—1992 着色颜料相对着色力和白色颜料相散射力的测定光度计法。

（3）原理　相同质理的试验颜料和标准颜料，分别分散于相同质量的同一种黑色颜料浆中，在波长 550nm 下或用 γ 滤色片对每个分散体的反射因素或反射系数进行光度学测定，用对应的 K/S 值算出。

（4）操作　以标准黑浆和白颜料研磨成浆，测定 550nm 下或 γ 滤色片下反射率，查得 K/S 值，再计算。

（5）仪器　平磨仪和光度计。

四、着色力

1. 定义与内容

着色力是颜料吸收入射光的能力，是着色颜料的重要光学性能之一。通常指在一定试验条件下，着色颜料给白色颜料以着色的能力，一般采取两种同类颜料对比进行测定。

2. 测定方法

（1）标准　GB/T 5211.19—1988 着色颜料的相对着色力和冲淡色的测定 目视比较法。

(2) 原理 按一定条件分别制备试样和标样分散体，将分散体与白颜料浆按一定比例混合，分别制得试样和标样冲淡色浆，比较两者颜色强度。

(3) 操作 以预备试验确定额颜料分散体的最佳研磨浓度，最佳研磨转数。制得色浆后，以最小压力在平磨仪上和定量白浆混合，分别制得试样冲淡色浆，刮于玻璃板上，在散射光或人造日光下比色。

五、筛余物

1. 定义

一般定义为颜料粒子通过一定孔径的筛网后的残余物质量与试样质量之比，以百分数来表示。筛余物测定是颜料粒子测定的一种通用方法。

2. 测定方法

(1) 标准 GB/T 1715—1979 颜料残余物测定法。

(2) 操作 分湿筛法和干筛法。将一定量颜料直接置于筛网中，用刷子将颜料刷洗（湿筛）或刷下（干筛），残余物留在筛上，称量残余物。

(3) 仪器 筛网和中楷羊毛笔。

六、吸油量

1. 定义

定量的干颜料黏结成腻子状物或形成某种浆时所需要的亚麻仁油的量，用以评价颜料被漆料湿润的特性。

2. 测定方法

(1) 标准 GB/T 5211.15—1988 颜料吸油量的测定。

(2) 原理 颜料和油混合时，颜料粒子表面被油润湿，在一套规定的特殊分散条件下，测定经压实颜料粒子间所需要的亚麻仁油量。

(3) 操作 在玻璃板或大理石板上进行。将亚麻仁油逐滴加入，用调试刀压研掺合于已知质量的颜料中，至产生一硬膏状物，且刚好不裂不碎。

七、pH 值

1. 定义

测定颜料在水中悬浮液的 pH 值是测定额料酸碱度的一种常用方法。

2. 测定方法

(1) 标准 GB/T 1717—1986 颜料水悬浮液 pH 值的测定。

(2) 原理 采用电位分析法，一个电位随溶液中氢离子活度而变化的指示电极和一个在一定条件下电极电位恒定的参比电极组成一个工作电池，通过测定其电动势来确定 pH 值。

(3) 操作 用蒸馏水制备 10%颜料悬浮液，激烈振荡 1min，静止 5min，用仪器测定其 pH 值。pH 计见图 2-11。

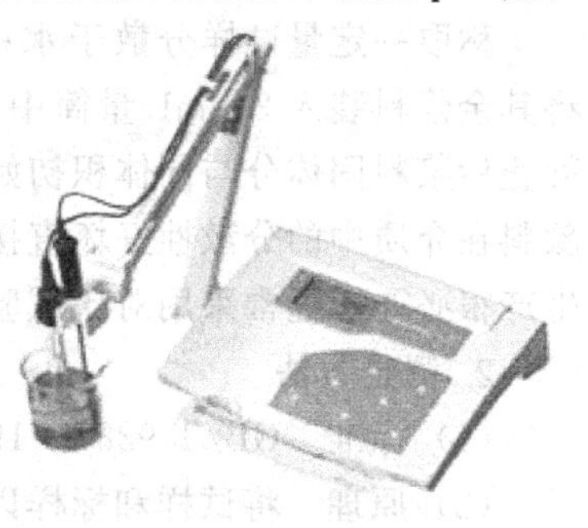

图 2-11 pH 计

八、水溶物

1. 定义

颜料水溶物指的是颜料中可溶于水的物质，一般指一些可溶性盐类。当颜料用于涂料中时，这些水溶性物对涂料性能影响很大，它是颜料感光作用的催化剂，可促使干漆膜早期破坏，也可导致底层金属腐蚀加速，所以控制颜料中水溶物含量相当重要。颜料水浴物的测定有重量法和电阻法，两类方法结果表示的方式不同，但其反映的含义是一致的。此外，对于特定的应用场合，对水溶物类型及其含量又有相应的测定方法。

2. 测定方法

（1）标准　GB/T 5211.12—1986 颜料水萃取液电阻率的测定。

（2）原理　颜料水萃取液为一个电解质溶液，通过正负离子的迁移传递电流。溶液的导电能力与离子运动速度、离子浓度、溶液温度等有关，其导电能力由电导 S 或电阻 R 的倒数来量度，在一定条件下可用电阻率数值来表示水溶物含量的多少。

（3）操作　对亲水性颜料和疏水性颜料，以不同方式处理。溶液浓度均调至10%，过滤，于25℃下测定液体电导率。

（4）仪器　电导率仪，见图 2-12。

图 2-12　电导率仪

九、遮盖力

1. 定义与内容

颜料遮盖力也是颜料的重要光学性能之一。当颜料分散于介质中形成涂膜时，涂膜的不透明性完全由颜料产生，评定颜料遮盖力实际上就是评定颜料在涂膜中遮盖底材的能力。涂料（色漆）遮盖力一般表示为单位体积或质量涂料（色漆）所能遮盖的底材面积（即涂布率），中国标准中，以遮盖单位面积所需的最小用漆量表示，相应地将色漆折算成颜料用量。颜料遮盖力定义为单位质量的颜料所能遮盖底材的面积，一般以恰好遮盖单位面积底材所需用颜料的最小量表示[5]。

2. 测试方法

（1）标准　GB/T 5211.17—1988 白色颜料对比率（遮盖力）的比较。

（2）原理　将试样和标样以同样方法制成漆浆，分别制得厚度和相同的涂膜，测定对比率。比较试样和标样对比率以评定其遮盖优劣。

（3）操作　用醇酸树脂加适量200号溶剂油为展色剂，加适量的玻璃珠，于油漆调制机中研磨制得试样和标样漆浆，加适量催干剂，用旋转涂漆器在聚酯膜上制得厚度基本相同的涂膜，测定并比较两者对比率。

（4）仪器　油漆调制机和旋转调漆器。

十、易分散程度

1. 定义

当使用介质为水时，称为水分散性，目前尚无统一标准方法，以下步骤供参考。

称取一定量试样分散于水中充分摇动成10%悬浮液，吸取一定体积浆料测其固体分，将其余浆料装入200mL量筒中，静止沉降5h，吸取自液面始以下同体积浆料测固体分，以静止后浆料固体分与同体积初始浆料固体分之比值来表示水分散性。当颜料用于涂料中时，颜料在介质中的分散性好坏直接影响涂料产品的质量，因此颜料分散程度的测定，对于涂料生产很必要。通常采用对比试验。

2. 测定方法

（1）标准　GB/T 9287—1988 颜料易分散程度的比较。

（2）原理　将试样和标样以同样方式同时研磨，以分散过程中的一定间隔时间内测定每个样品的细度，以每个样品达到要求细度所需时间或研磨一定时间达到的细度来说明颜料相对易分散程度。

(3) 操作　以长油度亚麻仁油季戊四醇醇酸树脂为介质，在选定的研磨浓度下，将试样和标样于油漆调制机中同时研磨，在不同时间间隔内测定其细度，作出细度对时间的曲线。

(4) 仪器　油漆调制机和刮板细度计。

十一、装填体积和表观密度

1. 定义

颜料装填体积为每百克颜料样品装填后的毫升数，表观密度为装填后每毫升颜料样品的克数。装填体积是确定颜料包装容积的重要依据。

2. 测定方法

(1) 标准 GB/T 5211.4—1985 颜料装填体积和表观密度的测定。

(2) 操作　将干燥并过筛的颜料加入到已称量的量筒中，加入量约 200mL，称量。将此量筒放到装填体积仪上，振荡 120 次，记下体积读数，再振荡 1250 次，反复操作，直至两次读数差小于 2mL，记录最后一次读数，计算。

(3) 装填体积仪。

第六节　溶剂性能检测技术

一、含量

1. 定义

溶剂其纯度无论如何也达不到纯品，即由 100％的相同分子所组成的物质，这其中含有其他的分子称为杂质。溶剂的含量是指该溶剂的纯度。

2. 测量方法

(1) 标准　GB 9722—1988 化学试剂气相色谱法通则。

(2) 原理　样品及其被测组分被气化后，随载气同时进入色谱柱，利用被测定的各组分与固定的各组分与固定相进行气固或气液两相间的吸附或溶解，脱附或解析等物化性质的差异，在柱内形成组分迁移速度的差别而进行分离。分离后的各组分先后流出色谱柱进告诫检阅器，由记录仪绘制相应的色谱图。各组分的保留和色谱峰面积或相应峰高值分别作定性和定量的依据。

(3) 操作　首先选择色谱仪的机型确定检测鉴定器，以氢气为载气（用热导检测器）或以氮气为载气（用火焰离子检测器）。根据产品和待测组分的特性及规格要求选择最佳条件：载气种类和流量；色谱柱柱长、内径及柱温度；固定液、载体及其固定液含量；气化室温度、桥流等其分仪器条件；检阅室温度；进样量。

二、水分

1. 定义

指溶剂试样中水的质量百分数含量。

2. 测定方法

(1) 标准　GB 2366—1986 化工产品中水分含量的测定气分相色谱法。

(2) 原理　液体样品的气化后通过色谱柱，使要测定的水分与其他组分分离，用热导检测器检测，将得到的水分色谱峰高与其选定的外水峰高相比较，计算样品中的水含量。

(3) 操作　色谱仪启动后进行必要调节，以达到色谱分析条件：柱温，高分子多孔微球类色谱的柱温一定在120℃以上，随得到合适分离且不改变最低浓度的温度；气化室温度、检测器温度，选择适宜温度；载气，流速选择能得到合适分离的流速；桥流，根据所使用的仪器允许桥流值和载气种类而定；色谱仪各部分在达到上述色谱分析条件并稳定这后，即得到一条稳定的基线；校正，必须严格地在给定的色谱分析条件里用标准样进行外标校正，连续注射两次以上，从色谱图上测出水的色谱峰高之平均值以供定量计算用，每次分析标准样水样进行校正；测定，在与分析标准样品完全相同的操作条下，注入样品，进行色谱分析（由使用者选择应得到适合分离并能测出规定范围内水分的进样量），记录试样色谱图，量得水峰高值。计算结果。

（4）仪器　气相色谱仪（热导）、氢气发生器和微量注射器等。

三、闪点

1. 定义

可燃性液体加热到其液体表面上的蒸汽和空气的混合物与火焰接触发生明火时的最低温度[6]。

2. 测定方法

（1）标准　GB 261—1977 石油产品闪点测定法（闭口杯法）。

（2）原理　样品加热到其表面蒸汽和空气的混合物与火焰接触，而初次发生蓝色火焰的闪光时，此时的温度即为闪点。有开口杯法和闭口杯法两种，一般前者用于测定高闪点液体，后者用于测定低闪点液体。

（3）操作　油杯要用无铅汽油洗涤，用空气吹干试样注入油杯时，试样和油杯的温度都不应高于试样脱水的温度。杯中试样装满到环状标记处，然后盖上清洁、干燥的标盖，插入温度计，并将油杯放在空气浴中。试验闪点低于50℃，应预先将空气浴冷却到室温，将点火器的灯芯或煤气引火点燃，并将火焰调整到接近球形，其直径为3～4mm。

闪点测定器要放在避风和较暗的地点才便利于观察内火。试验闪点低于50℃的试样时，从试验开始到结束不断地进行搅拌，并使样品温度每分钟升高1℃试验闪点高于50℃时，开始加热速度要均匀上升，并定期进行搅拌。到预计闪点前20℃时，升温速度能控制在每分钟升高2～3℃，并还要进行不断搅拌。

试样温度到达预期闪点前10℃对于闪点低于50℃的试样每经1℃进行点火试验，对于高于50℃的试样每经2℃进行点火试验。试样在试验期间都要转动搅拌器进行搅拌，只在点火时才停止搅拌。点火时打开装置孔，如果看不到闪火，就继续搅拌试样。继续升温，并按要求重复进行点火试验当在试样液面上方最初出现蓝色火焰时，立即从温度计读出温度作为闪点的测定结果。得到初闪点之后，继续按上述条件进行点火试验，应能继续闪火。在最初闪火之后如果进行点火却看不到明火，应更换试样重新进行试验。只有重复试验的结果依然如此，才能认为测定有效。

图 2-13　闭口闪点测试仪

（4）仪器　闭口闪点测试仪，见图2-13。

四、挥发性

1. 定义

有机溶剂在一定温度下蒸汽压的大小不同，具有较高蒸汽压的物质称作易挥发物质。

2. 测定方法

(1) 标准　GB/T 1753—1979(89) 稀释剂、防潮剂挥发性测定法。

(2) 原理　每个有机液体的蒸汽压力随着温度的改变而变化，温度越高，蒸汽压也越高，溶剂的挥发速率也越快。挥发速度与溶剂的分子数目及分子量有关，挥发速率通常以乙醚为参照物。

(3) 操作　用夹子将事先放在干燥器中干燥好的定性滤纸夹住，放入木箱中，将夹子两端伸出左右壁小孔外，转动夹子使滤纸成水平放置，在恒温恒湿下将注射器装入乙醚后放在木箱的顶孔中，滴一滴乙醚于滤纸上，同时开动秒表，然后转动夹子，使滤纸垂直放置于观察玻璃窗之间，观察至乙醚痕迹消失停止秒表。再用同样方法测出被测溶剂的挥发时间，计算出挥发率。

五、凝胶数

1. 定义

加到单位体积溶液内，以使溶液中树脂析出，产生持久性浑浊的单位体积稀释剂的最大读数即为胶凝数。本方法适用于涂料用稀释剂、防潮剂胶凝数的测定。由于硝基、过氯乙烯等挥发性涂料中所使用的混合溶剂中包括真溶剂、助溶剂和稀释剂，使其对树脂保持一定的溶解性、黏度和挥发性。若稀释剂与真溶剂的稀释比过高，则会降低溶解能力，并使树脂析出，影响挥发性涂料的正常使用和性能。

2. 测定方法

(1) 标准　GB/T 1755—1979 稀释剂、防潮剂胶凝数测定法。

(2) 原理　采用滴定法、使稀释剂和试样溶液中的溶剂达到一定的稀释比而使树脂析出。

(3) 操作　在一定浓度的过氯乙烯树脂溶液中，逐渐滴入无水乙醇，当溶液呈现浑浊且不消失即为终点。

(4) 使用仪器　滴定管、天平、鼓风干燥箱。

六、水溶性溶剂的水混溶性

1. 定义

有机溶剂能与水混溶的性能不同，测定水混溶性可以检查其品质[7]。

2. 测定方法

(1) 标准　GB 6324.1—1982 有机化工产品水溶性试验。

(2) 原理　在规定条件下，利用溶剂加水后水溶性差异测定。

(3) 操作　量取一定体积的试样，倾注入清洁干净的比色管中，量取水缓缓地倾注入盛有试样的比色管中，置于20℃恒温装置里，经30min后取出比色管与另一支已注入水的比色管一起放在黑色背景上，观察、记录测试结果。

七、烃类溶剂的溶解力

1. 定义

在涂料工业中，溶剂的溶解力是指溶剂溶解成膜物质而形成均匀的高分子聚合物溶液的能力。不同种类溶剂的溶解力有不同的测定方法，其中烃类溶剂采用的是测定贝壳松脂-丁醇值，也称KB值，即在一定量的贝壳松脂-丁醇溶液中滴加烃类溶剂至出现浑浊时所需的毫克数。贝壳松脂-丁醇值越高表示该烃类溶剂的溶解力越强。

2. 测定方法

（1）标准 ASTM D 1133—1994 烃类溶剂的贝壳松脂-丁醇值测定法。

（2）原理 利用贝壳松脂解度参数与烃类溶剂相同或相近互溶的原则，来判断烃类溶剂的溶解力。

（3）操作 首先对贝壳松脂-丁醇溶液进行标定，以甲苯作为标准，指定值为 105，而 25％体积的甲苯和 75％体积的正庚烷的混合液，指定值为 40，测定时取 20g 贝壳松脂-丁醇标准溶液，滴加试验溶剂至出现浑浊时即为终点。

（4）使用仪器 水浴、容量瓶、锥形瓶、滴定管。

第七节 助剂类性能检测技术

一、催干剂催干性能

1. 定义[8,9]

催干剂用于氧化干燥型涂料，起加速固化作用，催干性能是评定催干剂品质的重要标志。

2. 测定方法

（1）标准 HG/T 2882—1997 催干剂的催干性能测定法。

（2）原理 用催干剂与精制亚麻仁油以一定重量比混合均匀，涂制样板，以漆膜干燥时间来判定该催干剂的催干性能。

（3）操作 按产品标准规定的比例，称取催干剂和精致亚麻油，混合均匀。静置 2～5h，用刷涂法在玻璃板上制备漆膜，在恒温恒湿条件下进行干燥。

二、流变剂触变指数

1. 定义

在涂料体系中，流变助剂具有保护已分散的颜料颗粒，防止沉降和控制流挂现象的能力，通过对加入了定量的流变剂的涂料样品的触变指数测定流变剂的性能。

当液体在低剪切速率时，黏度很高；提高剪切速率时，黏度下降；再降低剪切速率，黏度又上升的现象（但不是同曲线）称为触变性。

触变指数即表示在不同的剪切速率下液体黏度的变化数值[10,11]。

2. 测定方法

（1）方法 旋转黏度计法。

（2）操作 将样品放入杯中，控制温度，在 6r/min 转速下开动 1min，记录黏度计读数 η_6，再在 60r/min 转速下开动半分钟、记录黏度计读数 η_{60}，则 $T=\eta_6/\eta_{60}$ 即为触变指数。

三、流平剂的流平性能

1. 定义

流平剂是为了使涂料涂装后，形成光滑平整的涂膜表面。该助剂主要是针对最终效果，并不考虑其流平过程。流平剂的流平效果是以流平剂加入到定量涂料中所表现的流平性[12,13]。

2. 测定方法

待测的流平剂以一定数量加入到已称量的选定涂料中，按照国家标准 GB/T 1750—1989 或 JB 3998—1985、美国 ASTM D 4062—1993 等规定的方法检验流平性。具体内容请参照第二章涂料产品检测中第七节涂料施工性能检测中的“流平性”。

四、防潮剂的白化性能

1. 定义

防潮剂也称防白剂，它在挥发漆中防止漆膜泛白的发生，白化性是测定防潮剂（防白剂）性能的一个检验项目[14]。

2. 测定方法

（1）标准 GB/T 1752—2006 稀释剂、防潮剂白化性测定法。

（2）操作 按规定比例，将防潮剂加入同类型挥发性漆中，喷涂制板，在产品标准规定的条件下干燥后，观察漆膜发白及失光现象。

五、消泡剂的消泡性能

1. 定义

消泡剂是指对涂料中已形成的泡沫能起消除作用的助剂，测定消泡剂性能一般通过测定定量消泡剂加到定量涂料样品中的消泡能力[15]。

2. 测定方法

（1）方法 量筒法、高速搅拌法、鼓泡法和振动法。

（2）操作

① 量筒法。在量筒内加入试样 20～30mL 及定量消泡剂，塞紧后激烈摇动 20 次，立即记录泡沫高度，间隔一定时间后再记录一次。

② 高速搅拌法。在烧杯内加入试样 100mL 及定量消泡剂，以恒定的 3000～4000r/min 高速搅拌，测定搅拌时间为 30s、60s、120s 和 180s 的泡沫高度。

③ 鼓泡法。在量筒内加入试样 100mL 及定量消泡剂，用泵每分钟导入 500mL 空气，每隔一定时间记录泡沫高度。

④ 振动法。将试样和定量消泡剂加至试验罐的 1/2 体积，按一定的角度，反复振动规定的时间后，测定密度。

六、防沉剂的防沉效果

1. 定义

防沉剂用来防止涂料在贮存期间因颜、填料凝集在容器底部产生沉淀，防沉剂的效果是通过防沉性能体现的[16]。

2. 测定方法

（1）标准 GB/T 6753.3—1986 涂料贮存稳定性试验方法。

（2）操作 将待测试样品取 3 份，分别三个样品罐中，留出 1 个空罐作原始试样在贮存前检查、第二和第三罐进行贮存性试验。

七、防滑剂的防滑效果

1. 定义

防滑剂是提高涂膜防滑性能的助剂，能赋予涂膜防滑能力，达到要求的防滑程度。防滑剂防滑效果的测定将定量的防滑剂加入到指定的涂料中，检测涂料的防滑性[17]。

2. 测定方法

（1）平面滑动法 测定载荷在涂层上滑动所需的最小力，进而计算出摩擦系数 μ。

（2）倾角法 测定载荷在涂膜表面上开始滑动时的倾斜角 α，进而计算出摩擦系数 μ。

思考与练习

1. 原材料取样的基本原则是什么？液体样品、粉末颗粒样品、固体树脂分别应如何取样？
2. 油脂类样品主要检测哪些性能？原理分别是什么？应如何检测？
3. 树脂类样品主要检测哪些性能？应如何检测？
4. 颜料检测主要检测颜料哪些性能？原理分别是什么？如何检测？
5. 颜料遮盖力如何测定？
6. 如何用气相色谱法测定乳液的残留单体？
7. 如何用浊度法测定乳液的粒径？
8. 使用旋转黏度计测定乳液黏度时，为何黏度范围不一样所需要的盛装液体的容器容积不一样？
9. 如何确定溶剂中溶剂的含量？
10. 什么是闪点？测定闪点时应注意哪些事项？
11. 如何测定乳胶的凝胶数？
12. 烃类溶剂的溶解力是如何定义的？如何表示？如何测定？
13. 消泡剂在涂料中起什么作用，如何测定其性能？
14. 流变助剂和流平助剂在涂料中起什么作用，如何测定其性能？

参 考 文 献

[1] 虞莹莹．涂料工业用检验方法与仪器大全［M］．北京：化学工业出版社，2007.
[2] 虞莹莹．涂料黏度测定Ⅰ．气泡黏度计法［J］．涂料工业，1998，28（10）：41-43.
[3] 虞莹莹．涂料黏度测定——流出杯法［S］．化工标准·计量·质量，2005，25（2）：25-27.
[4] 化学工业标准汇编．涂料与颜料（上、下册）［S］．北京：中国标准出版社，2003.
[5] 吴璇．色漆的遮盖力及其测试方法述评［J］．涂料工业，2002，32（1）：38-41.
[6] 毛蕾蕾，钱叶苗．涂料闪点的测定［J］．上海涂料，2008，46（8）：43-45.
[7] 魏争，黄洪．涂料中 VOC 测试方法简述［J］．涂料技术与文摘，2009，30（2）：11-13.
[8] 文华．油漆用催干剂发展情况简述［J］．涂料应用，1991，20（2）：48-48.
[9] 刘会员．涂料用催干剂及其发展［J］．涂料工业，1985，（5）：40-44.
[10] 王宇．流变剂在涂料中的应用［J］．涂料工业，2001，31（7）：13-15.
[11] 徐峰．流变剂的使用及其发展［J］．现代涂料与涂装，2000，（5）：30-33.
[12] 程春萍，丁永萍．涂料自流平剂的研究进展［J］．内蒙古石油化工，2009，(150)：6-8.
[13] 刘会员，牛广秩等．涂料的流动、流平与相关助剂的应用［J］．上海涂料，2007，45（10）：37-39.
[14] 杨天合．防潮剂的防潮机理分析［J］．表面技术，1992，（5）：222-225.
[15] 丁年生．涂料用消泡剂［J］．涂料工业，1992，（3）：51-55.
[16] 纪占敏，施冬梅，杜仕国．防沉剂在涂料中的应用与进展［J］．现代涂料与涂装，2006，（4）：47-49.
[17] 余兰萍．防滑剂［J］．涂料工业，1993，（6）：52-54.

第三章　水性涂料应用性能检测

学习目的

本章介绍了水性涂料的各种应用性能的检测，重点在于各种方法的具体仪器与操作。各种性能的测试具体方法必须掌握，难点在于各种仪器的使用。

建筑涂料是指涂装于建筑物表面，形成完整的涂膜，以起到装饰和保护作用的涂料[1,2]。目前使用量最大的是以合成树脂乳液为基料与颜填料及各种助剂配制而成的乳胶漆，它既有装饰和保护作用，又经济环保，并能提供多种功能[3,4]。

本章以乳胶漆为主分别叙述乳液性能检测、乳胶漆液态性能和涂层性能以及功能性建筑涂料的专项检测方法，这些相关的质量检验可以判断涂料的优劣及涂层的使用寿命[5,6]。

第一节　乳胶漆一般性能检测

一、乳胶漆容器中状态的测定

1. 范围及说明

本方法主要是直观地判断乳胶漆的外观质量即开罐效果。

2. 材料

调刀或玻璃棒。

3. 测定方法

打开罐后目测漆液是否存在分层、沉淀结块、絮凝等现象，然后用调刀或玻璃棒搅拌，观察是否能呈均匀状态。

4. 结果表示

经搅拌呈均匀状态、无结块为合格，否则为不合格。

二、乳胶漆黏度的测定

1. 范围及说明

本方法是用斯托默旋转黏度计测定乳胶漆或乳液的黏度，它是通过测定使浸入试样内的桨叶产生 200r/min 的转速所需要的负荷（g）来测量黏度，测试结果以克雷布斯单位(Krebs unit，KU）表示[7~9]。

2. 仪器和材料

斯托默黏度计，带有桨叶型转子，如图 3-1 所示，其两个叶片是错位的，以避免在高黏度漆样中的沟流作用；容器，容量为 500mL，直径为 85mm；温度计，量程为 0～50℃，分度为 0.1℃；标准油，其黏度值应在待测乳胶漆黏度范围内，适用的标准油有硅油、烃油等。

3. 测定方法

（1）将试样充分搅匀后移入容器中，使试样液面离容器盖约 20mm，并使试样和黏度计的温度保持（23±0.2)℃。

（2）将转子浸入试样中，使试样液面刚好达到转子轴的标记处，接上电源，将砝码置于黏度计的挂钩上。

（3）测试时，悬挂砝码的绳子一定要平坦地绕在圆盘和圆轮上，若绳子缠绕交叉或重叠，将造成多至20g的误差。

（4）选取在黏度计上的频闪观测器显示出200r/min的图形（图3-2）的砝码质量（精确至5g)，线条沿桨叶转动方向移动，表示转速大于200r/min，应减少砝码；线条逆桨叶转动方向移动，表示转速小于200r/min，应添加砝码。

图3-1　斯托默黏度计

图3-2　计时器调至200r/min时的频闪线条

（5）重复测定，直至得到一致的负荷值，再从表3-1查得对应的KU值。

表3-1　产生200r/min转速时所需负荷（g）与对应的KU值

g	KU	g	KU	g	KU	g	KU	g	KU	g	KU	g	KU	g	KU	g	KU	g	KU	g	KU
70	53	100	61	200	82	300	95	400	104	500	112	600	120	700	125	800	131	900	136	1000	140
		105	62	205	83																
		110	63	210	83	310	96	410	105	510	113	610	120	710	126	810	132	910	136	1010	140
		1.5	64	2.5	84																
		120	65	220	85	320	97	420	106	520	114	620	121	720	126	820	132	920	137	1020	140
		125	67	225	86																
		130	68	230	86	330	98	430	106	530	114	630	121	730	127	830	133	930	137	1030	140
		135	69	235	87																
		140	70	240	88	340	99	440	107	540	115	640	122	740	127	840	133	940	138	1040	140
		145	71	245	88																
		150	72	250	89	350	100	450	108	550	116	650	122	756	128	850	134	950	138	1050	141
		155	73	255	90																
		160	74	260	90	360	101	460	109	560	117	660	123	760	129	860	134	960	138	1060	141
		165	75	265	91																
		170	76	270	91	370	102	470	110	570	118	670	123	770	129	870	135	970	139	1070	141
75	54	175	77	275	92																
80	55	180	78	280	93	380	102	480	110	580	118	680	124	780	130	880	135	980	139	1080	141
85	57	185	79	285	93																
90	58	190	80	290	94	390	103	490	111	590	119	690	124	790	131	890	136	990	140	1090	141
95	60	195	81	295	94																

4. 结果表示

试验结果以g和KU值表示。

5. **黏度值与负荷值的换算**

用下列公式可将以 Pa·s 表示的黏度值换算成以 g 表示的负荷值，从而得出每种乳胶漆产生 200r/min 的负荷值。

$$L=(6100\eta+906.6\rho)/30$$

式中　L——产生 200r/min 转速的负荷值，g；

η——乳胶漆的黏度，Pa·s；

ρ——乳胶漆的密度，g/mL。

6. **黏度计的校正**

(1) 重量法　从黏度计上取下转子砝码和砝码架，使绳子平坦地绕在圆轮上，然后在绳子上系上 5g 砝码。松开制动把手，若黏度计能从静止状态开始旋转并使仪器上部绕绳的圆盘转动几圈，则该黏度计可以使用，说明仪器的齿轮传动部分其摩擦系数处于正常状态；若施加 5g 砝码，黏度计不转动，则应修理。

(2) 标准油法　选取已知黏度的两种标准油，其黏度值应在待测试样的黏度范围内，两种油之间的黏度值应至少有 500mPa·s 的差别。分别测定这两种油产生 200r/min 时的负荷值，如果测得的负荷值是在该两种油规定值的±15%范围内，则说明该仪器的使用状态是满意的。

7. **仪器说明**

斯托默黏度计目前使用中有三种类型。

(1) 频闪观测器型　见图 3-3。当桨叶保持 200r/min 时，依靠频闪观测器中的转筒旋转所形成的黑白相间线条观测是否相对静止来作出判别。

(2) 转速计型　见图 3-4。可直接从转速上读出桨叶的旋转速度，以便增、减挂钩上的砝码来调节转速至 200r/min。

以上两种类型都是传统砝码式的黏度计，需根据砝码的负荷值，再从附表中查得相应的 KU 值。

(3) 数字显示型　见图 3-5。仪器配有同定转速为 200r/min 的驱动马达，无需砝码，不用查表。测量时可直接从显示器上读出所测样品的 KU 值，使测量更精确，可重复性更高。

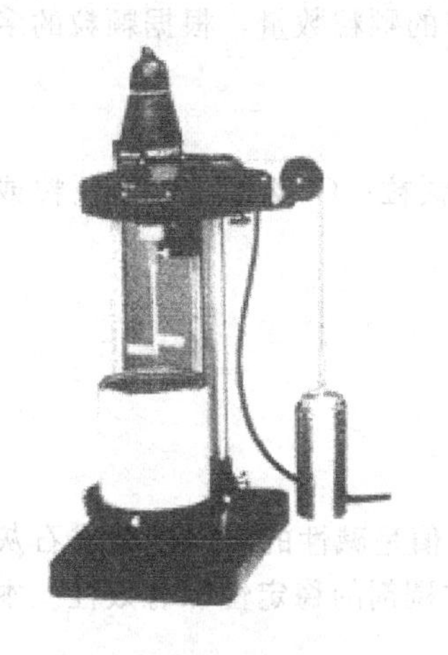

图 3-3　频闪观测器型斯托默黏度计

图 3-4　转速计型斯托默黏度计

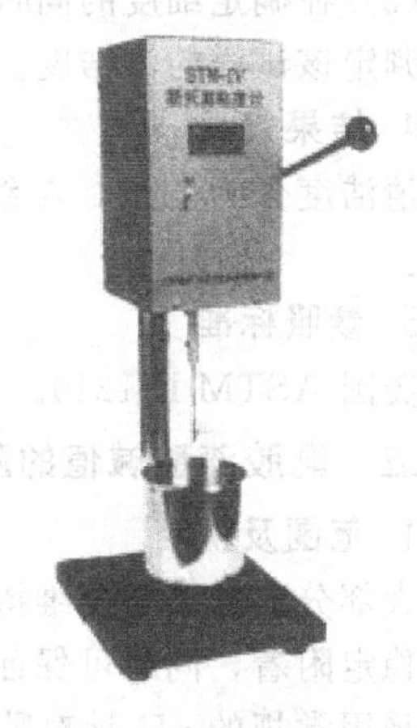

图 3-5　数字显示型斯托默黏度计

8. 参照标准

国家标准 GB/T 9269—2009。美国标准 ASTM D 562。

三、乳胶漆施工性的检测

1. 范围及说明

本方法主要检测乳胶漆的施工难易程度，施工时是否有涂刷困难，容易产生流挂、油缩、拉丝等现象[10]。

2. 材料

漆刷；建筑用石棉水泥平板，尺寸为 430mm×150mm×(4～6)mm。

3. 测定方法

(1) 用刷子在石棉水泥平板上刷涂试样，涂布量为湿膜厚约 100μm，使试板的长边呈水平方向，短边与水平面成约 85°角竖放。

(2) 放置 6h 后用同样方法涂刷第二道试样，在第二道涂刷时，以刷子运行有无困难为准。

4. 结果表示

乳胶漆在进行第二道涂刷时，漆刷运行顺畅，无困难则以“刷涂二道无障碍”为合格，否则为不合格。

四、乳胶漆清洁度的测定

1. 范围及说明

本方法是测定乳胶漆在细度计读数以上的颗粒数，适用于表明乳胶漆的清洁程度，以使其涂膜平整、细腻，达到良好的装饰效果。

2. 仪器和材料

刮板细度计，0～100μm；调刀或玻璃棒。

3. 测定方法

(1) 首先将试样搅匀，然后在刮板细度计沟槽的最深部位滴入试样数滴，以能充满沟槽而略有多余为宜。

(2) 双手紧握刮刀，垂直而平稳地把试样刮过槽的整个长度，立即以 15°～30°对光观察沟槽中颗粒均匀显露的位置，即为该试样的细度。

(3) 在确定细度的同时，立即观察该细度位置以上零星分布的颗粒数量，根据颗粒的多少来判定该试样的清洁度。

4. 结果表示

清洁度分为三级，A 级为 0～8 个颗粒；B 级为 9～15 个颗粒；C 级为 1 6 个颗粒或以上。

5. 参照标准

美国 ASTM D 1210。

五、乳胶漆酸碱值的测定

1. 范围及说明

大部分乳胶漆需要维持在碱性条件下，以有利于涂料与 pH 值呈碱性的水泥砂浆或石灰基层稳定附着，同时可保证涂料中的阴离子分散剂和碱溶胀型增稠剂的稳定性和有效性。本方法采用常规的 pH 计对乳胶漆的酸碱值进行控制。

2. 仪器和材料

pH 计，0～14；湿度计，－10～100℃；柔软纸巾或布。

3. 测定方法

(1) 首先用 pH 计的校准溶液将仪器调至正确的酸碱值，然后关掉仪器，用水清洗电极并抹干。

(2) 用温度计测量试样温度，将电极放入试样容器中，调节 pH 计温度与试样温度相同。

(3) 按下 pH 计开关，不断摇动试样杯，待显示屏数字稳定后，记录其数据。

4. 结果表示

反复测定 3 次，求出测定值的算术平均值，取小数点后一位。

第二节　乳胶漆稳定性能检测

一、乳胶漆钙离子稳定性的确定

1. 范围及说明

本方法适用于测定乳胶漆或乳液在钙离子类的电离物质作用下，保持其分散体系不被破坏的能力。

2. 仪器和材料

烧杯，50mL；带盖试管，20mL；氨水；氯化钙水溶液（配成 50g/L 的浓度）。

3. 测定方法

在 50mL 的烧杯中加入 10g 乳液或乳胶漆，用氨水调节 pH 值为 8。加入 2g 氯化钙溶液(50g/L)，用玻璃棒搅拌均匀后倒入试管中，盖严放在试管架上，置于恒温室内 [(23±2)℃]，静置 48h 后观察有无结块现象。

4. 结果表示

以合格/不合格表示。无变化为合格，沉淀、絮凝、结块为不合格。

二、乳胶漆稀释稳定性的测定

1. 范围及说明

本方法适用于测定乳胶漆或乳液在生产和使用过程中加水稀释后其分散体系不被破坏的能力。

2. 仪器和材料

带盖试管，10mL；氨水；去离子水。

3. 测定方法

在 10mL 试管中加入 2mL 乳液或乳胶漆，用氨水调节 pH 值为 8。再加入 8mL 去离子水，盖严摇匀，放在试管架上，置于恒温室内 [(23±2)℃]，静置 48h 后观察有无沉淀和结块现象。

4. 结果表示

以合格/不合格表示。无变化为合格，沉淀、絮凝、结块为不合格。

三、乳胶漆机械稳定性的测定

1. 范围及说明

本方法适用于测定乳胶漆或乳液在高剪切或高速搅拌作用下，保持其分散体系稳定、不被破坏的能力。

2. 仪器和材料

高速搅拌机（转速 4000r/min）；搪瓷杯，1000mL；氨水。

3. 测定方法

在1000mL搪瓷杯中加入200g乳液或乳胶漆，用氨水调节pH值为8，将杯置于高速搅拌机底座上，开动高速搅拌，以4000r/min的转速搅拌0.5h，观察有无破乳或结块现象。

4. 结果表示

以合格/不合格表示。无变化为合格，破乳、絮凝、结块为不合格。

四、乳胶漆低温稳定性的测定

1. 范围及说明

本方法用于测定乳胶漆或乳液在低温环境下其分散体系保持稳定、不被破坏的能力。

2. 仪器和材料

塑料杯或玻璃容器（体积为1L）；低温箱，温度能保持（－5±2)℃。

3. 测定方法

取试样1L装入带盖的塑料或玻璃容器中，放入低温箱中调至温度为（－5±2)℃，保持18h，取出后放入恒温室（23±2)℃，保持6h，如此反复三次，打开容器充分搅拌，观察有无硬块、絮凝、分离等现象。

4. 结果表示

以合格/不合格表示。试样状态无变化为合格，结块、絮凝、分离为不合格。

五、乳胶漆热稳定性的测定

1. 范围及说明

本方法用于测定乳胶漆或乳液在高温环境下其分散体系产生的变化。本方法也可作为乳胶漆贮存稳定性的加速试验。在（50±2)℃的加速条件下放置30天，相当于自然条件下贮存半年至一年。

2. 仪器和材料

密封容器，三个；恒温烘箱，温度能保持（50±2)℃；天平，感量0.2g。

3. 测定方法

(1) 按取样要求分别将1L左右的试样装入三个密封罐中，称出重量，准确至0.2g，装样量应离罐顶15mm左右。

(2) 将其中两罐试样盖子盖严，放入（50±2)℃的恒温烘箱中存放30天，取出后在恒温室（23±2)℃的条件下放置24h后，检验其有关性能（放置后先称其重量，若失重差值超过1%，则为容器盖子密封不严所致，其结果准确性应予考虑)。

(3) 在试样放入恒温烘箱前，将另一罐原始试样按产品标准要求检验其原始性能，以便对照比较。

4. 结果表示

以合格/不合格表示。试样状态及各项性能符合原产品的指标为合格，否则为不合格。

六、乳胶漆耐冻融性的测定

1. 范围及说明

本方法适用于乳胶漆或乳液经冷冻并融化后，观察试样沉淀、絮凝、结块等状况并测定黏度变化。

2. 仪器和材料

密封容器，三个，容积各为500mL（有衬里带密封盖的铁罐或大口玻璃瓶或塑料瓶)；

低温箱，温度能保持（－18±2)℃；旋转黏度计，带桨叶型转子的斯托默（Stormer）黏度计。

3. **测定方法**

将试样搅拌均匀，按本章第二节二测定其初始黏度，然后将试样分别装入三个带盖能密封的500mL容器中，装入量为容器的2/3。其中一罐为对比样，存放在恒温室中保持（23±2)℃，另外两罐盖严盖子，放入低温箱中，温度保持（－18±2)℃，放置17h后取出放于恒温室中，静置6h和48h之后分别进行黏度测定和评定。

4. **结果表示**

(1) 记录试样试验前初始黏度和试验后放置6h和48h的黏度值，以无变化、轻微、严重表示，黏度变化值不大于20%为轻微，不大于40%为严重。

(2) 记录试验后放置6h和48h后容器中样品的沉淀、絮凝、结块等状况，以无变化、轻微和严重表示。

5. **参照标准**

国家标准GB/T 9268—2008。

第三节　乳胶漆中有机物和重金属含量测定

一、乳胶漆游离甲醛的测定

1. **范围及说明**

本方法适用于每千克乳胶漆或乳液中游离甲醛含量在0.005～0.5g范围内的测定，若超过0.5g，则适量稀释后按此方法测定[11]。

2. **仪器和材料**

蒸馏装置，500mL蒸馏瓶、蛇形冷凝管、馏分接收器皿；容量瓶，100mL、250mL、1000mL；移液管，1mL、5mL、10mL、15mL、20mL、25mL；水浴锅；天平，精度0.001g；10mm吸收池；分光光度计。

3. **试剂**

乙酸铵，分析纯；冰醋酸，分析纯；乙酰丙酮试剂，需蒸馏；甲醛，浓度为37%，分析纯；蒸馏水，符合GB/T 6682—2008三级水。

4. **测定方法**

(1) 配制溶液

① 乙酰丙酮溶液。称取乙酸铵25g，加50mL水溶解，加3mL冰醋酸和0.5mL乙酰丙酮试剂，移入100mL容量瓶中，加水稀释到刻度。

注：贮存期不应超过14天。

② 1mg/mL甲醛标准溶液。取2.8mL甲醛（浓度约37%），移入1000mL容量瓶中，用水稀释至刻度，用碘量法测定溶液的精确浓度，用于制备甲醛标准稀释液。

③ 10μg/mL甲醛标准稀释液。移取已标定的1mg/mL甲醛标准溶液10～1000mL容量瓶中，用水稀释至刻度。

④ 甲醛标准溶液的配制。用移液管分别取10μg/mL的标准稀释液1mL、5mL、10mL、15mL、20mL、25mL，于100mL容量瓶中加水稀释至刻度，其标准甲醛浓度见表3-2。

表 3-2 甲醛标准溶液的配制

10μg/mL 标准稀释液/mL	稀释后甲醛浓度/(μg/mL)	10μg/mL 标准稀释液/mL	稀释后甲醛浓度/(μg/mL)
1	0.1	15	1.5
5	0.5	20	2.0
10	1	25	2.5

(2) 标准工作曲线的绘制

① 用分光光度计测吸光度。分别取甲醛浓度为 0.1μg/mL、0.5μg/mL、1μg/mL、1.5μg/mL、2.0μg/mL、2.5μg/mL 的溶液 5mL，各加 1mL 乙酰丙酮溶液，在 100℃ 的沸水水浴中加热 3min，冷却至室温后即用 10mm 吸收池（以水作参比）在分光光度计 412nm 波长处测定吸光度。

② 以 5mL 甲醛标准溶液中的甲醛含量为横坐标、吸光度为纵坐标，绘制标准工作曲线。计算回归线的斜率，以斜率的倒数作为样品测定的计算因子 B_S。

(3) 试样的处理　称取搅拌均匀的试样 2g，置于预先已加入 50mL 水的蒸馏瓶中，轻轻摇匀，再加 200mL 水，在馏分接收器皿中预先加入适量的水，浸没馏分出口，馏分接收器皿的外部加冰冷却。加热蒸馏，收集馏分 200mL，取下馏分接收器皿，把馏分放入 250mL 容量瓶中加水至刻度，蒸馏出的馏分应在 6h 内测其吸光度（蒸馏装置见图 3-6）。

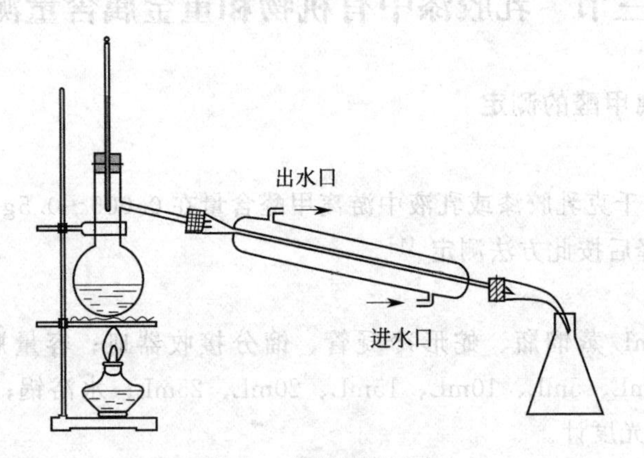

图 3-6 蒸馏装置示意

(4) 甲醛含量的测定　从已定容在 250mL 容量瓶中取出 5mL 馏分，加入 1mL 乙酰丙酮溶液，按绘制标准曲线的条件测其吸光度。

取 5mL 水，加入 1mL 乙酰丙酮溶液，在相同条件下做空白试验。空白试验的吸光度应小于 0.01，否则重新配制乙酰丙酮溶液。

5. 结果表示

按下式计算甲醛含量：

$$W=\frac{0.05B_S(A-A_0)}{m}$$

式中　W——游离甲醛含量，g/kg；

A——试样溶液的吸光度；

A_0——空白溶液的吸光度；

B_S——计算因子；

m——样品量，g；

0.05——换算系数。

6. 参照标准

国家标准 GB 18582—2008。

二、乳胶漆挥发性有机化合物（VOC）的测定

1. 范围及说明

本方法用于测定乳胶漆或乳液挥发物中除水之外的有机化合物的含量[12~16]。

2. 测定步骤

（1）总挥发物含量的测定

① 仪器和材料。干燥器；鼓风恒温烘箱；天平，感量为 0.001g；玻璃、马口铁或铝质平底圆盘，直径约 75mm；玻璃棒。

② 测定方法。先将盛样用的平底圆盘及玻璃棒在（105±2）℃的温度下干燥，取出后放入干燥器中冷却至室温，准确称重（准确至 1mg），然后以同样精确度称取搅拌均匀的试样（2±0.2）g，并确保试样均匀分散在圆盘面上；把盛试样的圆盘和玻璃棒放入（105±2）℃烘箱内，保持 3h，经短时间的烘烤后取出圆盘，用玻璃棒将试样表面的结皮弄碎，再将圆盘和玻璃棒放入烘箱继续烘至 3h，取出后放入干燥器内，冷却至室温再称重，精确至 1mg；试验平行测定两次。

③ 结果表示。以被测产品的质量分数计算挥发物的含量（V）。

$$V=\frac{m_1-m_2}{m_1}\times100\%$$

式中 m_1——加热前试样质量，mg；

m_2——加热后试样质量，mg。

以两次测试的算术平均值表示其含量，并精确到一位小数。

（2）水分含量的测定 采用气相色谱法。

① 仪器和材料。气相色谱仪，配有热导检测器；色谱柱，柱长 1m，外径 3.2mm，填装 177～250μm 的高分子多孔微球的不锈钢柱；记录仪；微量注射器，1μL 或 20μL；具塞玻璃瓶，10mL。

② 试剂。蒸馏水，符合 GB/T 6682—2008 三级水；无水二甲基甲酰胺（DMF），分析纯；无水异丙醇，分析纯。

③ 测定方法。

a. 先测定水的影响因子 R。在一具塞玻璃瓶中称 0.2g 左右的蒸馏水和 0.2g 左右的异丙醇，精确至 0.1mg，加入 2mL 的二甲基甲酰胺，混合均匀。用微量注射器注入 1μL 的标准混样，记录其色谱图。

按下式计算水的影响因子 R：

$$R=\frac{W_i A_{H_2O}}{W_{H_2O} A_i}$$

式中 W_i——异丙醇质量，g；

W_{H_2O}——水的质量，g；

A_{H_2O}——水峰面积；

A_i——异丙醇峰面积。

若异丙醇和二甲基甲酰胺不是无水试剂，则以同样量的异丙醇和二甲基甲酰胺混合，不加蒸馏水作为空白，记录空白的水峰面积，按下式计算水的影响因子 R：

$$R=\frac{W_i(A_{H_2O}-B)}{W_{H_2O}A_i}$$

式中 R——影响因子；

W_i——异丙醇质量，g；

W_{H_2O}——水的质量，g；

A_{H_2O}——水峰面积；

A_i——异丙醇峰面积；

B——空白中水的峰面积。

b. 涂料中水的质量分数的测定。称取搅拌均匀的试样 0.6g 和 0.2g 的异丙醇，精确至 0.1mg，加入到具塞玻璃瓶中，再加入 2mL 二甲基甲酰胺，盖上瓶塞，用力摇动 15min，放置 5min，使其沉淀（也可使用低速离心机使其沉淀）。吸取 1μL 试样瓶中的清液注入色谱仪中，并记录其色谱图。

按同样操作做一不加试样的空白样，按下式计算涂料中水的质量分数 V_{H_2O}（%）：

$$V_{H_2O}=\frac{(A_{H_2O}-B)W_i\times 100\%}{A_iW_PR}$$

式中 A_{H_2O}——水峰面积；

B——空白中水的峰面积；

A_i——异丙醇峰面积；

W_i——异丙醇质量，g；

W_P——涂料质量，g；

R——影响因子。

（3）密度（ρ）的测定

① 仪器和材料。比重瓶，容量为 20～100mL；温度计，分度为 0.1℃，精确到 0.2℃；天平，精确至 0.2mg。

② 测定方法。按规定先校准比重瓶，用溶剂清洗比重瓶，并使其充分干燥，冷却至室温后精确称量至恒重，即二次称量之差不超过 0.5mg；然后在瓶中注入均匀的试样，盖上比重瓶，严格防止在比重瓶中产生气泡，用吸收材料彻底擦干比重瓶外部，整个操作在恒温室（23±2)℃的温度下进行，然后称量注满试样的比重瓶。

③ 计算方法。按下式计算试样在试验温度（t）下的密度 ρ_t(g/mL)：

$$\rho_t=\frac{m_2-m_0}{V}$$

式中 m_0——空比重瓶的质量，g；

m_2——比重瓶和试样的质量，g；

V——在试验温度下校准的比重瓶体积，mL。

3. 结果表示

挥发性有机化合物含量（VOC）用下式计算：

$$VOC=(V-V_{H_2O})\rho\times 10^3$$

式中 VOC——乳胶漆中挥发性有机化合物含量，g/L；

V——乳胶漆中总挥发物的质量分数；

V_{H_2O}——乳胶漆中水的质量分数；

ρ——乳胶漆在（23±2)℃时的密度，g/mL。

4. 参照标准

国家标准 GB 18582—2008。

三、乳胶漆中可溶性铅含量的测定

1. 范围及说明

本方法适用于乳胶漆或乳液中可溶性铅含量的测定，采用火焰原子吸收光谱法测定漆液中重金属铅的含量。本方法适合于可溶性铅含量在 0.05%～5%（质量分数）范围内的漆样[17]。

2. 仪器和材料

火焰原子吸收光谱仪，波长在 283.3nm 处测量，并装有一个可通入乙炔和空气的燃烧器；铅空心阴极灯；容量瓶，容量为 100mL、1000mL；移液管，100mL；滴定管，容量为 50mL；离心管，50mL、100mL 惰性材料；鼓风烘箱，能保持（105±2)℃；带盖玻璃容器，容积至少 2000mL；机械搅拌器；pH 计和电极；薄膜过滤器，孔径为 0.15μm，或与其他过滤装置配合能得到清澈滤液的合适过滤器；适合于薄膜过滤器的过滤装置；筛子，15μm 孔径；马弗炉，能恒温在（475±25)℃；电热板。

3. 试剂及材料

蒸馏水，符合 GB/T 6682—2008 规定的三级水；丙酮，分析纯；1,1,1-三氯乙烷(甲基氯仿)；四氢呋喃；乙醇，含量至少 95%(体积分数)；盐酸浓溶液，1∶1 用 1 份体积的水稀释 1 份体积的盐酸（$\rho=1.18$g/mL)；盐酸溶液，配成 0.07mol/L；硝酸溶液(1∶1)，用 1 份体积的水稀释 1 份体积的硝酸（$\rho=1.40$g/mL)；中速滤纸；乙炔，装在钢瓶中；压缩空气，由空气压缩机供给。

4. 测定方法

(1) 每升含 100mg 铅的标准溶液的配制

① 先配制每升含 1g 铅的标准贮备液。称取 1.598g（准确到 1mg）硝酸铅（先在 105℃干燥 2h）于 1000mL 容量瓶中，用 0.07mol/L 的盐酸溶液溶解，并稀释至刻度，充分摇匀，此溶液 1mL 含 1mg 铅。

② 用移液管吸取 100mL 上述标准贮备液置人 1000mL 容量瓶中，用 0.07mol/L 的盐酸溶液稀释至刻度并充分摇匀。此溶液每升含 100mg 铅，即 1mL 此标准液含 100μg 铅，该溶液必须在使用当天配制。

(2) 标准曲线的绘制

① 先配制标准参比溶液。这些溶液应在使用当天配制。用滴定管按表 3-3 所示的体积将标准铅溶液（100μg 铅/mL）分别置入 6 个 100mL 的容量瓶中，然后用 0.07mol/L 的盐酸分别稀释至刻度并充分摇匀。

表 3-3　标准参比溶液的配制

标准参比溶液 No.	标准铅溶液的体积(100μg 铅/mL)/mL	标准参比溶液中铅的相应浓度/(μg/mL)	标准参比溶液 No.	标准铅溶液的体积(100μg 铅/mL)/mL	标准参比溶液中铅的相应浓度/(μg/mL)
0	0.00	0.00	3	10.00	10.00
1	2.50	2.50	4	20.00	20.00
2	5.00	5.00	5	30.00	30.00

注：0 号为空白试验溶液。

② 测量光谱。将铅空心阴极灯，即铅光谱源安装在光谱仪上，使仪器处于最佳条件做铅的测定，并将波长调至 283.3nm 处。

根据燃烧器的特性调节乙炔和空气的流量，点燃火焰，设置读数范围，使标准参比溶液No.5几乎达到满刻度的偏转。然后分别使各个标准参比溶液按浓度上升的顺序抽吸进入火焰进行测量，重复使用标准参比溶液No.4，以证实该装置已达到稳定。在每次测量之间都要吸入水使之通过燃烧器，且保持相同的吸入率。

③ 绘制标准曲线。以标准参比溶液铅的浓度（以μg/mL计）为横坐标，以相应的吸光度值减去空白试验溶液的吸光度值为纵坐标，绘制曲线。

（3）乳胶漆颜料部分的铅含量测定

① 分离试样。先分离乳胶漆中的颜料，准确称量一批离心管（准确至10mg），于每支管子中加入10～20g试样（试样应充分搅拌，必要时用标准孔径为150μm的筛子过滤，以去除一切杂质），立即称量管子和试样，准确至10mg。加入溶剂丙酮至离心管约1/2处，用玻璃棒充分搅拌，用溶剂冲洗玻璃棒，将冲洗液全部加入到相应的管中。继续加溶剂但应保证足够的工作液面又不溢出，使相对应的离心管平衡到0.1g之内。离心分离，直到完全分离成一层清液和一个颜料滤饼为止。

将一组离心管中的上层清液全部倒入带盖的玻璃容器中，再将溶剂加入各离心管进行离心分离（在此过程中要特别注意使整个颜料饼充分分散）。重复以上操作三次，此时溶剂可选1,1,1-三氯乙烷(或四氢呋喃)。

最后再使用丙酮代替所选溶剂，使颜料饼充分分散，离心分离，将上层溶液移入至上面所述的容器中，保存此合并的萃取液，用于测定乳胶漆的液体部分的可溶性铅含量的测定。

残余的丙酮蒸发后，将离心管放人烘箱，于(105±2)℃下恒温烘烤至少3h，取出放入干燥器中，冷却至室温并称量，准确至10mg。然后再放人烘箱（105±2)℃恒温1h，取出，放入干燥器中，冷却至室温称重，如此重复以上操作直至恒重（两次称量结果之差不应大于10mg)。计算乳胶漆中颜料的含量以质量分数表示。

注：在分离后检查干燥的颜料饼，如能容易地粉碎，则认为漆基已满意地被萃取了，否则应选更适合的溶剂或混合溶剂对原试样重复上述整个操作步骤。

为取得至少10g颜料，则每个试样需要4个离心管为一组，而使用离心管的容积和称量应取决于预知的颜料含量。

② 用酸萃取分离出来的颜料中的可溶性铅。称取（5.0±0.01)g已分离出的颜料试样到一个洁净干燥的150mL烧杯中，用2mL或比最低最稍多一点的乙醇湿润试样，装上搅拌器并加入0.07mol/L的稀盐酸75mL[此盐酸应预先在水浴上调节至（23±2)℃]。将烧杯放在（23±2)℃的水浴上，立即开始搅拌混合物，并将pH计的电极插入混合物中，如果需要，则可滴加1∶1浓盐酸，使混合物pH值调至为0.07mol/L盐酸的pH值。继续搅拌15min，然后在（23±2)℃下静置（15±1)min。随后使用薄膜过滤器将混合物进行过滤，收集起始10min里所得清澈滤液于合适的玻璃容器中，立即盖上盖子。保留过滤的萃取液，并恰当地分成几份，尽可能在4h内进行其他可溶性金属含量的测定。

③ 测定萃取液中可溶性铅含量。按标准曲线绘制中的测定标准参比溶液吸光度的方法调整光谱仪后，先测定0.07mol/L盐酸溶液的吸光度，然后测定萃取液的吸光度，每个试验液测量三次，随后再测量盐酸溶液的吸光度，为证实仪器灵敏度没有变化，需再测定标准参比溶液No.4的吸光度。

如果所试验的萃取液的吸光度高于浓度最高的铅标准参比溶液的吸光度值，可用已知体积的0.07mol/L盐酸溶液适当地稀释试验溶液（稀释因子F)。

④ 计算乳胶漆中颜料部分的可溶性铅含量：

$$c_{Pb_1}=m_0\times\frac{10^2}{m_1}\times\frac{P}{10^2}=\frac{m_0P}{m_1}$$

$$m_0=\frac{a_1-a_0}{10^6}V_1F_1$$

式中　c_{Pb_1}——乳胶漆中颜料部分的“可溶性”铅含量，%（质量分数）；

m_1——制备萃取液所用试样的质量，g；

P——乳胶漆经离心分离后计算得到的颜料含量，%（质量分数）；

m_0——盐酸萃取液中“可溶性”铅的质量，g；

a_0——酸萃取可溶性铅时空白试验溶液铅的浓度（75mL 0.07mol/L 的稀盐酸加2mL 乙醇），μg/mL；

a_1——从标准曲线上查得的试验溶液铅的浓度，μg/mL；

F_1——稀释因子；

V_1——萃取所用的盐酸与乙醇的体积之和，mL。

(4) 乳胶漆中液体部分可溶性铅含量的测定

① 对萃取得到的液体部分的处理。在分离试样颜料时，经离心分离获得颜料滤饼时已将上部清液合并的萃取液保存，取两平行萃取的液体部分和空白试验溶液按下述同样步骤进行操作。

取保存合并的萃取液置于一合适的容量瓶中，用丙酮溶液稀释到规定的体积。转移等份试样到合适容积的瓷或二氧化硅制的器皿里，放在水浴锅上蒸发，以除去大部分溶剂。然后将器皿放在电热板上，缓慢升温以除去全部残留溶剂，逐渐升高电热板的温度，直至物质开始炭化。随后将器皿放在马弗炉里，维持温度（475±25)℃下灰化。当灰化完全后，从马弗炉中取出器皿并使之冷却至室温，用玻璃棒将灰化物敲碎成极细的颗粒，并将玻璃棒留在器皿内，以供下面过滤步骤使用。

为防止灰化物反应剧烈，应缓慢加入 10mL 硝酸（1∶1)，以避免物质损失，在电热板上小心加热，直至溶液剩余 2～3mL，再加入 10mL 硝酸（1∶1)，继续在电热板上加热直至残余溶液少于 5mL 为止。加 20～25mL 水，用中速滤纸过滤，滤液用 100mL 容量瓶收集。若滤液不清澈，则应以慢速滤纸重新过滤。

用水洗涤器皿和滤纸数次，将全部洗涤液转移至盛有滤液的容量瓶中，用盐酸（c=0.07mol/L）稀释至刻度并摇匀。保留滤液并分成几份以测定其他可溶性金属含量。

② 测定光谱。按要求调整光谱仪后，先测量盐酸（c=0.07mol/L）吸光度，然后对试验溶液的吸光度测量三次，再测量盐酸（c=0.07mol/L）的吸光度，为证实仪器的灵敏度没有变化，需要再测定标准参比溶液 No.4 的吸光度。

若试验溶液的吸光度高于浓度最高的铅标准参比溶液的吸光度，可用已知体积的盐酸（c=0.07mol/L）适当地稀释该试验溶液（稀释因子 F)。

③ 计算乳胶漆中液体部分的铅含量：

$$c_{Pb_2}=\frac{m_2}{m_3}\times100\%$$

$$m_2=\frac{b_1-b_0}{10^6}V_2F_2$$

式中　c_{Pb_2}——乳胶漆液体部分中铅的含量，%（质量分数）；

m_3——用于分离乳胶漆试样的总质量，g；

m_2——乳胶漆液体部分（萃取物）“可溶性”铅的质量，g；

b_0——分离乳胶漆试样制备的空白试验溶液铅的浓度，μg/mL；

b_1——从标准曲线上查得的试验溶液铅的浓度，μg/mL；

V_2——用溶剂分离颜料后滤液的总体积（100mL），mL；

F_2——稀释因子。

5. 结果表示

乳胶漆中“可溶性”铅的总含量如下式表示：

$$c_{Pb_{总}} = c_{Pb_1} + c_{Pb_2}$$

式中　$c_{Pb_{总}}$——乳胶漆中“可溶性”铅的总含量，％（质量分数）；

c_{Pb_1}——乳胶漆中颜料部分的“可溶性”铅的含量，％（质量分数）；

c_{Pb_2}——乳胶漆中液体部分的“可溶性”铅的含量，％（质量分数）。

6. 参照标准

国家标准 GB 18582—2008、国家标准 GB/T 9758.1—1998、国家标准 GB/T 9760—1988、国际标准 ISO 6713、国际标准 ISO 3856.1。

四、乳胶漆中可溶性镉含量的测定

1. 范围及说明

本方法适用于乳胶漆或乳液中可溶性镉含量的测定。采用火焰原子吸收光谱法测定漆液中重金属镉的含景。本方法适用于可溶性镉含量在 0.05％～5％（质量分数）范围内的漆样[18～20]。

2. 仪器和材料

火焰原子吸收光谱仪，波长在 228.8nm 处测量，并装有一个可通入乙炔和空气的燃烧器；镉空心阴极灯；滴定管，容量为 10mL；容量瓶，容量为 100mL、1000mL；移液管；机械搅拌器；pH 计和电极；薄膜过滤器，孔径为 0.15μm；过滤装置，适用于薄膜过滤器；离心管；离心机，实验室用；鼓风烘箱，能维持（105±2)℃；带盖玻璃容器，容积至少 2000mL；筛子，150μm 孔径。

3. 试剂

蒸馏水，符合 GB/T 6682—2008 规定的三级水；盐酸，分析纯，配成 0.07mol/L；安瓿标准镉；盐酸浓溶液(1∶1)，用 1 份水稀释 1 份密度（ρ）约为 1.18g/mL 的盐酸溶液；乙醇，含量至少为 95％（体积分数）；丙酮，分析纯；1,1,1-三氯乙烷(甲基氯仿)；四氢呋喃；乙炔，装在钢瓶中；压缩空气，由空气压缩机供给。

4. 测定方法

（1）每升含 10mg 镉的标准溶液的配制

① 先配制每升含 1g 镉的标准贮备液。将准确含有 1g 镉的安瓿标准镉溶液移入 1000mL 容量瓶中，用盐酸溶液（0.07mol/L）稀释至刻度，并充分摇匀。此溶液 1mL 含 1mg 镉。

② 用移液管吸取 10mL，上述标准贮备液置于 1000mL 容量瓶中，用 0.07mol/L 的盐酸溶液稀释至刻度，充分摇匀。此溶液每升含 10mg 镉，即 1mL 含 10μg 镉。

注：该溶液必须在使用当天配制。

（2）标准曲线的绘制

① 先配制标准参比溶液。用滴定管按表 3-4 所示的体积将标准镉溶液（10μg 镉/mL）分别置入 5 个 100mL 的容量瓶中，然后用 0.07mol/L 的盐酸分别稀释至刻度，并充分摇匀。

注：这些溶液应在使用的当天配制。

表 3-4　标准参比溶液的配制

标准参比溶液 No.	标准镉溶液的体积 (100μg 镉/mL)/mL	标准参比溶液中镉的相应浓度/(μg/mL)	标准参比溶液 No.	标准镉溶液的体积 (100μg 镉/mL)/mL	标准参比溶液中镉的相应浓度/(μg/mL)
0	0	0	3	2	0.2
1	0.5	0.05	4	4	0.4
2	1	0.1			

② 测量光谱。将镉空心阴极灯即镉光谱源安装在光谱仪上，使仪器处于最佳条件作镉的测定，为取得最大吸收，将波长调至 228.8nm 段。

根据燃烧器的特性调节乙炔和空气的流量，点燃火焰，设置读数范围，使标准参比溶液 No.4 几乎达到满刻度的偏转。

然后分别使各个标准参比溶液按浓度上升的顺序抽吸进入火焰进行测量。重复使用标准参比溶液 No.3，以证实该装置已达到稳定。在每次测量之间都要吸入水使之通过燃烧器，且保持相同的吸入率。

③ 绘制标准曲线。以标准参比溶液镉的浓度（以 μg/mL 计）为横坐标，以相应的吸光度值减去空白试验溶液的吸光度值为纵坐标，绘制曲线。

（3）乳胶漆颜料部分的镉含量测定

① 分离试样。按乳胶漆中可溶性铅含量测定中分离试样的方法进行。

② 用酸萃取分离出来的颜料中的可溶性镉。按乳胶漆中可溶性铅含量测定中的萃取方法进行。

③ 测定萃取液中可溶性镉含量。按绘制标准曲线的光谱测定方法调整光谱仪，首先测量 0.07mol/L 盐酸溶液的吸光度，然后测定萃取液的吸光度，每个试验液测量三次，随后再测量盐酸溶液（0.07mol/L）的吸光度，为证实仪器灵敏度没有变化，需再测量标准参比溶液 No.3 的吸光度。

如果试验溶液的吸光度值高于浓度最高的镉标准参比溶液的吸光度值，则可用已知体积的 0.07mol/L 的盐酸溶液适当地稀释试验溶液（稀释因子 F）。

④ 计算乳胶漆中颜料部分的可溶性镉含量：

$$c_{Cd_1}=m_0\times\frac{10^2}{m_1}\times\frac{P}{10^2}=\frac{m_0P}{m_1}$$

$$m_0=\frac{a_1-a_0}{10^6}V_1F_1$$

式中　c_{Cd_1}——乳胶漆中颜料部分的“可溶性”镉含量，%（质量分数）；

m_1——制备萃取液所用试样的质量，g；

P——乳胶漆经离心分离后计算得到的颜料含量，%（质量分数）；

m_0——盐酸萃取液中“可溶性”镉的质量，g；

a_0——酸萃取可溶性镉时空白试验溶液镉的浓度（75mL 0.07mol/L 的稀盐酸加 2mL 乙醇），μg/mL；

a_1——从标准曲线上查得的试验溶液镉的浓度，μg/mL；

F_1——稀释因子；

V_1——萃取所用的盐酸与乙醇的体积之和，mL（采用的是 77mL）。

（4）乳胶漆中液体部分可溶性镉含量的测定

① 对萃取得到的液体部分的处理。同乳胶漆中液体部分可溶性铅含量的测定。

② 测定光谱。同乳胶漆中液体部分可溶性铅含量的测定。

③ 计算乳胶漆中液体部分的镉含量：

$$c_{Cd_2}=\frac{m_2}{m_3}\times 100\%$$

$$m_2=\frac{b_1-b_0}{10^6}V_2F_2$$

式中 c_{Cd_2}——乳胶漆的液体部分中镉的含量，%（质量分数）；

m_3——用于分离乳胶漆试样的总质量，g；

m_2——乳胶漆液体部分（萃取物）“可溶性”镉的质量，g；

b_0——分离乳胶漆试样制备的空白试验溶液锅的浓度，μg/mL；

b_1——从标准曲线上查得的试验溶液镉的浓度，μg/mL；

V_2——用溶剂分离颜料后滤液的总体积（100mL），mL；

F_2——稀释因子。

5. 结果表示

乳胶漆中“可溶性”镉的总含量如下式表示：

$$c_{Cd_{总}}=c_{Cd_1}+c_{Cd_2}$$

式中 $c_{Cd_{总}}$——乳胶漆中“可溶性”镉的总含量，%（质量分数）；

c_{Cd_1}——乳胶漆中颜料部分的“可溶性”镉的含量，%（质量分数）；

c_{Cd_2}——乳胶漆中液体部分的“可溶性”镉的含量，%（质量分数）。

6. 参照标准

国家标准 GB 18582—2008、国家标准 GB/T 9758.4—2001、国家标准 GB/T 9760—1988、国际标准 ISO 3856.4 国际标准 ISO 6713。

五、乳胶漆中可溶性铬含量的测定

1. 范围及说明

本方法适用于乳胶漆或乳液中可溶性铬含量的测定。

采用二苯卡巴肼分光光度计法测定漆液中颜料部分的可溶性六价铬的含量，含量在0.05%～5%（质量分数）范围内。

采用火焰原子吸收光谱法测定乳胶漆液体部分的铬总含量，且含量在0.05%～5%（质量分数）范围内。

乳胶漆中可溶性铬含量由颜料部分六价铬含量加上液体部分铬总含量组成。

2. 仪器和材料

分光光度计，适用于波长约在540nm处的测量，装有光程长为10mm或20mm的比色池（见图3-7）；pH计，带有玻璃电极和参比电极；滴定管，容量为50mL、25mL；容量瓶，容量为50mL、100mL、1000mL；移液管，5mL、10mL；机械搅拌器；薄膜过滤器，孔径为0.15μm；过滤装置，适用于薄膜过滤器；离心管；离心机，实验室用；鼓风烘箱，能维持（105±2)℃；带盖玻璃容器，容积至少2000mL；筛子，孔径150μm；火焰原子吸收光谱仪，波长在357.9nm处测量，并装有一个可通入乙炔和空气的燃烧器；铬空心阴极灯。

3. 试剂

蒸馏水，符合GB/T 6682—2008中规定的三级水；二苯卡巴肼溶液，将0.25g二苯卡巴肼（分析纯）溶解于50mL丙酮和50mL水的混合物中；丙酮，分析纯；氢氧化钠溶液，$c(NaOH)=2mol/L$；硫酸，$c(H_2SO_4)=1mol/L$；正磷酸，约85%（质量分数）（密度约为

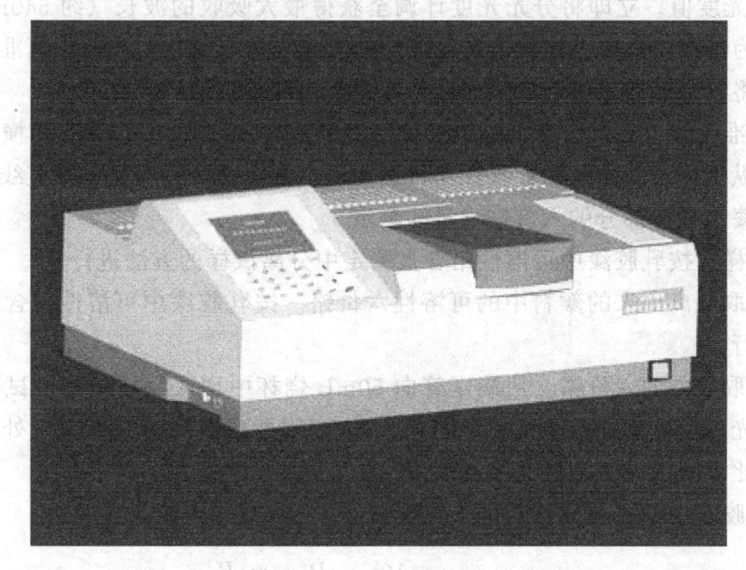

图 3-7 分光光度计

1.69g/cm³）；盐酸，分析纯，配成 0.07mol/L；重铬酸钾，分析纯；盐酸浓溶液（1∶1），用 1 份水稀释 1 份密度（ρ）约为 1.18g/mL 的盐酸溶液；乙醇，含量至少为 95%（体积分数）；1,1,1-三氯乙烷（甲基氯仿）；四氢呋喃；乙炔，装在钢瓶中；压缩空气，由空气压缩机供给。

4. 测定方法

（1）每升含 1mg 铬（Ⅵ）的标准溶液的配制

① 先配制每升含 100mg 铬（Ⅵ）的标准贮备溶液。称取 282.9mg 干燥的重铬酸钾（准确到 0.1mg）于 1000mL 的容量瓶中，用水稀释至刻度，并充分摇匀。1mL 此标准贮备液含 100μg 的铬（Ⅵ）。

② 用移液管吸取 10mL 上述标准贮备液置于 1000mL 容量瓶中，用 0.07mol/L 的盐酸溶液稀释至刻度，并充分摇匀。此溶液应在使用的当天配制。1mL 此标准贮备液含 1μg 的铬（Ⅵ）。

（2）标准曲线的绘制

① 先配制标准参比溶液。标准参比溶液应在使用的当天配制。

用滴定管按表 3-5 所示的体积将六价铬标准溶液（1μg/mL）分别置入 5 个 50mL 烧杯中。

对每个烧杯中的溶液分别作如下处理：加 5mL 浓度为 2mol/L 的氢氧化钠溶液，用浓度为 1mol/L 的硫酸调节溶液的 pH 值至 7.0（用 pH 计测量）。再加 2mL 配制好的二苯卡巴肼溶液，加 1～2mL 约 85%的正磷酸和 5mL 浓度为 1mol/L 的硫酸。然后将溶液转移至 50mL 容量瓶中，用水稀释至刻度，并充分摇匀。

表 3-5 标准参比溶液的配制

标准参比溶液 No.	六价铬标准溶液（1μg/ mL）的体积/mL	标准参比溶液六价铬相应浓度/（μg/mL）	标准参比溶液 No.	六价铬标准溶液（1μg/ mL）的体积/mL	标准参比溶液六价铬相应浓度/（μg/mL）
0	0	0	3	15	0.3
1	5	0.1	4	20	0.4
2	10	0.2			

② 测定吸光度值。立即将分光光度计调至获得最大吸收的波长（约 540nm）处，以在参比池中的水为参照，测定上述标准参比溶液的吸光度值。每次测量前用标准参比溶液冲洗比色池，分别将各标准参比溶液的吸光度值减去空白试验溶液的吸光度值。

③ 绘制标准曲线。以六价铬的标准参比溶液的浓度（以 μg/mL 计）为横坐标，以相应的吸光度值为纵坐标绘制曲线。如果操作正确无误，则标准曲线应呈一条直线。

（3）乳胶漆中颜料部分的六价铬含量的测定

① 分离试样。按乳胶漆中可溶性铅含量测定中分离试样的方法进行。

② 用酸萃取分离出来的颜料中的可溶性六价铬。按乳胶漆中可溶性铅含量测定中分离试样的方法进行。

③ 测定萃取液中的六价铬。用滴定管向 50mL 烧杯中加入一定体积的试验溶液（所取的量应使其吸光度值处于校准曲线的范围内），按配制标准参比溶液的规定处理溶液，然后按测定标准参比溶液的方法测定其吸光度值。

④ 计算乳胶漆中颜料部分的六价铬含量：

$$c_{\mathrm{Cr}_1}=m_0\times\frac{10^2}{m_1}\times\frac{P}{10^2}=\frac{m_0 P}{m_1}$$

$$m_0=\frac{a_1-a_0}{10^6}\times\frac{V_1}{V_3}\times 50=(a_1-a_0)\times\frac{V_1}{V_3}\times 5\times 10^{-5}$$

式中 c_{Cr_1}——乳胶漆中颜料部分的“可溶性”六价铬的含量，%（质量分数）；

m_1——制备萃取液所用试样的质量，g；

P——乳胶漆经离心分离后计算得到的颜料含量，%（质量分数）；

m_0——盐酸萃取液中“可溶性”六价铬的质量，g；

a_0——酸萃取可溶性铬时空白试验溶液铬的浓度（75mL 0.07mol/L 的稀盐酸加 2mL 乙醇），μg/mL；

a_1——从标准曲线上查得的试验溶液铬的浓度，μg/mL；

V_1——萃取所用的盐酸与乙醇的体积之和，mL（采用的是 77mL）；

V_3——试验所取盐酸与乙醇萃取液等分试样的体积，mL。

（4）乳胶漆中液体部分可溶性铬含量的测定

① 每升含 10mg 铬的标准溶液的配制。先配制每升含 100mg 铬的标准贮备液。称取 282.9mg 干燥的重铬酸钾（准确至 0.1mg）于 1000mL 的容量瓶中，用 0.07mol/L 的盐酸溶液溶解，并稀释至刻度，充分摇匀。1mL 此标准贮备液含 100μg 铬。

用移液管吸取 10mL 上述铬的标准贮备液（100μg 铬/mL）置于 100mL）容量瓶中，用 0.07mol/L 的盐酸溶液稀释至刻度，并充分摇匀。此溶液应在使用的当天配制。1mL 此标准液含 10μg 铬。

② 标准曲线的绘制

a. 先配制标准参比溶液。这些溶液应在使用的当天配制。

用滴定管按表 3-6 所示的体积将标准溶液（10μg 铬/mL）分别置于 6 个 100mL 容量瓶中，然后用 0.07mol/L 的盐酸分别稀释至刻度，并充分摇匀。

b. 测量光谱。将铬空心阴极灯安装在光谱仪上，使仪器调至最佳条件作铬的测定。为取得最大吸收，将波长调至 357.9nm 处。

表 3-6　标准参比溶液的配制

标准参比溶液 No.	标准铬溶液的体积 (10μg/ mL)/mL	标准参比溶液中铬的相应浓度/(μg/mL)	标准参比溶液 No.	标准铬溶液的体积 (10μg/ mL)/mL	标准参比溶液中铬的相应浓度/(μg/mL)
0	0	0	3	10	1.0
1	2	0.2	4	15	1.5
2	5	0.5	5	20	2.0

根据燃烧器的特性调节乙炔和空气的流量，点燃火焰，设置读取范围，使标准参比溶液 No.5 几乎达到满刻度的偏转。

然后分别使各个标准参比溶液按浓度上升的顺序抽吸进入火焰进行测量。重复使用标准参比溶液 No.4，以证实该装置已达到稳定。

在每次测量之间都要吸入水使之通过燃烧器，且保持相同的吸入率。

c. 绘制标准曲线。以标准参比溶液铬的浓度（以 μg/mL 计）为横坐标，以相应的吸光度值减去空白试验溶液的吸光度值为纵坐标，绘制曲线。

③ 测定试验溶液光谱。试验溶液按乳胶漆的液体中可溶性铅的方法处理。

按规定方法调整好光谱仪，首先测定盐酸溶液（c=0.07mol/L）的吸光度，然后对试验溶液的吸光度测定三次，随后再测量盐酸溶液（c=0.07mol/L）的吸光度，为了证实仪器灵敏度没有变化，需再测定标准参比溶液 No.4 的吸光度。

若试验溶液的吸光度高于浓度最高的铬标准参比溶液的吸光度，则应用已知体积的盐酸溶液（c=0.07mol/L）适当地稀释该试验溶液（稀释因子 F）。

④ 计算乳胶漆中液体部分的铬含量：

$$c_{Cr_2}=\frac{m_2}{m_3}\times 100\%$$

$$m_2=\frac{b_1-b_0}{10^6}V_2F$$

式中　c_{Cr_2}——乳胶漆的液体部分中可溶性铬的含量，%（质量分数）；

m_2——乳胶漆的液体部分中铬的质量，g；

m_3——用于分离乳胶漆试样的总质量，g；

b_0——分离乳胶漆试样制备的空白试验溶液铬的浓度，μg/mL；

b_1——从标准曲线上查得的试验溶液铬的浓度，μg/mL；

V_2——用溶剂分离颜料后滤液的总体积（100mL），mL；

F——稀释因子。

5. 结果表示

乳胶漆中“可溶性”铬的总含量是出颜料部分中可溶性六价铬含量加上乳胶漆中液体部分铬总含量所组成，如下式表示：

$$c_{Cr_总}=c_{Cr_1}+c_{Cr_2}$$

式中　$c_{Cr_总}$——乳胶漆中“可溶性”铬的总含量，%（质量分数）；

c_{Cr_1}——乳胶漆中颜料部分的“可溶性”六价铬的含量，%（质量分数）；

c_{Cr_2}——乳胶漆中液体部分的“可溶性”铬的含量，%（质量分数）。

6. 参照标准

国家标准 GB 18582—2008、国家标准 GB/T 9758.5—1988、国家标准 GB/T 9758.6—2001、国家标准 GB/T 9760—1988、国际标准 ISO 3856.5 国际标准 ISO 3856.5、国际标准 ISO 6713。

六、乳胶漆中可溶性汞含量的测定

1. 范围及说明

本方法适用于乳胶漆或乳液中可溶性汞含量的测定，采用无焰原子吸收光谱法测定漆液中金属汞的含量。

本方法适用于可溶性汞含量在0.005％～0.05％（质量分数）范围内的漆样。

2. 仪器和材料

原子吸收光谱仪，波长在253.7nm处测量并能与规定的测量池配套使用，见图3-8；测量池，具有可透过紫外辐射线（在253.7nm处）的窗口（如石英），其光程长应适合所用的光谱仪但不小于100mm；汞空心阴极灯或汞放电灯；电位记录仪；燃烧瓶或分液漏斗，带玻璃磨口接头，容量为500mL；试样贮器（铂丝网燃烧篮）和点火配用器，适合上述燃烧瓶装配（图3-9）；点火器；流量计，装有一个不锈钢针形阀，能测量流速0.4～3L/min；泵，隔膜型，可控制气流速率在0.3～3 L/min范围内，或配有一合适的压力调节阀的压缩空气或氮气钢瓶；反应容器，容积为25mL的试验管，管颈带玻璃磨口，可配一只可相互换用的头子和一只四通节流旋塞；加热设备，为防止水蒸气凝结至测量池中，任何可达到本目的的体系都可以应用（例如红外灯、黑的电子加热元件或棒条加热器）；抗酸软管（如硅橡胶管），适合于接连各部分装置（见图3-10）；胶囊（小皿），硬性明胶（药物级）；旋转蒸发器，水冷却，能在真空条件操作，其转速为150r/m；水浴锅，能保持在（45±5）℃；滴定管，容量10mL和25mL；容量瓶，容量25mL、100mL和500mL；移液管，容量1mL、5mL和25mL；天平，准确至0.1mg。

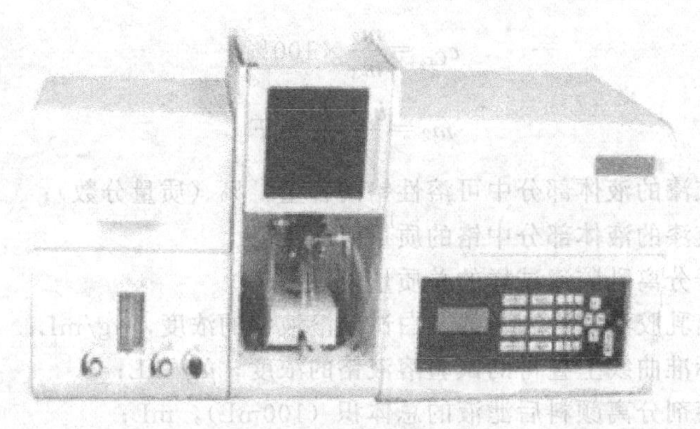

图3-8　原子吸收光谱仪

3. 试剂

蒸馏水，符合GB/T 6682—2008规定的三级水；氧气，装在钢瓶中；氯化锡（Ⅱ）二水合物100g/L溶液，将氯化锡（Ⅱ）二水合物（$SnCl_2 \cdot 2H_2O$）25g溶于35％(质量分数)的50mL盐酸中（盐酸密度约为1.18g/cm³），用水稀释至250mL，然后加入几粒金属锡并加热至沉淀消失，几粒光亮锡的存在使溶液保持稳定，使其在使用前没有沉淀；硫酸，5％（质量分数)；硝酸，约65％（质量分数）（密度约1.40g/cm³）；高锰酸钾60g/L溶液，将60g高锰酸钾($KMnO_4$）溶于水中，并稀释至pH值为11；盐酸羟胺20％(质量分数）溶液，将20g盐酸羟胺溶解于约75mL水中，并稀释至100mL。盐酸羟胺有毒并且有腐蚀和刺激性，应避免与眼睛、皮肤接触。

4. 测定方法

（1）每升含100mg汞的标准贮备溶液的配制　两种制备方法。

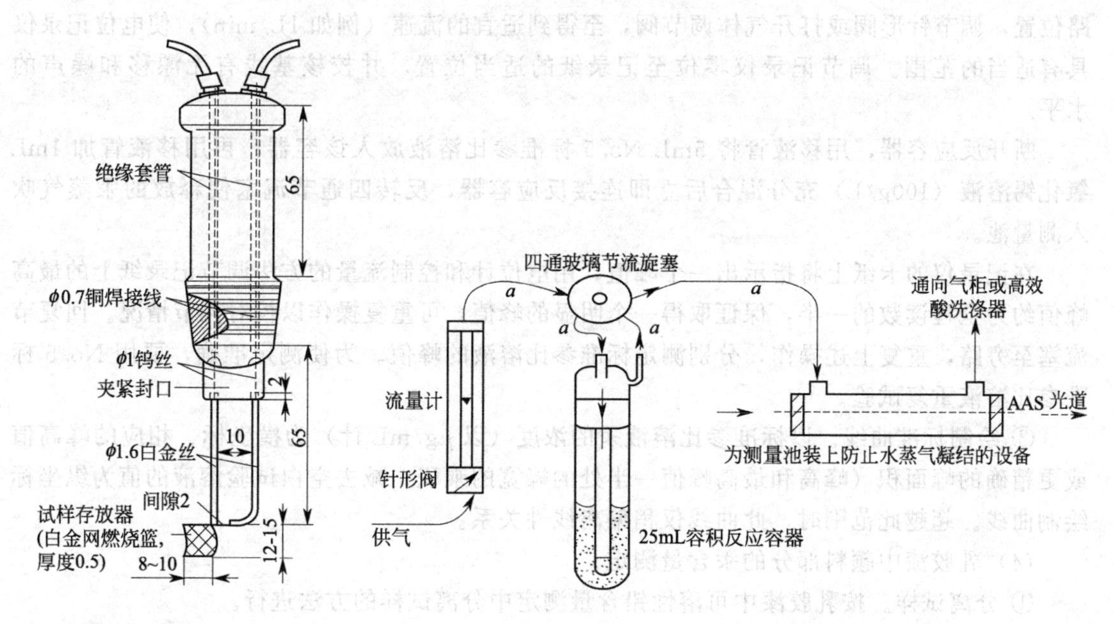

图 3-9　点火配用器　　　　图 3-10　测定汞的无焰原子吸收光谱装配

① 将准确含有 0.1g 汞的一安瓿标准汞溶液转移到 1000mL 容量瓶中，用 5%(质量分数）的硫酸稀释至刻度，并充分摇匀。

② 称取 0.1354g 的氯化汞（Ⅱ）(准确至 0.1mg）于 1000mL 容量瓶中，用 5%（质量分数）的硫酸溶解，并稀释至刻度，然后充分摇匀。该标准贮备液每 1mL 含 0.1mg 汞。

注：汞在蒸气状态和溶液状态都是有毒的，应避免吸入汞蒸气，避免眼睛和皮肤接触汞或其溶液，应在良好通风的通风橱中进行全部操作。

(2) 每升含 1mg 汞的标准溶液　用移液管吸取 10mL 0.1mg/mL 汞的标准贮备液于一个 1000mL 容量瓶中，用 5%（质量分数）的硫酸稀释至刻度，并充分摇匀，此标准溶液 1mL 含 1μg 汞，应在使用当天配制。

(3) 标准曲线的绘制

① 先配制标准参比溶液。标准参比溶液应在使用的当天配制。

用 10mL 滴定管按表 3-7 所示的体积将标准汞溶液（1μg 汞/mL）分别注入 6 个 25mL 容量瓶中并分别用 5%(质量分数）硫酸稀释至刻度，并充分摇匀。

表 3-7　标准参比溶液的配制

标准参比溶液 No.	标准汞溶液的体积(1μg 汞/mL)/mL	标准参比溶液中汞的相应浓度/(μg/mL)
0	0	0
1	1	0.04
2	2	0.08
3	3	0.12
4	4	0.16
5	5	0.20

② 测量光谱。将测量池和汞光谱源（汞空心阴极灯）安装在原子吸收光谱议上，使仪器处于最佳条件，作汞的测量。

按照使用说明书调节该仪器，为取得最大吸收，应通过单色仪将波长调至 253.7nm 处。用最短长度的硅橡胶软管连接流量计、泵、反应容器和测量池。开泵，转动四通节流塞至旁路位置，调节针形阀或打开气体调节阀，至得到适宜的流速（例如1L/min），使电位记录仪具有适当的范围。调节记录仪零位至记录纸的适当位置，并校核基线有无漂移和噪声的水平。

断开反应容器，用移液管将5mL No.5标准参比溶液放人该容器，再用移液管加1mL氯化锡溶液（100g/L）充分混合后立即连接反应容器，反转四通节流塞使释放的汞蒸气吹入测量池。

在记录仪的卡纸上将指示出一个峰值，用电位计和控制流量的方法调节记录纸上的最高峰值约为全程读数的一半，保证取得一个明显的峰值，可重复操作以校对调节情况。回复节流塞至旁路，重复上述操作，分别测定标准参比溶液的峰值。为使测定准确，要用No.5标准参比溶液重复试验。

③ 绘制标准曲线。以标准参比溶液汞的浓度（以μg/mL计）为横坐标、相应的峰高值或更精确的峰面积（峰高和最高峰值一半处的峰宽的乘积）减去空白试验溶液的值为纵坐标绘制曲线。超越此范围时，此曲线仅稍偏离线性关系。

（4）乳胶漆中颜料部分的汞含量测定

① 分离试样。按乳胶漆中可溶性铅含量测定中分离试样的方法进行。

② 用酸萃取分离出来的颜料中的可溶性汞。按乳胶漆中可溶性铅含量测定中的萃取方法进行。

③ 试验溶液的准备。一式两份平行进行以下氧化操作步骤：用移液管分别吸取5mL各试验溶液的等分试样于100mL容量瓶中，每只容量瓶中加入50mL硫酸（5%，质量分数）、10mL高锰酸钾溶液（60g/L），最少静止2h，过夜更好，以保证汞以Hg(Ⅱ）存在。然后再加2mL盐酸羟胺溶液（20%，质量分数），缓缓混合得到清澈，几乎是无色的溶液。用硫酸（5%，质量分数）稀释至刻度，充分摇匀，保留这些溶液，用作乳胶漆颜料部分汞成分的测定。

空白试验：取75mL 0.07mol/L的稀盐酸加2mL乙醇，取其中5mL等分试样，一式两份按汞的测定操作进行试验。

④ 测定。用移液管取一定体积的试验溶液（该体积必须使测试的峰值读数处于标准曲线的纵坐标之上），然后用移液管加1mL氯化锡（Ⅱ）溶液（100g/L），充分混合，放入反应器中，立刻连接反应容器，回复四通节流旋塞放出汞蒸气吹入测量池，记录峰值（即峰高或峰面积）减去空白试验取得的读数，从标准曲线上可查出汞的浓度值。

若试验溶液的浓度高于最高参比溶液No.5时，可用已知体积的硫酸（5%，质量分数）适当地稀释（稀释因子F）该试验溶液，再重新进行测定。

同样方法测定空白试验。

计算两次平行试验读数的平均值，若各数值大于平均值的20%，则应重新测定。

⑤ 计算乳胶漆中颜料部分的可溶性汞含量：

$$c_{Hg_1}=m_0\times\frac{10^2}{m_1}\times\frac{P}{10^2}=\frac{m_0P}{m_1}$$

$$m_0=\frac{a_1-a_0}{10^6}\times\frac{V_1}{V_3}\times\frac{100}{5}F_1=2\times10^{-5}(a_1-a_0)\frac{V_1}{V_3}F_1$$

式中　c_{Hg_1}——乳胶漆中颜料部分的“可溶性”汞含量，%（质量分数）；

m_1——制备萃取液所用试样的质量，g；

P——乳胶漆经离心分离后计算得到的颜料含量，%（质量分数）；

m_0——盐酸萃取液中“可溶性”汞的质量，g；

a_0——酸萃取可溶性汞时空白试验溶液汞的浓度，μg/mL；

a_1——从标准曲线上查得的试验溶液汞的浓度，μg/mL；

V_1——萃取所用的盐酸与乙醇的体积之和（采用 77mL），mL；

V_3——用于测定颜料部分汞含量时所取的试验溶液体积，mL；

F_1——用于测定颜料部分汞含量时需稀释体积的稀释因子。

（5）乳胶漆中液体部分可溶性汞含量的测定

① 试样的处理。将用丙酮做全部提取溶剂制得的液体部分转入容量瓶中，加丙酮使总体积达到 500mL，并充分摇匀。

用移液管吸取 25mL 以上溶液放入一只带玻璃磨口、可配旋转蒸发器、已称重的 100mL 圆底烧瓶中，将烧瓶固定在旋转蒸发器上，并调节其速度约 150r/min。在烧瓶下放一个水浴，保持（45±5）℃以增加蒸发速率，连续蒸发至无挥发性溶剂残留为止。从蒸发器上移去烧瓶，用清洁的纸巾擦干外面并称量烧瓶内不挥发残渣的重量。

一式两份平行进行以下操作：将 20mg 的上述试样残渣放入一个已称重的明胶胶囊中，并立即封闭，称重，准确至 0.1mg。

将已称重、内有试样的胶囊放人试样贮器（铂丝网燃烧篮）中，使燃烧瓶充满大气压力下钢瓶中的氧气，从 10mL 滴定管中很快加入 3mL 硝酸（65%，质量分数，密度约 1.40g/cm^3）。

将试样贮器插入玻璃磨口，使成气密封。将点火器连接至试样贮器的电线上（图3-11），把该装置放在安全屏幕后，通高压电，打出火花，点燃试样。

待燃烧完全后，摇动烧瓶内物料并放置 30min，期间偶尔摇动一下内含物，移去试样贮器，用 25mL 滴定管将 22mL 水加入烧瓶，把试样贮器放回原处，并彻底地摇动。

将烧瓶内总物体料保存在容量约 25mL 的带塞玻璃瓶容器内。

分别用移液管吸取每个按上述方法制得的溶液 5mL，放入 100mL 容量瓶中，用硫酸（5%，质量分数）稀释至刻度，并充分摇匀，测定其汞含量。

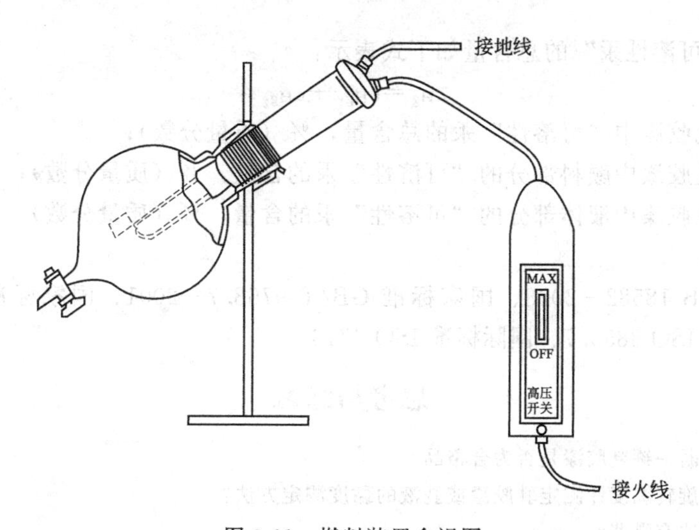

图 3-11　燃料装置全视图

空白试验：将用丙酮做全部提取溶剂制得的液体部分转入 500mL 容量瓶中，加丙酮至刻度充分摇匀，用移液管取 25mL 进行旋转蒸发，若得到残渣，则需按试样操作制备空白试验溶液，若质量好的重蒸溶剂应完全无汞，则燃烧操作可省去。

② 测定。用移液管量取一定体积的试验溶液，然后用移液管加1mL氯化锡（Ⅱ）溶液（100g/L）充分混合，放入反应器中，立刻连接反应容器。回复四通节流旋塞放出汞蒸气吹入测量池，记录峰值（即峰高或峰面积），减去空白试验溶液取得的读数，从标准曲线上可查出汞的浓度值。

所试验溶液的一定体积必须使峰值读数处于标准曲线的纵坐标之上。

若试验溶液的浓度高于最高参比溶液No.5时，可用已知体积的硫酸（5%，质量分数）适当地稀释（稀释因子F）该试验溶液，再重新进行测定。

同样方法测定空白试验。

计算两次平行试验读数的平均值，若各数值大于平均值的20%，则应重新测定。

③ 计算乳胶漆中液体部分的汞含量

$$c_{Hg_2}=\frac{m_2}{m_5}\times 100\%$$

$$m_2=\frac{(b_1-b_0)m_3V_{tot}}{V_2m_4}F_2$$

式中　c_{Hg_2}——乳胶漆的液体部分中“可溶性汞”的含量，%（质量分数）；

m_5——用于分离乳胶漆试样的总质量，g；

m_2——乳胶漆液体部分中汞的质量，g；

b_0——用于测定液体部分汞含量空白试验溶液汞的浓度，μg/mL；

b_1——从标准曲线上查得液体部分试验溶液汞的浓度，μg/mL；

F_2——用于测定液体部分汞含量时需稀释体积的稀释因子；

m_3——按液体部分处理试样时得到的不挥发残余物的总质量，g；

m_4——按液体部分处理试样时所取的不挥发残余物试样的质量，g；

V_{tot}——按液体部分处理试样时制备的液体总体积，mL；

V_2——液体部分处理试样时燃烧反应后得到的溶液体积，mL。

5. 结果表示

乳胶漆中“可溶性汞”的总含量如下式表示：

$$c_{Hg}=c_{Hg_1}+c_{Hg_2}$$

式中　c_{Hg}——乳胶漆中“可溶性”汞的总含量，%（质量分数）；

c_{Hg_1}——乳胶漆中颜料部分的“可溶性”汞的含量，%（质量分数）；

c_{Hg_2}——乳胶漆中液体部分的“可溶性”汞的含量，%（质量分数）。

6. 参照标准

国家标准GB 18582—2008、国家标准GB/T 9758.7—2001、国家标准GB/T 9760—1988、国际标准ISO 3856.7、国际标准ISO 6713。

思考与练习

1. 怎样初步判断一罐乳胶漆是否为合格品？
2. 简述斯托默旋转黏度计测定乳胶漆或乳液的黏度测定方法？
3. 黏度测定方法有哪些？
4. 简述黏度计的校正方法？
5. 斯托默黏度计有哪些类型？
6. 乳胶漆清洁度如何测定？

7. 乳胶漆的应用性能测试有哪些？
8. 什么是 *VOC*？如何测定？
9. 乳胶漆施工性能检测方法与结果表示？
10. 乳胶漆大部分需要酸性条件还是碱性条件？
11. 乳胶漆中可溶性铅含量如何测定？
12. 乳液中游离甲醛测定中意义何在？

参 考 文 献

[1] 马庆麟，涂料工业手册 [M]．北京：化学工业出本社，2001.
[2] 涂料工业编委会．涂料工艺．第 3 版（下册）[M]．北京：化学工业出版社，1997.
[3] 闫福安．水性树脂与水性涂料 [M]. 北京：化学工业出版社，2010.
[4] 化学工业标准汇编．涂料与颜料（上、下册）[M]．北京：中国标准出版社，2003.
[5] 中华人民共和国国家标准 GB 14907—2002 钢结构防火材料。
[6] 中华人民共和国国家标准 GB 12441—1998 饰面型防火涂料通用技术条件．
[7] 虞莹莹．涂料黏度的测定——流出杯法 [J]．化工标准·计量·质量，2005，(02)：25-27.
[8] 虞兆年．涂料杯黏度计 [J]．上海涂料，2003，(04)：35-35.
[9] 王幼平．水乳型过氯乙烯涂料稳定性研究∥中国硅酸盐学会房屋建筑材料专业委员会第四届年会论文集. 无锡：1998.
[10] 沈春林．对制定建筑防水涂料有害物质限量标准的建议 [J]．中国建筑防水，2004，(07)：43-45.
[11] 寇辉，唐军．水性涂料中 *VOC* 的危害与控制 [J]．中国涂料，2005，(09)：39-40.
[12] 陈尧根，谢灵杨．涂料中重金属元素的测定 [J]．化学建材，2005，(03)：14-16.
[13] 陈旭辉，王宏菊，李泳涛，许德珍．水性涂料中可溶性铅、镉、铬和汞的测定 [J]. 光谱实验室，2002，(06)：781-783.
[14] 全国化学建材协调组建筑涂料专家组汇编．第二届中国建筑涂料产业反战战略与合作论坛论文集，2002.
[15] 虞莹莹．涂料黏度的测定——旋转黏度计法．现代涂料与涂装，2003，(5)：48-50.
[16] 李尚德，莫丽儿，程荷凤，李移，徐美奕．十二种室内装修涂料铅含量的测定 [J]．广东微量元素科学，2001，(12)：59-59.
[17] 虞莹莹，涂料工业用检验方法与仪器大全 [M]．北京：化学工业出版社，2007.
[18] 尹建武．测定水性涂料中 *VOC* 的几点建议 [J]．中国涂料，2003，(01)：24-25.
[19] 顾超．乳胶漆的性能、选购与使用 [J]．中外轻工科技，1999，(04)：34-36.
[20] 介江斌，刘艳华．乳胶漆中 *VOC* 含量与室内健康 [J]．中国涂料，2004，(01)：22-22.

第四章　粉末涂料的检验

学习目的

本章主要介绍了粉末涂料粉体和涂膜性能的检测方法，需重点掌握粉末粉体的性能特征及检测方法。

粉末涂料是一种完全不含有机溶剂，以粉末形态出现的涂料，其组成与溶剂型涂料或水性涂料基本类似，但是在制造工艺和施工方法上却和传统涂料迥然不同，所以它涂装效率高，涂层机械强度大，可以一次成膜，在便于贮存运输、节约资源及无环境污染、安全防火等方面具有杰出的优势。由于粉末涂料产品呈粉体状，与常规涂料呈液体状不同，因而其检验方法及检验项目也与常规涂料有所不同。本章对粉末涂料的粉体性能及涂层性能的检测分别给予介绍。

第一节　粉末涂料粉体性能的检测

一、外观和状态

粉末涂料的粉体外观和状态应是目测色泽均匀、松散、无结块、无杂质。经贮存、运输和喷涂过程，也应不吸潮、不结块、不变色、不变质，始终保持松散状态[1~5]。

二、表观密度

粉末涂料粉体的表观密度分为松散密度和装填密度[6~7]。

（一）松散密度的测定

1. 范围及说明

松散密度是粉末涂料在静止状态下的密度，在粉体之间有空隙存在。

2. 仪器和材料

（1）测量杯　容量为（100±0.5)mL 圆柱形杯，内径（45±5)mm，可用金属制成，内表面磨光。

（2）漏斗　底部开口直径为 33mm，用金属制成，见图 4-1。

（3）封板　尺寸和形状应适用于封住漏斗下口。

（4）天平　感量 0.1g。

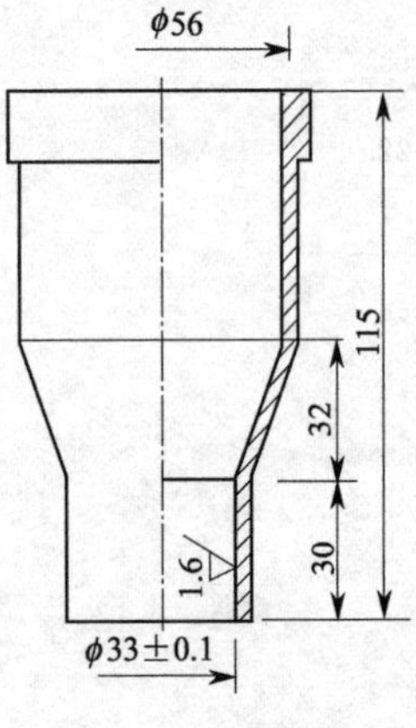

图 4-1　松散密度测试用漏斗（黄铜，单位：mm）

3. 测定方法

（1）将漏斗垂直放置，其下口在测量杯的正上方，距离为 25～30mm，两者同轴。

（2）用量杯量取（115±5)mL 已被松散的粉末试样，用封板堵住漏斗下口，将试样倒入漏斗中。

（3）迅速放开封板，让试样自由地落进测量杯中，用直尺刮平杯顶的多余部分，不要振动。

（4）用天平称出测量杯中试样的质量，精确至 0.1g。

4. 结果表示

松散密度按下式计算：

$$p=M/V$$

式中，p——粉末试样的松散密度，g/mL；

M——测量杯中试样的质量，g；

V——测量杯的体积，mL（规定为100mL）。

取两次测量结果的算术平均值。

5. 参照标准

国家标准 GB/T 6554—2003、国家标准 GB/T 5211.4—1985。

（二）装填密度的测定

1. 范围及说明

装填密度是使粉体处于振动状态下由松散转变成致密的装填状态时所表现出来的密度，它的大小除受原料品种和用量的影响外，还与涂料的粒子形状和粒度分布有关。

2. 仪器和材料

（1）筛子　直径200mm，孔径尺寸为0.4mm。

（2）装填体积测定器　其组成部件如下：量筒，容量为250mL，配备一个合适的筛子，刻度间隔为2mL；量筒座架（带轴），量筒、塞子和量筒座架的总质量应为（670±45)g；凸轮，每旋转1200转能把量筒座架升起一次，其振动频率为（250±15)次/min；铁砧，安装位置应使升起的轴端离铁砧（3±0.1)mm高处落到该砧上；电子计数器，计算量筒座架的振动次数；轴套，用合适的材料制成，使轴套与轴之间的摩擦系数最小。

仪器示意见图4-2，仪器各部件之间不应有过多的自由活动，轴套与轴之间在不使用润滑剂的情况下，其摩擦应尽可能小。

（3）恒温干燥箱　能维持在（105±2)℃。

（4）天平　感量为0.1g。

（5）干燥器　内装有效干燥剂。

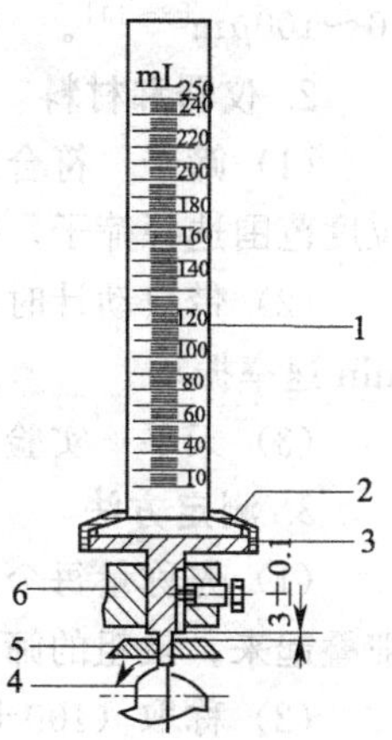

3. 测定方法

（1）取足够进行两次平行测定的试样约500mL，在（105±2)℃恒温干燥箱中烘2h，然后放入干燥器中冷却至室温。

（2）将干燥后的试样过筛（孔径为0.4mm），使聚集物完全分离，然后将过筛的试样约（200±10)mL，称重，准确至0.1g，再把它加入装填体积测定器的量筒中，加入试样的同时倾斜量筒并相对于轴线做转动，以避免形成空隙。

（3）把量筒放到装填体积测定器的座架上，使量筒振动约1250次后（约5min）读取试样的体积，准确至1mL(如振动后试样表面不呈水平，仍然可以估计出准确至1mL的体积)。继续振动，每遍约1250次，每遍振动后读出试样的体积，直到连续两遍振动后试样的体积差小于2mL为止，记录装填后试样的最终体积。

图4-2　装填体积测定器（单位：mm）
1—带刻度的测量量筒；2—橡皮垫；3—量筒座架；4—凸轮；5—铁砧；6—轴套

4. 结果表示

装填密度按下式计算：

$$p=\frac{M}{V}$$

式中　p——粉末试样的装填密度，g/mL；

M——试样的质量，g；

V——试样的装填体积，mL。

取两份试样测定值的平均值，其结果应精确到 0.01g/mL。

5. 参照标准

国家标准 GB/T 6554—2003、国家标准 GB/T 5211.4—1985。

（三）压缩度

粉末涂料的压缩度是由装填密度和松散密度计算出来的数值，是评价粉末涂料干粉流动性的重要参数之一，一般粉末涂料的压缩度大于 25%时使用就不方便，若超过 30%时，静电喷涂的效果就不好。

压缩度的结果表示如下：

$$压缩度=\frac{装填密度-松散密度}{装填密度}\times 100\%$$

三、粒度和粒度分布

1. 范围及说明

粉末涂料是由不同粒度的粉末在一定范围内的混合物，有一定的粒度分布。如果过细粉末太多，则流动性能不好，施工性能也不好，而过粗的粉末太多，则涂膜平整性不好。本方法采用多级筛分法测定粉末的粒度和粒度分布。一般热固性粉末涂料的粒度分布范围为 10～100μm[8～10]。

2. 仪器和材料

（1）筛子　符合规范要求的直径为 200mm、高为 50mm 的筛子，应按产品要求估计的粒度范围选择筛子，并配制盖和底盘。

（2）带自动计时器的机械振动器　该装置能够做均匀的旋转运动并能以（150±10）次/min 速率振动。

（3）天平　实验室用称量≥500g，感量 0.1g。

3. 测定方法

（1）先称量每个选定的不同孔径筛子及底盘的重量（准确至 0.1g），然后把筛子由粗到细叠起来，最粗的筛子放在最上部，底盘在最下部。

（2）称取（100±0.1）g 试样，移到顶部的筛子上。

（3）在顶部筛子上加盖，把整套筛子放在机械筛振动器上，开动振动器 10min±15s。

（4）停止振动后，从顶筛开始小心地把这套筛子分开，分别称取每个筛子中筛余物重量和底盘中的试样重（准确至 0.1g）。

（5）如果把筛分移到天平上称量，则应小心地用刷子刷筛子的两面，以保证附着的粒子全部转移到天平上。

4. 结果表示

粒度分布以不同筛子的筛余物即不同粒径的粉末筛余物占总试样的比率表示，并按下式计算：

$$比率=\frac{R}{S}\times 100\%$$

式中　R——筛余物质量，g；

S——试样质量，g。

注：通常累积总质量小于 100%，表明有少量粉末损失，如果这种损失不超过 2%，就把损失量加到通过最细筛子的筛分量中，使试样所有筛分的总和等于 100%，如果累积数小

于98%，则应重复试验。

5. 参照标准

国家标准GB/T 6554—2003、美国标准ASTM D 3451—2006。

四、烘烤时质量损失的测定

1. 范围及说明

粉末涂料可通过静电喷涂施涂于物体表面上，然后经烘烤炉加热熔融流平或交联固化成膜。在烘烤过程中，由于挥发物的挥发而造成一定的质量损失。本方法就是测定粉末涂料在烘烤时的质量损失[11]。

2. 仪器和材料

鼓风恒温烘箱，能维持温度达250℃；分析天平，精确至0.1mg；干燥器，内装有效干燥剂；平底皿，马口铁或铝制，直径约为75mm，该器皿的尺寸要求并不严格，但是底面必须平整，以保证良好的热接触，而且要能使粉末试样铺展成均匀的薄层，若太厚，则对测试结果会有影响。

3. 测定方法

(1) 首先按表4-1采取试验产品的代表性样品，并进行一式两份平行测定。大样量应不少于2kg或进行要求的各项试验所需总量的3～4倍。

表4-1　取样的容器数

该批产品的容器总数	被取样容器的最少个数	该批产品的容器总数	被取样容器的最少个数
1～2	全部	26～100	5
3～8	2	101～500	8
9～25	3	501～1000	13

(2) 将平底皿放入恒温下燥箱中，在规定或商定的试验温度下干燥15min，取出放在干燥器中冷却至室温，称重，准确至0.1mg。

(3) 称(0.50±0.05)g的粉末试样，准确至0.1mg，放入平底皿中。用镊子夹住平底皿，缓缓地晃动，使试样在皿的底部均匀地展开。一般0.5g试样在直径75mm的皿中能铺成大约60μm厚的薄层。

(4) 将盛有试样的平底皿放入预先调节至规定或商定的适宜温度的烘箱中，放置规定或商定的时间。

(5) 为促进快速热传导，将平底皿放在烘箱（烘箱温度计处）一个金属板上。在粉末熔融之前，粉末可能被空气循环烘箱的鼓风排出，因此建议在测定开始后的短期内关掉鼓风。

(6) 当达到规定的加热时间后，将平底皿移至干燥器中，使其冷却至室温。称量平底皿和烘烤后的试样，准确至0.1mg，确定烘烤后粉末的质量。

4. 结果表示

烘烤的质量损失L以质量分数表示：

$$L=\frac{m_0-m_1}{m_0}\times100\%$$

式中　m_0——烘烤前试样的质量，g；

m_1——烘烤后试样的质量，g。

计算两次有效测定的平均值，结果准确至0.01%（质量分数），若两次平行测定结果的绝对差值大于0.2%，则重新操作。

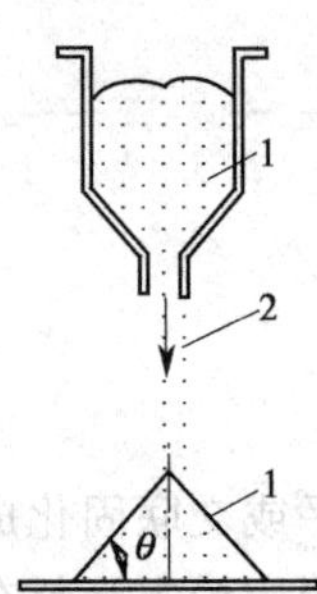

图 4-3　粉末涂料的安息角示意

θ—安息角；1—粉末涂料；2—自然落下

5. 参照标准

国家标准 GB/T 16592—1997。

五、安息角

1. 范围及说明

粉末涂料作为粉末的集合体，除了具有自由流动的性能外，由于粉末粒子间产生摩擦和自身的重力，所以粉末涂料还具有阻碍流动、使之堆积的性能。当自由流动的粉末涂料从高处缓缓落下，在水平面上自然堆积成一个圆锥体，达到静止状态时，锥体表面与水平面所形成的夹角（即倾斜角）叫做安息角或休止角、静止角，如图 4-3 所示。

安息角是反映干粉流动性的重要数据，一般静电粉末喷涂的安息角是 35°～45°，当安息角在 40°以下时，干粉流动性好，使用方便；若大于 45°时，则干粉流动性不好。

2. 仪器和材料

漏斗，漏斗门不应太大，5mm 左右为好；漏斗架；圆盘；量角器，包括架子，具体测定装置见图 4-4。

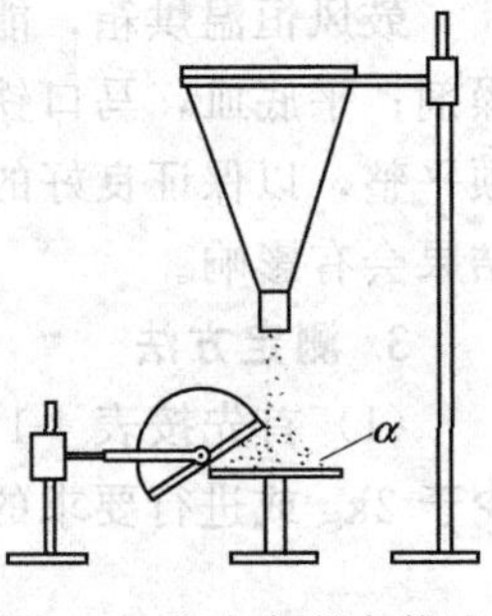

α

图 4-4　安息角测定装置

3. 测定方法

按图 4-4 放置好漏斗架及漏斗，使漏斗口对准接粉圆盘台中心，离圆盘不要太高，然后将粉末慢慢倒入漏斗，又从漏斗流到接粉圆盘台上堆积起来，直到将圆盘台堆满，并从圆盘边缘开始溢出为止，并保持 α 角最大，然后用量角器量 α 角。重复 3 次，取平均值即为安息角。如果堆积的粉末呈不规则形状，可按顶点及圆盘边缘两点线来测量。

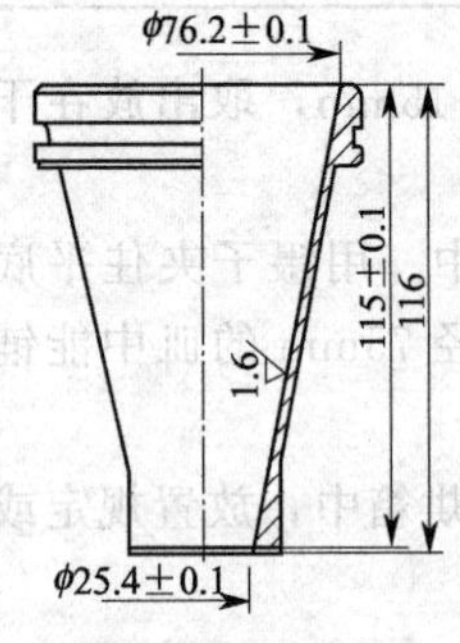

图 4-5　流出性漏斗（黄铜，单位：mm）

六、流出性

1. 范围及说明

粉末涂料能均匀流动的能力或以恒速从容器连续倾注的能力为流出性或倾注性，本方法是测定一定质量的粉末从一规定的漏斗中流出时间，以 s 表示[12]。

2. 仪器和材料

天平，感量为 0.1g；秒表；漏斗及漏斗架，见图 4-5。

3. 测定方法

将粉末试样置于纸上使其松散无结块，称出 100g 试样。将漏斗垂直放置，用手或合适的板条封住其下口，把称出的试样轻轻倒入漏斗中。迅速放开下口并同时启动秒表计时，让粉末自行流出，当粉末停止流出时即停止计时。

4. 结果表示

以 3 次测定值的算术平均值作为结果，单位为 s，精确至 0.5s。若粉样有流不出的现象，应予说明。

5. 参照标准

国家标准 GB/T 6554—2003。

七、流度

1. 范围及说明

粉末涂料的流度是评价粉末流化程度的重要参数，它对使用静电粉末喷涂法和流化床浸涂法进行涂装时的施工性能有重要影响。

2. 测定方法

称取粉末涂料试样约 250g，放在直径 100mm 的多孔板的圆柱形聚氯乙烯容器内，从多孔板底部以 200L/h 的速度往容器内通入空气，使粉末试样流化，并通过容器壁上的一个直径为 4mm 的孔使粉末流出 30s，测定流出粉末试样的质量。

3. 结果表示

粉末涂料流度系数按下式计算：

$$R=m\times\frac{h_1}{h_0}$$

式中　R——流度系数；

m——流出粉末试样的质量，g；

h——容器内原始粉末试样的高度，mm；

h_1——流化时容器内粉末试样的高度，mm。

评定粉末流度的效果可参考表 4-2 所列数据。

表 4-2　粉末流度效果的参考数据

流度系数	评定	流度系数	评定
＞180	很好	80～120	中等
140～180	好	＜80	差
120～140	合格		

八、软化温度

1. 范围及说明

软化温度是指粉末涂料刚呈现熔化时的温度，单位以℃表示[13]。

2. 仪器和材料

（1）热板　用 Kofler 热板或性能相似的热板，其特点是加热时其一边至另一边存在温度梯度，一般是从室温至 200℃。沿热板装一温标，该温标可用已知熔点的材料［例如偶氮苯（68±1)℃、萘（80±0.5)℃、苯甲酸（122±1)℃］或用热电偶测温仪来校正。

（2）漆刷　硬毛长 12.7mm。

3. 测定方法

加热使热板温度达到平衡。选择一种接近待试样品熔点的已知熔点的材料或用测温仪来检验温杯的指示值。把少量的被测粉末试样涂布在板上，使其成薄而狭长的粉末带，带长约跨 20℃温度量程，使预期的熔点在该温度范围中心点附近 1min 后，把未熔化的粉末从高温侧向低温侧刷去，然后将指针调到刚呈现出熔化的粉末痕迹的位置，此温度点即是软化点。

4. 结果表示

以 3 次测定值的中间值作为结果，以℃表示，另外两个值也列入结果。

九、胶化时间的测定

1. 范围及说明

粉末涂料在固化温度下，从涂料熔融成液态到交联固化、涂料不能拉成丝为止所需的全部时间为胶化时间，以分或秒来表示。它是评价粉末涂料反应活性和固化反应速度的最简单的方法。一般情况，胶化时间短，固化快、反应活性大、涂膜的外观会不太好，反之，胶化时间长、固化慢，如果没有足够的烘烤时间，则涂膜的物理力学性能会不好。本方法不适用于胶化时间少于 15s 的粉末涂料。

2. **仪器和材料**

（1）加热块　由一块足够质量（以保持温度稳定）的电加热钢块构成，即应能使所选择的温度在130～230℃范围内的变化不大于±1℃，此温度应能用调温器控制。加热块有一圆形抛光的凹坑，其直径为（16±0.1)mm，曲率半径为（10±0.1)mm，位于上表面的中心处，供放置待测试样用。加热块还应有一足够直径的孔以放置测温器，应靠近加热块一边的中心处，低于上表面水平的延伸至加热块中心附近，其终端距离凹坑中心不超过2mm。适宜的加热块如图4-6所示。

注：加热块需热绝缘500W的加热装置可以使用。

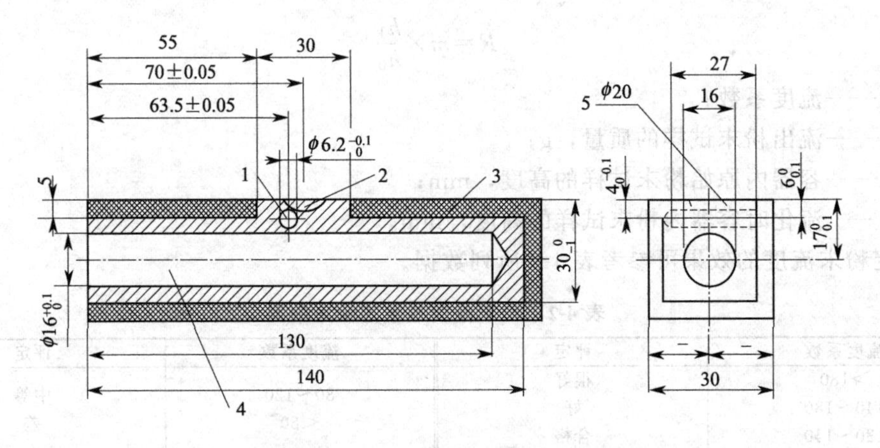

图4-6　加热块（实例，单位：mm）

1—温度计插孔；2—装试样的凹槽；3—绝缘材料；4—加热装置插孔；5—球径

（2）测温器　应有足够的测量范围，读取值准确至1℃。

（3）测量匙　容量为（0.25±0.01)mL，用于将试样转移至加热块的凹坑。

（4）计时器　准确至1s。

（5）搅拌器　尺寸适宜、非导热性材料制成，一端为尖状。

（6）刮刀　用软于加热块的材料制成，用来除去加热块上的试样而不致刮伤其表面。

（7）核查物　已知熔点的试验物，用于核查加热块的温度。对于核查180℃温度时，D-樟脑是适宜的材料。

（8）脱膜剂　如聚四氟乙烯气溶胶分散体类的物质。

3. **测定方法**

（1）除非另有规定或有关双方另有商定，试验应在（180±1)℃下进行。将加热块放置在无通风的室温下，把加热块升温至规定温度并使其至少稳定10min。加热块表面温度的核查可用一小块所需熔点的物质放在加热板上来进行。如果需要，可按生产厂的说明用脱膜剂对加热板上的凹坑及上表面进行处理。

（2）用测量匙将0.25mL待测试样移至加热块的凹坑中，在所有试样都熔融后立即开动计时器，用搅拌器以小圆圈运动方式搅拌熔化物料。当物料开始变稠时，在保持搅拌的同时，每隔2～3s将搅拌器由熔化物中提高10mm左右，若提高时形成的拉丝变脆以致断裂而且不能再由熔化物中拉成丝状时，则停止计时并记下时间，准确至1s。这个时间就为该试样的胶化时间。

（3）用刮刀立即从加热块中刮掉试验样品，注意不要刮坏加热块的表面。

4. **结果表示**

重新采样并重复上述测定，如果两次测试结果之差不超过最小值的5%，则其算术平均值为最后测试结果，以s表示，并准确至1s；如果两次测定结果之差超过最小值的5%，则需进行第三次测定并算出三次结果的算术平均值。

5. **参照标准**

国家标准 GB/T 16995—1997。

十、熔融流动性

粉末涂料的成膜过程是粉末涂料受热熔融成为流动状态，黏度迅速下降，固化开始后黏度又上升，当固化反应到一定程度，熔融的粉末涂料就停止流动，固化成膜。熔融流平性是评价粉末涂料涂膜流平性的重要参数之一，粉末涂料试样熔融流动距离越长，越有利于涂膜流平，但边角覆盖力不好；如果流平性小，边角覆盖力好，但不利于涂膜流平，所以应有适当的流平性才能保证粉末涂料的质量。

本方法包括水平流动性和倾斜流动性的测定，分别将粉末压制成规定尺寸的试片来测定其流动性。

（一）水平流动性

1. **仪器和材料**

流动性样品压模器，由上模、下模和模套等部件组成，见图 4-7；热板，表面光滑的黄铜板，厚 15～20mm，直径 120mm 或方形 120mm×120mm，侧面正中有直径 7mm、深 65mm 的孔，供插入温度计用；电炉；调压器，能控温±1℃；不锈钢板，厚 2mm，尺寸能遮盖电炉面；秒表或其他计时器，可精确至 0.2s；水银温度计，能测量 0～250℃；天平，感量 0.1g；分规和钢尺。

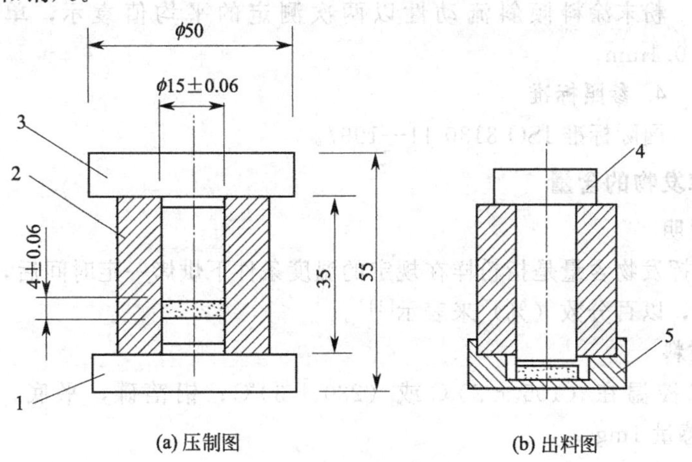

图 4-7 流动性样品压模器（单位：mm）

1—下膜；2—膜套；3—上膜；4—出料压头；5—出料槽

2. **测定方法**

（1）称取 1g 粉末涂料试样，准确到 0.1g，倒入压模器中压模成片（要求无缝隙），然后顶出试片。试片尺寸为直径 15mm，厚度为 4mm。

（2）将不锈钢板放在热板和电炉之间，用电炉加热至热板到规定温度，把试片置于热板中央后，即用秒表计时，到规定时间停止加热。待试片冷却后，用分规测出直径大小，再用钢尺量出尺寸，或是当熔融试片不能继续流动时停止加热，测出试片冷却后的尺寸。

3. **结果表示**

用两个试片作试验，两个测试值的平均值作为被试样的水平流动性，单位为 mm，准确至 0.1mm。

4. 参照标准

国家标准 GB/T 6054—1999。

(二) 倾斜流动性

1. 仪器和材料

恒温干燥箱，能维持温度达 200℃，灵敏度±1℃；金属板架装置，50mm×120mm 的金属架，装在烘箱内，使用烘箱外部操纵杆能使其保持水平位置或倾斜 65°角；钢制试片压模器，能制备厚度 6mm、直径 12.7mm 的粉末试片，参照图 4-7；马口铁板，50mm×120mm×(0.2～0.3)mm；分析天平，感量 0.1g；秒表，精确到 0.2s；钢尺，刻度 0.5mm。

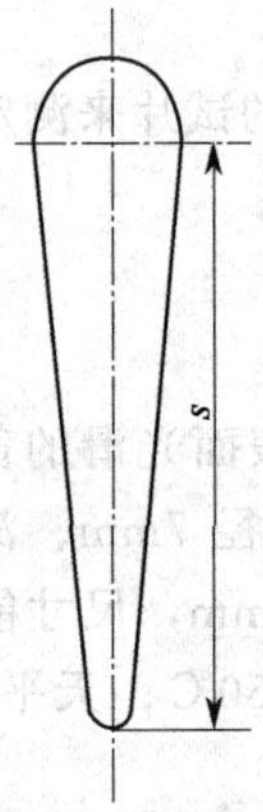

2. 测定方法

(1) 称取 0.5～0.7g 粉末涂料放到钢制试片压模器中，压成厚 6mm 的试片。

(2) 将试片置于划好直径为 12.7mm 圆圈的马口铁板上，然后放入已保持恒温的烘箱金属架上（烘烤温度根据粉末产品要求而定），迅速关上烘箱门，让金属架保持水平位置 3min。

(3) 操纵金属架，从水平位置倾斜 65°角，并在此倾斜角的位置保持 30min。

(4) 从烘箱中取出样片，冷却至室温，划一条流动最大距离的标记线，测量从原来放置试片的中心线到标记线的距离，试片倾斜流动的示意如图 4-8 所示。

图 4-8 粉末试片倾斜流动示意

3. 结果表示

粉末涂料倾斜流动性以两次测定的平均值表示，单位为 mm，准确至 0.1mm。

4. 参照标准

国际标准 ISO 8130-11—1997。

十一、不挥发物的含量

1. 范围及说明

粉末涂料不挥发物含量是指粉样在规定的温度条件下烘烤一定时间后，由于挥发物的挥发而失重的比例，以百分数（%）来表示[14]。

2. 仪器和材料

烘箱，可以控温在 (105±2)℃或 (230±3)℃；铝箔碟，平底，直径 50mm，高 10mm；天平，感量 1mg。

3. 测定方法

(1) 先称出 (2.0±0.1)g 粉样，放入已称重的铝箔碟中。

(2) 将铝箔碟放入已恒温至 (105±2)℃的烘箱内烘 1h，或 (230±3)℃烘箱内烘 5min。

(3) 放入铝箔碟时动作要迅速，以免烘箱温度明显降低，达到规定时间后取出铝箔碟，冷却至室温称重，精确至 0.1g。

4. 结果表示

按下式计算不挥发物含量：

$$NV=\frac{C-A}{B}\times 100\%$$

式中 NV——不挥发物含量，%；

C——加热后碟和所存物的质量，g；

A——碟重，g；

B——粉样重，g。

以两次测试的算术平均值报告结果。

十二、贮存稳定性

贮存稳定性是粉末涂料在一定条件下贮存后，始终保持其物理和化学性能的能力。本方法包括将粉末涂料进行干燥贮存和潮湿贮存两种，以分别对不同性能进行测定。

（一）玻璃瓶法（干法）

1. 仪器和材料

恒温干燥箱，能保持（50±5)℃；天平，感量0.1g；玻璃瓶，120mL，内径约40mm；铝质小盘；钢丸球。

2. 测定方法

(1) 称取45g粉末涂料试样，装入玻璃瓶中，在粉末涂料上面放置铝质小盘，并称取150g钢丸球放在铝质小盘上，并密封玻璃瓶。同时准备足够数目的玻璃瓶，以便测定它们的可喷涂性和其他要检验的性能。

(2) 将封好的玻璃瓶放进（50±5)℃的烘箱中。

(3) 每隔24h或规定的时间，取出检查其结块情况，并做以下试验，以确定其贮存稳定性：粒度和粒度分布（见本章节三）；胶化时间（见本章节九）；如有结块，做倾斜流动性测定（见本章节十）；进行喷板和烘烤，检查涂膜外观。

3. 参照标准

美国标准 ASTM D 3451—2006。

（二）敞开法（湿法）

1. 仪器和材料

恒温恒湿箱，能调节温度（40±3)℃，相对湿度（95±5)%；天平，感量0.1g；铝盘，直径50mm；胶化时间测定仪。

2. 测定方法

(1) 称取10g粉末涂料试样，放入未加盖的直径为50mm的铝盘内，然后将铝盘置于温度为（40±3)℃、相对湿度（95±5)%的恒温恒湿箱中。

(2) 经48h后检查试样的结块情况，并测定胶化时间和喷涂样板来确定其贮存稳定性。

3. 参照标准

美国标准 ASTM D 3451—2006。

第二节　粉末涂料涂膜性能的检测

一、涂膜制备

1. 范围及说明

粉末涂料涂膜性能检验用的样板采用静电喷涂法制备。粉末涂料耐酸性、耐碱性、耐盐雾、耐湿热性、附着力及杯突试验等项目用钢板，而其余检验项目用马口铁板。按照产品标准的要求对规定的钢板应经除锈、除油后进行磷化工艺的处理。

2. 仪器和材料

喷粉柜；粉末回收装置；高压静电发生器；喷枪；空压机；钢板；马口铁板；恒温干燥箱。

3. 制备方法

将空白样板经二甲苯或溶剂汽油洗净油迹，再用洁净丝绸布擦干。如产品要求对试板表面处理有特殊要求，可另行按规定的操作进行。试板处理后放在喷粉柜中，用喷枪、高压静电发生器、空压机等设备进行喷涂。将喷涂好的样板保持垂直，放入恒温干燥箱中进行固化，固化温度及时间按产品规定的要求进行，喷涂的厚度也按规定的要求控制。然后将样板置于（23±2）℃、相对湿度（50±5）%的恒温恒湿条件下放置24h，即为制板完成。按有关方法分别测试其性能。

二、涂膜颜色及外观

1. 范围及说明

粉末涂料的涂膜外观应平整光滑，允许有轻微橘皮，而颜色的比较可按标准样品法或标准色板法进行。

2. 仪器和材料

标准样品；标准色板；马口铁板，50mm×120mm×(0.2～0.3)mm。

3. 测定方法

（1）标准样品法　按粉末涂料的制板要求和产品标准的要求将待测试样与标准样品分别在马口铁板上制备涂膜。待涂膜实干后，将两板重叠1/4面积，在天然散射光线下检查，眼睛与样板距离30～35cm，约成120°～140°角度，比较其颜色和外观，应符合技术允差范围。

（2）标准色板法　按粉末涂料产品标准的制板要求将待测试样在马口铁板上制备涂膜。待涂膜实干后，将标准色板与待测试样的样板重叠1/4面积，在天然散射光线下检查，眼睛与样板距离30～35cm，约成120°～140°角度，其颜色若在两块标准色板之间或与一块标准色板比较接近，即认为符合技术允差范围。

标准样品与标准色板由制造方和用户双方商定，一般保存有效期为1年。

三、涂膜厚度

按本书第一章第二节九进行检验。

四、铅笔硬度

按本书第一章第三节四进行检验。

五、刻痕硬度

按本书第一章第三节四进行检验。

六、光泽（20°法、60°法、85°法）

按本书第一章第三节二进行检验。

七、附着力（划格试验）

按本书第一章第三节七进行检验。

八、柔韧性

按本书第一章第三节六进行检验。

九、耐冲击性

按本书第一章第三节五进行检验。

十、杯突试验

1. 范围及说明

杯突试验主要是用来评定单涂层或多涂层体系在底材受变形时漆膜的延展性（形变能力），对漆膜的附着力和柔韧性也有所体现[15,16]。

2. 仪器和材料

杯突试验机，见图4-9，由一个硬质光滑的球形冲头(20mm)及一个圆形的样板夹持器（由固定环和伸缩冲模组成）组成，通过带照明的双日立体显微镜或放大镜来观察测试的全过程；钢板，厚度0.30～1.25mm，宽度与长度不小于70mm；放大镜，10倍。

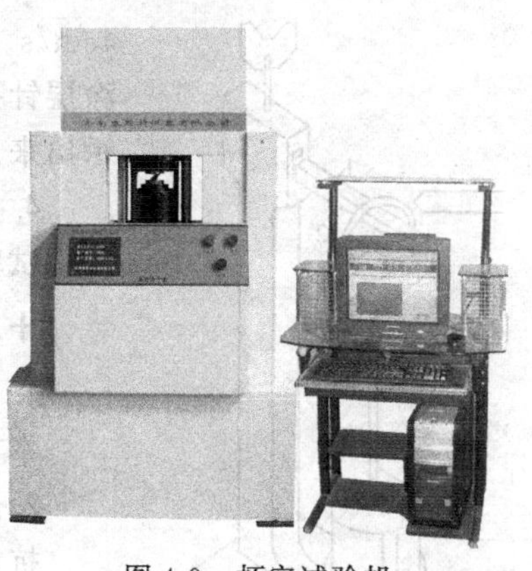

图4-9　杯突试验机

3. 测定方法

(1) 按产品标准要求涂装试板及干燥，然后在温度(23±2)℃、相对湿度(50±5)%的条件下进行状态调节至少16h。

(2) 将试板牢固地固定在固定环与冲模之间，涂层面向冲模。当冲头处于零位时，顶端与试板接触。调整试板，使冲头的中心轴线与试板的交点距板的各边不小于35mm。

(3) 开启仪器，使冲头以每秒(0.2±0.1)mm恒速推向试板，使试板形成涂层朝外的圆顶形，直至达到规定深度或涂层出现开裂或从底材上分离耐为止。

4. 结果表示

(1) 按规定的冲压深度进行试验时，当达到规定深度后取出试板，观察涂层有无出现开裂或从底材上分离，评定通过或不通过。

(2) 按测定引起破坏的最小深度进行试验时，逐渐增加冲压深度，以涂层刚开始出现开裂或从底材上分离时的最小深度表示结果。

(3) 冲压深度以mm表示。

5. 参照标准

国家标准GB/T 9753—2007、国际标准ISO 1520—2006。

十一、涂层气孔性

1. 范围及说明

本方法用来测量试样涂层下出现针孔和缺陷的数量。

2. 仪器和材料

(1) 直流高压发生器　发生器能产生直流输出电压，并可调至5%～10%，其内阻应使稳态短路电流平均值为(3±0.3)mA，高压闪络期间电流最大值在10～50mA之间，脉冲电荷不超过25×10^{-3}mC。

发生器的两个电极一个接外壳或保护导体，另一个通过一根屏蔽高压电缆接到高压试验头上。发生器应配有发光或发声的装置来指示出试验电极上的每一次火花放电。

(2) 高压试验头　试验头内装有保护电阻，用以限制高压闪络的电流(10～50mA)，外有接保护导体的导电护套。

(3) 电极　电极用软金属刷或导电橡皮制成，刷子在试验时应能紧贴试样表面且在移动过程中不存在漏电。

(4) 钢板　Al型冷轧钢板，尺寸为150mm×200mm×1mm，5块。

3. 测定方法

(1) 按产品标准要求在Al型冷轧钢板上制备粉末涂料试样的涂膜，膜厚为250～300μm。

(2) 根据涂层厚度按15kV/mm调整试验电压，使电极紧贴试样表面移动，速度最大为

4cm/s。在试验过程中监视电压，允许其下降但不应超过10%。涂层针孔或缺陷可由电极上可见火花和设备上的光或声音信号指示出来。

4. 结果表示

试验结果以每个试样下的针孔或缺陷数字表示。

十二、抗切穿性

1. 范围及说明

本方法是测定粉末涂层在一定负荷下的抗切穿强度。

2. 仪器和材料

抗切穿试验装置，装置示意见图4-10；钢琴线，直径1mm；恒温鼓风干燥箱，温度最高可升至300℃，升温速度50～60℃/h，测温装置误差不应大于±5℃；钢板，B型碳素钢，尺寸为150mm×10mm×10mm，3块。

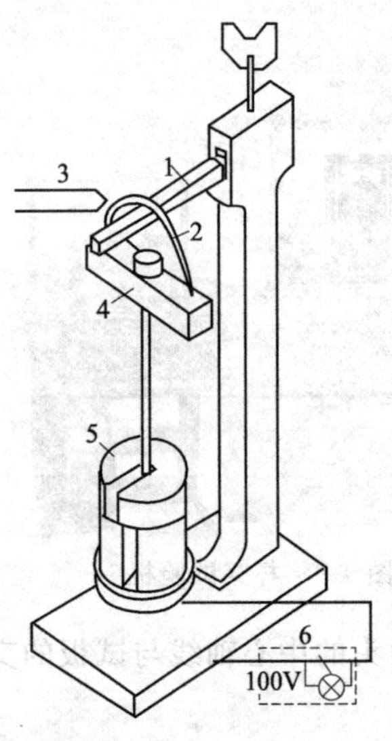

图4-10 抗切穿性试验装置示意

1—样品；2—钢琴丝，直径1mm；3—测温装置；4—挂具（基本负载5N）；5—加重块（10N、20N）；6—信号装置

3. 测定方法

(1) 按粉末涂料试样的产品标准规定在上述钢板上制备涂膜，膜厚为250～300μm。

(2) 将试样夹紧在仪器上，试样伸出约100mm。将钢琴线放在试样上，线两端卡紧在挂具上。挂具的本体重量为0.5kg，总负荷可为5N、10N、20N、50N或100N，试验施加的负荷按产品标准的要求选择。

(3) 在钢琴线与基座之间施加100V直流电压，使之与信号装置相连。

(4) 将装好试样的装置放在循环通风的干燥箱内，从30～40℃开始，以50～60℃/h的速度升温。测温点尽可能靠近涂层产生切穿处，当信号装置指示出涂层被破坏时，应立即记下表示的温度值。

4. 结果表示

以3个试样测得的温度值的中间值作为在规定负荷下的抗切穿强度，以负荷值和温度(℃)表示。

十三、弯曲开裂性

1. 范围及说明

本方法是测试粉末涂层受弯曲作用后是否开裂。

2. 仪器和材料

弯折试验器，由铜排夹套和弯形扳手组成，见图4-11；10倍放大镜；紫铜条，截面尺寸为(4.5±0.2)mm×(13.5±0.2)mm，四角$R=1$mm，长度为250mm，2条。

3. 测定方法

(1) 按粉末涂料试样的产品标准要求，在上述尺寸的紫铜条上制备涂膜，膜厚为400～450μm。

(2) 将制备好涂膜的试样浸在(20±2)℃的水中，至少稳定20min，取出后放入夹套中，用弯形扳手（扳手与夹套最近距离为10mm）将试样弯曲至115°，每个试样弯曲5点，用10倍放大镜观察弯曲处有无裂纹或开裂。

4. 结果表示

指出有无裂纹或开裂的点数。

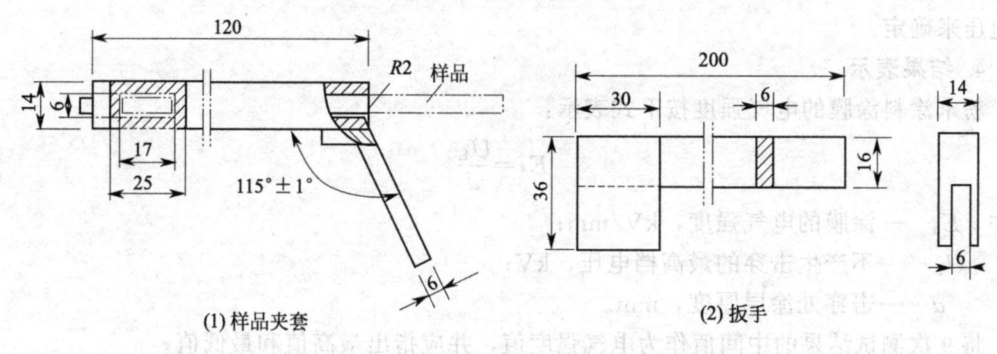

图 4-11　弯折试验器（单位：mm）

十四、电气强度

1. 范围及说明

本方法是测试粉末涂料涂层在一定条件下，采用连续均匀升压的方法对涂膜施加交流电压直至击穿，击穿电压值与涂膜厚度之比即为击穿强度，也称为电气强度[17]。

2. 仪器和材料

击穿强度测试仪，由高压变压器、过电流继电器、电压表和电压调整装置组成，线路见图 4-12；电极，上电极为铜电极，直径为 6mm，端面四周制成半径为 1mm 圆角，质量为（50±2)g，试样底板为下电极；钢板，Al 型冷轧钢板，尺寸为 150mm×200mm×1mm，3 块。

3. 测定方法

（1）按照粉末涂料产品标准的要求在上述钢板上制备涂膜，膜厚为 250～300μm。

（2）将制备好的涂膜试板在（23±2)℃、相对湿度（50±5)%的条件下，采用相对介电常数与被测试材料相近的液体绝缘介质处理 24h。

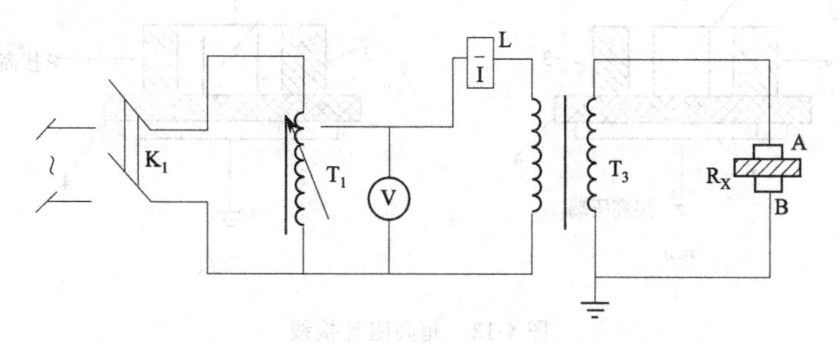

图 4-12　击穿强度测试仪线路

K_1—电源开关；T_1—调压变压器；V—电压表；T_3—试验变压器；
L—过电流继电器；A，B，R_X—电极和试样

（3）采用时间间隙为 20s 的逐级升压法在试板上施加电压，从 1kV 开始，若涂层受压 20s 还未产生击穿，则依次施加较高一挡的电压 20s，直至发生击穿为止。施加试验电压按表 4-3 顺序选择，升压过程要快，升压时间包括在 20s 内。电气强度根据不产生击穿的最高

表 4-3　施加试验电压（峰值$\sqrt{2}$）　单位：kV

1.0	1.1	1.2	1.3	1.4	1.5	1.6	1.7	1.8	1.9					
2.0	2.2	2.4	2.6	2.8	3.0	3.2	3.4	3.6	3.8	4.0	4.2	4.4	4.6	4.8
5.0	5.5	6.0	6.5	7.0	7.5	8.0	8.5	9.0	9.5					
10	11	12	13	14	15	16	17	18	19					
20	22	24	26	28	30	32	34	36	38					

档电压来确定。

4. 结果表示

粉末涂料涂膜的电气强度按下式表示：

$$E_{\mathrm{d}}=\frac{U_{\mathrm{L}}}{d}$$

式中 E_{d}——涂膜的电气强度，kV/mm；

U_{L}——不产生击穿的最高档电压，kV；

d——击穿处涂层厚度，mm。

将 9 次测试结果的中间值作为电气强度值，并应指出最高值和最低值。

十五、浸水后体积电阻率

1. 范围及说明

本方法适用于粉末涂料涂膜浸水 24h、48h 和 96h 后在一定直流电压下，通过高阻计测量其体积电阻，从而计算出体积电阻率。

2. 仪器和材料

(1) ZC36 型超高阻计　一种直读式的超高阻计，仪器的最高量限为 $10^{17}\,\Omega$ 电阻值（测试电压为 1000V)，用三电极系统测试，按图 4-13 接线。

(2) 电极　由厚度不超过 0.01mm 的铝箔制成。用少量医用凡士林或电容器油或硅油黏在试样表面，并用直径相同的黄铜或钢电极以 0.196Pa 的压力压在铝箔上。

三电极主要尺寸如下：测量电极，直径（50±0.2)mm，保护电极，外径 74mm，内径 (54±0.2)mm，高压电极，试样底板为高压电极。

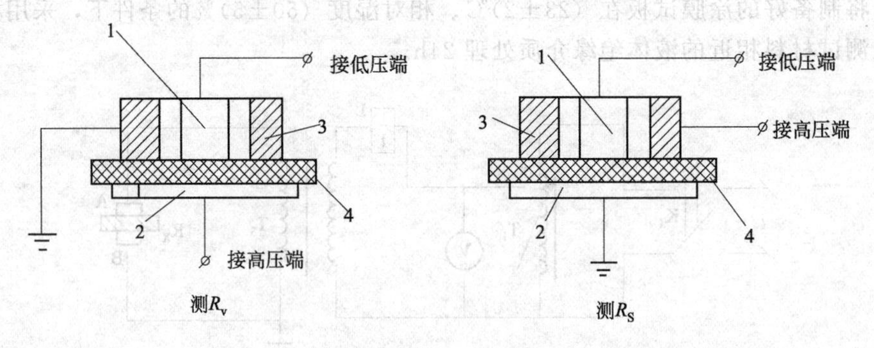

图 4-13　超高阻计接线

1—测量电极；2—高压电级；3—保护电极；4—被测电极

(3) 钢板　Al 型冷轧钢板，尺寸为 150mm×200mm×1mm。

3. 测定方法

(1) 按粉末涂料试样的产品标准要求在钢板上制备涂膜，膜厚为 250～300μm。

(2) 将制备好的试板置于温度（23±12)℃、相对湿度（50±5)%的条件下处理 24h。

(3) 将处理好的试板浸于温度为（23±2)℃的水中，24h 后取出用滤纸将试板表面擦干净，放上电极，立即测量其体积电阻。测试电压为直流（100±5)V、(500±25)V 或（1000±50)V。测量应在温度（23±2)℃、相对湿度（50±5)%的环境下进行。

(4) 分别再浸水 48h、96h，按上述操作测其体积电阻值。

4. 结果表示

粉末涂料涂膜的体积电阻率按下式计算：

$$\rho_v = R_v \times \frac{A_c}{t} = R_v \times \frac{\frac{\pi}{4}(d_1+g)^2}{t}$$

式中　ρ_v——体积电阻率，Ω·cm；
R_v——体积电阻，Ω；
A_c——试板测量电极的有效面积，cm^2；
t——涂层厚度，cm，
d_1——测量电极直径，cm；
g——测量电极与保护电极之间的间隙宽度，cm。

列出每组 3 个值的最高和最低值，结果取中间值。

十六、耐化学药品性

1. 范围及说明

本方法适用于粉末涂料涂膜耐化学药品的测定。将涂膜浸入规定的介质中，在规定的时间观察涂膜被侵蚀的程度。一般粉末涂料的耐酸性是配制 3%的 HCl 或 5%的 H_2SO_4溶液，耐碱性是 5% NaOH 溶液，此外，根据使用要求和产品标准的规定选择试验液体，如矿物油、溶剂或其他盐的水溶液等。

2. 仪器和材料

玻璃容器，容积 800L，带有玻璃盖（无衬垫）或铝盖；温度计；化学试剂，根据要求选择；钢板，冷轧钢板，尺寸为 50mm×120mm×(0.45～0.55)mm。

3. 测定方法

（1）按粉末涂料的制板要求制备涂膜，并按产品标准规定的时间和条件进行干燥，并在温度（23±2)℃、相对湿度（50±5)%的条件下处置，处置时间按产品标准规定，一般至少放置 16h。

（2）根据产品标准的要求在玻璃容器中配足够量的试验溶液。

（3）将粉末涂料的试板全部或 2/3 部分浸入试液中，用适当的支架使试板接近垂直位置浸入，除非另有规定，测试应在温度（23±2)℃下进行，容器要加盖。

（4）当达到规定的浸泡期终点时，取出试板用水彻底清洗测试件，如果是非水测试液，则用已知对涂层无损害的溶液来冲洗，以适宜的吸湿纸或布擦拭表面除去残留液，立刻检查涂膜的变化现象，可与未浸泡的试件对比，如果规定有恢复期，那么应在规定的恢复期后检查涂膜的变化。

4. 结果表示

粉末涂料涂膜的耐化学药品性应说明化学介质的名称、浓度及规定的浸泡时间、涂膜的变化情况及恢复期等。

十七、耐溶剂蒸气性

1. 范围及说明

本方法是检验粉末涂料的涂膜对溶剂丙酮、苯、乙烷、甲醇、二硫化碳或按产品标准选择的溶剂蒸气的容忍程度。

2. 仪器和材料

玻璃容器，带盖，尺寸为 200mm×300mm×500mm；圆柱形玻璃瓶，高度 40mm，底面积为上述容器底面积的 1/3；溶剂，按要求选择；钢板，B 型碳素钢，尺寸为 150mm×10mm×10mm；悬挂试板的挂具。

3. 测定方法

(1) 按产品标准的要求在钢板上制备粉末涂料试样的涂膜，膜厚为250～300μm，按要求在规定的环境下放置。

(2) 将圆柱形玻璃瓶装入一半高的水，放在大容器的底部，外部注入高度为20～25mm的溶剂，若溶剂为丙酮或甲醇，为避免等温蒸发作用，则瓶内应相应充以水和丙酮（或甲醇）1∶1的混合物，然后将试样挂在液面上方，并将容器盖好。试验期间，液体不应完全挥发，必要时要适当补充，试验周期按要求而定。

(3) 试验周期结束后，将试样取出，待溶剂挥发后检查涂膜与底材的附着情况，以及剥离、起泡、溶黏等情况，并按要求检验其他性能的变化。

4. 结果表示

检验结果应报告出所用溶剂、试验周期以及涂膜在试验前后的外观和性能的变化。

十八、边角覆盖率

1. 范围及说明

本方法是测定在规定涂覆工艺和条件下，在规定平面涂层厚度时，被涂试棒的边角（90°）涂膜厚度与平面涂膜厚度的比值为粉末涂料的边角覆盖率[18]。

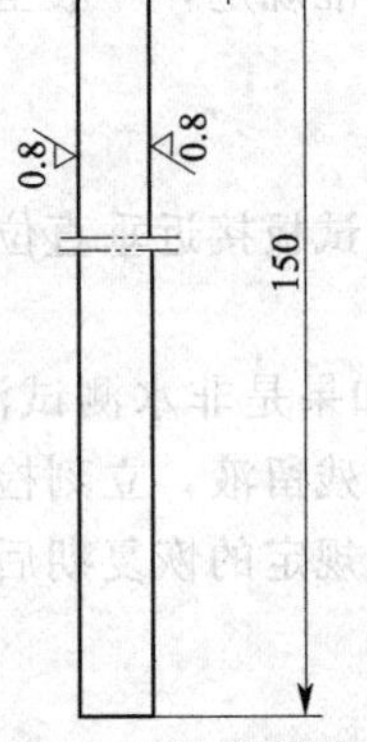

图 4-14　边角覆盖率样品（单位：mm）

2. 仪器和材料

流化床涂覆设备，包括流化床、干燥气源和烘箱；杠杆千分尺，精确至0.01mm；钢棒，B型碳素钢，经淬火，150mm长度方向四面垂直，见图4-14；合适的试棒固定架。

3. 测定方法

(1) 先测量被涂的3根钢棒的2个平面和2条对角线的长度（图4-14的A、B、C、D），精确至0.01mm。测量点是距棒底部38mm处，环境温度为(23±2)℃。

(2) 用钢丝穿过棒上端的孔，挂入烘箱预热，在规定温度下加热30min或达到要求的温度为止。流化床的粉末要干净和干燥，流化气源要充分去潮，流化后粉末高度至少为200mm。将钢棒逐根涂覆，即每次从烘箱中取出一根棒，停(4±0.5)s后，浸入流化床粉末中，往直径为50mm的范围内以0.5r/s的速度沿棒轴旋转，当达到平面厚度要求后立即取走，棒进、出流化粉末的速度小低于0.3m/s，以保证涂膜均匀。

(3) 按要求的温度和时间使涂膜固化，冷却至(23±2)℃时，再进行测量。

(4) 测量每根方棒涂覆后的两个平面和两条对角线的值，分别取平均值。将涂覆后的值减去涂覆前的值再除以2，获得平面涂膜厚度和边角的涂膜厚度。

4. 结果表示

$$边角覆盖率=\frac{平均边角涂膜厚度}{平均平面涂膜厚度}\times 100\%$$

取整数表示，计算所得的3个值其误差应在±5%之内，否则应重新测试。

测试结果还应说明以下内容：粉末型号；预热温度；浸涂时间；固化温度和时间；平面涂层厚度；3个棒边角覆盖率的中间值、最大和最小值。

十九、耐冷热交变试验

1. 范围及说明

本方法是测定粉末涂料经一定高温环境的处理后立即放在低温环境下，然后检查涂膜的损坏情况。

2. 仪器和材料

鼓风恒温干燥箱，可控制所要求的温度；低温箱，能控制在（−30±2)℃；紫铜块，外形及尺寸见图 4-15。

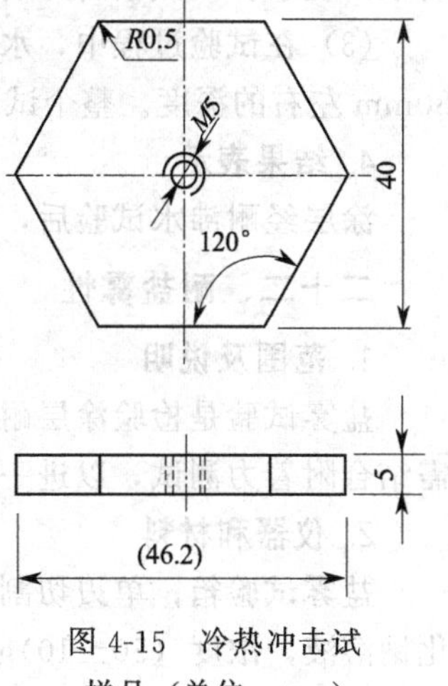

图 4-15　冷热冲击试样品（单位：mm）

3. 测定方法

(1) 按产品标准的规定在上述 3 个紫铜样板上制备涂膜，并按有关规定放置。

(2) 将 3 个试样置于已稳定至要求温度的恒温干燥箱内 30min，然后取出并迅速放入稳定至（−30±2)℃的低温箱中 10min。

(3) 热 30min、冷 10min 为一周期，每周期结束后，擦干试样并检查涂膜是否开裂、脱离，重复周期试验直至涂膜开裂、脱离即试样已损坏为止。

4. 结果表示

报告试样涂膜损坏的周期数或按规定周期试验时试样的损坏情况。

二十、耐渗透性

1. 范围及说明

本方法适用于铝合金型材和钢门窗等在粉末静电喷涂后涂层的检验，主要是针对有优良耐候性的热固性纯聚酯粉末涂料和丙烯酸粉末涂料，通过试验以判定涂层在一定的蒸汽压力下耐水气渗透的能力。

2. 仪器和材料

铝材，从型材上截取，尺寸为 120mm×60mm；钢板，尺寸为 120mm×60mm×(0.3～1.0)mm；压力锅。

3. 测定方法

(1) 采用与成型件相同的表面处理和工艺条件进行制板，涂层厚度为（60±20)μm。

(2) 在压力锅内加入蒸馏水，其水深为（25±3)mm，把试板部分浸入水中，使浸水的长度至少为 25mm，并紧固锅盖。

(3) 加热压力锅，直到蒸汽从阀门中喷出，加荷，使内部的压力为（0.1±0.01)MPa。

(4) 从蒸汽首次喷出算起继续加热 2h，然后小心地冷却，取出试板，立即查看。

4. 结果表示

在离试板边缘 3mm 以外，涂层不应起泡。

二十一、耐沸水性

1. 范围及说明

耐沸水性是明显影响粉末涂层产品质量的重要指标之一。本方法主要用于铝合金型材在粉末静电喷涂后涂层的检验[19,20]。

2. 仪器和材料

电炉；烧杯；符合 GB/T 6682—2008 的三级水；试板，尺寸 100mm×70mm。

3. 测定方法

（1）采用与成型件相同的表面处理和工艺条件进行制板，为每块试板准备一个1L的烧杯，注入三级水至约80mm深处，并在烧杯中放入2～3粒清洁的碎瓷块。

（2）在烧杯底部加热，使水沸腾，把试板悬挂到浸入水面约60mm深处，继续煮沸2h后取出观察。沿试板的外周部和距离水面深约10mm以内部分的涂层不作观察评定的对象。

（3）在试验过程中，水要蒸发，可随时注入煮沸的三级水补充，使水面尽可能地保持在80mm左右的深度。整个试验过程水温不要低于95℃。

4. 结果表示

涂层经耐沸水试验后，不应有气泡、皱纹、水斑和脱落等缺陷，但允许色泽稍有变化。

二十二、耐盐雾性

1. 范围及说明

盐雾试验是检验涂层耐腐蚀性的经典手段。本方法中粉末涂层除了经受盐雾试验外，还需结合附着力测试，以进一步考核其防腐性能。

2. 仪器和材料

盐雾试验箱；单刃切割刀具；3M透明胶带，宽25mm，黏着力（10±1）N/25mm；氯化钠溶液，浓度（50±10）g/L，pH值6.5～7.2；符合GB/T 6682—2008的三级水。

3. 测定方法

（1）按产品要求制备试板，试板背面和周边可用被试产品涂覆，也可用比被试产品更耐腐蚀的产品来涂覆。

（2）试板按规定的时间和条件进行干燥，然后在温度（23±2）℃、相对湿度（50±5）%的条件下调节至少16h以上，并尽快投入试验。

（3）用单刃切割刀具在试板上划两条交叉的对角线，划痕深至金属基体，然后将试板放入盐雾箱内。

（4）盐雾箱温度控制在（35±2）℃，在整个试验周期内，连续进行喷雾。试验过程中，只有当检查试板时，方可停止喷雾。

（5）试验达到规定的时间后，取出试板并用清水洗净，立即检查试板表面的破坏现象，然后在温度（23±2）℃下干燥24h，用一段长约150mm的3M透明胶带黏于切割区上，在垂直于试板方向迅速拉开。

4. 结果表示

（1）试验后腐蚀流不应离开划线2.0mm，其余应无腐蚀的痕迹。

（2）除划线2.0mm内的范围外，涂层不应从表面脱掉。

二十三、耐湿热性

按本书第一章第三节十四进行检验。

二十四、耐候性

按本书第一章第三节十五进行检验。

二十五、人工老化测定

按本书第一章第三节十七进行检验。

二十六、其他性能

粉末涂料作为汽车涂料、防腐涂料等类别使用时，需要检验其抗石击性和耐丝状腐蚀性、耐沾污性等，检测内容参照本书相关内容进行。

思考与练习

1. 粉末涂料外观如何才算合格？
2. 如何理解粉末涂料的密度？
3. 粉末涂料密度测定方法？
4. 粒度与粒度分布测试计算方法及意义何在？
5. 什么是安息角以及测试方法？
6. 怎样测量流出性测试？
7. 怎样测量软化温度测试？
8. 怎样测定胶化温度？
9. 不挥发物含量测定方法？
10. 粉末涂料涂膜怎么制备？
11. 粉末涂料涂膜性能测试有哪些？

参考文献

[1] 化学工业标准汇编．涂料与颜料（上、下册）[M]．北京：中国标准出版社，2003.
[2] 马庆麟．涂料工业手册 [M]．北京：化学工业出版社，2001.
[3] 南仁植．粉末涂料与涂装技术 [M]．北京：化学工业出版社，2000.
[4] 刘宏，向寓华，师立功、铝型材喷涂粉末涂料流平性因素的探讨 [J]．涂料工业，2009，(03)：25-27.
[5] 张华东，顾若楠，张俊，常林茹．粉末涂料与表面张力 [J]．中国涂料，2003，(04)：43-44，46.
[6] 陈振发．粉末涂料涂装工艺学 [M]．上海：上海科学技术文献出版社，1997.
[7] 虞兆年．涂料杯黏度计 [J]．上海涂料，2003，(04)：35-35.
[8] 鄂呈珍．粉末涂料防腐蚀性能的评价 [J]．材料保护，1990，(10)：35-37.
[9] 张华东．影响粉末涂料特性的因素 [J]．涂装与电镀，2009，(04)：10-14，30.
[10] 吴希革．重防腐熔结环氧粉末涂料与涂装 [J]．中国涂料，2009，(11)：61-66.
[11] 赵秋霞．丙烯酸粉末涂料 [J]．丙烯酸化工与应用，2005，(18)：41-41.
[12] 张平亮．重防腐涂料生产工艺及设备剖析 [J]．涂料工业，1996，(01)：15-17.
[13] 侣庆法．热固性丙烯酸粉末涂料的研制 [D]．西北工业大学，2002.
[14] 滕伟锋，高祀建，朱永昌，关铭．树脂表面耐磨涂层的研究 [J]．玻璃，2008，(03)：3-6.
[15] 虞莹莹．涂料黏度的测定——流出杯法 [J]．化工标准·计量·质量，2005，(02)，25-27.
[16] 仓理，涂料工艺 [M]．(第2版)．北京：化学工业出版社，2009.
[17] 张玉龙，邢德林主编．环境友好涂料制备与应用技术 [M]．北京：石油工业出版社，2009.
[18] 章晓斌，尹臣．绝缘粉末涂料研究及其应用进展 [J]．2006中国粉末涂料与涂装年会会刊，2006：33-37.
[19] 庄爱玉，朱敏南．粉末涂料的相关标准 [J]．涂料技术与文摘，2010 (01)：13-17.
[20] 虞莹莹．涂料工业用检验方法与仪器大全 [M]．北京：化学工业出版社，2007.

第五章　防腐蚀涂料的检验

学习目的

本章主要从液体性能、施工性能和涂膜性能三个方面介绍防腐蚀涂料的检验方法，其中部分为标准化方法，部分为依据实际经验的非标准方法。通过本章内容学习，全面掌握防腐蚀涂料的检测项目及其标准检验方法，深入理解不同检验方法的特点和适用范围，为防腐蚀涂料的开发、检验及应用打下测试方法基础。

防腐蚀涂料[1,2]是一大类涂料品种，广泛应用于钢及轻合金结构表面，是金属结构材料应用中必不可少的配套材料。防腐蚀涂料由底漆、中涂和面漆构成，或仅由底漆和面漆组成。因此，防腐蚀涂料的检验不仅包括对单一涂料的性能检测，还包括由多层涂膜构成的涂层体系的性能检测，在实际检验中应加以仔细鉴别。

防腐蚀涂膜的基本要求有耐环境介质性好、附着力高、机械强度较佳、在腐蚀环境下能保证要求的使用寿命等。国际标准 ISO 12944 曾从技术术语、腐蚀环境分级、钢结构设计、表面处理、防腐涂料体系、实验室性能测试、涂装工作的执行和监督、新建和维修规格书制定等八个方面对钢结构防腐蚀涂料进行了详细规定。在国内，建筑、军事、石油化工、电力、交通等行业也都制定了防腐蚀设计规范、导则和验收标准。在涂料产品质量和涂装质量控制中可参考这些标准和规范。

本章主要从液体性能、施工性能和涂膜性能三个方面介绍防腐蚀涂料的检验方法，其中部分为标准化方法，部分为依据实际经验的非标准方法。

第一节　防腐蚀涂料液态性能检测

一、在容器中的状态

1. 范围及说明

本方法主要是测定防腐蚀涂料的开桶效果，对于双组分产品，则需同时检查主剂（A 组分）和固化剂（B 组分）的状态。

2. 工具及材料

容器，金属漆罐，容积为 0.4L；调刀或玻璃棒。

3. 测定方法

打开贮存涂料的容器盖，用调刀或玻璃棒搅拌容器内的试样，观察涂料在容器中的状态。

4. 结果表示

防腐蚀涂料底漆打开容器后，允许容器底部有沉淀，但经搅拌混合后应无硬块，呈均匀状态。防腐蚀涂料中层漆或面漆打开容器后，允许有分层，但经搅拌混合后应无硬块，呈均匀状态。固化剂应呈均匀黏稠状态，无杂质。

二、细度测定

参见本书第一章第一节六进行测定。对于双组分涂料，则是 A、B 组分混合后的细度。

三、黏度测定

1. 流出杯黏度

参见本书第一章第一节七进行测定[3~5]。

2. 浸入型黏度

（1）范围及说明　本方法主要采用蔡恩黏度杯（Zahn viscosity cup），也称作柴氏黏度杯，可在实验室、生产车间和施工现场快速、方便地对涂料黏度进行测定。蔡恩杯的特点是可将其浸入到测试液中，不论该液体是热的还是冷的。从取出杯子的瞬间到从杯子中流出的流丝中断的时间就是该液体的黏度，以 Zahn No# 秒表示。

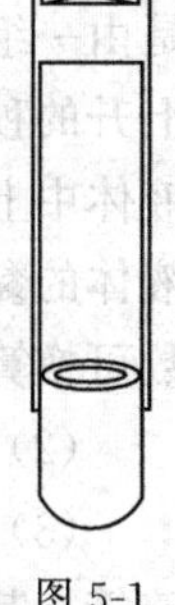

图 5-1　蔡恩黏度杯

（2）仪器和材料　蔡恩黏度杯，容积（44±1）mL，见图 5-1；温度计，量程为 0～50℃，分度为 0.5℃；秒表，分度为 0.2s。

（3）测定方法

① 首先将待测液体充分搅匀，并测其温度。

② 用手指钩住黏度杯提手上的小环，将杯体浸入液体中 1～5min 以达到热平衡。

③ 然后迅速而平稳地将黏度杯从液体中垂直拉出，当杯体的上边缘一出液面，立即计时。

④ 在液体流出的过程中，黏度杯离液面距离不要超过 150mm。

当从杯底小孔流出的稳定流丝出现第一个断点时，停止计时。

（4）结果表示　试验结果以液体流出时间（秒）数表示，两次测定值之差应小于平均值的 5%。

（5）仪器说明

① 蔡恩黏度杯是一种弹头形状、耐腐蚀、耐溶剂的不锈钢杯，杯底开有一精确的小孔。黏度杯由 5 个不同孔径的杯子所组成，杯子的容积都是 44mL，测量范围 5～1800mm^2/s，其技术参数见表 5-1。

表 5-1　蔡恩黏度杯技术参数

杯号 No.	流出孔直径/mm	黏度测量范围/(mm^2/s)	适用于测试的液体材料
1	2.0	5～60	黏度小的油或其他液体材料
2	2.7	20～250	油、清漆、喷漆、磁漆等
3	3.8	100～800	中等黏度的色漆、油墨
4	4.3	200～1200	黏稠的色漆、油墨
5	5.3	400～1800	极黏稠混合物、丝网印刷油墨

② 蔡恩黏度杯属于流出型黏度计，因此测得的秒数可以换算成运动黏度，按下式计算：

$$\upsilon=k(t-c)$$

式中　υ——运动黏度，mm^2/s；

t——流出时间，s；

k,c——相应的常数（表 5-2）。

表 5-2　不同型号蔡恩黏度杯的 k 值和 c 值

杯号	1	2	3	4	5
k	1.1	3.5	11.7	14.8	23
c	29	14	7.5	5	0

（6）参照标准　美国 ASTM D 4212—2010。

3. 旋转法黏度

参见本书第三章第二节进行测试。

4. 气泡黏度计法

（1）范围及说明　在涂料生产的中间控制中，经常使用的是气泡黏度计（格氏管）。它是由一组同种规格的玻璃管内封入不同黏度、无色透明的矿物油所组成，预先测定管内气泡上升的秒数和运动黏度的值，按黏度递增次序排列标准液。其工作原理是测量试管中气泡在液体中上升一定距离的时间，以秒表示。气泡黏度计主要用于漆料、树脂溶液和清漆等透明液体的黏度测定，能在短时间内给出精确的黏度数据。对于大多数牛顿型液体来说，气泡秒数可换算成近似的运动黏度值。

（2）仪器和材料　黏度计；秒表。

（3）气泡黏度计的规格标准及种类　气泡黏度计，即格氏管，是一支一端封闭的平底玻璃管，其内径为（10.75±0.025）mm，总长度（114±1）mm，在距管内底部 99mm 及 107mm 处各划一道线，以保证液体高度 99mm，气泡高度 8mm。此标准最初是由美国 Gardner 实验室提供，称为加德纳-霍尔德（Gardner-Holdet）气泡黏度计，故简称加氏气泡黏度计或格氏管，并以英文字母进行编号，黏度范围从最小的 A-5 起至最大的 Z-10 止，共 41 个档次，见表 5-3。美国 ASTM D1545—2007 规定的气泡计时法原理与格氏管法相同，只是管的规格与计量单位不尽相同。ASTM 管的内径为（10.65±0.025）mm，总长为（114±1）mm，从距管底外部（27±0.5）mm、（100±0.5）mm、（108±0.5）mm 三处各划一道线，第一道线与第二道线间的距离为（73±0.5）mm。黏度标准管一套共 36 个，规格 0.22～1000cm^2/s，见表 5-4。

表 5-3　加氏气泡黏度计黏度对照表（25℃测定）

系 列	管 号	气泡上升时间/s	运动黏度/(mm^2/s)
低黏度系	A-5		0.5
	A-4		6.2
	A-3		14
	A-2		22
	A-1		32
清漆系	A		50
	B		65
	C		85
	D	1.46	100
	E	1.83	125
	F	2.05	140
	G	2.42	165
	H	2.93	200
	I	3.30	225
	J	3.67	250
	K	4.03	280
	L	4.40	300
	M	4.70	320
	N	5.00	340
	O	5.40	370
	P	5.80	400
	Q	6.40	440
	R	6.90	470
	S	7.30	500
	T	8.10	550

续表

系 列	管 号	气泡上升时间/s	运动黏度/(mm²/s)
高黏度系	U	9.20	630
	V	13.00	880
	W	15.70	1070
	X	18.90	1300
	Y	25.80	1800
	Z	33.30	2300
	Z-1	38.60	2700
	Z-2	49.85	3620
	Z-3	67.90	4630
	Z-4	91.00	6200
	Z-5	144.50	9850
	Z-6	217.10	14800
橡胶系	Z-7		38800
	Z-8		59000
	Z-9		85500
	Z-10		106600

表 5-4　美国 ASTM D1545—2007 管号黏度对照表

ATSM 管号	气泡上升时间/s	运动黏度/(mm²/s)	ATSM 管号	气泡上升时间/s	运动黏度/(mm²/s)
0.22	0.75	0.22	20	20	20
0.34	0.81	0.34	25	25	25
0.50	0.90	0.50	32	32	32
0.68	1.00	0.68	40	40	40
0.92	1.15	0.92	50	50	50
1.15	1.30	1.15	63	63	63
1.45	1.55	1.45	80	80	80
1.80	1.85	1.80	100	100	100
2.15	2.20	2.15	125	125	125
2.65	2.65	2.65	160	160	160
3.20	3.20	3.20	200	200	200
4.00	4.00	4.00	250	250	250
5.00	5.00	5.00	300	300	300
6.00	6.30	6.30	400	400	400
8.00	8.00	8.00	500	500	500
10	10	Q0	630	630	630
13	13	13	800	800	800
16	16	16	1000	1000	1000

此外，日本 JIS 标准中，管数与编号和加氏气泡黏度计相同，只是管内径为（10.00±0.05)m，总长度（113±0.5)mm，在距管底（100±1)mm 及（108±1)mm 处各划一道线，以保证液体高度为（100±1)mm，气泡高度为（8±1)mm。

目前我国一些厂家生产的气泡黏度计，仍沿袭过去的规格，即内径为（10.75±0.025)mm。其中，8 档气泡黏度计是测试醇酸树脂黏度专用仪器，20 档气泡黏度计对应美国 Gardner 标准 E 至 X 档号，气泡秒数为 1.83～18.9s，适用于漆料放料的中间测试，32 档气泡黏度计的测试范围较宽。由于国内外格氏管内径和长度并不完全一致，以用户在选购和使用时应予以注意。

（4）测试方法　气泡黏度计的测定，可采用对比法或计时法，对比法也称字母比较法。

将待测试样装入一定规格的试样管内，试样上方留有规定的空间，测试时，与标准管一起迅速垂直倒立，试样由于自身重力下流，气泡上升到管底，比较管中气泡移动的速度，以相同或最近似的标准管的编号来表示待测试样的黏度。此法不用秒表即可测得试样的黏度。使用对比法需注意：盛试样时，管子的规格尺寸，气泡的大小以及测试的温度必须与标准管的尺寸、气泡大小及测试（一般为25℃）完全一致。

计时法也称直接时间法。将待测试样装入管内，于水浴中恒温至（25±0.5)℃，取出后迅速将管垂直翻转，同时开动秒表，记录气泡上升的时间，即为该试样的黏度，以秒表示。若用 ASTM D 1545 的计时试管，则测量气泡在管内两个固定刻度线之间的运行时间。当气泡顶部与 27mm 线相切时开始计时，当气泡顶部与 100mm 线相切时，立即停止计时，测得气泡在相距 73mm 的两条刻度线之间的上升时间，以 s 表示。

气泡黏度计除本身规格尺寸必须符合要求外，测试时温度也必须严格控制，因为温度每1℃的变化，将会引起气泡全程计时 10%的误差。此外翻转管子时必须保持垂直，因为管子偏离其垂直方向倾斜 5°，也会造成气泡运行时间 10%的误差。另外，气泡黏度计测定黏度纯系手工操作，操作人员的熟练程度也会对测试结果产生一定的影响。

四、固体含量测定

参见本书第一章第一节八进行测定。

五、密度测定

参见本书第一章第一节四进行测定。

六、*TI* 值

1. 范围及说明

在严酷的腐蚀环境下，为了达到长效使用寿命，防腐蚀涂料往往采用厚膜型涂层，这就要求涂料有一定的触变性。通过 *TI* 值的测定，即触变指数（thixotropy index）值的大小就可进行判定。

2. 仪器和材料

旋转黏度计，NDJ-1 型；容器，直径不小于 70mm 的烧杯或漆罐；温度计，量程为 0～50℃，分度为 0.1℃；秒表，分度为 0.1s。

3. 测定方法

（1）选择相应的转子安装在仪器的连接轴上，然后使转子缓慢地下降，浸入到被测试样中，使试样液面刚好达到转子轴的标记处。

（2）在试样中放入温度计，静置一段时间，使试样和黏度计转子的温度保持在（23±0.2)℃(一般在恒温室内进行)。

（3）按下仪器上部的指针控制杆，合上电源开关，开动电机，同时转动变速旋钮，调节转速为 6r/min，最后放松指针控制杆，使转子在试样中稳定旋转。

（4）开动秒表进行计时，在旋转 120s 后立即记下读数，接着调节转速为 60r/min，在旋转 120s 后再记下读数，各乘以该转子的系数就可得出黏度值。

4. 结果表示

$$TI=\frac{\eta_1}{\eta_2}$$

式中 TI——触变指数；

η_1——6r/min 时的黏度值，mPa·s；

η_2——60r/min 时的黏度值，mPa·s。

$TI=1$ 时，牛顿型流体；$TI>1$ 时，触变性流体，数值越大，触变程度也越大。TI 值因所用的转子及转速而异，测定结果要记录黏度计的名称、转子编号及转速。

第二节 防腐蚀涂料施工性能检测

一、施工性测定

（一）刷涂法

1. 范围及说明

本方法主要用于施工黏度符合刷涂要求的一般常规防腐蚀涂料，根据需要，这些涂料在应用时也可采用辊涂，或稀释后进行喷涂[6,7]。

2. 仪器和材料

黏度计，涂-4 黏度计或 ISO 流出杯；漆刷，宽 25～35mm；钢板，200mm×100mm×1mm；马口铁板，200mm×100mm×(0.2～0.3)mm；调刀或玻璃棒。

3. 测定方法

(1) 涂漆前将试样搅拌均匀，然后调整至产品标准规定的黏度。

(2) 若试样表面有结皮应先除去，然后稀释至适当黏度用漆刷快速均匀地沿纵、横方向涂刷，使其成一层均匀的漆膜，不允许有空白或溢流现象。

4. 结果表示

试样在操作中没有感到特别困难或无明显的拉丝、气泡、流挂等现象时，可判定为“刷涂无障碍”。

（二）喷涂法

1. 范围及说明

本方法适用于在应用中采用喷涂施工的防腐蚀涂料，对于那些固体含量较低的挥发性防腐漆，有时要求喷涂两道以判定其施工性。

2. 仪器和材料

黏度计，涂-4 黏度计或 ISO 流量杯；喷枪，喷嘴内径 0.75～2mm；钢板，200mm×100mm×1mm；马口铁板，200mm×100mm×(0.2～0.3)mm；调刀或玻璃棒。

3. 测定方法

(1) 涂漆前将试样搅拌均匀，用溶剂稀释至喷涂黏度或按产品标准规定的黏度。

(2) 在试板上喷涂成均匀的漆膜，不得有空白或溢流现象，需喷涂一底一面的，则在喷涂一道底漆经 24h 后，再喷涂一道面漆。

4. 结果表示

试样在操作中没有感到特别困难或一底一面配套中无咬起及其他病态时，可判定为“喷涂无障碍”。

二、与下道漆的配套性

1. 范围及说明

本方法适用氯丁化橡胶防腐涂料及类似产品的检测，以考核产品体系的配套性[8]。

2. 仪器和材料

黏度计，涂-4 黏度计或 ISO 流出杯；漆刷，宽 25～35mm；钢板，200mm×100mm×

1mm；调刀或玻璃棒。

3. 测定方法

（1）涂漆前将试样搅拌均匀，然后调整至产品标准规定的黏度，刷涂试样（漆膜厚度按产品规定）。

（2）对于底漆的试验，放置48h后施涂中间层漆；对于中间层漆试验，放置48h后施涂面漆。

（3）评定其配套性时，首先应对下一道漆的施涂无障碍，再于涂漆后48h，在散射日光下目测检查涂漆面。

4. 结果表示

漆膜表面应无缩孔、开裂、针孔、剥落和起皱现象，用指尖触摸表面，若黏着程度不大，则可判为“对下道漆无不良影响”。

三、对面漆的适应性

1. 范围及说明

本方法适用于红丹醇酸防锈漆及类似产品的检测，以考核产品体系的配套性[9]。

2. 仪器和材料

黏度计，涂-4黏度计或ISO流出杯；漆刷，宽25～35mm；玻璃板，120mm×90mm×(2～3)mm；调刀或玻璃棒。

3. 测定方法

（1）涂漆前将试样搅拌均匀，用溶剂调整至刷涂黏度或按产品标准规定的黏度。

（2）将试样涂布在两块玻璃板上，放置48h，再于其上刷涂一道白醇酸调和面漆。

（3）如果试样对涂面漆的操作无障碍，于涂漆后48h，在散射日光下目测检查涂漆面。

4. 结果表示

漆膜若看不出有缩孔、裂纹、针眼、起泡、剥落现象，则可评为“对面漆无不良影响”。

四、涂装间隔

1. 范围及说明

涂装间隔也称重涂间隔、复涂间隔，一般是指同一类产品前后涂装的时间间隔，其控制涉及最小涂装间隔和最大涂装间隔。本方法适用于最小涂装间隔的测定，以确定涂层达到可以进行重涂的状态[10]。

2. 仪器和材料

黏度计，涂-4黏度计、ISO流出杯或柴氏（Zahn）杯；漆刷，宽25～35mm；喷枪，喷嘴内径0.75～2mm；钢板，200mm×100mm×1mm；调刀或玻璃棒。

3. 测定方法

（1）涂漆前将试样搅拌均匀，用溶剂稀释至产品标准规定的黏度，刷涂或喷涂第一道试样（漆膜厚度按产品规定）。

（2）在标准的温、湿度条件下，按产品规定的最小涂装间隔时间，检查第一道试样漆膜的干燥情况。

（3）将第二道液体试样搅拌均匀，用溶剂稀释至产品标准规定的黏度，刷涂或喷涂第二道试样（漆膜厚度按产品规定）。

4. 结果表示

若涂漆操作顺利，对上、下漆层均无影响，可认为“符合最小涂装间隔时间要求”。

五、混合性测定

1. 范围及说明

本方法主要用于双组分防腐蚀涂料混合性的测定，以判断主剂和固化剂的正确混合比例。

2. 仪器和材料

天平，感量 0.1g；容器，容量约 300mL 的金属罐或塑料杯；玻璃棒。

3. 测定方法

按产品规定的比例称取主剂（A 组分）和固化剂（B 组分），将其混合，并用玻璃棒搅拌均匀。

4. 结果表示

用玻璃棒容易搅匀，则认为"能均匀混合"。

六、适用期测定

1. 范围及说明

适用期也称混合使用时间，即双组分产品混合后的可使用期限。溶剂型双组分防腐蚀涂料的混合使用时间受温度影响较大，环境温度不同，涂料的适用期也不同。

2. 仪器和材料

天平，精度 0.1g；容器，容量约 300mL 的金属罐或塑料杯；喷枪，喷嘴内径 0.75～2mm；钢板，200mm×100mm×1mm；马口铁板，200mm×100mm×(0.2～0.3)mm。

3. 测定方法

(1) 按产品规定的比例称取主剂（A 组分）和固化剂（B 组分），将其混合、搅匀、静置。

(2) 达到规定时间后，检查混合试样有无胶化现象。若一切正常，则进行喷板，观察喷涂后的漆膜外观。

(3) 若未达到规定时间，混合试样中就有胶化或结块现象，使喷涂施工无法进行，则适用期失效。

4. 结果表示

若混合试样出现胶化，喷涂有障碍或漆膜异常，则判为适用期"不合格"。

注：双组分涂料适用期测定时可包括混合性的观察。

七、涂布率测定

参见本书第一章第二节十一进行测定。

八、干燥时间测定

1. 表干、实干测定法

参见本书第一章第二节二进行测定。

2. 干燥时间测定法

(1) 范围及说明　本方法可用于测定涂料成膜各个阶段的干燥情况和固化程度，以便于对不同类型涂料的比较、产品的质量控制和产品的可施工性判断[11]。

(2) 仪器和材料　透干时间测定仪（through drying time apparatus）；钢柱，ϕ50mm，重为 0.71kg、1.42kg、2.85kg；专用试纸，等级 R20～34；军用帆布；脱脂棉；透明玻璃板；秒表。

(3) 测定方法

① 触指干。先用干净的手指尖轻轻地接触漆膜，然后立即把手指尖放到一块干净而透明的玻璃板上，以观察有无漆料转移到玻璃板上。如果漆膜还有些发黏，但已不再黏手指了，则认为已触指干了。

② 不沾尘干。用镊子从脱脂棉上分出一些棉纤维来。在干燥过程中，每隔一定的时间，从漆膜表面上方25mm处向漆膜的一定区域飘下几根棉纤维。如果落在漆膜表面上的棉纤维能被轻轻地吹走，则认为已不沾尘干了。

③ 指压干。把一块50mm×75mm的专用试纸放在漆膜上，再在纸上放一个直径为50mm、重2.85kg的钢柱，以产生13.8kPa的压力。持续5s以后，取走钢柱并翻转试板，如果试纸能在10s内掉下来，就认为漆膜已指压干了。

④ 干（干至可触）。用手指轻度触摸漆膜，已没有黏手现象，且感觉漆膜已硬实，则认为漆膜已干了。

⑤ 硬干。把大拇指尖放在漆膜上，以食指支撑试板，大拇指以最大的力量向下压，然后用软布轻轻抛光漆膜表面的被试验部分。如果试验痕迹在抛光时能除去，则认为漆膜已干了。

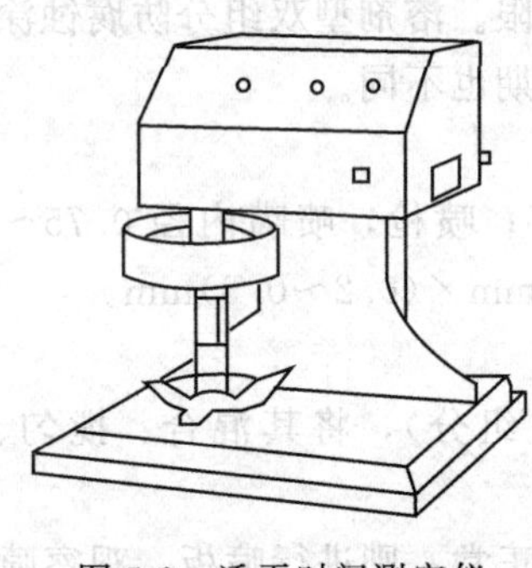

图 5-2　透干时间测定仪

⑥ 干透（干至可搬运）。首先把试板放于水平位置上，操作者保持合适的高度，把大拇指放在漆膜上，手臂处于垂直位置。然后用手指压向漆膜，用手臂施加最大的压力，并同时使大拇指转动90°。如果漆膜无松弛、脱落、起皱或其他破坏现象，则认为漆膜已干透。

此法也可用透干（硬干）时间测定仪来进行，仪器见图5-2。把仪器柱塞头套上聚酰胺丝网，压在试板漆膜上保持10s，然后以6r/min的转速旋转90°，立即升起柱塞并检查漆膜，若漆膜无印痕或任何损伤，则认为已达到干透状态。

⑦ 干可重涂。当第二道漆或指定的面漆涂到该漆膜上后，不会产生漆膜缺陷（例如咬底或头道漆附着力下降），且第二道漆的干燥时间不超过头道漆的最大允许时间，则认为该漆膜已达到干可重涂状态。

⑧ 干无压痕。将一块平整的帆布放在试板一片均匀的漆膜表面上，再放上一个直径为50mm、重0.71kg(或1.42kg）的钢柱，以产生3.5kPa(或6.9kPa）的压力。在标准条件下保持18h或其他的规定时间。取下钢柱和帆布后，用洁净的空气流吹除漆膜上的纤维和灰尘，立即检查漆膜表面印痕，并与标准图片对照，见图5-3(分为轻、中等、重三级)，干燥试验应显示漆膜达到无印痕为止。

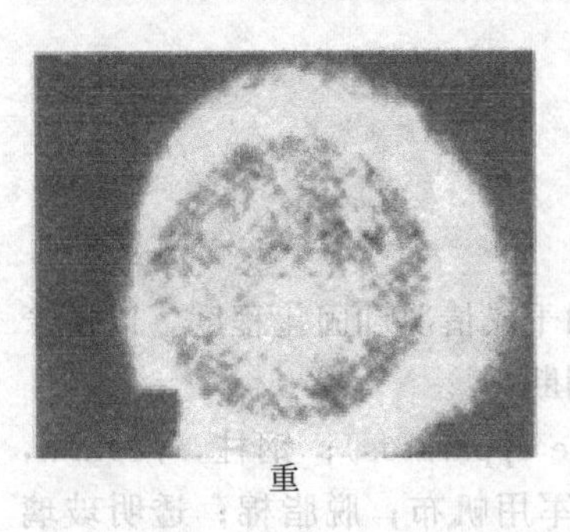

重

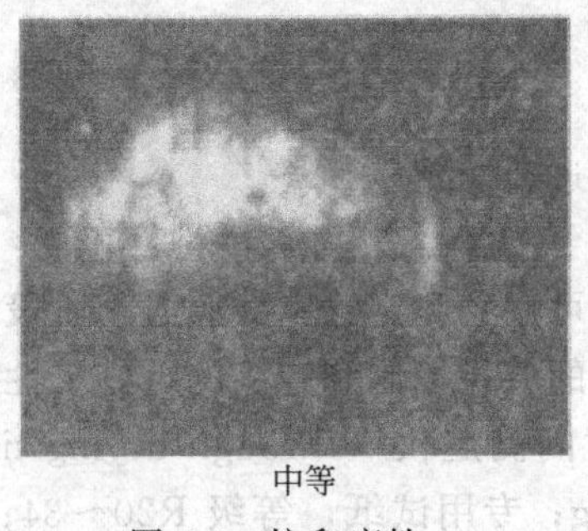

中等

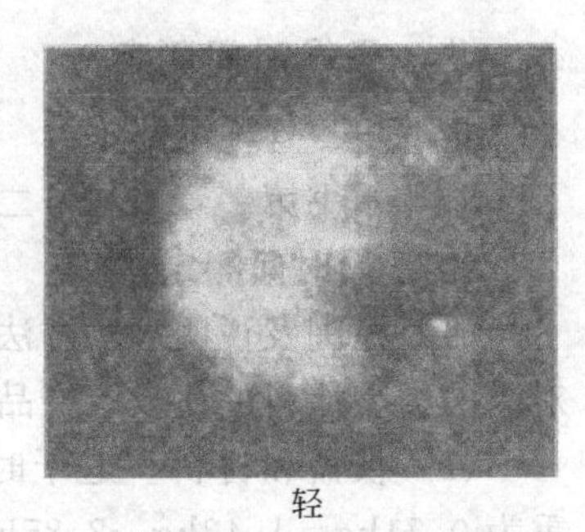

轻

图 5-3　抗印痕性

(4) 参照标准　美国ASTM D 1640—2003(2009)、英国BS EN 29117—1992、国际标

准 ISO9117—1990。

3. 溶剂擦拭法

（1）范围及说明　本方法主要适用于无机硅酸锌车间底漆的干燥时间测定，以判断该漆膜是否固化完全，以便进行下一道漆的涂装。

（2）材料　混合溶剂乙醇：异丙醇：丁醇＝1：2：1（质量比）。

（3）测定方法　在达到产品规定的干燥时间后，用布蘸混合溶剂揩擦漆膜表面，如漆膜不溶解且布上无色，则表示已固化完全。

九、遮盖力测定

目前工厂对出厂的定型产品大多采用遮盖力测试卡纸，即以已知的规定膜厚刮涂，遮盖力符合要求，即为通过，可以出厂，以这样的方式作为日常的质量控制手段，简便易行，且测试结果还可以保存备查，各种遮盖力测试纸的图案如图 5-4 所示[12]。

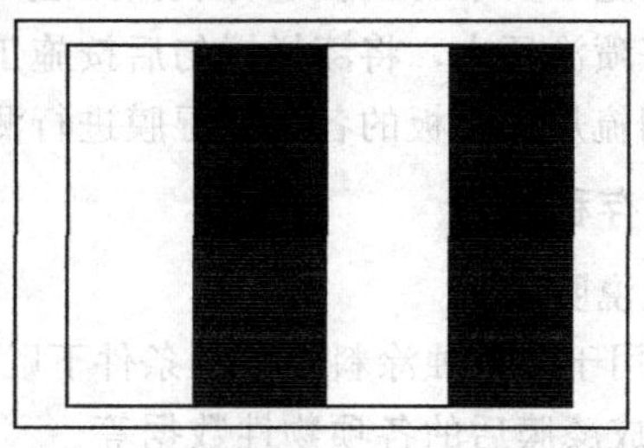

图 5-4　遮盖力测试纸

十、流平性测定

参见本书第一章第二节五进行测定。

十一、流挂性测定

1. 仪器法

在许多情况下，流平是人们所期望的涂料的一个性能，它表现在干漆膜表面尽可能平整以及尽量减少刷痕、喷点等现象，而流挂被认为是涂料的一种缺陷，尤其发生在工件的垂直面、边缘和角落部位等。流挂性测定常用的是流挂试验仪，可参见本书第一章第二节八进行测定。对于具有触变性的防腐蚀涂料，应先在一个直径为 4.5cm 搅拌头的高速分散机上，以 2000r/min 转速搅拌漆样 2min，然后进行上述的抗流挂性测定。

2. 刮涂法

（1）范围及说明　本方法适用于产品出厂检验的一种质量控制手段，在已知的规定膜厚下将漆样进行刮涂，以判断其抗流挂性是否符合要求。

（2）仪器和材料　刮涂器；测试纸。

（3）测定方法

① 把测试纸放在平整台面上，刮涂器则放在测试纸的一端。

② 将漆样搅匀后适量倒在刮涂器前方，用手将刮涂器匀速拉至测试纸的另一端。

③ 立即将测试纸垂直放置，待表面干后观察漆膜的流挂情况。

（4）结果表示　若在规定的厚度下漆膜不发生流挂，则该产品符合要求。

3. 喷涂法

（1）范围及说明　采用仪器法，即用流挂试验仪来测定产品的抗流挂性时，虽然有形成各种厚度的10道条纹，但由于条纹较窄，并拢倾向不易，因此有时发现结果偏高，与实际应用情况有差距。为此，有些企业采用与实际施工情况相同的喷涂法，以获得在施工时不产生流挂的最大湿膜厚度。

（2）仪器和材料　空气喷枪；高压无空气喷枪；湿膜厚度计，梳规；钢板，约1m×1m。

（3）测定方法

① 按实际施工要求对钢板进行表面处理，并垂直摆放在适于喷涂的一定高度。

② 调整好喷涂压力，将漆样搅匀后按施工要求进行喷涂。

③ 立即用梳规对钢板的各部位湿膜进行测定，以确定不产生流挂的最大湿膜厚度。

十二、贮存稳定性

1. 范围及说明

本方法适用于防腐蚀涂料在自然条件下贮存的各个阶段测定其开罐效果、沉降程度、黏度变化以及制成漆膜后的各项物性数据等。

2. 仪器和材料

涂-1黏度计；涂-4黏度计；旋转黏度计；容器，金属漆罐，容积0.4L；温度计：0～50℃，分度为0.5℃；秒表，分度值为0.1s；调刀，平头，刀头宽20mm，长100mm，质量约30g。

3. 测定方法

（1）每个品种取四罐代表性试样投入试验，在贮存一个月、三个月、半年和一年时各取出一罐试样做检查。

（2）试验前首先检查试样的开罐状态、沉降程度及初始黏度等，以后在各阶段取出一罐进行测定。

（3）贮存到半年和一年时，除测定以上各项数据外，将增加油漆细度、干燥时间、漆膜物性等项检查，以全面地判断各产品的贮存稳定性。

4. 结果表示

（1）开罐效果　观察涂料的色泽均匀性、分层状况、静止或搅拌时气泡的产生和增多现象并记录。

（2）沉降程度　将调刀垂直放置在漆罐的中心位置，调刀的顶端与漆罐的顶面取齐，从此位置落下调刀，用调刀来测定试样的沉降程度．按下列等级评定，见表5-5。

表5-5　沉降程度评定等级

等级	试样状况
10	完全悬浮，与初始状态相同（没有变化）
8	用调刀面横向移动没有明显的阻力，有轻微的沉淀粘住调刀
6	以调刀自重能通过沉淀物下降到容器底部，调刀面横向移动有一定的阻力，部分块状物粘住调刀
4	以调刀自重不能通过沉淀物下降到容器底部，调刀面横向移动困难，而用调刀刀刃沿罐边移动有轻微的阻力，但用调刀能将试样重新混合成均匀状态

续表

等级	试样状况
2	调刀面横向移动有很大的阻力，沿罐边移动调刀刀刃有明显的阻力，但用调刀仍能将试样重新混合成均匀状态
0	结块很硬，用调刀在3～5min内不能使试样重新混合成均匀状态，即使把上层清夜倒出也恢复不了

(3) 黏度变化　试样经充分搅匀后，在标准条件下，用产品规定的相应黏度计测定黏度。根据贮存后黏度与初始黏度的比值，计算出黏度增稠比率，按下列等级评定，见表5-6。

表5-6　黏度变化评定等级

等　级	黏度增稠比率/%	等　级	黏度增稠比率/%
10	不大于5	4	不大于35
8	不大于15	2	不大于45
6	不大于25	0	大于45

第三节　防腐蚀涂料涂膜性能检测

一、漆膜外观

1. 范围及说明

防腐蚀涂料的漆膜外观与装饰性漆膜有所不同，需根据实际使用情况而定，但其测定方法基本相同[13～16]。

2. 测定方法

漆样制板后在标准条件下放置24h(或48h)，于天然散射光线下目测评定。

3. 结果表示

一般要求漆膜平整光滑，无颗粒，无明显可见的流挂、起泡、发花等弊病，则认为“漆膜外观正常”。

二、光泽测定

参见本书第一章第三节二进行测定。

三、颜色测定

颜色测定主要包括两个方面：颜色和色差。涂膜颜色是当光照射到涂膜上，经过吸收、散射、折射等作用后，最后又从涂膜表面反射进入人眼的一种感觉。色差是观察者对两种涂膜颜色判定的色知觉差异，它可以用大、小、近似、相等（符合）等词语定性表示，也可以用仪器测得的数字（色差值 ΔE）定量表示。

(一) 标准色卡法

1. 范围及说明

采用美国 Munsell(孟塞尔) 色卡、德国 RAL 色卡、中国 GSB G51001—1994、GSB A26003—1994和各生产厂自制的色卡等。

2. 测定方法

将制板后的试样与标准色卡进行比较，确定颜色是否相符，如有预定上、下色差的色卡时，则更容易确定其是否在允许的上、下色差范围内。

（二）标准样板法

系将试样与标准样同时涂漆制板，在相同条件下施工、干燥后进行比较。如试样与标准样颜色无显著差别，则认为符合技术允差范围。标准样板也可由用户提供，企业根据要求将产品经调色后制板，与标准样板进行比较。

四、硬度试验

防腐蚀涂料的硬度测试一般采用摆杆硬度法和铅笔硬度法，可参见本书第二章第四节一和二进行测定。

五、耐冲击性

参见本书第一章第三节五进行测定。

六、耐弯曲性

参见本书第一章第三节六进行测定。

七、附着力试验

1. 划圈法附着力

参见本书第一章第三节七进行测定。

2. 划格法附着力

参见本书第一章第三节七进行测定。由于重防腐涂料的漆膜均为厚涂层，故一般采用刀刃间距为 3mm 的切割刀具，并配合使用透明胶带。

3. 拉开法附着力

参见本书第一章第三节七进行测定。为了同时适应实验室和施工现场实测要求，一般使用便携式附着力测试仪，见图 5-5。

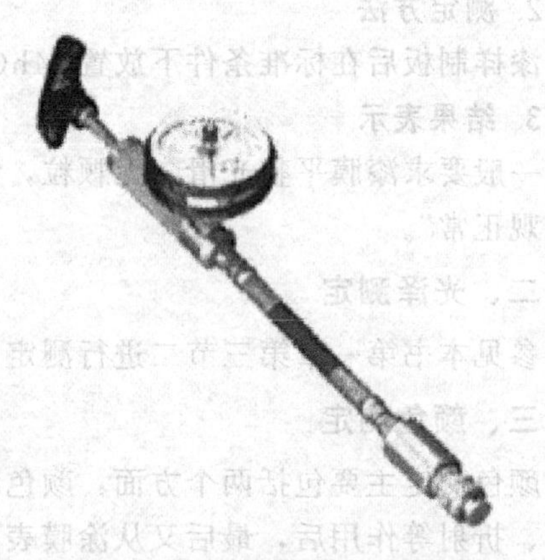

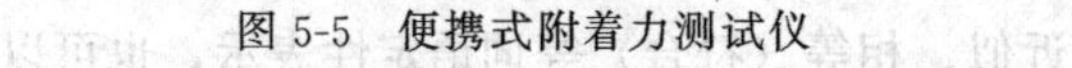

图 5-5 便携式附着力测试仪

图 5-6 扭开法附着力测试仪

4. 扭开法附着力

（1）范围及说明　涂料在实际使用中，会经常碰到剪切力的作用，为此需测定涂膜的剪切附着力。通过此方法的测定，可观察表面处理的效果、漆膜固化的程度以及使用过程中的涂层附着力。

（2）仪器和材料　扭开法附着力测试仪，见图 5-6，仪器有一组圆形不锈钢试柱、一个圆筒体和一把扭矩扳手组成，扳手上有一表盘，可直接显示所测得的扭矩；氰基丙烯酸酯黏结剂，Eastman910，单组分，固化时间 6h；环氧聚酰胺黏结剂；Araldite，双组分，固化时间 24h。

（3）测定方法

① 取环氧聚酰胺黏结剂，将树脂与固化剂按 1∶1(体积比）混合均匀，并在使用之前放置 30min。若取氰基丙烯酸酯黏结剂，则可直接使用。

② 用黏结剂将不锈钢试柱与待测样板的漆面黏合，静置 24h。

③ 固化后用锐利的刀子沿试柱的圆周线切透黏结剂和漆层直达底材。

④ 把仪器圆筒体套在试柱上，在圆筒体上部插入扭矩扳手，徐徐用力旋转 90°，测定漆膜被扭脱时所需的扭矩，可直接从表盘上得出读数，这样就可计算出试柱底面的扭断应力，该数值即相当于被试漆膜的剪切附着力。

⑤ 计算公式如下：

$$f_s = \frac{Tr}{I_p}$$

式中　f_s——扭断应力，Pa；

T——扭矩，N·cm；

r——试柱底面半径，cm；

I_p——扭断面有效惯量，cm^4；

$$I_p = \frac{\pi}{32}(D_0^4 - D_1^4)$$

式中　D_0——圆筒体外径，cm；

D_1——圆筒体内径，cm。

由于$\frac{r}{I_p}$均为仪器的常数，因此只需将扭矩测出，乘上一定的常数即可。

⑥ 在垂直面上推荐使用氰基丙烯酸酯黏结剂，因其快速的固化性可避免试柱滑动，但对氧化机理干燥的漆膜不适用。

（4）结果表示　试验结果以附着力数值（Pa）和破坏形式表示。

5. 交叉切痕法

（1）范围及说明　本方法是在漆膜上以一定角度交叉划一个“×”，划透至底材，将透明胶带贴在整个切痕上，然后撕下，以定性判定其附着力，主要适用于施工现场且干膜厚度大于 125μm 的漆膜。

（2）仪器和材料　切割刀具，美工刻刀、手术刀或其他刀具；直尺；透明胶带。

（3）测定方法

① 在漆膜上划两道切痕，每道约 40mm 长，两道切痕以 30°至 45°较小的夹角在其中心附近相交。划切痕时，使用直尺并用力均匀地划透漆膜至底材。

② 为了确定漆膜已划透，可用金属底材对光的反射检查切痕。若没有达到底材，则要在另一个小同的位置，另划一个“×”，不能加深原来的切痕，因为这样会影响切痕周围的附着力。

③ 把透明胶带（约 75mm 长）的中心放在切痕的交叉点上，并沿着较小的角向同一方向延伸。胶带表面以大拇指用力来回按压，透明胶带的颜色可以用来表示胶带与漆膜何时已完全黏牢。

④ 在（90±30)s 的操作时间内，拿住胶带没有黏着的一端，并将其返折到尽可能接近 180°角的位置上，迅速地（不要猛然一拉）将胶带撕下。

（4）结果表示　检查“×”切痕区域，按下面的等级评定附着力；5A，没有剥落或分离；4A，沿着切痕或交叉点有少许剥落或分离；3A，在任一边上，沿着切痕锯齿状缺口达1.6mm；2A，在任一边上，沿着大部分切痕锯齿状缺口达3.2mm；1A，胶带下的“×”区域的大部分涂层分离；0A，分离超过了“×”区域。

（5）参照标准　美国ASTM D 3359—2008。

八、层间附着力

1. 范围及说明

本方法主要适用于氯化橡胶防腐漆及类似产品的层间附着力的测定，虽然只能做出定性判断，但由于此方法与实用情况较为贴切，因此对涂料选材与配套体系的考量具有重要意义[17]。

2. 工具及材料

切割刀具，美工刻刀；直尺；透明胶带；滤纸。

3. 测定方法

① 样板制备。在钢板（约150mm×50mm×0.8mm）的一面上涂一道磷化底漆，放置48h后涂两道底漆（间隔24h），放置7d。然后进行氙灯加速老化试验180h［设备内黑板温度（63±3)℃，相对湿度（65±5)％，喷水周期每隔102min喷水18min］。取出样板放置24h后，再涂两道中间层漆（间隔24h），使涂漆面向上，水平放置，干燥7d作为试验样板，需制备合格样板三块。

② 用吊钩将试验样板挂在湿热试验箱中24h［温度(50±1)℃，相对湿度95％以上］，取出后立即用滤纸轻轻地覆于涂漆面，吸除其水分，再放置1h。

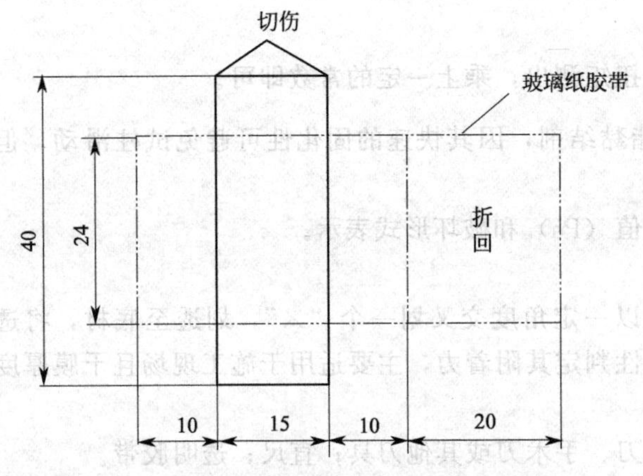

图5-7　切割的方法及黏附玻璃纸胶带方法（单位：mm）

③ 用美工刻刀的刀尖在试验样板的中央部位以平行于短边的方向、间隔为15mm切割两条约40mm的线，切透漆膜至底板，见图5-7。

④ 横过两条切割线的中央部分，以与切割线成直角的方向贴上透明胶带（长约75mm，宽约24mm)，两侧各超出切割线10mm，将胶带的一端折返20mm，以用于撕拉胶带。

⑤ 将贴过胶带的表面以大拇指用力来回按压，使胶带完全黏牢，然后快速地以直角反拉胶带的一端，将胶带撕下，检查拉剥后的漆膜。

⑥ 结果表示。若有两块或两块以上的试验样板的底漆漆膜与中间层漆漆膜之间不发生剥离或沿切割线的剥离宽度在3mm以下，则认为“无异常”。

4. 参照标准

行业标准HG/T 2798—1996。

九、杯突试验

1. 范围及说明

杯突试验主要是用来评定单涂层或多涂层体系在底材受变形时漆膜的延展性（形变能力)，附着力和柔韧性也有所体现，这对于工业制造中需进行后成型加工的涂层是必不可少的检测项目。

2. 仪器和材料

杯突试验机，手动型或液压型，见图 5-8 和图 5-9，仪器的关键部分是一个硬质光滑的球形冲头（ϕ20mm）及一个圆形的样板夹持器（由固定环和伸缩冲模组成），通过带照明的双目立体显微镜或放大镜来观察测试的全过程；钢板，厚度 0.30～1.25mm，宽度与长度不小于 70mm；放大镜，10 倍。

图 5-8　手动型杯突试验机

图 5-9　液压型杯突试验机

3. 测定方法

(1) 按产品标准要求涂装试板及干燥，然后在温度（23±2)℃、相对湿度（50±5)％的条件下进行状态调节至少 16h。

(2) 将试板牢固地固定在固定环与冲模之间，涂层面向冲模。当冲头处于零位时，顶端与试板接触。调整试板，使冲头的中心轴线与试板的交点距板的各边不小于 35mm。

(3) 开启仪器，使冲头以每秒（0.2±0.1)mm 恒速推向试板，使试板形成涂层朝外的圆顶形，直至达到规定深度或涂层出现开裂或从底材上分离时为止。

4. 结果表示

(1) 按规定的冲压深度进行试验时，当达到规定深度后取出试板，观察涂层有无出现开裂或从底材上分离，评定通过或不通过。

(2) 按测定引起破坏的最小深度进行试验时，逐渐增加冲压深度，以涂层刚开始出现开裂或从底材上分离时的最小深度表示结果。

(3) 冲压深度以 mm 表示。

5. 参照标准

国家标准 GB/T 9753—2007、国际标准 ISO 1520—2006。

十、耐磨性

参见本书第一章第三节八进行测定。

第四节　防腐蚀涂料各种耐性检测

一、耐盐水性

一般采用常温耐盐水法，参见本书第一章第三节十的相关内容进行测定[18～20]。

二、耐醇性

1. 范围及说明

本方法适用于聚氨酯涂料及类似产品的耐醇性，以判断漆膜的固化性能、力学性能及耐化学品性。

2. 工具及材料

带盖容器，圆形或长方形玻璃槽；钢板，50mm×120mm×(0.45～0.55)mm；马口铁板，50mm×120mm×(0.2～0.3)mm；乙醇溶液，50%（体积分数）。

3. 测定方法

(1) 按产品要求制备试板并干燥，然后在恒温恒湿［温度（23±2)℃，相对湿度（50±5)%］条件下至少处置16h。

(2) 将足够量的乙醇溶液倒入带盖容器中，把试板垂直浸入，保证试板长度的2/3浸泡于溶液中。

(3) 浸入的试板距槽内壁至少30mm，试板之间的间隔也至少为30mm，试板与支架之间应绝缘。

(4) 当达到规定的浸泡时间后，取出试板，立即用滤纸轻轻地覆于涂漆面，以除去残留液体，并检查漆膜表面变化现象。

4. 结果表示

按产品标准规定的浸泡时间，漆膜不起泡、不起皱、无异常变化为合格。

5. 参照标准

国家标准GB/T 9274—1988、行业标准HG/T 2454—2006。

三、耐酸、碱性

参见本书第一章第三节十一进行测定。

四、耐油性

1. 范围及说明

某些防腐蚀涂料，如环氧沥青及类似产品在应用过程中可能会经常接触到各种油类制品，如汽油、煤油、润滑油和变压器油等。本方法就是测定该类漆膜对各种油类制品侵蚀的抵抗能力。

2. 工具及材料

容器，玻璃槽；钢板，50mm×120mm×(0.45～0.55)mm；马口铁板，50mm×120mm×(0.2～0.3)mm；油类制品。

3. 测定方法

(1) 样板制备，在样板上施涂两道试样（间隔24h)，并用同一试样将样板封边，重叠5mm以上，放置6d。

(2) 将涂漆试板垂直浸入到按产品规定的（23±2)℃油类中，保证试板的2/3面积浸泡于液体中。

(3) 待达到按产品标准规定的浸泡时间后，取出试板，用滤纸吸干，并立即检查漆膜表面变化现象。

4. 结果表示

若三块试板中两块以上的漆膜看不出有起皱、起泡、剥落、变软等现象，则认为“浸于该油中漆膜无异常”。

5. 参照标准

行业标准 HG/T 3343—2004、行业标准 HG/T 2884—1997。

五、耐硝基漆性

1. 范围及说明

一般在金属底材上使用的醇酸、环氧等防锈底漆有时在其上覆盖带有强溶剂的硝基漆。为了考核它们与硝基漆的配套性，不被咬起或渗色，就必须做耐硝基性的测试。

2. 仪器和材料

恒温鼓风烘箱；涂-4 黏度计；空气喷枪；Q04-2 白硝基外用磁漆。

3. 测定方法

(1) 醇酸底漆按产品规定处理样板和喷涂一道受试底漆，自干 24h 后喷涂一道黏度约 18s 的白硝基外用磁漆，干燥后进行观察。

(2) 环氧酯底漆按产品规定处理样板和喷涂一道受试底漆，经 (120±2)℃、1h 烘干后，冷却至室温。再用 320 目水砂纸轻轻湿磨，并在 (60±2)℃烘 30min，然后喷涂一道黏度约 18s 的白硝基外用磁漆，干燥后进行观察。

4. 结果表示

漆膜不咬起、不膨胀、不渗色为合格。

5. 参照标准

行业标准 HG/T 2239—1991。

六、耐化工气体

1. 范围及说明

工业大气环境中含有燃煤产生的二氧化硫等工业废气，在化工厂及其邻近地区还含有一些酸、碱、盐等气体，因此在这些地区所使用的涂料必须要有较高的抵抗化工气体腐蚀的能力。本方法就是在实验室采用气密箱，适当提高气体浓度、温度来模拟并加速，以判断产品的耐化工气体腐蚀性。

2. 仪器和材料

气密箱，容量 (300±10)L，见图 5-10；SO_2气体钢瓶，配有合适的调节及测量装置；试板，150mm×100mm×1.2mm 打磨钢板；蒸馏水，符合 GB/T 6682—2008 三级水要求。

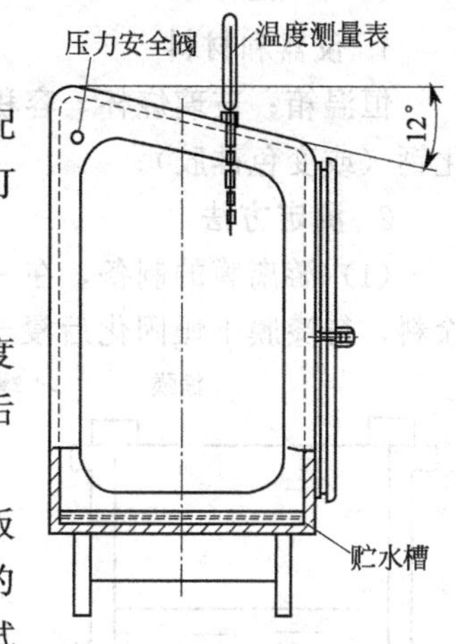

图 5-10　气密箱示意

3. 测定方法

(1) 按产品要求制备试板并干燥，然后在恒温恒湿［温度 (23±2)℃，相对湿度 (50±5)%］条件下至少处置 16h，随后应尽可能快地投入试验。

(2) 往气密箱底部的槽中装入 (2±0.2)L 蒸馏水。把试板垂直排列在箱内的支架上，且安排在同一水平上，试板相互的间距至少为 20mm，试板的下缘至少应在水面上方 200mm，试板总面积最好为 $(0.5±0.1)m^2$。

(3) 关上设备后，按规定通入 0.2～1.0L SO_2，当漆膜厚度≤40μm 时，一般推荐一个周期通入 0.2L SO_2。

(4) 通入SO_2后，打开加热器，通过加热箱底水槽使箱温升高，在约 1.5h 内将空气温度升至 (40±3)℃，并保持此温度直至从试验周期开始计时共 8h 为止。

(5) 关闭加热器，将门敞开或升起箱罩，使试板处于室温16h，共24h为一周期，并可做中间检查。

(6) 把试板放回箱内，在加热前把箱底水槽存水排尽，更换新蒸馏水，重新进行周期试验，直至按产品标准规定的试验周期或达到一定等级要求时为止。

(7) 将试板从箱内取出，用滤纸吸干，立即检查每块试板的起泡或其他损坏迹象。把试板在室温中放置24h，再检验试板表面的变色、锈点、变脆等其他破坏现象。

4. 结果表示

观察漆膜表面是否有起泡、起皱、失光、变色、锈点、变脆等。

5. 设备说明

(1) 气密箱容量为(300±10)L，它的底部是一个水封槽．并配有加热水的装置，以满足箱内温、湿度的要求。

(2) 气密箱由惰性材料构成，箱的大小和设计无需很严格，但应具有斜顶，以防止冷凝的潮气滴落在试板上。

(3) 气密箱顶部有一个控制温度的装置，以测量试板上部空间之温度。箱子上部侧面装有压力安全阀，以释放过量压力，而SO_2进气管则直接安在水槽上部。

(4) 箱内的试板支架也应由惰性材料制成，并使排列的试板与箱壁或盖相距至少100mm，支架应有足够的大小以容纳总面积为0.5m^2的试板。

6. 参照标准

国际标准ISO 3231—1998、英国标准BS 3900：F8—1993。

七、耐水气渗透性

金属底材可以用涂料进行保护，但水气仍可以透过涂膜到达金属底材而引起腐蚀，通过水气透过率(WVT)的测定，可用来评定涂膜耐腐蚀性的优劣。水气透过率越小，则说明该涂膜抵抗高温、高湿条件的水气渗透性越好，也即其耐腐蚀性越好。

(一) 湿杯法

1. 仪器和材料

恒温箱；玻璃烧杯，容积50mL；分析天平，精确至0.001g；干燥器；干燥剂，无水氯化钙(或变色硅胶)。

2. 测定方法

(1) 游离膜的制备，在一平面玻璃上均匀刷一层水膜，干后在其上刷涂或喷涂一道所试涂料，待漆膜干燥固化后浸于水中，几小时后就能很容易地把膜揭下。经检查游离膜无颗粒、针孔等弊病就可投入试验。

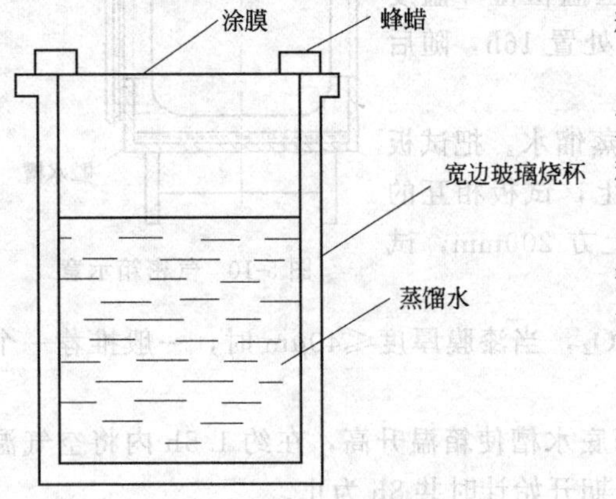

图5-11 水汽渗透杯示意

(2) 将游离膜覆在内盛约2/3体积蒸馏水的宽边玻璃烧杯上，见图5-11，用蜂蜡封边固定，称重，准确至0.001g。

(3) 将该渗透杯置于内有无水氯化钙的干燥器中一起放入(40±1)℃的恒温箱中。每24h称重渗透杯一次，约进行一周试验。

3. 结果表示

由下式计算涂膜的水气渗透速率：

$$Q=\frac{(W_0-W_1)l}{St}$$

式中　Q——涂膜水气渗透速率，$mg \cdot \mu m/(cm^2 \cdot 24h)$；

W_0——试验前带有水和涂膜的渗透杯质量，mg；

W_1——试验后带有水和涂膜的渗透杯质量，mg；

l——涂膜平均厚度，μm；

S——涂膜试验面积，cm^2；

t——水气渗透时间，h。

以实测数据表示，最好同时做两个平行试验。

4. 参照标准

美国 ASTM D 1653—2008。

（二）干杯法

1. 范围及说明

除上述介绍的方法外，也可在光滑的易剥离底材上，如氟化乙烯-丙烯塑料板、涂有卤硅烷的玻璃板以及聚四氟乙烯塑料片等底材上制备涂膜，干后将膜揭下用于试验。

2. 仪器和材料

湿热箱；玻璃烧杯，容积 50mL；分析天平，精确至 0.001g；干燥器；干燥剂，无水氯化钙，选取粒径 0.60～2.36mm，使用前在 200℃温度下干燥 2h。

3. 测定方法

（1）游离膜的制备，在氟化乙烯-丙烯塑料板或涂有卤硅烷的玻璃板以及聚四氟乙烯塑料片等底材上制备均匀涂膜，干后将膜揭下。经检查游离膜无颗粒、针孔等弊病就可投入试验。

（2）将游离膜用蜡密封在内含干燥剂的玻璃烧杯上，称重，准确至 0.001g。

（3）将该渗透杯放入湿热箱内，试验条件为温度 38℃、相对湿度 90%，水气透过涂膜被杯内干燥剂吸收，渗透杯重量逐渐增加。

（4）每隔一定时间（如 24h）称量一次，当重量增加值稳定时，再连续试验三个时间段，由此重量增加的平均值除以试样面积即为试样达到稳定态后的水气透过率。

4. 结果表示

以实测数据表示，最好同时做三个平行试验。

5. 参照标准

美国 ASTM D 1653—2008。

八、耐湿热性

（一）恒温恒湿试验

参见本书第一章第三节十四进行测定。

（二）浸渍、干燥、湿热组合试验

1. 范围及说明

漆膜耐湿热试验是检验防腐蚀涂料的一个重要方法，为了使试验更符合实际使用情况及给出快速评定的结果，湿热试验也发展成多功能循环的组合，以改变以往的单一模式。由于漆膜有一定的吸水性，浸入水中吸水后漆膜会发生肿胀，经一定温度干燥，水分挥发，漆膜结构松弛，再于高湿度下进行作用，水气更易透过漆膜，引起漆膜起泡、湿附着力降低，发生底材的腐蚀。

2. 仪器和材料

浸水槽，配有恒温控制；恒温箱；湿热试验箱；蒸馏水（或去离子水），符合 GB/T

6682—2008 三级水要求。

3. 测定方法

(1) 按产品要求制备试板并干燥，然后在恒温恒湿［温度 (23±2)℃，相对湿度 (50±5)%］条件下放置 7d 后投入试验。

(2) 先将试板进行浸渍试验 1h(水槽温度可常温至 60℃，按产品要求设定)，应保证试板的 3/4 面积浸泡于液体中。

(3) 从浸水槽中取出试板常温干燥 1h，也可放人恒温箱中在规定温度下干燥 1h，干燥温度可按产品要求在室温至 80℃中选取。

(4) 最后把试板转入已预先调到温度 (45±5)℃、相对湿度 95%以上的湿热试验箱中 1h，每 3h 组成一个循环，重复上述循环至产品标准规定的时间或漆膜变化达到一定等级要求时为止。

(5) 本试验也可采用先进的复合循环试验仪，把浸渍、干燥、湿热的试验条件组合成一种复合循环，只需一台设备就可使试验连续进行，改变以往多台设备的间歇式操作。

4. 结果表示

按相应的漆膜耐湿热试验评定标准进行。

九、耐盐雾性

(一) 中性盐雾试验

参见本书第一章第三节十五进行测定。

(二) 循环盐雾/干燥试验

1. 范围及说明

本试验系在盐雾和干燥两种条件间进行简单循环，也称 Prohesion 循环腐蚀试验，主要用于工业防腐涂料的检测，对丝状腐蚀试验也有良好的效果。

2. 仪器和材料

盐雾箱，符合中性盐雾试验要求，增有空气流动装置；盐溶液，0.05%氯化钠和 0.35%硫酸铵的电解质溶液。

3. 测定方法

(1) 将试板放人盐雾箱内，在 25℃ (或环境温度) 下喷雾 1h，在喷雾期间，不对盐雾箱进行加热。

(2) 本试验不采用增湿空气，为避免空气增湿，需排空饱和塔，并确保塔内加热器是关闭的，或安排喷雾管道，使雾化空气不经饱和塔而直接进入喷嘴。

(3) 接着在 35℃温度下干燥 1h，在从盐雾期间转换成干燥期间的 0.75h 内，整个暴露区的温度应达到并保持在 (35±1.5)℃。

(4) 在干燥期间向盐雾箱内输入新鲜空气，使在 0.75h 内样板上的可见液滴全部被挥发掉。

(5) 上述 1h 盐雾、1h 干燥组成一个循环，连续试验至产品规定进行的循环数或漆膜变化达到一定等级要求时为止。

4. 结果表示

观察漆膜是否有起泡、生锈、开裂、附着力降低等现象。

(三) 二氧化硫盐雾试验

1. 范围及说明

本试验由周期性地喷盐雾与直接向箱内通入二氧化硫气体组成，利用此组合来模拟室外侵蚀环境中发生的腐蚀过程，以判定防腐蚀涂料在恶劣环境中的耐腐蚀性。

2. 仪器和材料

盐雾箱，符合中性盐雾试验要求；SO_2气体钢瓶，配有流量计、计时器和电磁阀，见图5-12；盐溶液，浓度为（50±5)g/L。

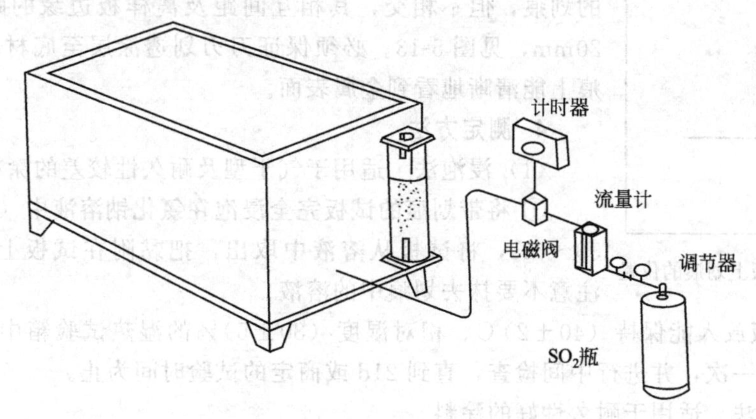

图 5-12　通入盐雾箱 SO_2 管线简图

3. 测定方法

(1) 将试板放入盐雾箱内，连续喷雾。箱温保持在（35±2)℃，每 24h 通入四次 SO_2气体（每 6h 一次)，每次通入 SO_2气体 1h，每 24h 为一周期，连续试验至产品规定进行的周期数或漆膜变化达到一定等级要求时为止。

(2) 也可将试板放入盐雾箱后，连续喷雾 0.5h，通入 SO_2 0.5h，再常温保持浸润湿度 2h，每 3h 为一周期，连续试验至产品规定进行的周期数或漆膜变化达到一定等级要求时为止。

4. 结果表示

观察漆膜有否起泡、生锈、开裂、附着力降低等现象。

5. 盐雾箱要求

(1) 确保空气饱和器中的温度为（47±1)℃，箱内曝露区温度保持在（35±2)℃。

(2) 位于盐雾箱中部的雾化分散塔其塔顶挡板处钻八个孔，以使 SO_2气体能均匀地分散于箱中。

(3) 收集盐溶液的 pH 值范围为 2.5～3.2。

6. 参照标准

美国 ASTM G 85—2009、德国 DIN 50018—1997。

十、丝状腐蚀试验

1. 范围及说明

丝状腐蚀是指在涂层下金属底材上发生像线状结构并定向生长的一种特殊性的腐蚀，在涂层表面可以看到，它通常在 20～35℃、相对湿度 60%～90%条件下发生。本方法用于评价涂层在微量盐分和高相对湿度条件下对由于划痕而引起金属底材产生丝状腐蚀的防护能力。

2. 仪器和材料

湿热试验箱；盐雾试验箱；钢板，150mm×100mm；划痕工具，单刃切割刀具或刻蜡版的钢笔；氯化钠溶液，1g/L(浸泡法)，50g/L(盐雾法)。

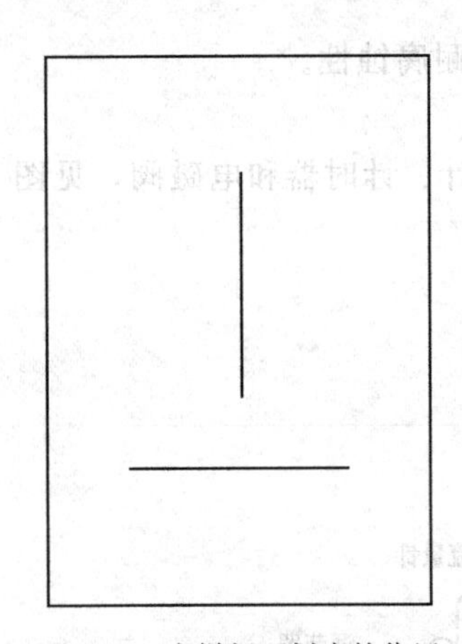

图 5-13 在样板上划痕的位置

3. 样板准备

(1) 按产品要求制备试板并干燥，然后在恒温恒湿［温度(23±2)℃，相对湿度 (50±5)%］条件下至少处置 16h。

(2) 使用划痕工具在每块试板上刻划两条长 50mm 互相垂直的划痕，但不相交，其相互间距及离样板边缘的距离都不小于 20mm，见图 5-13。必须保证刀刃划透涂层至底材，使在整条划痕上能清晰地看到金属表面。

4. 测定方法

(1) 浸泡法 适用于气干型及耐久性较差的涂料。

① 将带划痕的试板完全浸泡在氯化钠溶液中（浓度为 1g/L）30～60s，将试板从溶液中取出，把黏附在试板上的液滴抹去，注意不要抹去划痕中的溶液。

② 把试板放入能保持 (40±2)℃、相对湿度 (80±5)%的湿热试验箱中，每隔 3～4d 重复浸泡操作一次，并进行中间检查，直到 21d 或商定的试验时间为止。

(2) 盐雾法 适用于耐久性好的涂料。

① 将带划痕的试板放在盐雾箱中暴露 4～24h，取出后把黏附在试板上的液滴抹去，注意不要抹去划痕中的溶液。

② 把试板放入能保持 (40±2)℃、相对湿度 (80±5)%的湿热试验箱中，每 168h 重复进人盐雾箱操作一次，并进行中间检查，直至 1008h(42d) 或商定的试验时间为止。

5. 结果表示

丝状腐蚀以其缝的长度、密度、丝总分布高度来评定，以“轻微”、“中等”和“严重”来表示。

6. 参照标准

国家标准 GB/T 13452.4—2008、美国 ASTM D 2803—2009。

十一、冷热交替试验

1. 范围及说明

本方法是检验防腐蚀涂料在经受骤冷骤热的情况下，其漆膜抵抗被破坏的能力。由于使用环境中温度的变化，底材和漆膜的冷热收缩，引起漆膜的机械强度下降，可根据破坏现象来判断漆膜耐冷热交变的优劣。

2. 仪器和材料

低温箱，低温能达－20℃以下；恒温箱；钢板，尺寸 150mm×70mm×1mm。

3. 测定方法

(1) 样板制备，在样板上喷涂底、面漆各一道（间隔 24h），普通型漆膜总厚度为 90～100μm，厚膜型漆膜总厚度为 250～350μm，放置 7d 后投入试验。

(2) 将试板置于保持 (－20±2)℃的低温箱中，使板的涂漆面向上，水平放置 1h，取出后于 (23±2)℃的室内放置 30min，再置于保持 (80±2)℃的恒温箱中 1h，取出后在 (23±2)℃的室内再放置 30min，此为一个循环。

(3) 根据产品标准要求试验几次循环后，检查漆膜。若三块试板中有两块以上看不出有起泡、开裂、剥落现象时，则认为“漆膜无异常”。

4. 参照标准

行业标准 HG/T 2884—1997。

十二、耐候性

1. 范围及说明

耐候性一般包括天然曝晒试验和人工加速老化试验，可参见本书第一章第五节九和十进行测定，但对于防腐蚀涂料，既要抵抗大气中的腐蚀因素（盐雾和水气等），又要经受阳光辐射和雨水、凝露的作用，因此采用组合试验方法来测定耐候性比较符合涂层使用的实际情况，是目前推广和应用的方法之一。

2. 仪器和材料

荧光紫外（UV）/凝露试验箱，紫外灯管为UVA-340，仪器结构示意如图5-14所示；盐雾/干燥试验箱，装有温度控制器和空气流动装置；盐溶液，含有0.05%氯化钠和0.35%硫酸铵。

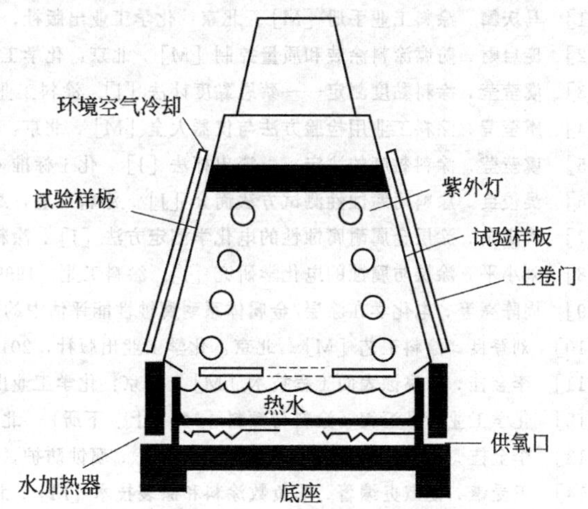

图5-14　荧光紫外/凝露试验箱横截面示意

3. 测定方法

(1) 先将试板放入UV/凝露试验箱中进行人工加速老化试验。试验条件为4h UV照，箱温保持在(60±3)℃，然后4h凝露，箱温保持在(50±3)℃，交替循环至168h。

(2) 将试板取出后再进入盐雾/干燥试验箱中进行腐蚀试验。试验条件为1h喷雾，箱温为室温(23±2)℃，然后1h干燥，箱温保持在(35±2)℃，交替循环至168h。在24h期间连续收集的盐雾沉降率应为1～2mL/h。

(3) 连续试验336h为一周期，交替循环至产品规定进行的周期数或漆膜变化达到一定等级要求时为止。

4. 结果表示

按相应的盐雾试验和人工加速老化试验评定标准进行。

5. 参照标准

国际标准ISO 11997-2—2006、美国ASTM D 5894—2005。

思考与练习

1. 防腐涂料的基本性能有哪些？
2. 防腐涂料主要检测那几大方面内容，并举例各个方面包括哪些小方面？
3. 防腐涂料的黏度测定方法分哪几种？这几种各有什么优缺点？
4. 什么是*TI*？
5. 列举涂料在应用过程中有哪些施工方法？
6. 什么是刷涂无障碍、喷涂无障碍？
7. 什么是对面漆无不良影响？
8. 什么是对下道漆无不良影响？
9. 简述双组分产品的混合性测定过程和试用期测定过程？
10. 什么是涂布率？
11. 干燥时间的测定方法有哪几种？并简述其中的几种。
12. 简述遮盖力和流挂性的测量方法？
13. 贮存稳定性的几种表达方式？

14.“漆膜外观正常”的表现形式是什么？

15. 简述硬度测试方法及硬度等级分布情况。

16. 附着力测定的方法及表现形式是什么？

17. 杯突实验的作用是什么？

参 考 文 献

[1] 马庆麟．涂料工业手册［M］．北京：化学工业出版社，2001.

[2] 庞启财．防腐涂料涂装和质量控制［M］．北京：化学工业出版社，2003.

[3] 虞莹莹．涂料黏度测定——蔡恩黏度计法［J］. 涂料工业，1999，29（7）：41-42.

[4] 虞莹莹．涂料工业用检验方法与仪器大全［M］．北京：化学工业出版社，2007.

[5] 虞莹莹．涂料黏度的测定——流出杯法［J］．化工标准·计量·质量，2005，02：25-27.

[6] 吴俊良．涂料耐腐蚀性测试方法简介［J］．涂料工业，2001，31（6）：49-53.

[7] 吴庆余．涂层金属耐腐蚀性的电化学测定方法［J］．涂料工业，1996，(1)：37-38.

[8] 刘小平．涂层防腐蚀的电化学研究［J]. 涂料工业，1999，(2)：37-40.

[9] 周陈亮等．电化学在涂层/金属体系耐腐蚀性能评估中的应用［J]，涂料工业，1998，(9)：42-44.

[10] 刘登良．涂料工艺［M］．北京：化学工业出版社，2010.

[11] 李金桂．防腐蚀表面工程技术［M］．北京：化学工业出版社，2003.

[12] 化学工业标准汇编．涂料与颜料［M］(上、下册)．北京：中国标准出版社，2003.

[13] 李金桂．现代化城市建设与腐蚀防护［J］．腐蚀防护，1988，(1)：7-12，43.

[14] 王受谦．杨淑贞编著．非负数涂料和涂装技术［M］．北京：化学工业出版社，2001.

[15] 中国工业防腐蚀技术协会．中国防腐蚀标准汇编［M］．北京：中国标准出版社，2006.

[16] 杨锋，吴庆余，李淑柱，易英．防腐蚀涂料［J］．涂料工业，1999，09，32-35.

[17] 虞兆年．防腐蚀材料和涂装［M］．北京：化学工业出版社，1994.

[18] 吴荫顺，方智等．腐蚀试验方法与防腐蚀检测技术［M］．北京：化学工业出版社，1996.

[19] 李久青．腐蚀试验方法及监测方法及检测技术［M］．北京：中国石化出版社，2007.

[20] 初世宪，王洪仁．工程防腐蚀指南：设计材料方法监理检测［M］．北京：化学工业出版社，2006.

第六章　特种涂料检测技术

学习目的

本章介绍了防火涂料、铁道涂料、船舶涂料及航空涂料的检验，重点在于特种涂料专用性能测试方法的掌握，特种涂料表征的专用术语必须理解，难点在于各种专用涂料测试方法的区别[1,2]。

第一节　防火涂料的检验

防火涂料是一种功能性涂料，具有一般涂料的装饰和保护性能，同时涂膜本身具有不燃和难燃性，可以防止和延缓被火焰点燃，一旦着火时能迅速发生物理化学变化，对底材的燃烧起到阻止火焰蔓延、减弱火焰的传递速度、提高耐火极限的作用。

防火涂料品种很多，根据使用对象不同，有饰面型防火涂料、钢结构防火涂料、预应力混凝土楼板防火涂料、电缆防火涂料和专用阻燃涂料等，同时根据实际的应用场合又分室内、室外超薄型，薄涂型和厚涂型防火涂料。按照成膜物质不同，有无机防火涂料和有机防火涂料。根据防火作用的机理和阻燃效能又分膨胀型和非膨胀型。根据组成不同又有溶剂型、乳液型和粉状型等单组分、双组分和三组分等品种，因此防火涂料除一般的物理性能检验外，各个品种均有一些特殊性能的检验。

一、防火涂料液态性能检测

1. 在容器中的状态

（1）材料　调刀或玻璃棒。

（2）测定方法　打开贮存涂料的容器盖，用调刀或玻璃棒搅拌容器内的试样，多组分涂料则按规定比例混合均匀后，观察涂料在容器中的状态。

（3）结果表示　搅拌后试样应呈均匀液态，或呈均匀稠厚流体状态，无结块。

2. 黏度的测定

参照本书第一章第一节七黏度测定方法进行检验。

3. 细度的测定

参照本书第一章第一节六测定方法检验。

4. 固体含量的测定

参照本书第一章第一节八进行检验。

二、防火涂料成膜性能检测

（一）漆膜的制备

1. 钢结构防火涂料[3]

（1）范围及说明　钢结构防火涂料是施涂于建筑物及构筑物的钢结构表面，能形成耐火隔热保护层以提高钢结构耐火极限的涂料。钢结构防火涂料按使用场所可分为室内、室外钢结构防火涂料，汉语拼音字母缩写 N 和 W 分别代表室内和室外。钢结构防火涂料按使用厚度可分为超薄型、薄型和厚型钢结构防火涂料，CB、B 和 H 分别代表超薄型

(厚度≤3mm)、薄型（厚度＞3mm 且≤7mm）和厚型（厚度＞7mm 且≤45mm）三类。

（2）底材及预处理　采用 Q235 钢材作底材，彻底清除锈迹后，按规定的防锈措施进行防锈处理。若小作防锈处理，应提供权威机构的证明材料证明该防火涂料不腐蚀钢材或按钢结构防火涂料腐蚀性的评定方法增加腐蚀性检验。

钢结构防火涂料腐蚀性的评定方法如下。

① 范围及说明。钢结构防火涂料腐蚀性的评定方法仅适用于未采用防锈漆、防锈液等防锈材料对钢基材作防锈处理而直接施涂于钢基材表面的钢结构防火涂料。在规定的试验条件下，该钢结构防火涂料应不腐蚀钢材。

② 试验步骤。制样取 Q235 钢板彻底清除锈迹后，选其中一面按规定的施工工艺将涂料施涂于表面；将制作好的试样（涂覆表面）向上水平放置在试验台上，存放时间为 720h。存放条件为环境温度（30±5)℃，相对湿度（60±5)%。

③ 结果表示。试样存放至规定时间后，剥开涂层，涂覆面钢材应无锈蚀。要求三个试样中至少有两个符合要求；否则，判定该涂料腐蚀性不合格。

注：腐蚀性检验结果小参与涂料产品质量的综合判定，但应在报告中明确注明腐蚀性是否合格。

（3）试样尺寸与数量　检验用试样底材的尺寸与数量见表 6-1。试样制作时不应含涂层的加固措施，也可供需双方协商。

表 6-1　试样底材的尺寸与数量

序　号	项　　目	尺寸/mm	数量/件
1	外观与颜色	150×70×(6～10)	1
2	干燥时间	150×70×(6～10)	3
3	初期干燥抗裂性	300×150×(6～10)	2
4	黏结强度	70×70×（6～10)	5
5	耐曝热性	150×70×(6～10)	3
6	耐湿热性	150×70×(6～10)	3
7	耐冻融循环性	150×70×(6～10)	4
8	耐冷热循环性	150×70×(6～10)	4
9	耐水性	150×70×(6～10)	3
10	耐酸性	150×70×(6～10)	3
11	耐碱性	150×70×(6～10)	3
12	耐酸无腐蚀性	150×70×(6～10)	3
13	耐蚀性	150×70×(6～10)	3

（4）试样的制备

① 按涂料产品规定的施工工艺进行样板涂覆，理化性能试样的涂层厚度分别为：CB 类 (1.50±0.20)mm，B 类（3.5±0.5)mm，H 类（8±2)mm。达到规定厚度后抹平和修边，保证均匀平整，其中对于复层涂料作装饰或增强耐久性等作用的面层涂料：CB 类厚度不超过 0.2mm、B 类不超过 0.5mm、H 类不超过 2mm，增强与底材的黏结或作防锈处理的底层涂料厚度 CB 类不超过 0.5mm、B 类不超过 1mm、H 类不超过 3mm。

② 涂好的试样涂层面向上水平放置在试验台上干燥养护，除用于试验表干时间和初期干燥抗裂性的试样外，其余试样的养护期规定为：CB 类不低于 7d，B 类不低于 10d，H 类不低于 28d。产品养护有特殊规定的除外。

③ 养护期满后方可进行试验。

④ 耐水性、耐湿热性、耐酸性、耐碱性和耐盐雾腐蚀性的试样在养护期满后，用 1∶1

的石蜡与松香的熔液封堵其周边（封边宽度不得小于5mm），养护24h后再进行试验。

2. **饰面型防火涂料**

（1）范围及说明　饰面型防火涂料是涂于可燃基材（如木材、纤维板、纸板及其制品等）表面，能形成具有防火阻燃保护和装饰作用涂膜的一类防火涂料的总称。

用于制造饰面型防火涂料的原料应预先检验，不宜用有害人体健康的原料和溶剂。在施工实干后，应没有刺激性气味。

（2）试样的制备

① 饰面型防火涂料可用刷涂、喷涂、辊涂和刮涂中的任何一种或多种方法进行施工，所以理化性能检验所需的样板可依照具体的产品的技术特性，按本书第一章第二节一规定的方法进行试样的制备。

② 防火性能试验所需样板按照本章第五节具体防火项目的检验方法制板。

（二）干燥时间的测定

参照本书第一章第二节二中的表干和实干测定方法进行检验

（三）外观与颜色

参照本书第一章第三节三进行检验。制作的试样涂层干燥养护期满后，同厂方提供或与用户协商规定的样品相比较，外观与颜色同样品相比应无明显差别。

（四）初期干燥抗裂性

1. **范围及说明**

本试验方法适用于室内外钢结构防火涂料的监测。采用强制气流的方式，经一定时间的作用，以考核涂膜的干燥抗裂性。

2. **仪器和材料**

初期干燥抗裂性试验仪，见图6-1，该装置由轴流风机、风洞和试架组成，风洞截面为正方形，有调压器调节风机转速，使风速控制在（3±0.3）m/s；Q235钢板，尺寸300mm×50mm×（6～10）mm，数量2件；测量尺，最小刻度0.5mm。

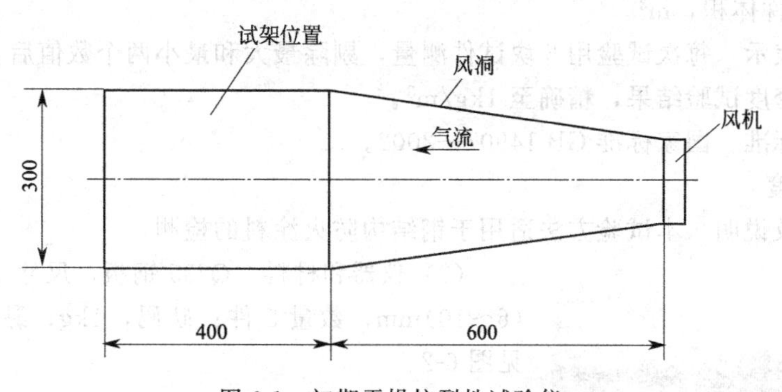

图6-1　初期干燥抗裂性试验仪

3. **测定方法**

（1）采用Q235钢板做底材，彻底清除锈迹后，用涂料产品规定的防锈漆、防锈液等防锈材料对钢基底材作防锈处理。

（2）按涂料产品规定的施工工艺进行涂布，试件涂层厚度分别为超薄型（1.50±0.20）mm、薄型（3.5±0.5）mm、厚型（8±2）mm，达到规定厚度后应抹平和修边，保证均匀平整。

（3）若需涂布作为装饰或增强耐久性等作用的面层涂料，其涂层厚度应不超过：超薄型0.2mm、薄型0.5mm，厚型2mm。

(4) 涂料施工完成后，立即将试板置于图 6-1 所示风洞内的试架上面，试件与气流方向平行，放置 6h 后取出。用肉眼观察试件表面有无裂纹出现，或用适当的器具测量裂纹宽度。

4. 结果表示

用目测检查，以涂膜不应出现裂纹，或按产品规定允许出现 1～3 条裂纹，但其宽度应在可允许的范围内则为合格。要求 2 个试样均符合要求。

5. 参照标准

国家标准 GB 14907—2002、国家标准 GB/T 9779—2005。

三、防火涂料力学性能检测

1. 附着力

参照本书第一章第三节七的方法进行检验。

2. 柔韧性

参照本书第一章第三节六进行检验。

3. 耐冲击性

参照本书第一章第三节五方法进行检验。

4. 干密度

(1) 范围及说明　本试验方法适用于钢结构防火涂料的检测。

(2) 试块的制作　先在规格为 70.7mm×70.7mm×70.7mm 的金属试模内壁涂一薄层机油，将拌和好的涂料注满试模内，轻轻振摇试模，并用油漆刮刀插捣抹平，待基本干燥固化后脱模，放置在规定的试验条件下干燥，养护期满后，再放置在 (60±5)℃的烘箱中干燥 48h，然后再放置在干燥器内冷却至室温。

(3) 测定方法　采用直尺和称量法测量试块的体积和质量，按下式计算干密度：

$$\rho = G/V$$

式中　ρ——干密度，kg/m^3；

G——试件质量，kg；

V——试件体积，m^3。

(4) 结果表示　每次试验用 5 块试件测量，剔除最大和最小两个数值后，取剩下三块的平均值作为干密度试验结果，精确至 $1kg/m^3$。

(5) 参照标准　国家标准 GB 14907—2002。

5. 黏结强度

(1) 范围及说明　本试验方法适用于钢结构防火涂料的检测。

(2) 仪器和材料　Q235 钢板，尺寸 70mm×70mm×(6～10)mm，数量 5 件；砝码，1kg；黏结强度试验机，见图 6-2。

图 6-2　黏结强度试验机

(3) 测定方法

① Q235 钢板作底材，使用前，应采用钢铲、钢刷等工具清除锈迹，涂两道防锈漆。

② 按涂料产品的施涂工艺要求进行涂覆制板。薄型涂料试板的涂层厚度为 3～4mm，厚型涂料试板的涂层厚度为 8～10mm。达到规定厚度后，应适当抹平和修边，保证均匀平整。涂好的试板涂层面向上水平放置在试验台上干燥养护，有水泥成分的涂料养护期 28d，无

水泥成分的涂料养护期 10d。

③ 将试件的涂层中央约 40mm×40mm 面积内均匀涂刷高黏结力的黏结剂，然后将钢制联结件轻轻黏上并压下约 1kg 重的砝码，小心去除联结件周围溢出的黏结剂，在环境温度 5～35℃、相对湿度 50%～80%的条件下放置 3d 后去掉砝码，沿钢联结件的周边切割涂层至板底面，然后将黏结好的试件安装在试验机上；在沿试件底板垂直方向施加拉力，以约 1500～2000N/min 的速度加载荷，测得最大的拉伸载荷，结论中应注明破坏形式，如内聚力破坏或附着力破坏。

④ 每一试件黏结强度按下式求得：

$$f_b=\frac{F}{A}$$

式中　f_b——黏结强度，MPa；

F——最大拉伸载荷，N；

A——黏结面积，mm²。

(4) 结果表示　结果以 5 个试验值中去掉大误差值后的平均值表示，结论中应注明破坏形式，如内聚破坏或附着破坏。

(5) 参照标准　国家标准 GB 14907—2002。

6. 抗压强度

(1) 范围及说明　本试验方法适用于钢结构防火涂料的检测。

(2) 试块的制作　先在规格为 70.7mm×70.7mm×70.7mm 的金属试模内壁涂一薄层机油，将拌和好的涂料注满试模内，轻轻振摇试模，并用油漆刮刀插捣抹平，待基本干燥固化后脱模，放置在规定的试验条件下干燥，养护期满后，再放置在 (60±5)℃ 的烘箱中干燥，18h，然后再放置在干燥器内冷却至室温。

(3) 测定方法　将试块的侧面作为受压面，置于压力试验机的加压座上，试样的中心线与压力机中心线应重合，以 150～200N/min 的速度均匀加载荷至试样破坏，在接近破坏载荷时更应严格掌握。记录试样破坏时的载荷读数。

每块试样的抗压强度按下式计算：

$$R=\frac{P}{A}$$

式中　R——抗压强度，MPa；

P——破坏载荷，N；

A——受压面积，mm²。

(4) 结果表示　每次试验用 5 块试件测定，剔除最大和最小两个数值后，取剩下三块的算术平均值作为抗压强度试验结果。

(5) 参照标准　国家标准 GB14907—2002。

7. 抗振性

(1) 范围及说明　本试验方法适用于钢结构防火涂料的检测。

(2) 试件准备　底材为普通无缝钢管，外径 48mm，壁厚 4mm，长 1300mm，表面经除锈和防锈处理后，按产品说明书规定的工艺条件涂覆待测涂料，厚度 3～4mm，涂好的试件放置在标准或产品说明书规定的环境条件下干燥。

(3) 测定方法　将干燥后的钢管试件一端用焊接或嵌入支座的方式固定（嵌固长度不超过 100mm），另一自由端竖直向上，施侧向拉力，使自由端水平位移达 L/200，见图 6-3 所示。以突然释放的方式让其自由振动。反复试验三次，试验停止后，观察试件上涂层有无起层、脱落发生。记录变化情况。

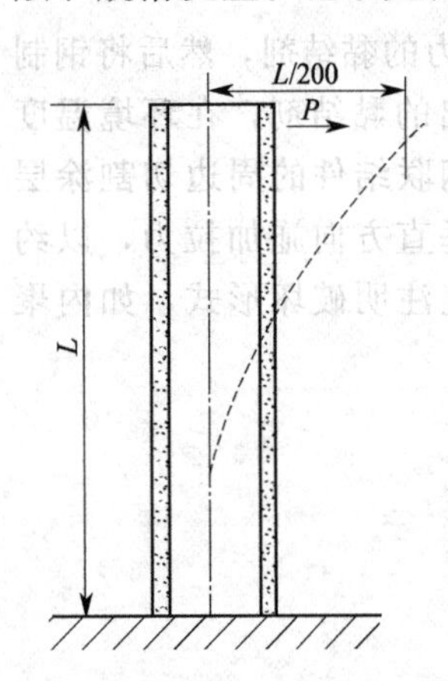

图 6-3　抗振试件安装和位移

（4）结果表示　起层、脱落的涂层面积不超过 $1cm^2$ 即为抗振性合格。

8. **抗弯性**

（1）范围及说明　本试验方法适用于钢结构防火涂料的检测。

（2）试件制备　与本章节七中试件制备相同。

（3）测定方法　试件干燥后，将其两端简支平放在压力机工作台上，两支点间距离 $L=1000mm$，在支点间中位加压，1min 内令其弯曲至 $L/100$，维持弯曲受力时间 30min，去除加压力，取下试件，观察试件上加压接触点 50mm 以外的涂层有无起层、脱落发生。记录变化情况。

（4）结果表示　起层、脱落的涂层面积不超过 $1cm^2$ 即为抗弯性合格。

四、防火涂料耐性检测

（一）耐水性

1. 范围及说明

本试验方法适用于钢结构防火涂料、饰面型防火涂料的检测。

2. 试板制作

（1）钢结构防火涂料　按本章第二节的相关方法进行制备并封边。使用前，作底材的钢板应采用钢铲、钢刷等工具清除锈迹，涂两道防锈漆。涂好的试板涂层面向上水平放置在试验台上干燥养护，有水泥成分的涂料养护期 28d，无水泥成分的涂料养护期 10d。

（2）饰面型防火涂料　参照本章第二节的相关漆膜制备中方法进行制板。

3. 测定方法

参照本书第一章第三节九进行检验。试验用水一般为自来水，水温（23±2）℃。

4. 结果表示

目测涂层有无起泡、起皱、剥落等情况，根据产品标准评定是否合格。要求 3 块试板中至少 2 块合格。

5. 参照标准

国家标准 GB/T 1733—1993、国家标准 GB 12441—2005、国家标准 GB 14907—2002。

（二）耐酸性

1. 范围及说明

本试验方法适用于钢结构防火涂料的检测。

2. 试板制作

同本章节一钢结构防火涂料试板的制作方法。

3. 测定方法

将试板的 2/3 垂直放置于 3%的盐酸溶液中至规定时间，取出垂直放置在空气中让其自然干燥。

4. 结果表示

目测涂层有无变化，根据产品标准评定是否合格。要求 3 个试板中至少 2 个合格。

5. 参照标准

国家标准 GB 14907—2002。

（三）耐碱性

1. 范围及说明

本试验方法适用于钢结构防火涂料的检测。

2. 试板制作

同本章节一钢结构防火涂料试板的制作方法。

3. 测定方法

将试板的2/3垂直放置于3%的氨水溶液中至规定时间，取出垂直放置在空气中让其自然干燥。

4. 结果表示

目测涂层有无变化，根据产品标准评定是否合格。要求3个试板中至少2个合格。

5. 参照标准

国家标准GB 14907—2002。

（四）耐溶剂性

本试验方法适用于电阻器用阻燃涂料的检测，具体方法参照第二章第五节四规定进行。

（五）耐热性

本试验方法适用于电阻器用阻燃涂料的检测，具体方法参照第二章第五节五规定进行。

（六）耐曝热性

1. 范围及说明

本试验方法适用于钢结构防火涂料的检测。

2. 试板制作

同本章节一钢结构防火涂料中的试板制作方法。

3. 测定方法

将试板垂直放置在（50±2)℃的环境中保持720h，取出后观察。

4. 结果表示

目测涂层有无变化，根据产品标准评定是否合格。要求3个试板中至少2个合格。

5. 参照标准

国家标准GB 14907—2002。

（七）耐湿热性

1. 范围及说明

本试验方法适用于钢结构防火涂料、饰面型防火涂料的检测。

2. 试板制作

同本章节一的试板制作方法。

3. 测定方法

（1）钢结构防火涂料　将钢结构防火涂料的检验试板垂直放置在相对湿度为（90±5)%、温度（45±5)℃的试验箱中，至规定时间后，取出试板垂直放置在不受阳光直接照射的环境中。自然干燥。

（2）饰面型防火涂料　饰面型防火涂料的耐湿热性具体方法参照本书第一章第五节六、的规定进行检验。

4. 结果表示

目测涂层有无变化，根据产品标准评定是否合格。要求3个试板中至少2个合格。

5. 参照标准

国家标准 GB/T 1740—2007、国家标准 GB 12441—2005、国家标准 GB 14907—2002。

（八）耐冷热循环性

1. 范围及说明

本试验方法适用于钢结构防火涂料的检测。

2. 试板制作

同本章节一钢结构防火涂料中的试板制作方法。

3. 测定方法

(1) 将试板的四周和背面用石蜡和松香的混合溶液（质量比 1∶1）涂封，在环境温度 5～35℃、相对湿度 50%～80%的条件下放置 1 天。

(2) 再将试板置于（23±2)℃的空气中 18h，然后将试板放入（－20±2)℃低温箱中，自箱内温度达到 18℃时起冷冻 3h，再将试板从低温箱中取出，立即放入（50±2)℃的恒温箱中，恒温 3h。

(3) 取出试板重复上述操作共 15 个循环。

4. 结果表示

要求 3 个试板中至少 2 个合格。

5. 参照标准

国家标准 GB 14907—2002。

（九）耐盐雾腐蚀性

1. 范围及说明

本试验方法适用于钢结构用防火涂料的检测。

2. 试板制作

同本章节一钢结构防火涂料中的试板制作方法。

3. 测定方法

(1) 将试板参照第一章第三节十五的规定进行检验。

(2) 完成规定的周期后，取出试板垂直置在小受阳光直接照射的环境中自然干燥。

4. 结果表示

要求 3 个试板中至少 2 个合格。

5. 参照标准

国家标准 GB 141907—2002。

（十）耐冻融循环性

1. 范围及说明

本试验方法适用于钢结构防火涂料的检测。

2. 试板制作

按本章第二节的相关方法进行制备并封边。使用前，作底材的钢板应采用钢铲、钢刷等工具清除锈迹，涂两道防锈漆。涂好的试板涂层面向上水平放置在试验台上干燥养护，有水泥成分的涂料养护期 28d，无水泥成分的涂料养护期 10d。

3. 测定方法

测定试验程序同本章（八），只是将（23±2)℃的空气改为水，共进行 15 个循环。

4. 结果表示

要求 3 个试板中至少 2 个合格。

5. **参照标准**

国家标准 GB 14907—2002。

五、防火涂料防火性能检测[4~8]

（一）耐燃时间

1. 范围及说明

本试验方法为大板燃烧法，测试涂覆于可燃基材表面的防火涂料的耐燃特性，适用于饰面型防火涂料。

2. 仪器和材料

（1）试验装置　见图 6-4，由试件架、燃烧器、喷射吸气器等组成，试验装置具体尺寸及组成示意如图 6-5 所示。

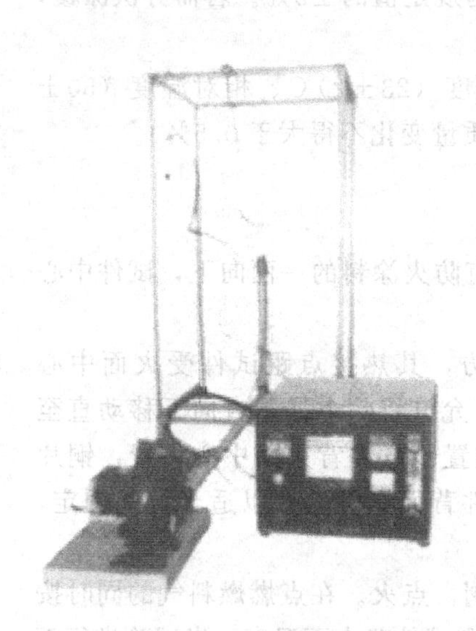

图 6-4　大板燃烧法试验设备

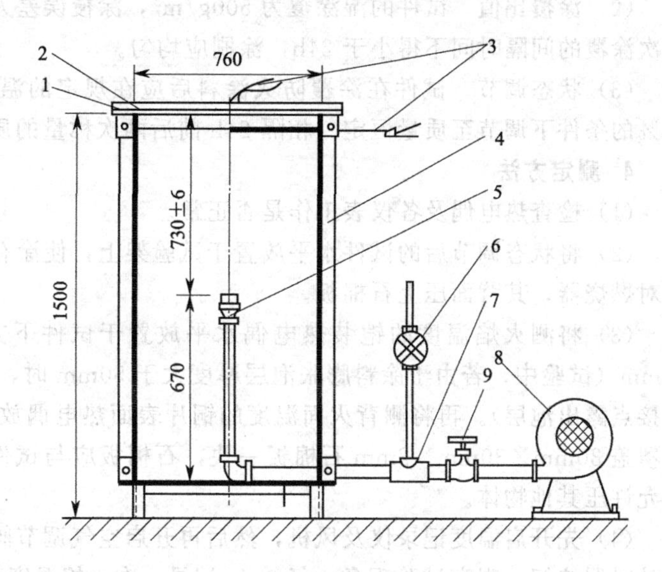

图 6-5　实验装置示意（单位：mm）
1—试件；2—石棉压板；3—热偶电；
4—试验架；5—燃烧器；6—燃料气调节阀；
7—喷射吸气器；8—风；9—空气调节阀

① 试验架为 30mm×30mm 角钢构成的框架，其内部尺寸为 760mm×760mm×1400mm。框架下端高 100mm，上端用以放置试件；石棉压板尺寸为 900mm×900mm×20mm，中心圆孔的直径为 500mm。

② 燃烧器由两个铜套管组合而成，其尺寸分别为：内径 42mm、壁厚 3mm、高 42mm 以及内径 28mm、壁厚 3mm、高 25mm。安装在公称直径为 40mm×32mm 变径直通管接头上。燃烧器口到试件的距离为（730±6）mm。

③ 喷射吸气器由公称直径为 32mm×32mm×15mm 的变径三通管接头以及旋入三通管接头一端的喷嘴所组成，喷嘴长 54mm，中心孔径为 14mm。鼓风机风量为 1～5m^3/min。

（2）调控装置

① 热电偶　温度监测均采用精度为Ⅱ级、K 分度的热电偶。其中，用于火焰温度监控采用外径不大于 3mm 的铠装热电偶；用于试件背火面温度测试采用丝径不大于 0.5mm 的热电偶，其热接点应焊在直径为 12mm、厚度为 0.2mm 的铜片中心位置。

② 温度记录仪和温度数字显示仪　温度记录仪的温度数字显示仪的分度号应与选用的

热电偶相匹配。温度记录仪为连续记录的电子电位差计，精度不低于0.5级（火焰温度测试可以采用精度为Ⅰ级）；温度数字显示仪精度为±1个字。

（3）计时器　采用石英钟或秒表，其计时误差不大于1s/h，读数分辨率1s。

（4）燃料　采用液化石油气或天然气。

（5）试验室　分为燃烧室和控制室两部分，两室间设有观察窗。燃烧室的长、宽、高限定为3～4.5m，试验架到墙的任何部位的距离不得小于900mm。试验时，不应有外界气流干扰。

3. 试件制备

（1）试验基材的选择和尺寸　试验基材为一级五层胶合板，试板尺寸为900mm×900mm，厚度控制在(5±0.2)mm。表面应平整光滑，并保证试板的一面距中心250mm平面内不得有拼缝和节疤。

（2）涂覆比值　试件的湿涂覆为500g/m²，涂覆误差为规定值的±2%。若需分次涂覆，两次涂覆的间隔时间不得小于24h，涂刷应均匀。

（3）状态调节　试件在涂覆防火涂料后应在规定的温度(23±2)℃、相对湿度(50±5)%的条件下调节至质量恒定（相隔24h前后两次称量的质量变化不得大于0.5%）。

4. 测定方法

（1）检查热电偶及各仪表工作是否正常。

（2）将状态调节后的试件水平放置于试验架上，使涂有防火涂料的一面向下，试件中心正对燃烧器，其背面压上石棉板。

（3）将测火焰温度的铠装热电偶水平放置于试件下方，其热接点距试件受火面中心50mm（试验中，若由于涂料膨胀泡层厚度大于50mm时，允许将热电偶垂直向下移动直至热接点露出泡层）。再将测背火面温度的铜片表面热电偶放置于试件背火面中心位置，铜片上覆盖30mm×30mm×2mm石棉板一块，石棉板应与试件背面紧贴，并以适当方式固定，不允许压其他物体。

（4）先开启温度记录仪及风机，然后再开启空气调节阀，点火。在点燃燃料气的同时按动计时器按钮。观察试验现象，每2min记录一次火焰温度和试件背火面温度。当试验进行至5min时，若燃气为液化石油气，供给量应为(16±0.4)L/min（相当于1632～1716kJ/min）。然后用调节空气供给量来控制火焰温度，整个试验过程按时间一温度标准曲线的要求升温，当试件背火面温度达到220℃或试件背火面出现穿透时，关闭燃气阀并记录燃烧试验时间(min)。

（5）整个试验过程的火焰温度　按下式计算：

$$T-T_0=345\lg(8t+1)$$

式中　T——t时的火焰温度，℃；

T_0——试验开始时的环境温度，℃；

t——试验经历的时间，min。

表示上式的函数曲线，即时间-温度标准曲线如图6-6所示，其对应的代表数值见表6-2。试验中实测的时间-温度曲线下的面积与时间-温度标准曲线下的面积的允许偏差：在试验的开始10min范围内为±10%；在试验的10min以后至30min范围内为±5%。

（6）每作完一次试验，室温需降至40℃以下时，方可进行下一次试验。

5. 结果表示

重复试验3个试件，以3个试件燃烧时间的平均值取其整数作为该防火涂料的耐燃时间(min)。

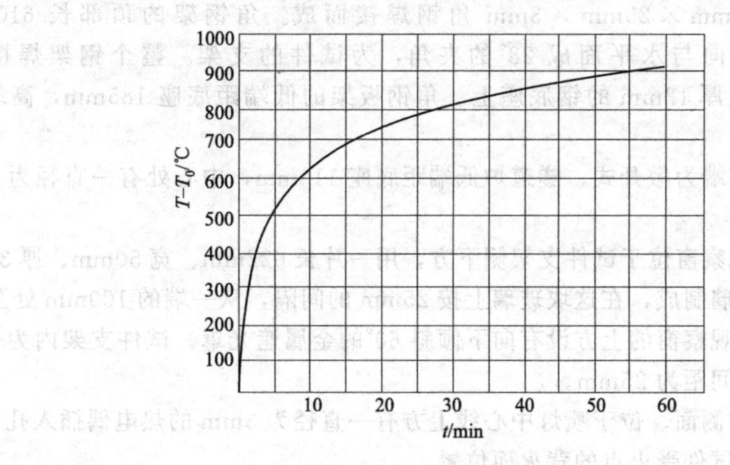

图 6-6　时间-温度标准曲线

表 6-2　随时间而变化的温升表

时间/min	温升 $T-T_0$/℃	时间/min	温升 $T-T_0$/℃	时间/min	温升 $T-T_0$/℃	时间/min	温升 $T-T_0$/℃
1	329	10	659	19	754	28	812
2	425	11	673	20	761	29	817
3	482	12	684	21	769	30	822
4	524	13	697	22	776	31	845
5	553	14	708	23	782	32	865
6	583	15	719	24	789	33	882
7	606	16	727	25	795	34	892
8	625	17	737	26	800	35	912
9	643	18	746	27	806	36	925

6. 参照标准

国家标准 GB/T15442.2—1995、国家标准 GB 12441—2005 附录 A。

（二）火焰传播比值[9]

1. 范围及说明

本方法为隧道燃烧法，规定了在实验室条件下以小型隧道炉测试涂覆于可燃基材表面防火涂料的火焰传播特性，适用于饰面型防火涂料火焰传播性能的测定。

2. 仪器和材料

(1) 隧道炉　见图 6-7，由角钢架及陶瓷纤维板（或石棉水泥板）构成，具体尺寸及组成如图 6-8 所示。

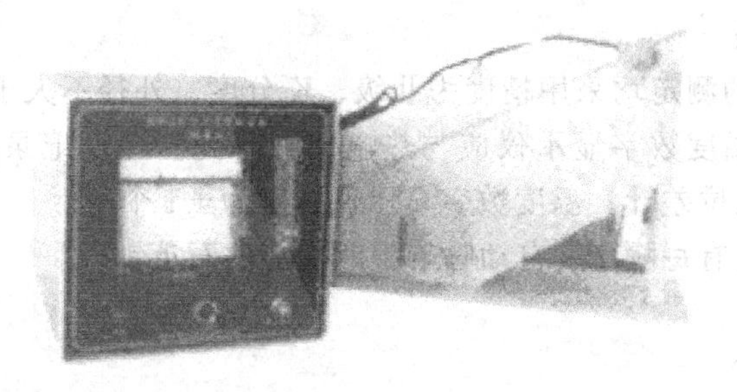

图 6-7　隧道燃烧法试验设备

① 角钢架由 25mm×25mm×3mm 角钢焊接而成。角钢架的顶部长 610mm、宽 100mm，其平面的纵向与水平面成 28°的夹角，为试件的支架。整个钢架焊接在一长 610mm、宽 250mm、厚 12mm 的钢底座上。角钢板架的低端距底座 185mm，高端距底座约 480mm。

② 隧道炉的烟道端为敞开式，隧道炉低端距底座 110mm，中心处有一直径为 25mm 的供气孔。

③ 耐热玻璃板观察窗位于试件支架侧下方，用一片长 622mm、宽 50mm、厚 3mm 的石英玻璃或耐热高硅玻璃制成，在这块玻璃上按 25mm 的间隔，从一端的 100mm 处至 500mm 处依次作上标记。在观察窗的上方设有向下倾斜 60°的金属遮光罩。试件支架内为一锯齿状的不锈钢标定板，齿间距为 25mm。

④ 在试板支架的侧面、位于喷灯中心线上方有一直径为 3mm 的热电偶插入孔，由此将热电偶的热接点送达试件受火点的背火面位置。

⑤ 隧道炉应置于无强制通风的室内。

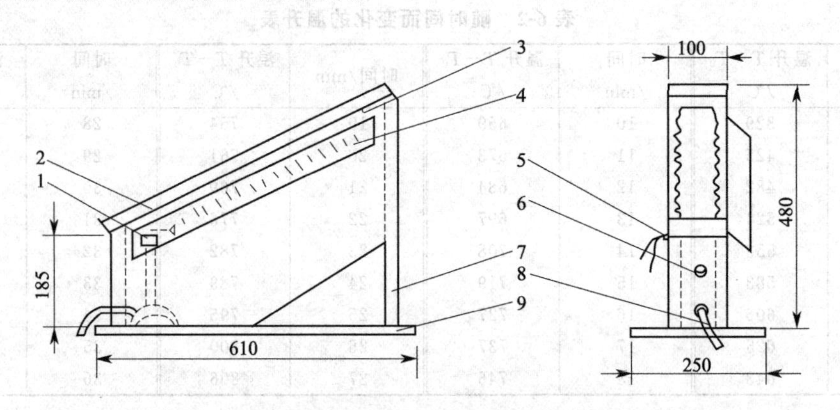

图 6-8 隧道炉示意 （单位：mm）

1—喷灯；2—热偶电插入孔；3—试件支架；4—玻璃观察窗；5—点火器；6—供气孔；7—构架；8—燃料气管；9—底座

(2) 燃烧器

① 燃烧器系顶部直径为 20mm、高约 200mm、带有可调空气吸入孔的煤气喷灯。

② 燃料可用天然气、液化石油气或城市煤气。喷灯应同所采用的燃气种类相适应，以便能吸入足量的空气从而形成蓝焰燃烧状态。

(3) 点火器 点火装置为高压电火花或其他适当的点火装置。

(4) 盖板 由绝热的石棉板和压在石棉板上的钢板组成，其尺寸均为长 600mm、宽 90mm、厚 10mm。

(5) 温度监测仪表

① 火焰中心温度的测定均采用精度为Ⅱ级、K 分度、外径不大于 3mm 的铠装热电偶。

② 温度记录仪和温度数字显示仪应与热电偶相匹配。温度记录仪采用精度不低于 0.5 级能连续记录的电子电位差计；温度数字显示仪精度为±1 个字。

(6) 计时器 为具有每隔 15s 自动鸣响报时功能的石英钟。

3. 试件制备

(1) 标准板及尺寸

① 石棉标准板。石棉标准板尺寸为长 600mm、宽 90mm、厚 6~8mm。

② 橡树木标准板。橡树木标准板为长 600mm、宽 90mm、厚 8～10mm，其气干密度为 0.7～0.85g/cm^3（或采用气干密度相近的壳斗科植物木材），板面要求平整光滑、无节疤、无缺陷，纹理应与板的长度方向一致。

(2) 试验基材的选择及尺寸。试验基材为一级五层胶合板，厚度为 (5±0.2)mm。试板长为 600mm、宽 90mm，试板表面应平整光滑、无节疤和明显缺陷。

(3) 涂覆比值。试件的湿涂覆比值为 500g/m^2，涂覆误差为规定值的±2%。若需分次涂覆，两次涂覆的间隔时间不得小于 24h，涂刷应均匀。

(4) 状态调节。试件在涂覆防火涂料后应在规定的温度 (23±2)℃、相对湿度 (50±5)% 的条件下调节至质量恒定（相隔 24h 前后两次称量的质量变化不得大于 0.5%）。

4. 测定方法

(1) 试验装置的校准　试验前，应先用标准板将试验装置加以校准。校准时规定，石棉标准板的火焰传播比值为“0”，橡树木标准板的火焰传播比值为“100”。

① 开启燃气阀，点燃燃料气，调整燃气供给量。当燃气为液化石油气时，供给量约为 860mL/min [相当于 (90±2)kJ/min]。吸入空气量应调至火焰内部发蓝，从试件背温测试点测得的中部焰温达到 (900±20)℃为宜。保持系统的工作状态，关闭燃气开关阀。

② 将经过状态调节处理过的石棉标准板光滑一面向下置于试件支架内，盖上绝热盖板。

③ 开启已调整好的喷灯燃气阀，点燃燃料气的同时启动记时仪，观察喷灯火焰沿试件底侧面扩展情况，每隔 15s 记录火焰前沿达到的距离长度，直至 4min，关闭燃气开关阀，依次取下盖板和试件。

④ 取相邻 3 个最大火焰传播读数的平均值为石棉试板的火焰传播值 (cm)。石棉标准板至少应有两个试板的重复测试数据，两个试板的火焰传播值的平均值即为石棉标准板的火焰传播值 L_a(cm)。

⑤ 将经过状态调节处理过的橡树木标准板依照石棉标准板相同的操作程序进行试验，测试橡树木试板的火焰传播值，以 5 个试板的重复测试数据的平均值为橡树木标准板的火焰传播值 F_r(cm)。

⑥ 隧道炉的校正常数由下式计算：

$$K=100/(L_r-L_a)$$

式中　K——隧道炉的校正常数，cm^{-1}；

L_r——橡树木标准板的火焰传播值，cm；

L_a——石棉标准板的火焰传播值，cm。

(2) 涂覆试件火焰传播值的测定

① 将经过状态调节处理过的涂覆试件安置在隧道炉试件支架内，涂覆面向下，依照石棉标准板火焰传播值测定相同的操作程序进行燃烧试验，测得涂覆试板的火焰传播值 L_s(cm)。

② 每一防火涂料样品应至少有 5 个试件的重复测试数据。

5. 结果表示

(1) 试板的火焰传播比值由下式计算：

$$FSR=K(L_s-L_a)$$

式中　FSR——试板的火焰传播比值；

K——隧道炉的校正常数，cm^{-1}；

L_s——试板的火焰传播值，cm；

L_a——石棉标准板的火焰传播值，cm。

(2) 计算5个重复试件火焰传播比值的平均值，取其整数为试样的火焰传播比值。

6. 参照标准

国家标准 GB/T 15442.3—1995、国家标准 GB 12441—2005 附录B。

(三) 阻火性

1. 范围及说明

本试验方法为小室燃烧法，规定了在实验室条件下测试涂覆于可燃基材表面防火涂料的阻火性能（以燃烧质量损失、炭化体积表示），适用于饰面型防火涂料阻火性能的测定。

2. 仪器和材料

(1) 小型燃烧箱　见图6-9，为一镶有玻璃门窗的金属板箱，具体尺寸及组成如图6-10所示。

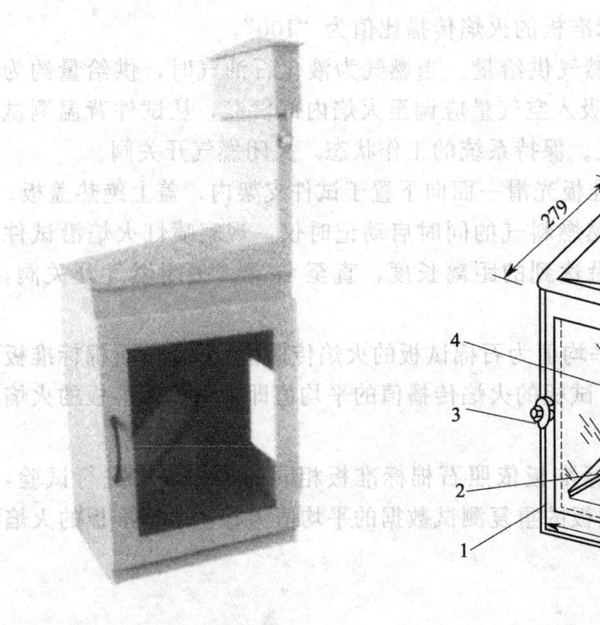

图6-9　小型燃烧箱

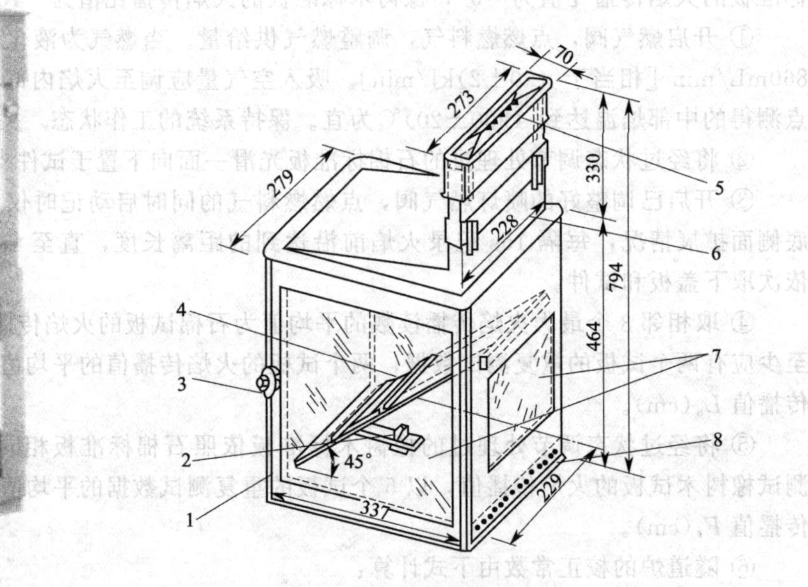

图6-10　燃烧试验小室（单位：mm）

1—箱体；2—燃烧杯；3—门销；4—试件支架；5—回风罩；6—烟囱；7—玻璃窗；8—进气孔

① 箱体的内部尺寸为长337mm、宽229mm、高794mm（包括伸出的烟囱和顶部回风罩）。

② 回风罩与烟囱之间的间隙可上下调节，用于排走燃烧产生的烟气。

(2) 试件支撑架

① 试件支撑架由间隔130mm的两块平等扁铁构成，扁铁尺寸为480mm×25mm×3mm。扁铁两端由搭接件固定。

② 支撑架上有一个可调节的横条，用以固定试件的位置。

③ 支撑架倾斜置于小室内，使其与箱底成45°角，其底边与箱底距离为50mm。

④ 支撑架底部固定一平行于箱底的金属基座，基座上贴一块木条，用于放置燃料杯。

(3) 燃料杯　由黄铜制成，外径24mm、壁厚1mm、高17mm，容积约为6mL。

(4) 天平（准确称量至0.19）。

(5) 钢板尺或游标卡尺（准确至1mm）。

(6) 滴定管或移液管（准确至 0.1mL)。

3. **试件制备**

(1) 基材的选择及尺寸　试验基材选用一级桦木五层胶合板或一级松木五层胶合板制成。其尺寸为 300mm×150mm×(5±0.2)mm；试板表面应平整光滑，无节疤拼缝或其他缺陷。

(2) 涂覆比值　试件的湿涂覆比值为 250g/m^2（不包括封边)，涂覆误差为规定值的±2%，先将防火涂料涂覆于试板四周封边，24h 后再将防火涂料均匀地涂覆于试板的一表面。若需分次涂覆，两次涂覆的时间间隔不得小于 24h，涂刷应均匀。

(3) 状态调节　试件在涂覆防火涂料后，应在规定的温度 (23±2)℃、相对湿度 (50±5)%的条件下调节至质量恒定（相隔 24h 前后两次称量的质量变化不得大于 0.5%)。

(4) 试件数量　每组试验应制备 10 个试件。

4. **测定方法**

(1) 将经过状态调节的试件置于 (50±2)℃的烘箱中处理 40h，取出冷却至室温，准确称量至 0.1g。

(2) 将称量后的试件放在试件支撑架上，使其涂覆面向下。

(3) 用移液管或滴定管取 5mL 化学纯级无水乙醇注入燃料杯中，将燃料杯放在基座上，使杯沿到试件受火面的最近垂直距离为 25mm。点火、关门，试验持续到火焰自熄为止。试验过程中不应有强制通风。

(4) 每组试验应重复作 5 个试件。

5. **结果表示**

(1) 质量损失　将燃烧过的试件取出冷却至室温，准确称量至 0.1g。一组试件燃烧前、后的平均质量损失取其小数点一位数即为防火涂料试件的质量损失。

(2) 炭化体积　用锯子将烧过的试件沿着火焰延燃的最大长度、最大宽度线锯成 4 块。量出纵向、横向切口涂膜下面基材炭化（明显变黑）的长度、宽度，再量出最大的炭化深度，取其平均炭化体积的整数值即为防火涂料试件的炭化体积 (cm^3)。炭化体积按下式计算：

$$V=\frac{\sum_{i=1}^{n}(a_ib_ih_i)}{n}$$

式中　V——炭化体积，cm^3；

a_i——炭化长度，cm；

b_i——炭化宽度，cm；

h_i——炭化深度，cm；

n——试件个数。

(3) 若一组试件的标准偏差大于其平均质量损失（或平均炭化体积）的 10%，需加做 5 个试件，其质量损失（或炭化体积）应以 10 个试件的平均值计算。

标准偏差的计算公式见下式：

$$S=\sqrt{\sum_{i=1}^{n}(x_i-\bar{x})^2/(n-1)}$$

式中　S——标准偏差；

x_i——每个试件的质量损失（或炭化体积）值；

$\bar{x}$——组试件的质量损失（或炭化体积）平均值；

n——试件个数。

6. 参照标准

国家标准 GB/T 15442.4—1995、国家标准 GB 12441—2005 附录 C。

（四）热导率

1. 范围及说明

本试验方法为稳态法，适用于钢结构防火涂料。

2. 仪器和材料

稳态法平板热导率测定仪。

3. 试件制备

将待测的防火涂料按产品说明书规定的施工条件注入规格为 200mm×200mm×20mm 或 ϕ200mm×20mm 的金属试模内，捣实抹平，待基本干燥固化后脱模，放置在规定的环境条件下干燥养护期满后，再放置在（60±5)℃的烘箱中干燥 48h。一组试件为两块。

4. 测定方法

(1) 将准备好的试件在干燥器内放 24h 后，置于测定仪冷热板之间，量出试样厚度，至少四个点，精确到 0.1mm。

(2) 控制热板温度为（35±0.1)℃，冷板温度为（25±0.1)℃，两板温度差（10±0.1)℃。

(3) 仪器平衡后，计量一定时间内通过试样有效传热面积的热量。在相同的时间间隔内所传导的热量恒定后，继续测量两次。

(4) 试验完毕，测量试件厚度，精确到 0.1mm，取试验前后试样厚度的平均值。

5. 结果表示

涂层的热导率按下式计算：

$$\lambda = Qd/(S\Delta Z\Delta t)$$

式中 λ——热导率，W/(m·K)；

Q——恒定时试样的导热量，J；

d——试样厚度，m；

S——试样有效传热面积，m^2；

ΔZ——测量时间间隔，s；

Δt——冷、热板间平均温度差，℃。

（五）延燃能力的测定

1. 范围及说明

当材料被火源点燃时，移去火源，还有足够的可燃性蒸气使其继续燃烧，即为延燃能力。对防火涂料而言，当移去火源后应小延燃才能称其为防火涂料。本方法是把一定数量的试验样品放入一个金属的试验用凹槽（试样槽）中，使其在试验温度下保持一段时间后进行点火试验，随后移走标准火源，看其是否延燃。

2. 仪器和材料

(1) 可燃性试验器 由铝合金或其他适宜的导热性好的耐腐蚀金属块组成，见图 6-11。金属块有一个向下的凹槽（试样槽）和一个插温度计的小孔。小燃气喷嘴安装在一个转轴上与金属块相连，操作杆和燃气喷嘴的燃气入口可以安装在燃气喷嘴的任何方便合适的地方，燃气喷嘴中心的高度应高于试样槽顶面（2.2±0.1)mm，见图 6-12。一个直径为（4.0±

0.5)mm 的圆环刻在试验器的顶部，当处在“关”的位置时，试验火焰就在此处。金属块的尺寸和试样槽的安装见表 6-3，燃气喷嘴的安装尺寸见表 6-4。

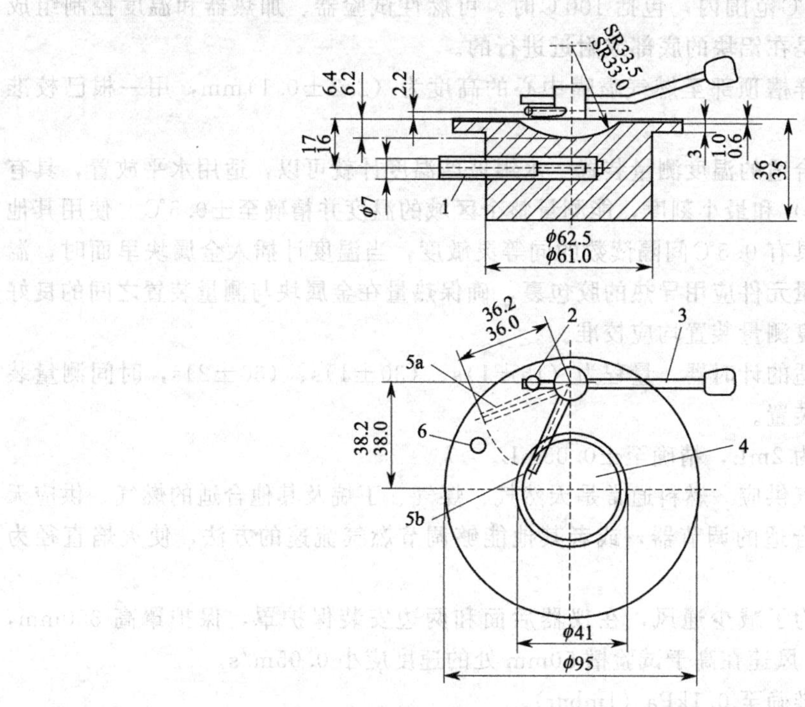

图 6-11 金属块的尺寸和试样槽的安装 单位：mm

1—温度计；2—控制销；3—把手；4—试验槽；5a—试验火焰在“关”的位置；5b—试验火焰在“试验”的位置；6—量环

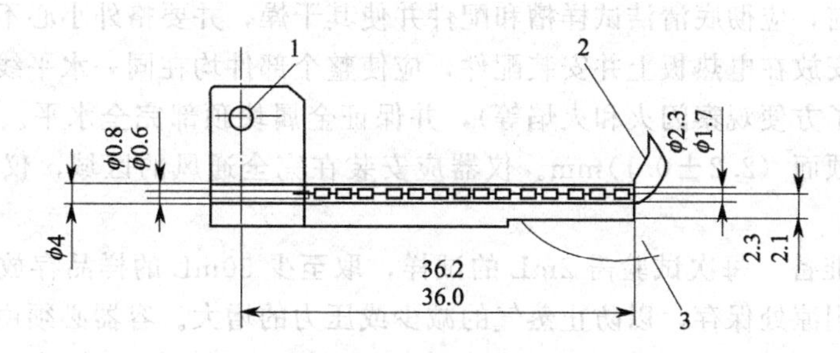

图 6-12 燃气喷嘴的安装尺寸

1—燃气入口；2—试验火焰；3—试样槽

表 6-3 金属块的尺寸和试样槽的安装 单位：mm

金属块的直径	61.0～62.5	试样槽的球半径	33.0～33.5
金属块的高度	35.0～36.0	试样槽的深度	6.2～6.4
边缘直径	95.0(大约)	金属块顶部至温度计插孔中心距离	16.0～17.0
边缘厚度	3.0(大约)	火焰球直径	4.0±0.5
试样槽边高出边缘的高度	0.6～1.0(大约)	温度计插孔直径	7.0(大约)
试样槽边缘外直径	41.0(大约)	喷嘴从“关”档至“开”档所对的弧度	45

表 6-4 燃气喷嘴的安装尺寸 单位：mm

喷嘴外直径	3.0～4.0	喷嘴从转轴点至末端长度	36.0～36.2
喷嘴末端直径	1.7～2.3	从转轴点至试样槽中心的距离	38～38.2
喷嘴孔径	0.6～0.8	喷嘴中心距试样槽边缘的高度	2.2±0.1

（2）电热极或其他合适的加热设备　具有控温装置，并与燃烧装置的底部相连，提供足够的传热。这个加热控制器用来保持可燃件试验器的平衡温度。当用温度计测量时，应控制温度在试验温度的±0.5℃范围内，包括100℃时。可燃性试验器、加热器和温度控制组成一个完整的装置；加热是在铝块的底部或附近进行的。

（3）量规　检验试样槽顶部至燃气喷嘴中心的高度为（2.2±0.1）mm，用一根已校准的金属片就很合适。

（4）温度计或其他合适的温度测量装置　水银玻璃温度计就可以，适用水平放置，具有合适的量程（1～1000℃）和最小刻度，能测量整个区域的温度并精确至±0.5℃。使用其他温度测量装置时，也应具有0.5℃间隔读数的同等灵敏度，当温度计插入金属块里面时，温度计水银泡或者温度测量元件应用导热的胶包裹，确保热量在金属块与测量装置之间的良好传递。温度计或其他温度测量装置均应校准。

（5）秒表或其他合适的计时器　量程为（15±1）s、（30±1）s、（60±2）s，时间测量装置也可以安装一个警报装置。

（6）注射器　容量为2mL，精确至±0.05mL。

（7）试验火焰和燃气供应　燃料通常是天然气、煤气、丁烷及其他合适的燃气。供应天然气的喷嘴应安装一个合适的调节器，或者其他能够调节燃气流速的方法，使火焰直径为（4.0±0.5）mm。

（8）避风保护罩　为了减少通风，在仪器后面和两边安装保护罩，保护罩高350mm，宽480mm，深240mm。风速在高于试验槽50mm处的速度应小0.05m/s。

（9）气压计　读数准确至0.1kPa（1mbar）。

3. 测定方法

（1）仪器的准备　警告：不要在很小的封闭区域（如干燥箱）内进行试验，因为有爆炸的危险。在试验前，应彻底清洁试样槽和配件并使其干燥，并要格外小心不要损伤试样槽的表面。把金属块安放在电热板上并安装配件，应使整个部件均在同一水平线上。稳定表面并移去强光源（为了方便观察闪火和火焰等），并保证金属块顶部完全水平。用量规检查喷嘴是否高于金属块顶面（2.2±0.1）mm。仪器应安装在完全通风的区域，仪器的三面安装避风装置。

（2）样品的准备　每次试验需2mL的试样，取至少50mL的样品存放于一个干净密闭的容器内，放在阴凉处保存，以防止蒸气的减少或压力的增大。容器必须由一种适合样品贮存的材料制成，所装样品的体积应占整个容器的85%～95%。样品应尽可能在短时间处理完毕，确保数据平行。如果有必要，在打开盛样容器取样之前，至少将样品加热或冷却至低于预计的闪点10℃。对黏性较大的液体物质则应再低一点的温度，如必须在容器中加热，应确保不会升至危险高压。

（3）调节加热装置的控制器，使温度控制在相应大气压下的温度，保持温度稳定，打开气阀，点燃喷嘴燃气，此时喷嘴远离试样（即远离试样槽，处于“关”的位置），并将火焰调节球形，使其直径为（4.0±0.5）mm。用干燥洁净的注射器吸取（2.0±0.1）mL试样，快速地注入试样槽内，加热（60±2）s后，试样槽及试样已达到平衡温度。如果试样未点燃，转移试验火焰至试验位置（在试验槽上方）。在该位置保持（15±1）s，然后将火焰旋网“关”的位置，同时观察试样的情况。整个试验过程中火焰应保持燃烧状态，关掉燃气喷嘴及加热装置的开关，当可燃性试验器金属块达到安全温度时移去试样，擦净仪器。

（4）每次用新试样平行做两组试验，结果不平行时应重复试验。

(5) 在试验过程中应观察并记录以下内容。

① 试验火焰移动至试验位置之前，试样是已点燃并延燃，或是闪火，还是什么都没发生。

② 当试验火焰在试验位置时，试样是否着火，如果着火的话，试验火焰旋回“关”的位置后，燃烧持续多久。如果延燃时间超过20s以上，应安全地扑火火焰，而不是等火焰自燃熄灭。

(6) 在试验过程中如果未发现延燃情况，则用新试样重复以上步骤，但加热时间改为(30±1)s。

4. 结果表示

产品延燃能力应评定为不延燃，为通过；若延燃，则为不通过。无论在哪一种加热时间，如果试样发生了下列现象的任一种情况时，都应记录为延燃：试验火焰在“关”的位置，试样点燃并延燃；试验火焰在“试验”位置保持15s时，试样点燃，并且在试验火焰旋回“关”的位置后延燃时间大于15s。另外间歇性燃烧小于15s时，不应认为延燃。正常情况下，15s结束时，燃烧会明显地停止或者继续，如果存在疑问的情况下，产品应认为延燃即延燃能力为不通过。

5. 试验仪器及温度的校准

(1) 试验仪器的校准　可燃性试验器是新仪器或更换新元件时应校准，已用过的仪器每12个月也应校准一次，校准参比材料如下。

① 乙醇和水的混合物，在蒸馏水中加入24%（体积比）的乙醇（纯度≥99%）。

② 丙二醇乙醚和2-丙醇及水的混合物，在蒸馏水中加10%（质量比）的丙二醇乙醚（纯度≥97.0%）和10%（质量比）的2-丙醇（纯度≥99.5%）。

③ 已醇，纯度≥98%的已醇。

校准方法：使用以上参比材料，按本测定方法的步骤在60.0℃和75.0℃的试验温度下进行。校准结果的评定：如果校准的结果与表6-5中结果吻合，则说明仪器校准合格。

表6-5　仪器校准结果

参比材料	试验温度	
	60℃	75℃
乙醇/水混合物	通过	通过
丙二醇乙醚/2-丙醇/水混合物	不通过	通过
乙醇	不通过	不通过

如果试验结果与表6-5中结果不一致，说明仪器校准不合格，则应检查避风装置是否有效，或送至有关单位检查。

(2) 温度的校正　如果延燃试验是在规定的温度或规定气压（一般为101.3kPa）下进行的，在试验前按下面公式通过大气压对温度进行校正。

$$T_a = T_t - 0.25(101.3 - p)$$

式中　T_a——校正后的试验温度；

T_t——在101.3kPa下的试验温度；

p——环境大气压，kPa。

试验结果表示，大气压改变4kPa相当于试验温度改变1℃。当大气压大于101.3kPa时，校正温度是正值，而当大气压小于101.3kPa时，校正温度为负值。当试验的压力表读数不是以kPa计时，按下式换算成kPa值：10mbar=1kPa，7.5mmHg=1kPa。

6. 参照标准

国际标准 ISO 9038—2003。

（六）耐火性能的测定

1. 范围及说明

本方法适用于钢结构防火涂料耐火性能的检验，在钢结构件上涂覆规定厚度的防火涂料，在标准耐火试验条件下，从受火的作用时起，到失去承载能力的这段时间来表示耐火性能。这段时间也称为耐火极限。

2. 仪器和材料

（1）耐火试验炉　采用明火加热，使试件受到与实际火灾相似的火焰作用。

（2）燃烧系统　采用轻柴油、天然气、煤气或丙烷气作为燃烧系统的燃料。燃料由贮气罐通过管道输送到喷嘴与高压鼓风机送来的空气混合，喷入炉内燃烧。燃烧产生的烟气由烟道经烟道闸板进入烟囱。

（3）炉压测量与控制设备　炉内压力测量采用压力传感器，传感器应能准确测量静压，传感器不应布置在易受火焰或烟气直接冲击的地方。炉内压力可通过控制通风和调节烟道闸板来调节。

（4）热电偶　测量炉内温度，应能连续测量。热电偶埋设图见图 6-13。

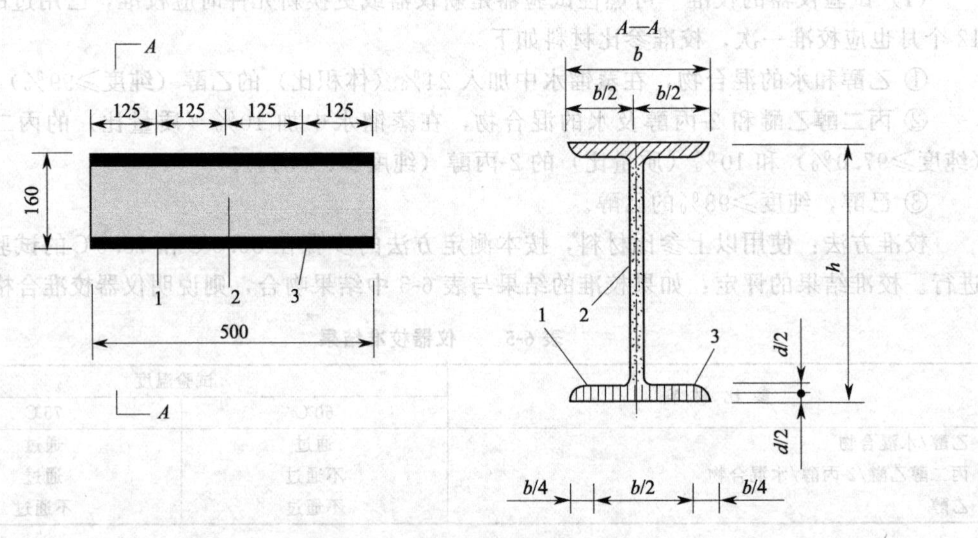

图 6-13　附加耐火试验热电偶埋设图（单位：mm）
1～3—测温热电偶，1、3 之一为备用，实际用两支

（5）钢件　选用工程中有代表性的 I36b 或 I40b 标准工字钢梁。

3. 测定方法

（1）试件制作　选工程中有代表性的标准工字钢梁，依照涂料产品说明书规定的工艺条件对试件的受火面进行涂覆，并放在通风干燥的室内自然环境中干燥养护。涂层厚度不超过 0.2mm 的试件养护不得低于 7d，涂层厚度 0.5mm 的试件养护不得低于 10d，涂层厚度 3mm 的试件养护不得低于 28d。

（2）涂层厚度的确定　对试件涂层厚度的测量应在各受火面沿构件长度方向每米不少于两个测点，取所有测点的平均值作为涂层厚度（包括防锈漆、防锈液、面漆及加固措施等厚度在内）。

（3）将试件水平安装在水平燃烧试验炉中，三面受火，受火段长度不少于4000mm，试件支点内外非受火部分均不应超过300mm。

4. 结果表示

防火涂料的耐火性能以涂覆钢梁的涂层厚度（mm）和耐火极限（h）来表示，并应说明涂层构造方式和防锈处理措施：当涂层厚度≤0.2mm时，应精确到0.01mm；当涂层厚度≤0.5mm时，应精确到0.1mm；当涂层厚度≤3mm时，应精确到1mm，耐火极限精确到0.1h。

5. 参照标准

国家标准GB 14907—2002、国家标准GB 9978—1988。

第二节　铁道涂料的检验

铁道用涂料主要分为钢梁用涂料和机车车辆涂料两大类，其他设施指电气化铁道的输电铁塔，基本上与钢梁涂料相同。铁道涂料分底漆、中间漆（机车车辆涂料中称为车间漆）和面漆，底漆基本上为防锈漆。

一、基本性能检测

（一）在容器中的状态

1. 范围及说明

本实验方法适用于铁路客车零部件用环氧-聚酯粉末涂料的检测。

2. 测定方法

按第一章第一节一中规定的方法抽取样品，将样品置于无色容器中翻动，用肉眼观察。

3. 结果表示

搅拌后试样应均匀一致，无结块及机械杂质。

（二）腻子外观

1. 范围及说明

本实验方法适用于铁路机车车辆用腻子的检测。

2. 测定方法

打开容器，目测是否有结皮，用刮刀或搅棒搅动内容物。

3. 结果表示

无结皮和搅不开硬块、无白点为合格。

（三）筛余物

1. 范围及说明

本实验方法适用于铁路客车零部件用环氧-聚酯粉末涂料的检测。

2. 仪器和材料

天平，精确至0.1g；标准筛，180目；电动筛，见图6-14。

3. 测定方法

称取100g（精确到0.2g）的试样，将试样放在附有底盘的标准筛中，加盖，在电动筛上振动30min，振动停止10min后，取下筛子，小心地打开盖，称取筛余物的重量。

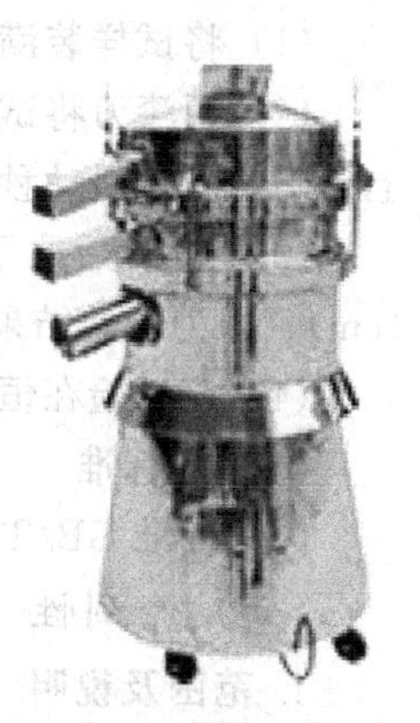

图6-14　电动筛

4. 结果表示

按下式计算：

$$X=\frac{R}{W}\times 100\%$$

式中，X——筛余物，%；

R——筛余物质量，g；

W——式样质量，g。

（四）胶化时间

1. 范围及说明

本试验方法适用于铁路客车零部件用环氧-聚酯粉末涂料的检测。

2. 仪器和材料

加热板，适用温度为200℃；控温装置；秒表；木制压舌板：温度计，0～200℃；铝箔。

3. 测定方法

用铝箔盖住加热板，加热到（180±2）℃，置1g粉末于铝箔中，厚度不超过1.5mm，同时启动秒表计时，并用压舌板搅动粉末，在25mm范围内作环状划动，不时提起压舌板，观察拉丝情况，直至拉丝断裂，停止秒表，计下读数。

4. 结果表示

重复上述测定3次，计下读数，计算平均胶化时间。

（五）稠度

1. 范围及说明

本试验方法适用于铁路机车车辆用腻子、铁路机车车辆阻尼涂料的检测。若是双组分涂料，应将两组分按规定比例混合后进行测定。本方法是取定量体积的试样，在固定压力下经过一定时间后，以试样流展扩散的直径（cm）表示。

2. 仪器和材料

唧筒，唧筒外套是用圆铁旋成，其内径为29.7mm，深为29mm，容积为20.07mL，唧筒塞恰好放入外套内；玻璃板，长20cm，宽20cm，厚0.6cm，板上刻有直径5～16cm的圆圈；砝码，铁制，重2kg；漆刀；秒表。

3. 测定方法及结果表示

（1）将试样装满唧筒，然后用唧筒塞将试样压出唧筒。

（2）用漆刀将试样切下，放在玻璃板中央，再将另一块玻璃板轻轻平放在试样上，再压上砝码，同时启动秒表。

（3）1min后取下砝码，观察玻璃板上试样流展扩散在圆圈上的刻度，记录其直径（cm），即为试验结果。

（4）该试验在恒温恒湿条件下进行。

4. 参照标准

国家标准GB/T 1749—1979。

（六）涂刮性

1. 范围及说明

本试验适用于铁路机车车辆用腻子的检测。

2. **仪器和材料**

腻子刮涂器，如图 6-15 所示，由模型板与刮刀组成，底座上有 4 个锲形卡，以便压紧刮刀框和模框。模框按腻子厚度选用。

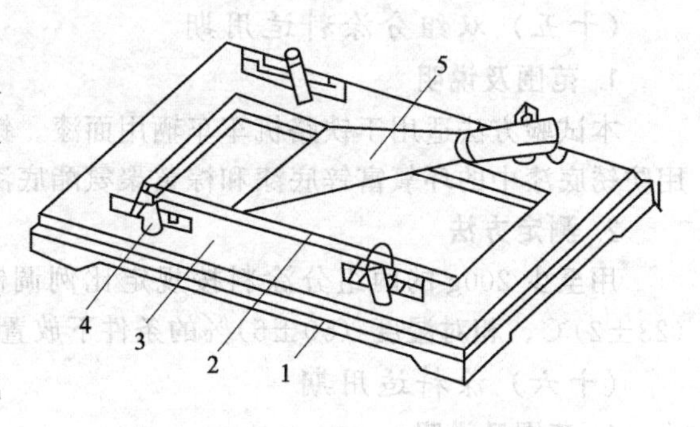

图 6-15　腻子刮涂器

1—底座（215mm×125mm×15mm）；2—模框（内框 145mm×60mm×1mm；145mm×60mm×0.7mm 和 145mm×60mm×0.5mm）；3—刮刀框（内框 155mm×70mm×2mm）；4—锲形卡；5—刮刀（宽 70mm）

3. **测定方法**

将试板放于腻子刮涂器底座上，把厚度适合的模框及刮刀框套在其上并卡紧。再用金属刮刀将腻子均匀地刮在试板上，使其成均匀平整的腻子膜。

4. **结果表示**

易刮涂、不产生卷边现象表示腻子刮涂性良好。

5. **参照标准**

国家标准 GB/T 1727—1992。

（七）打磨性

本试验方法适用于铁路机车车辆用腻子的检测，具体方法参照本书第一章第二节四。

（八）漆膜颜色及外观

参照本书第一章第一节三方法进行检测。

（九）流出时间

本实验方法适用于铁路机车车辆用面漆、铁路机车车辆用中间涂层用涂料、铁路用钢桥用防锈底漆、铁路钢桥用面漆的检测。具体方法参照本书第一章第一节七中的“ISO 杯法”，使用 ISO6 号流量杯。双组分涂料应将两组分按规定比例混合后进行测定。

（十）细度

本试验方法适用于铁路机车车辆用面漆、铁路机车车辆用中间涂层用涂料、铁路货车用厚浆型醇酸漆、铁路用钢桥用防锈底漆、铁路钢桥用面漆的检测。具体方法参照本书第一章第一节六、。双组分涂料应将两组分按规定比例混合后进行测定。

（十一）旋转黏度

参见第三章第二节。

（十二）不挥发物含量

参见第一章第一节八。

（十三）闪点

本试验方法适用于铁路货车用厚浆型醇酸漆的检测，具体方法参照本书第一章第二节九。

（十四）遮盖力

本试验方法适用于铁路机车车辆用面漆、铁路钢桥用面漆中的灰铝锌醇酸面漆、灰云铁醇酸面漆、灰铝粉石墨醇酸面漆的检测。

具体方法参照本书第一章第二节三。双组分涂料应将两组分按规定比例混合后进行测定。

(十五) 双组分涂料适用期

1. 范围及说明

本试验方法适用于铁路机车车辆用面漆、铁路机车车辆用中间涂层用涂料、铁路用钢桥用防锈底漆中的环氧富锌底漆和棕黄聚氨酯底漆的检测。

2. 测定方法

用至少 200g 的两组分涂料按规定比例调制均匀，用稀释剂调至合适的黏度，在温度 (23±2)℃、相对湿度 (50±5)%的条件下放置，观察混合后无凝胶现象的时间。

(十六) 涂料适用期

1. 范围及说明

本试验方法适用于灰铝锌醇酸面漆、云铁环氧中间漆、环氧沥青涂料、灰聚氨酯盖板面漆的检测。

2. 测定方法

用至少 200g 的涂料主剂和其他组分按规定比例调制均匀，用稀释剂调至合适的黏度，在温度 (23±2)℃、相对湿度 (50±5)%的条件下放置，观察多组分混合后无凝胶现象的时间。

(十七) 干燥时间

本试验方法适用于铁路机车车辆用面漆、铁路机车车辆用中间涂层用涂料、铁路机车车辆用腻子、铁路货车用厚浆型醇酸漆、铁路用钢桥用防锈底漆、铁路钢桥用面漆、铁路机车车辆阻尼涂料的检测。具体方法参照本书第一章第二节二中“表干测定法”和“实干测定法”。

(十八) 厚涂性

1. 范围及说明

本试验方法适用于铁路货车用厚浆型醇酸漆的检测。

2. 仪器和材料

(1) 流挂试验仪 如图 6-16 所示，该仪器由三个多凹槽刮涂器 275μm、250～475μm、450～675μm 及底座组成。每个刮涂器均能将待试色漆刮涂成 10 条不同厚度的平行湿膜。条膜之间的距离为 1.5mm，相邻条膜间的厚度差值为 25μm。底座为带有刮涂导边和玻璃试板挡块的表面平整之钢质构件。

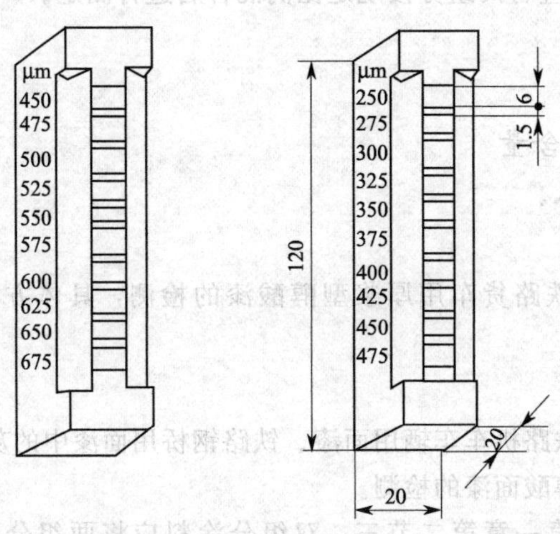

图 6-16 流挂试验仪 (单位：mm)

（2）试板　200mm×120mm×(2～3)mm的表面平整光滑的玻璃板或其他商定的试板。

3. **测定方法**

（1）流挂试验仪和试板应保持洁净、干燥；测定温度为（23±2)℃、相对湿度为（50±5)%。

（2）按本书第一章第一节一进行取样。

（3）将试验仪的底座放在平台上，再将试板放在底座的适宜位置上。将刮涂器置于试板板面的顶端，刻度面朝向操作者。

（4）充分搅匀样品，将足够量的样品放在刮涂器前面的开口处。两手握住刮涂器两端。使其一端始终与导边紧密接触，平稳、连续地从上到下进行刮拉，同时应保持平直无起伏，约2～3s完成这一操作。

（5）应将刮完涂膜的试板立即垂直放置，放置时应使条膜呈横向且保持“上薄下厚”。

（6）待涂膜表干后观察其流挂情况。若该条厚度涂膜不流到下一个厚度条膜内时，即为该厚度的涂膜不流挂。涂膜两端各20mm内的区域不计。

4. **结果表示**

同一试样以三块样板进行平行试验，试验结果以不少于两块样板测得的涂膜不流挂的最大湿膜厚度一致来表示（以μm计）。

5. **参照标准**

国家标准GB/T 9264—1988。

（十九）施工性能

本试验方法适用于铁路机车车辆用面漆、铁路机车车辆用中间涂层用涂料、铁路用钢桥用防锈底漆、铁路机车车辆阻尼涂料、铁路钢桥用面漆的检测。具体方法参照本书第一章第二节五中的规定进行检验。

（二十）贮存稳定性

本试验方法适用于铁路用钢桥用防锈底漆、铁路钢桥用面漆中的灰云铁醇酸面漆、灰铝粉石墨醇酸面漆、云铁环氧中间漆、铁路机车车辆阻尼涂料的检测。

二、铁道涂料力学性能检测

（一）柔韧性

参照本书第一章第三节六方法进行。

（二）附着力

1. **划格法**

本试验方法适用于铁路机车车辆用面漆、铁路机车车辆用中间涂层用涂料、铁路机车车辆用腻子、铁路货车用厚浆型醇酸漆、铁路客车零部件用环氧-聚酯粉末涂料、铁路机车车辆阻尼涂料的检测。具体方法参照本书第一章第三节七中的“手动法”的规定进行检验。涂层厚度≤80μm时，切割线间隔为1mm；80～200/μm时，切割线间隔为2mm。

2. **拉开法**

本试验方法适用于铁路用钢桥用防锈底漆、铁路钢桥用面漆的检测。具体方法参照本书第一章第三节七中的规定进行检验，面漆测定时，漆膜要求涂两道。

（三）耐冲击性

本试验方法适用于铁路机车车辆用面漆、铁路机车车辆用中间涂层用涂料、铁路机车车辆用腻子、铁路客车零部件用环氧-聚酯粉末涂料、铁路用钢桥用防锈底漆、铁路钢桥用面漆、铁路机车车辆阻尼涂料的检测。具体方法参照本书第一章第三节五中规定进行。

（四）杯突

1. **范围及说明**

本试验方法适用于铁路机车车辆用面漆、铁路机车车辆用中间涂层用涂料的检测。是评价涂膜在标准条件下使之逐渐变形后，其抗开裂或抗与金属分离的性能。漆膜破坏时，冲头压入的最小深度即为杯突指数，以 mm 表示。

2. **仪器和材料**

杯突试验机；试板，厚度 0.30～1.25mm，宽度与长度不小于 70mm。

3. **测定方法**

（1）将试板固定在固定环与冲模之间，涂膜面向冲模。当冲头处于零位时，顶端与试板接触。调整试板，使冲头的中心轴与试板的交点距试板各边均不小于 35mm。

（2）开启杯突试验机，使冲头以（0.2±0.1）mm/s 的恒速推向试板，直至达到规定的冲压深度或涂层出现开裂或从底材上分离时，停止冲头的移动。

4. **结果表示**

按规定的冲压深度进行试验时，当达到规定深度后取出试板，观察涂膜是否出现开裂或从基板上脱落，以通过或不通过评定。按测定引起破坏的最小深度进行试验时，以涂层刚开始出现开裂或从底材上分离时的最小深度表示结果，并取两次一致的结果。

5. **参照标准**

国家标准 GB/T 9753—2007。

（五）光泽

本试验方法适用于铁路机车车辆用面漆、铁路客车零部件用环氧-聚酯粉末涂料的检测。具体方法参照本书第一章第三节二规定进行，使用 60°镜面光泽值。

（六）摆杆硬度

本试验方法适用于铁路机车车辆用面漆的检测，具体方法参照本书第一章第三节四中的规定进行检验。

（七）铅笔硬度

本试验方法适用于铁路客车零部件用环氧-聚酯粉末涂料的检测。具体方法参照本书第一章第三节四中的手动法的规定进行检验。

（八）配套性

1. **底漆配套性检验**

（1）范围及说明　本试验方法适用于铁路用钢桥用防锈底漆的检测，铁路钢桥用面漆中的灰铝锌醇酸面漆、灰云铁醇酸面漆、灰铝粉石墨醇酸面漆、云铁环氧中间漆、灰聚氨酯盖板面漆的检测。

（2）测定方法及结果表示　按本书第一章第一节一中规定对底漆进行样板制备，24h 后再涂面漆，面漆漆膜应无渗色、无咬起、无起泡、无起皱现象。

2. **中间漆、面漆配套性检验**

（1）范围及说明　本试验方法适用于铁路钢桥用面漆中的灰铝锌醇酸面漆、灰云铁醇酸面漆、灰铝粉石墨醇酸面漆、云铁环氧中间漆、灰聚氨酯盖板面漆的检测。

（2）测定方法及结果表示　按本书第一章第一节一中规定对面漆或中间漆进行样板制备，面漆漆膜应无渗色、无咬起、无起泡、无起皱现象。干燥 30d 后，用拉开法测定附着力。

（九）耐磨性

本试验方法适用于铁路钢桥用灰聚氯酯盖板面漆的检测。具体方法参照本书第一章第二节四中“橡胶砂轮法”的规定，在负荷 1kg、2000 转条件下进行检验。

三、铁道涂料耐性检测

（一）耐水性

本试验方法适用于铁路机车车辆用面漆、铁路机车车辆用腻子、铁路货车用厚浆型醇酸漆、铁路钢桥用面漆中的灰铝锌醇酸面漆、灰云铁醇酸面漆、灰铝粉石墨醇酸面漆的检测。具体方法参照本书第一章第三节九一中的“常温浸水试验法”规定进行试验。

（二）耐盐水

本试验方法适用于铁路用钢桥用防锈底漆、铁路机和车辆阻尼涂料的检测。具体方法参照本书第一章第三节十中的规定进行试验，要求为常温盐水。其中，红丹防锈漆、铬酸锌防锈漆的漆膜厚度为（70±5）μm，环氧富锌漆的漆膜厚度为（80±5）μm。

（三）耐湿热性

本试验方法适用于铁路客车零部件用环氧-聚酯粉末涂料的检测。具体方法参照本书第一章第三节十四中的“恒温恒湿法”规定进行试验。

（四）耐汽油性

1. 范围及说明

本试验方法适用于铁路机车车辆用面漆的检测。

2. 仪器和材料

底板，底板应平整，板面应无任何可见裂纹和皱纹；NY-120 汽油；玻璃槽。

3. 测定方法

（1）试板的制备　按第二章第二节一中的规定制备漆膜，并按规定进行干燥，制备三块试板。

（2）在玻璃槽中加入 NY-120 汽油，调节试验温度为（23±2）℃。将三块试板放入其中，使每块试板的 2/3 浸泡在液体中。

（3）试板的检查　在产品标准规定的时间结束后，将试板从槽中取出，用滤纸吸干，按产品标准规定放置时间后，目视检查试板。

4. 结果表示

试板经试验后无起泡、起皱，有轻微失光和变色为合格，三块试板中至少有两块试板合格，则为合格。

5. 参照标准

国家标准 GB/T 9274—1988。

（五）耐酸、碱性

1. 点滴法

（1）范围及说明　本试验方法适用于铁路机车车辆用面漆的检测。

（2）测定方法　分别用 0.15mL 规定的溶液；酸（H_2SO_4 3%，HAc5%）、碱（NaOH 2%）滴到水平放置的试板表面，在规定时间后将残存的溶液清洗干净，擦净试板表面，与未做试验的试板进行比较。

（3）结果表示　漆膜外观、颜色应无变化，允许轻微失光。

2. 浸泡法

本试验方法适用于铁路机车车辆阻尼涂料的检测。具体方法参照本书第一章第三节十一中的“浸泡法”规定进行试验。其中要求酸（H_2SO_4 10%）、碱（NaOH 10%）。

（六）耐盐雾性

本试验方法适用于铁路货车用防锈底漆、铁路用钢桥用防锈底漆、铁路机车车辆阻尼涂料的检测。具体方法按本书第一章第三节十五中的规定进行试验。其中，厚浆型醇酸漆的漆膜厚度为（110±10）μm，红丹防锈漆、铬酸锌防锈漆的漆膜厚度为（70±5）μm，环氧富锌漆的漆膜厚度为（80±5）μm。

（七）耐热性

本试验方法适用于铁路机车车辆用面漆、铁路机车车辆阻尼涂料的检测。具体方法参照本书第一章第三节十三中规定的进行试验。

（八）耐低温冲击性试验

1. 范围及说明

本试验方法适用于铁路机车车辆阻尼涂料的检测。

2. 样板制备

在基板上涂覆一道防锈底漆，干膜厚度为（23±3）μm，干燥48h后，采用刮涂或喷涂的方法制备阻尼涂料的涂膜，干膜厚度为（2.0±0.2）mm。样板在室温下干燥7d；或首先在室温下放置24h，然后在（60±2）℃条件下烘烤2h，取出后在室温下再放置16～24h后进行试验。

3. 仪器和材料

冷冻箱或乙醇-干冰溶液或其他商定的冷冻方法；钢球，直径为40mm，质量为260g。

4. 测定方法

将制备好的样板置于（－40±2）℃的冷冻箱中，也可以将样板放在塑料袋内，用绳扎好袋口，浸入乙醇一干冰溶液中。达到规定时间后，取出样板，平放在木板上，用质量为260g的钢球自1m高度自由落下进行冲击，用目测法观察涂层状态。

5. 结果表示

漆膜不分层、不破裂为合格。

（九）耐冷热交替试验

1. 范围及说明

本试验方法适用于铁路机车车辆阻尼涂料的检测。

2. 样板制备

同本章节“耐低温冲击性试验”中的样板制备方法。

3. 测定方法

将制备好的样板进行零下20℃的冷冻，时间为3h，然后置于水（室温）中2h，于室温下放置16h后再进行3h的零下20℃的冷冻，此为1周期。样板按规定的周期进行试验后取出，采用目测法进行检查。

4. 结果表示

漆膜应无起泡、无脱落、不开裂。

（十）耐人工老化性

本试验方法适用于铁路机车车辆用面漆，铁路钢桥用面漆中的灰铝锌醇酸面漆、灰云铁醇酸面漆、灰铝粉石墨醇酸面漆的检测。具体方法参照本书第一章第三节十七中的规定进行试验。

第三节 船舶涂料的检验

船舶涂料是一种专用涂料，主要是保护船舶、舰艇及海上钢结构不受海水和海洋气候的腐蚀。海洋与陆上自然条件不同，海洋有盐雾、带有微碱性的海水、海洋生物的污染和强烈的紫外线等，因此对船舶漆的质量要求要比陆上的钢结构高得多。船舶的船底部位由于长期浸于水中，受到海水的电化学腐蚀和海洋生物附着，因此要求船底有优良的耐水性、防锈性和防污性。船舶水线部位受海浪冲击和阳光照射，要求既耐水又耐晒。甲板部位因人员走动频繁和装卸作业要求，漆膜必须有较高的耐磨性和附着力。此外，船舶其他部位对涂料也各有其不同要求，因此船舶涂料除了一般的常规性能检验外，还有不少针对船舶涂料使用在各部位的特性要求，制定有相应的检验方法[10~12]。

船舶涂料常规性能的检测方法与其他涂料一样，基本相同，内容包括黏度、细度、密度、闪点、固体含量、干燥时间、漆膜厚度、遮盖力、使用量、硬度、耐冲击、柔韧性、附着力、耐水性、耐磨性等，可参见本书第一章、第二章中的有关项目进行测定。

一、耐盐水性

1. 范围及说明

为了判断漆膜的防护性能，尤其是底漆的防锈能力，一般都采用耐盐水试验。漆膜在盐水中不仅受到水的浸泡而发生溶胀，同时又受到溶液中氯离子的渗透而强烈腐蚀。本方法主要适用于钢质船舶长期浸泡于海水中以及船舶接触海水的部位的涂料耐盐水性能测定。

2. 仪器和材料

试验槽，500mm×400mm×300mm；试验用钢板，150mm×70mm×(2～3)mm；盐水，3%氯化钠溶液。

3. 样板制备

(1) 所试产品样板每组四块（其中一块用作对比板），表面处理可采用喷砂、抛丸、砂布打磨或酸碱法进行处理，钢板两面涂装应采用刷涂或喷涂（背面涂漆用于保护，不作考核依据）。

(2) 待试产品的涂装道数及涂膜厚度见表 6-6。

表 6-6 产品的涂装道数及涂膜厚度

涂层	漆膜厚度/μm		
	一般涂料	高固体分或厚浆型涂料	车间底漆
底漆	两道,共 100±15	一道,85～110	含锌粉 15～20, 不含锌粉 20～25
面漆	两道,共 100±10	一道,90～115	
总厚度	200±25	200±25	

(3) 待漆干燥后，用抗水自干漆封边、编号，在恒温恒湿条件下［(23±2)℃，相对湿度 (50±5)%］放置 7d 后投入试验。

4. 测定方法

(1) 常温盐水浸泡法

① 往试验槽中加入足够量的盐水，保持温度在 (23±2)℃，悬挂样板，使其有 3/4 面积浸泡于盐水之中。

② 一般盐水浸泡试验以 21d 为一周期，每周期结束时取出样板，用自来水冲洗，并用

滤纸擦干样板作中间检查，然后重新投入槽中，一直试验到产品规定的周期数为止。

(2) 热盐水浸泡法

① 往试验槽中加入足够量的盐水，升温并开动搅拌，待温度保持在 (40±2)℃后，悬挂样板，使其有 3/4 面积浸泡于盐水之中。

② 热盐水浸泡试验一般以 h 计，试验时间按产品要求进行。对于某些品种，如油舱漆、压载舱漆，试验温度要求保持在 (80±2)℃。试验结束后取出样板，用自来水冲洗并用滤纸擦干样板，作最后检查。

5. 结果表示

观察漆膜有无失光、变色、起皱、生锈、起泡和脱落等现象。

6. 仪器说明

(1) 试验槽由玻璃或塑料制成，尺寸一般为 500mm×400mm×300mm，配有盖子、加热器、搅拌器和恒温控制系统。

(2) 搅拌系统可采用电动搅拌器进行搅拌，搅拌桨叶外加圆筒，屏蔽盐水流向，达到使整槽盐水充分搅动、温度均匀的目的。

(3) 试板支架系固定于槽中，并能垂直悬挂试板。

7. 参照标准

国家标准 GB/T 10834—2008。

二、耐溶剂性

(一) 擦拭法

1. 范围及说明

用溶剂擦拭法来评定有机涂料的耐溶剂性可用于实验室和施工现场或预制品车间。对于那些在固化过程中会发生化学变化的涂层，同化后耐溶剂性会更好，可判断这些涂层在施涂后道涂层前及投入使用前应达到的耐溶剂性等级。本方法除了可以评定涂膜耐溶剂性外，还可评定涂膜固化的交联程度。

2. 仪器和材料

漆膜测厚仪；甲乙酮 (MEK)；二甲苯；矿物油；棉布：100%的棉，网眼等级 28×34，尺寸大约 300mm×300mm。

3. 测定方法

(1) 在涂层表面上选取至少 150mm 长的部位以进行试验，用自来水清洗表面除去疏松物并使其干燥。对于硅酸乙酯无机富锌底漆，则用干布清洁表面，因自来水可能会影响富锌底漆的固化。

(2) 在已选择的部位测量涂层的干膜厚度，用铅笔或其他耐溶剂的记号笔在未受损的清洁表面上划出一块 150mm×25mm 的矩形试验面积。

(3) 把棉布对折成布垫，用溶剂浸湿，立刻进行下一步操作，时间不要超过 10s。

(4) 把食指裹在布垫的中心，用该手的拇指和其他手指握住布的剩余部分。食指与试验表面成 45°角，用中度的压力擦拭该矩形试验面积，先向前，再往后面向操作者，前后一次为一个来回，速率约为每秒一次。

(5) 在用布垫擦拭表面时，若需要再湿润布垫，也不要把布垫离开涂层表面，直到露出金属底材，记录下擦拭次数或连续进行到规定的擦拭次数为止。

(6) 达到规定的擦拭次数后，立即检查被擦拭面积中间 125mm 部分的指甲硬度和外观的可见变化，并与邻近的未擦拭的部位进行比较。然后对测试部位再测量其干膜厚度，并目测布垫上是否黏附有被擦拭下来的漆膜。

(7) 对于硅酸乙酯无机富锌底漆，则推荐用甲乙酮溶剂擦拭，根据其耐溶剂性可判断底漆在后道漆罩涂前需达到的最低固化程度。擦拭规定50个来回，方法相同，一直擦到露出金属底材，记录下擦拭次数或连续进行到50个来回为止。

(8) 选择一块邻近的部位作为核对。重复上述操作步骤，用一块干燥的没有甲乙酮的棉布进行擦拭，用这块面积作为空白试验，以目测没有甲乙酮影响的外观。

(9) 检查试验部位和棉布，按表6-7评定结果，在0级的情况下，记录露出底材时的来回次数。

表 6-7　耐甲乙酮擦拭等级评定

等　级	测 试 情 况
5	擦拭50个来回后，表面没有影响，布上也来沾有锌粉
4	擦拭50个来回后，表面上有擦拭过的痕迹，布上也来沾有微量锌粉
3	擦拭50个来回后，漆膜上有轻微的擦伤和压痕
2	擦拭50个来回后，漆膜上有明显的擦伤和压痕
1	擦拭50个来回后，漆膜上有严重的压痕，但未深及底材
0	擦拭50个来回或不到50个来回时已露底材

4. 参照标准

美国ASTM D5402、美国ASTM D 4752。

(二) 浸泡法

参见本书第一章第三节十二进行测定。

三、耐洗涤剂性

1. 范围及说明

本方法主要适用于甲板漆的耐洗涤剂性。由于船舶的甲板部位人员走动较为频繁装卸货物时又经常产生擦碰与污染，为此要经常用洗涤剂来清洁甲板，因此用于甲板部位的配套涂层必须有良好的耐洗涤剂性。

2. 仪器和材料

试验槽，玻璃制，配有盖子；马口铁板，120mm×50mm×(0.2～0.3)mm；洗涤剂，1%仲烷基磺酸钠溶液。

3. 测定方法

(1) 按产品要求在三块马口铁板上制备漆膜并干燥，然后在恒温恒湿［温度（23±2)℃，相对湿度（50±5%)］条件下至少处置16h。

(2) 往试验槽中加入足够量的洗涤剂，保持温度在（23±2)℃，悬挂试板，使其有2/3面积浸泡于洗涤剂中。

(3) 当达到规定的浸泡时间后，取出试板，先用自来水冲洗，再用滤纸吸干水珠，然后进行观察评定。

4. 结果表示

按产品标准规定的浸泡时间。以不少于两块试板符合漆膜不起泡、不脱落，允许轻微失光为合格。

5. 参照标准

国家标准GB/T 9261—2008。

四、耐油性

1. 范围及说明

船舶结构中有些部位因接触油类，要求其配套涂层具有一定的耐油性。油舱漆需耐汽油、煤油、柴油；水线漆需耐润滑油；甲板漆、机舱舱底漆需耐柴油，因此所施涂的漆膜需根据不同要求确定试验的油类以及终点的判定。

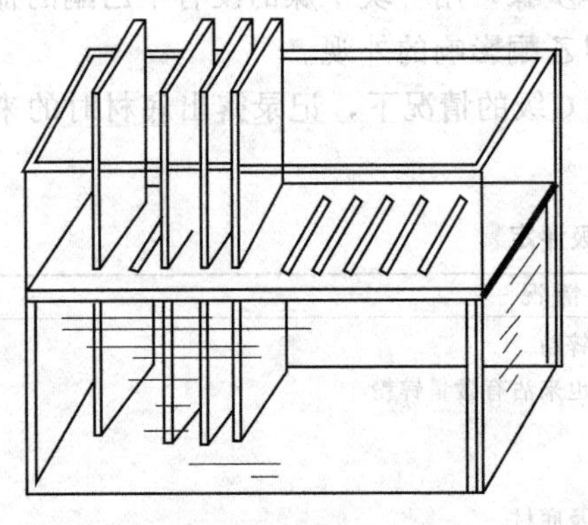

图 6-17 耐油性试验槽

2. 仪器和材料

试验槽，玻璃制，形状见图 6-17；马口铁板，120mm×50mm×(0.2～0.3)mm；各种油类。

3. 测定方法

(1) 按产品要求在两块马口铁板上制备漆膜并干燥，然后在恒温恒湿［温度 (23±2)℃，相对湿度 (50±5)%］条件下至少处置 16h。

(2) 在试验槽中加入产品标准规定的油类，保持温度在 (23±2)℃，插入试板，并使每块试板长度的 2/3 浸泡在液体中。

(3) 当达到规定的浸泡时间后，取出试板，用滤纸吸干，立即或按产品规定的放置时间后检查试板。

(4) 油舱漆如在试验结束时漆膜出现轻微软化，可在标准条件下干燥 8d，再进行检验，此时不得呈现软化现象。

(5) 水线漆在试验终了后，将试板取出，以棉纱布轻轻拭掉润滑油，并用汽油将余留的润滑油洗掉，再放置 1h，使汽油蒸发，然后检查漆膜。

4. 结果表示

检查漆膜表面皱皮、起泡、剥落、变软、变色、失光等现象，以不少于两块试板符合产品标准规定为合格。浸泡界线上、下各 5mm 宽的部分不作为结果评定。

5. 参照标准

行业标准 HG/T 3343—1985。

五、耐电位性

1. 范围及说明

目前防止船底钢板腐蚀最方便而有效的方法有两种：一种是单纯使用涂料进行保护；另一种是采用涂料与阴极保护相结合的方法，如牺牲阳极和外加电流等。本方法主要是用于船舶及海洋工程外加电流阴极保护系统辅助阳极的屏蔽涂料的耐电位性测定。

2. 仪器和材料

试验装置，见图 6-18；天然海水或人造海水；试验钢板，150mm×70mm×(1～2)mm。

3. 测定方法

(1) 按产品要求制备漆膜并在恒温恒湿条件下干燥，涂装厚度、涂装道数和涂装间隔按产品说明规定，涂装后漆膜不得流挂。

(2) 漆膜实干后在试板的一面安装铂阳极，铂阳极与试板应绝缘，如图 6-19 所示。

(3) 把试板浸入海水槽，浸入深度为试板的 2/3。试板并联接入恒电位仪，通电后每天检查样板涂层的变化情况。

(4) 调节电位器，使试板电位保持在 (−3.50±0.02)V（相对于银/氯化银电极），测定取样电阻上电压，每天测量一次。

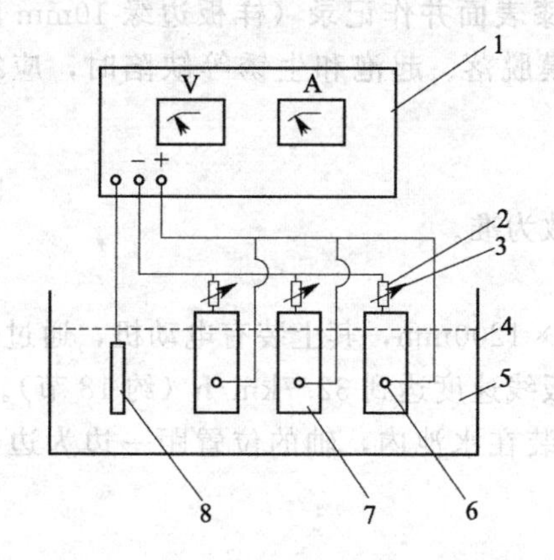

图 6-18　试验装置

1—恒电位仪；2—取样电阻；3—电位器；4—水槽；5—天然海水；6—铂阳极；7—试验样板；8—热电偶

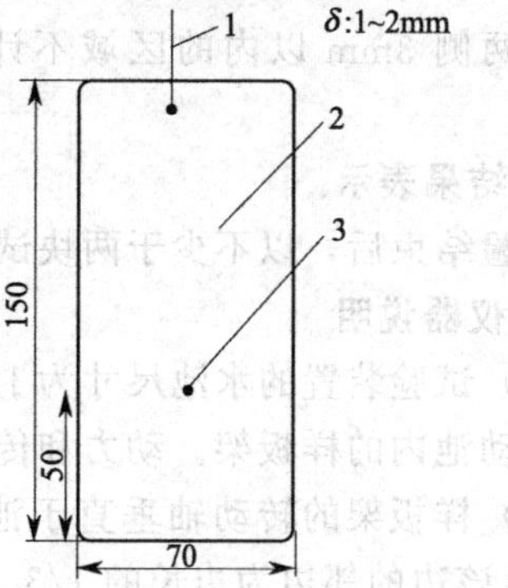

图 6-19　试验样板（单位：mm）

1—导线；2—试验样板；3—铂阳极

（5）将测得电压数据换算成电流，绘出电流与时间曲线。在试验过程中，试验样板的涂层如出现起泡、脱落或粉化，试验即终止。

4. 结果表示

阳极屏涂料试验 30d，应无起泡、无剥落、无粉化为合格。

5. 人造海水参考配方

（1）以无水态计算的工业级盐类氯化钠、硫酸钠和碳酸钠各 10g，溶于自来水中，并稀释到总量为 1L。

（2）用 23g 氯化钠（NaCl）、8.9g 十水硫酸钠（$Na_2SO_4 \cdot 10H_2O$）、9.8g 六水氯化镁（$MgCl_2 \cdot 6H_2O$）和 1.2g 无水氯化钙（$CaCl_2$）溶于自来水中，并稀释到总量为 1L。

6. 参照标准

国家标准 GB/T 7788—2007。

六、耐划水性

1. 范围及说明

水线漆是应用于船舶轻重载之间部位的涂料，除了经常受到海水浸泡和大气暴露的下湿交替作用外，还需经受海浪冲击以及要受到缆绳和船舶停靠时的擦伤与碰撞。本方法主要适用于与防锈漆配套的水线漆对以上性能的判定。

2. 仪器和材料

试验钢板，150mm×70mm×(0.8～1.5)mm。

3. 测定方法

（1）按产品要求制备漆膜并在恒温恒湿条件下干燥，各涂层的涂装间隔在符合产品技术要求时，应尽可能地缩短，不得超过 24h。涂完最后一道漆后，在恒温恒湿条件下放置 7d 后投入试验。

（2）试验前，在样板中心处划一“×”形划痕（必须裸露底板），划线长度为 50mm，两线相互垂直，划线与样板边成 45°。同一试样要用三块样板进行平行试验。

（3）将试板沿轴向排列，使受试面朝外，固定在样板架上。把样板全部浸入到（23±2)℃的自来水中，放置 24h。然后启动电机 8h，停机后静置 16h，重复三次，总共 96h 为一试验周期。

(4) 在每个试验周期结束后，应检验样板的涂漆表面并作记录（样板边缘 10mm 以内及划线两侧 3mm 以内的区域不计）。样板出现漆膜脱落、起泡和生锈等缺陷时，应终止试验。

4. 结果表示

试验结束后，以不少于两块试验样板的结果一致为准。

5. 仪器说明

(1) 试验装置的水池尺寸为 1200mm×1200mm×1200mm，其上装有电动机，通过传动装置带动池内的样板架。动力和传动装置必须使样板线速度达到 32.7km/h（约 18 节）。

(2) 样板架的转动轴垂直于池的底面，固定安装在水池内，轴的位置距一边为边长的 1/2，距该边的邻边为边长的 1/3。

6. 参照标准

国家标准 GB/T 9260—2008。

七、甲板漆的防滑性

（一）平面滑动法

1. 范围及说明

甲板漆是用于船舶甲板部位的面层涂料，涂于船用防锈漆之上组成甲板漆配套系统。甲板漆可分为“通用型”和“防滑型”两类，露天甲板应使用防滑甲板漆。本方法用于测定涂覆在金属板上的防滑甲板漆的耐起始滑移性，系通过一滑块在处于水平状态的漆膜上开始滑移时所需的载荷质量来评定。

2. 仪器和材料

滑移试验装置，见图 6-20；试验钢板，500mm×300mm×1.5mm。

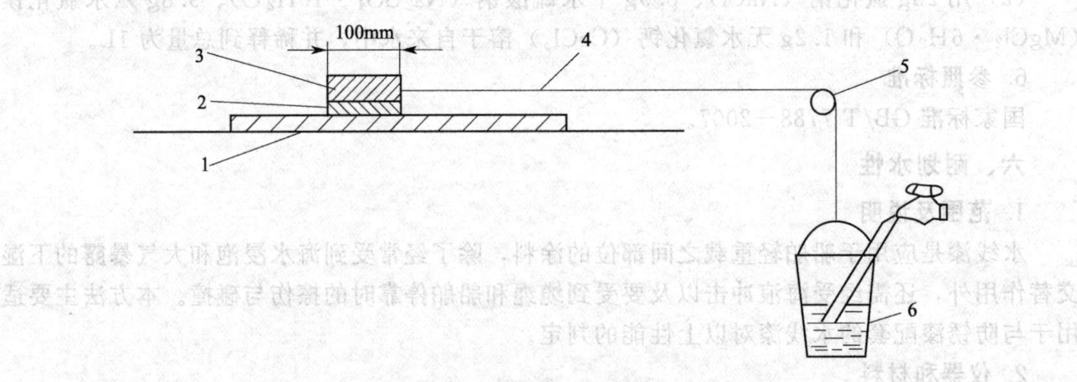

图 6-20　滑移试验装置示意

1—样板；2—传送带；3—滑块；4—钢丝绳；5—滑轮；6—容器

3. 仪器说明

(1) 滑移试验装置主要由传送带、滑块、钢丝绳、滑轮和盛水容器组成。

(2) 在一块 100mm×50mm×11mm 的传送带上放一钢滑块，传送带和滑块质量总共为 20kg。

(3) 一个至少可容纳 30L 水的已知质量［约为 (3±1)kg］的容器通过加水使载荷渐增，加水时应确保水流量恒定［(300±15)g/s］。用钢丝绳通过滑轮将滑块和容器连接起来。

4. **测定方法**

(1) 按产品要求制备漆膜并在恒温恒湿条件下干燥。在涂完最后一道漆后，将试板在此标准条件下继续放置7d，然后投入试验。

(2) 将试板（涂漆面向上）放置在试验仪上，使其固定。将滑块和传送带放在试板上，安放位置如图6-21所示。

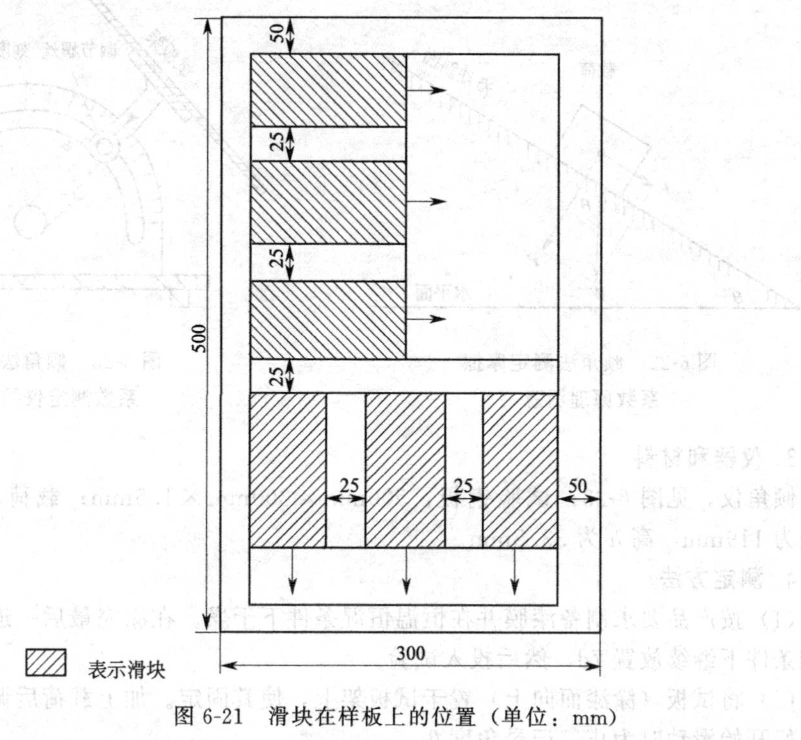

图6-21 滑块在样板上的位置（单位：mm）

(3) 通过加水逐渐增大容器载荷，直至滑块开始连续滑移，记录载荷质量。

(4) 在一块试板的六个不同部位（三个纵向，三个横向）各进行一次试验，然后在另一块试板上重复进行同样的试验。

5. **结果表示**

(1) 记录滑块开始连续滑移所需的质量（容器＋水），以千克计，准确到0.5kg。

(2) 对每一块试板沿纵向和横向所测得的数值分别取其算术平均值（共两个）。

(3) 对两块试板共得出的四个数值中最小的两个数值再取其平均值，作为最终的试验结果。

6. **参照标准**

国家标准GB/T 9263—1989。

（二）倾角法

1. **范围及说明**

本方法采用倾角仪来测定涂层的防滑性能，以摩擦系数来表示。与平面滑动法相比，倾角法更加简便易行，除了可测定甲板漆的防滑性外，也适用于钻井平台、仓库和车间地面，设备及手持物件的表面所用的其他防滑涂料的摩擦系数的测定。

2. **测试原理**

摩擦系数是防滑涂料性能的基本数据，即测定载荷在涂层上滑动所需的最小力，进而计算出摩擦系数。对于呈 θ 角的斜面上的载荷（图 6-22），当角度 θ 大到恰好使载荷开始滑动时，摩擦力 F 为载荷所受重力 W 的分量，即 $F=W\sin\theta$，而涂层受到的正压力 $P=W\cos\theta$，则摩擦系数为 $f=F/P=\tan\theta$。

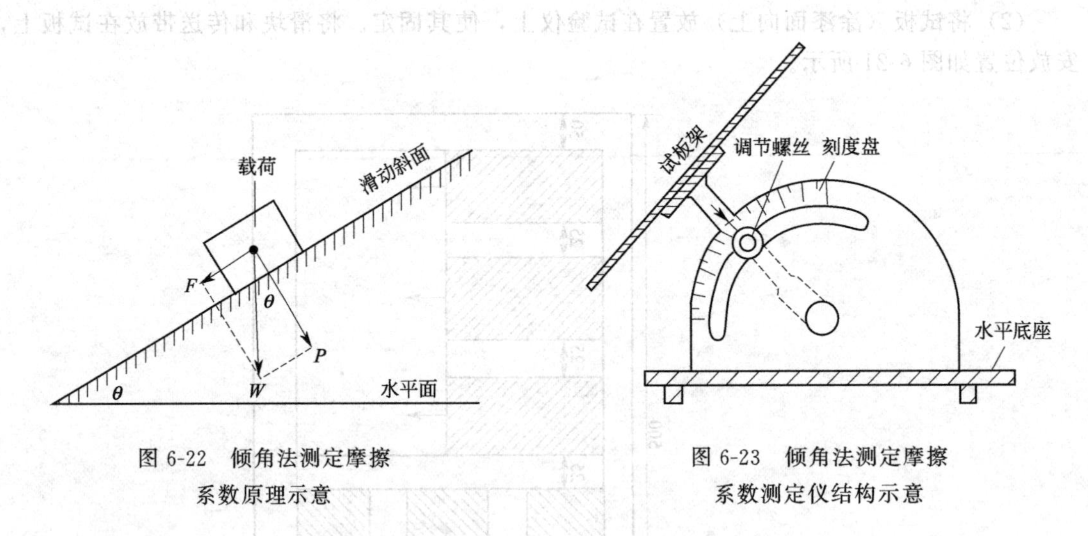

图 6-22　倾角法测定摩擦系数原理示意

图 6-23　倾角法测定摩擦系数测定仪结构示意

3. 仪器和材料

倾角仪，见图 6-23；试验钢板，500mm×300mm×1.5mm；载荷，碳钢块，重 3kg，直径为 119mm，高 h 为 33.5mm。

4. 测定方法

（1）按产品要求制备漆膜并在恒温恒湿条件下干燥。在涂完最后一道漆后，将试板在此标准条件下继续放置 7d，然后投入试验。

（2）将试板（涂漆面向上）置于试板架上，使其固定。加上载荷后调节倾斜角度，使载荷恰好开始滑动时为止，记录角度 θ。

（3）在一块试板的五个不同部位（上、下、左、右、中）各进行一次试验，然后在另一块试板上重复进行同样的试验。

5. 结果表示

摩擦系数为倾角法开始滑动时的最小角度的正切值（$\tan\theta$），取每块试板的算术平均值，再对两块试板得出的两个数值取其平均值作为最终的试验结果。

八、防锈漆阴极剥离性

1. 范围及说明

船舶在采取阴极保护过程中，有机涂层的缺陷和损伤部位受超电位和电极反应的作用后，出现不同程度的起泡、剥落等现象。另外，在电化学腐蚀过程中，阴极附近呈碱性，也容易使漆膜的附着性遭到破坏。为了考核涂料与电化学腐蚀措施配合的适应性，测定漆膜耐阴极剥离性是比较有效的方法。本方法适用于在海洋环境中船舶和海洋结构物单层或多层保护涂料在阴极保护下的耐阴极剥离性。

2. 仪器和材料

试验装置，见图 6-24，试验容器为一圆形塑料槽，其直径应不小于 500mm，高度应不小于，100mm，配有盖子、试样固定架等；试验钢板，250mm×150mm×2mm，在其中两短边的任何一边的中心线上距边缘 6mm 处钻一直径为 5mm 的连接孔，如图 6-25 所示；天然海水或人造海水（人造海水参考配方见本章节五）。

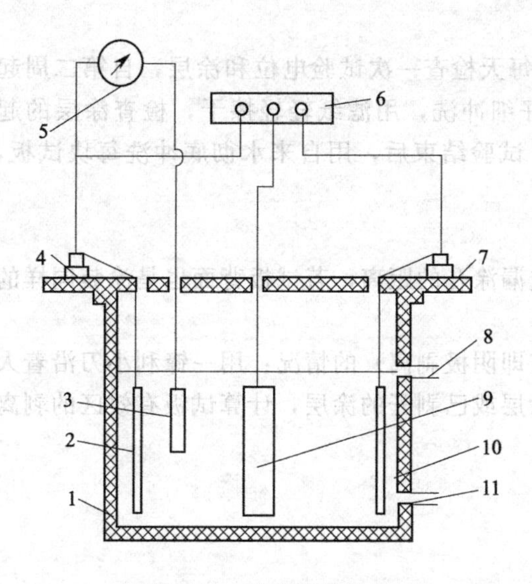

图 6-24　试验装置示意

1—圆形塑料槽；2—试验样板；3—参比电极（SCE）；4—接线柱；5—袖珍式数字万用表；6—螺栓连接器；7—槽盖；8—溢水口；9—镁阳极；10—海水；11—放水口

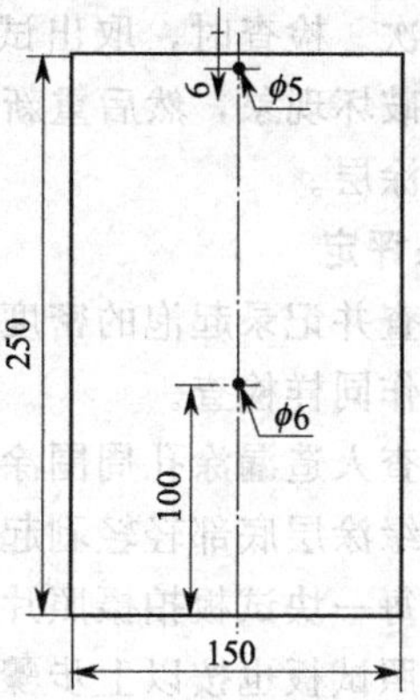

图 6-25　试样（单位：mm）

3. 试板制备

(1) 采用 M5mm、长 10mm 的铜螺钉、铜螺母和铜垫圈把一条长度为 600mm、线芯直径为 1mm 的带塑料绝缘层的铜导线固定在试样底板的连接孔上。

(2) 连接后，用万用表测量导线和底板连接的电导性，其电阻值应小于 0.01Ω。然后用环氧胶黏剂涂覆连接点，做绝缘密封处理。

(3) 按产品要求制备漆膜并在恒温恒湿条件下干燥。在涂完最后一道漆后，将试板在此标准条件下继续放置 7d。

(4) 开始试验前。在每一块试板的中心位置对涂层开一个人造漏涂孔，该孔为一个去掉直径为 6mm 涂层的圆孔。应采用直径为 6mm 的平头钻头加工孔洞，并使孔洞不穿透金属底板。应去除孔洞内全部涂层，露出光亮的金属。

(5) 对每一种单层或多层保护涂料制备足够数量的试板，至少有三块；同时也准备三块同样涂料的对照试板，它们在试验中不与阴极保护系统连接。

4. 测定方法

(1) 向塑料槽内注入天然海水或人造海水，试验温度为 (23±2)℃，每日添加自来水以保持容器内原有液面高度。

(2) 在容器中央悬吊镁阳极，其直径为 52mm、长度为 240mm 的圆棒，重量约 1kg（包括埋入阳极内一根 M12mm×30mm 的钢质螺栓）。

(3) 试板沿着容器四周与阳极等距排列，其人造漏涂孔面对阳极。每块试板与阳极距离不小于 150mm，距离容器底不小于 50mm。要保证试板完全浸泡，并且保持试板间不接触，也不与容器壁接触。

(4) 在容器内空间允许条件下，可在适当位置放置对照试板，但不要把对照试板与阳极连接。另外，把参比电极放在试板附近，但不要遮挡人造漏涂孔。

(5) 采用一螺栓连接器把每块试板的导线与阳极导线连接。测量试板与参比电极之间的电位为试验电位，在试验中保持电位稳定。

（6）试验周期为30d。在试验的第一周内应每天检查一次试验电位和涂层，自第二周起每周检查两次。检查时，取出试板，用自来水仔细冲洗，用滤纸轻轻擦干，检查涂层的起泡、剥离等破坏现象，然后重新放入塑料槽中。试验结束后，用自来水彻底冲洗每块试板，但不应损坏涂层。

5. 结果评定

（1）检查并记录起泡的密度、大小和距人造漏涂孔的距离，若试板背面也是涂装同样的涂料，则亦作同样检查。

（2）检查人造漏涂孔周围涂层附着力降低（即阴极剥离）的情况：用一锋利小刀沿着人造漏涂孔边缘涂层底部轻轻剥起所有已松动的涂层或已剥开的涂层，计算试板有效区的剥离面积，并对每一块试板拍摄照片。

（3）对照试板也按以上步骤做同样检查。

6. 参照标准

国家标准GB/T 7790—2008。

九、防污性

（一）浅海浸泡法

1. 范围及说明

防污性是指防止海洋污损生物附着及繁殖的能力。本方法是将涂装防污漆的样板浸泡在浅海中，逐月观察样板上海洋污损生物附着品种、附着量及繁殖程度，同时与空白样板、对照样板进行比较，并根据观察的结果来评定防污漆的防污性能。

2. 装置

浮筏，钢质、木质或钢筋混凝土等结构；框架，材料应采用尺寸不小于25mm×25mm×3mm角钢焊接成三档框架，见图6-26。角钢表面经除锈后，应涂装防锈漆和防污漆。

3. 样板制备

（1）空白样板采用4～6mm厚的深色硬聚氯乙烯板，表面应采用喷砂或3号金钢砂纸打毛，其尺寸应与试验样板的尺寸（见图6-27）相同。

（2）对照样板的底材、尺寸、表面处理应与试验样板完全相同，再用确认的防锈漆和防污漆配套进行涂装。

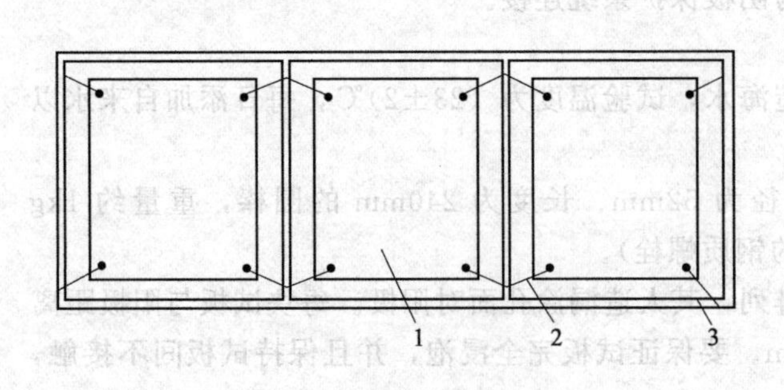

图6-26　框架及样板固定示意

1—样板；2—绝缘线；3—框架

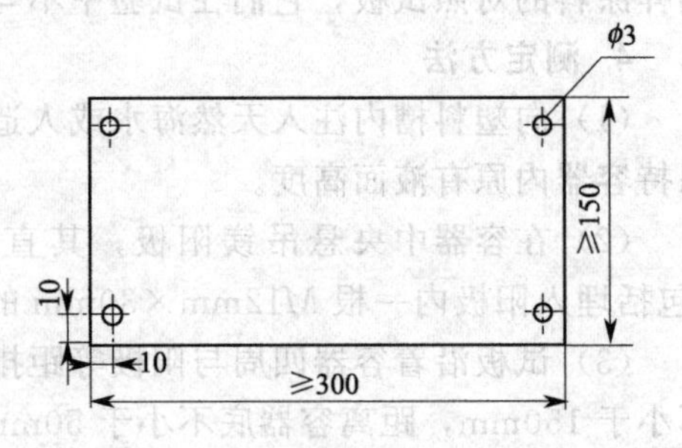

图6-27　样板的尺寸（单位：mm）

（3）试验样板底材应采用3mm厚的低碳钢板。样板长应大于或等于300mm，宽应大于或等于150mm，样板推荐尺寸为350mm×250mm。

(4) 样板的底材应进行喷砂或喷丸处理，除去钢板表面的锈蚀和氧化层，试验样板采用的涂料及涂装工艺应符合产品技术要求。

(5) 空白样板、对照样板、试验样板应各制备三块，每种样板均应用绝缘线固定在同一框架上二（上、中、下三挡）。

4. 浸海操作

(1) 浮筏泊放地点应在海湾内海生物生长旺盛、海水潮流小于2m/s的海域中，不应放在工业污水污染严重的海域。

(2) 防污漆样板浸海试验应至少在试验所在海域海生物旺季前一个月开始。样板在浸海前应做好标记、记录原始状态，并拍照。

(3) 试验样板、空白样板、对照样板必须同时浸海，样板浸海深度在0.2～2m之间。

(4) 浸海的样板应垂直牢固地固定在框架上，样板表面应平行于海水的主潮流，框架的间距应大于或等于200mm。

5. 检查记录

(1) 样板浸海后，前三个月每月观察一次，之后每季度观察一次，每季度应对样板表面拍照。观察时应小心除去附着在样板上的海泥，但不得去掉污损生物。不得损伤漆膜表面。

(2) 观察时应尽量缩短时间，沿样板边缘20mm不计。观察后应立即将样板浸入海中，以避免已附着生物的死亡，影响试验结果。

(3) 记录样板上海洋污损生物的附着数量及其生长状况。记录样板上漆膜表面状态，如锈蚀、裂纹、起泡、剥落等。

6. 结果评定

(1) 当空白样板表面生物污损严重、对照样板表面生物污损显著低于空白样板时，试验结果有效，否则无效。

(2) 根据主要海洋污损生物附着的数量和覆盖面积来评定防污漆的防污性能。

(3) 每季度将试验样板的观察结果与对照样板进行比较，浸海试验结束时，做最终比较并拍照以评定试验样板的防污性能。

7. 结果表示

(1) 方法一

① 使用与样板观察面积相同的百分格度板分别测量试验样板和对照样板污损生物的覆盖面积。

② 进行同一框架内的试验样板或对照样板评定结果时，污损生物覆盖面积相差小于5%，则取其平均值，否则应以污损生物覆盖面积较大的两块样板取其平均值，计算试验结果。

③ 当试验样板污损生物覆盖面积少于对照样板的1%～5%为稍好，少于5%～10%为好，等于为相同，多于1%～5%为稍差，多于5%～10%为差，大于10%时应终止试验，并作为最终试验结果。

(2) 方法二

① 取消对照样板，当空白样板表面生物污损严重、试验样板表面生物污损显著低于空白样板时，防污性评定结果有效。

② 若样板表面只附着藻类胚芽和其他生物淤泥，若仅仅有一些初期污损生物附着，则降为95。

③ 若有成熟的污损生物附着，则评分的方法为：以95为总数扣除个体附着的污损生物

的数量和群体附着污损生物的覆盖面积百分数。则试验样板的表面污损可评定为100。

④ 使用与样板评级面积相同的百分格度板测量群体附着污损生物的覆盖面积百分数。

⑤ 评定防污漆膜的物理状态，以样板表面漆膜无物理损伤为100，从100扣除被破坏的面积百分数即为漆膜的破损程度。

8. 参照标准

国家标准GB/T 5370—2007、美国标准ASTM D 3623。

(二) 动态试验法

1. 范围及说明

本方法是将涂装防污漆的样板模拟船舶航行时的状态，以在天然海水中连续运转一定时间和海洋污损生物生长旺季时挂板浸泡一定时间相结合的方式评定防污漆的防污性能。

2. 仪器和材料

动态试验装置，见图6-28、图6-29，包括动力、传动、样板固定架三部分，要求样板运动的线速度相当于 (18±2)kn(1kn=0.514m/s，或与常用船舶航速相近似)，样板运行中不可脱离海水；浮筏，钢质、木质或钢筋混凝土等结构；框架。

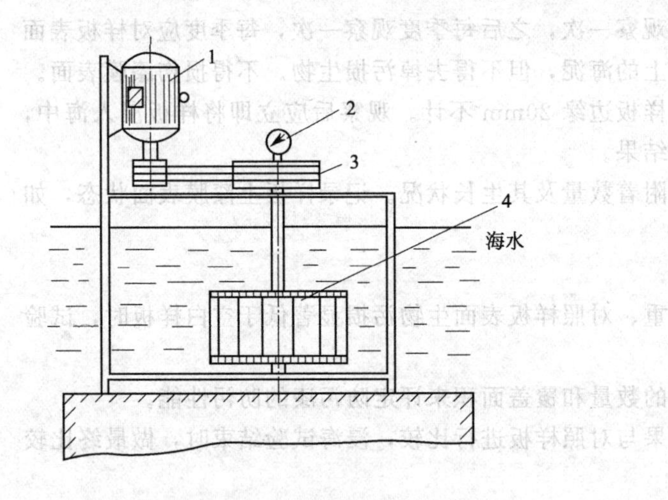

图6-28　试验装置示意

1—电机；2—转速表；3—转动装置；4—试验样板

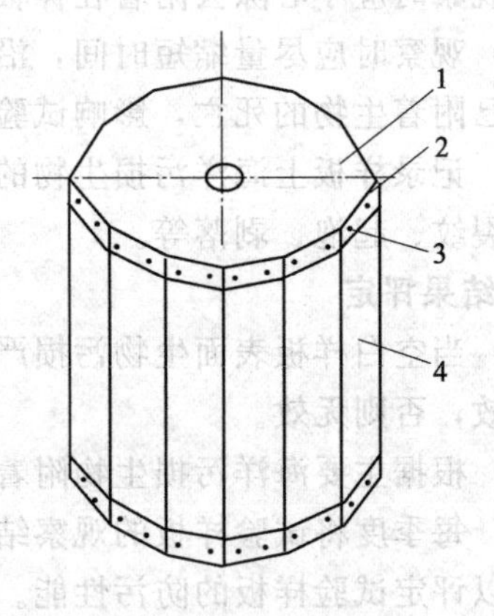

图6-29　样板固定示意

1—上、下甲板；2—塑料压条；3—螺钉；4—试验样板

3. 样板制备

(1) 动态试验样板底材应采用3mm厚的低碳钢板。每种试验涂料的动态试验样板最少三块。

(2) 样板的底材应进行喷砂或喷丸处理除去钢板表面的锈蚀和氧化层，试验样板采用的涂料及涂装工艺应符合产品技术要求。

(3) 对照样板的底材、尺寸、表面处理应与动态试验样板完全相同，再用确认的防锈漆和防污漆配套进行涂装。

4. 浸海操作

(1) 动态试验必须在天然海水中进行，可将试验装置安装在海中的浮筏上、大型的天然海水池或具有流动天然海水的海水槽。

(2) 动态试验的初始试验时间通常应在海洋污损生物生长旺季前1～2个月开始，使得动态试验的后期仍处于污损生物生长旺季内。

(3) 将制备好的动态试验样板和对照样板安装在样板固定架上，浸入海水中。开动装置，并记录初始时间、转速、累积转动时间及运转里程。

(4) 在转速不变的条件下，样板连续运转相当于航行（4000±50）nmile后，停机。将样板移入浮筏中，进行防污漆样板浅海浸泡试验，依次作为动态试验的一个周期。

5. 检查记录

(1) 每个试验周期后需对样板进行观察、记录、拍照。观察时应小心除去附着在样板上的海泥，但不得去掉污损生物，不得损伤漆膜表面。

(2) 观察时应尽量缩短时间，沿样板和孔洞边缘10mm不计，以消除边缘效应。记录样板上海洋污损生物的附着数量及其生长情况。记录样板上漆膜表面状态，如锈蚀、裂纹、起泡、剥落等。

6. 结果表示

(1) 方法一

① 使用与样板观察面积相同的百分格度板分别测量试验样板和对照样板污损生物覆盖面积。

② 当试验样板污损生物覆盖面积少于对照样板的1%～5%为稍好，少于5%～10%为好，等于为相同，多于1%～5%为稍差，多于5%～10%为差。

③ 当试验样板按预定周期或样板表面污损生物覆盖面积、破坏程度超过对照样板时，应终止试验，并作为最终试验结果。

(2) 方法二　按照上述“浅海浸泡法”结果表示中的方法二进行。当样板按预定周期试验完毕或样板表面污损生物覆盖面积、破坏程度大于10%，以及防污性评定在85以下的，则判定为防污性失效，可终止试验，并作为最终试验结果。

7. 参照标准

国家标准GB/T 7789—2007。

十、铜离子渗出率

(一) 二乙氨基二硫代甲酸钠法

1. 范围及说明

渗出率是指某一船底防污漆在$1cm^2$面积上每天向周围海水中渗出来的毒料质量（微克，10^{-6} g），以微克/（平方厘米·天）[$\mu g/(cm^2 \cdot d)$]计。本方法是以铜试剂法测定以氧化亚铜为毒料的防污漆在天然海水中铜离子的渗出率，测定范围为0～50μg/100mL。

2. 仪器和材料

振荡仪，振幅2～5cm，频率90～120次/min；分光光度计，适用于波长435nm处测量；分析天平，感量0.1mg；标本瓶，800～1000mL；棕色试剂瓶，100mL；锥形分析漏斗，125mL；容量瓶，100mL、250mL、500mL、1000mL；移液管，1mL、2mL、5mL、10mL、25mL、100mL；布氏漏斗，大号；铜试剂，二乙氨基二硫代甲酸钠（A.R.），$(C_2H_5)_2NCS_2Na$；氯化铜，$CuCl_2 \cdot 2H_2O$（分析纯）；柠檬酸，$HCO_2CH_2C(OH)(CO_2H)CH_2COH$(A.R.)；三氯甲烷（氯仿），$CHCl_3$(A.R.)；浓氨水，密度0.90g/$cm^3$的氨水溶液（A.R.）；聚酯玻璃钢样板，尺寸95mm×60mm×3mm。

3. 试剂配制

(1) 标准铜溶液Ⅰ　准确称取1.3418g $CuCl_2 \cdot 2H_2O$，用二次蒸馏水溶解在250mL容量瓶中稀释至刻度，此溶液每毫升含2mg Cu^{2+}。

(2) 标准铜溶液Ⅱ　移取5mL标准铜溶液Ⅰ于1000mL容量瓶中，用二次蒸馏水稀释至刻度，此溶液每毫升含铜10μg（用时配制）。

（3）0.5%铜试剂　称取0.500g铜试剂，以100mL二次蒸馏水溶解，过滤后装于棕色试剂瓶内，贮存于冰箱之中，可保存两星期有效。

（4）17%柠檬酸溶液　称取170g柠檬酸，以600mL二次蒸馏水溶解，全溶后转移至1000mL容量瓶，稀释至刻度。

（5）1∶1氨水溶液　将浓氨水与二次蒸馏水按体积比1∶1的比例混合。

（6）17%柠檬酸/氨水混合溶液　在分析前把已配制好的17%柠檬酸溶液和1∶1氨水溶液以5∶3的体积比混合。

4. 标准曲线制作

于7只125mL锥形分液漏斗中依次加入铜标准溶液Ⅱ，0、0.50mL、1.00mL、2.00mL、3.00mL、4.00mL、5.00mL（1mL含铜10μg）用海水稀释至100mL，加入柠檬酸/氨水混合溶液8mL，再加入1mL0.5%的铜试剂溶液，摇动1min后，加入10mL氯仿。待试剂全部加完后，以手握住分液漏斗，用力振摇3min静置，分层后转动分液漏斗活塞，弃去少量有机相，用滤纸卷吸去漏斗颈内的溶液，把有机相放入1cm比色皿内，于波长435nm处，以不加铜标准溶液的试液为参比液，测各溶液的吸光度，以含铜量为横坐标，吸光度为纵坐标，绘制标准曲线，铜的浓度在10～50μg Cu^{2+}/100mL，应呈线性关系。

5. 天然海水处理

在测试前一天海水涨潮时，用搪瓷容器或塑料容器提取所需的海水，用布氏漏斗过滤，除去海水中的沉淀物和机械杂质，以便消除海水中杂质对分析的干扰。过滤后的海水放置时间不宜超过一星期，否则会变质而造成测试误差。

6. 样板制备

聚酯玻璃钢样板表面用3号金钢砂布打毛，涂配套的船底防锈漆两道、防污漆两道。每道涂刷的间隔时间和防污漆的涂刷量按产品说明要求或实际使用的规定量。样板涂刷面积为60mm×60mm，即36cm^2（单面涂漆）。

7. 浸海操作

（1）在第二道防污漆干燥一天之后，将样板浸入海水中。样板浸海深度在0.2～2m，浸海的样板应垂直牢固地固定在框架上，样板表面应平行于海水的主潮流。

（2）样板在浸海15～30d后取回实验室，测其初期渗出率。往后浸海每隔一个月取同样板，测其稳态渗出率，直到失效为止。

8. 测定方法

（1）当样板从海水中取出时，先用海水冲洗数次，再用软毛刷轻轻地洗擦掉样板上的污泥和细菌黏膜，但切不可破坏样板上的漆膜。

（2）将样板按顺序置于振荡仪上，并垂直放进盛有600mL，海水的标本瓶中，进行模拟振荡2h，此溶液即为含有二价铜（Cu^{2+}）的渗出液。

（3）用100mL移液管吸取100mL渗出液于125mL的锥形分液漏斗中，随同试样做空白试验。

（4）在上述渗出液中加入8mL柠檬酸氨水混合液、1mL0.5%的铜试剂溶液，摇动1min后，加入10mL氯仿，再摇动3min，静置分层后，转动分液漏斗活塞，弃去少量有机相，用滤纸卷吸去漏斗颈内的溶液，把有机相放入1cm比色皿内，在435nm处以三氯甲烷为参比液，测其吸光度。

（5）由试液的吸光度扣除随同试样做空白的吸光度，就可从标准曲线上查得含铜量。每次制作标准曲线时，所用的标准铜溶液宜新配制（即临时稀释），否则会造成分析的误差。

9. 结果计算

按下式计算铜的渗出率：

$$L_R = c \times \frac{V_2}{V_1} \times \frac{24}{T} \times \frac{1}{S}$$

式中　L_R——渗出率，μg/(cm²·d)；

c——铜的含量，μg；

V_1——分析液容量，mL；

V_2——渗出液总量，mL；

T——振荡时间，h；

S——涂漆面积，cm²。

10. 参照标准

国家标准 GB/T 6824—2006。

(二) 原子吸收光谱法[13,14]

1. 范围及说明

本方法是以原子吸收光谱法测定以氧化亚铜为防污剂的防污漆在人造海水中铜离子的渗出率，以微克/(平方厘米·天)[μg/(cm²·d)]表示，测定范围为0～200μg/L。

2. 仪器和材料

(1) 测试筒　聚甲基丙烯酸酯或聚碳酸酯圆筒，外径 φ (65±5)mm，高 70～100mm，测试筒两头需用耐水材料密封，并在一端黏结一根连接杆，使之有足够的长度与旋转装置连接。

(2) 贮存槽　使用惰性材料制造，容积要求至少可浸入 4 个测试筒。贮存槽内的人造海水应循环通过一个泵和过滤装置，以使人造海水中 TBT 的含量低于 100μg/L 的要求。水流量通常设定为：2～8 次循环/h 循环水的出口与入口应设置在适当的位置，使水槽中的人造海水能以平稳、一致的流速流过测试筒。控制水温在 (25±2)℃、pH 值在 7.8～8.2 之间、盐度为 3.0%～3.5%。

(3) 渗出率测试容器　聚甲基丙烯酸酯或聚碳酸酯圆筒，直径为 120～150mm，高 170～210mm，恒温 (25±1)℃，用丙酮或二氯甲烷将 3 根直径 4～8mm 的聚甲基丙烯酸酯或聚碳酸酯圆棒均匀黏附于圆桶内壁，并高出水面 10mm，作为缓冲装置，以防止测试筒旋转时海水产生漩涡。

(4) 旋转装置　在渗出率测试容器正上方位置，用于旋转测试筒，转速为(65±5)r/min [(0.2±0.02)m/s]。旋转装置不能接触到人造海水。

(5) 恒温水浴箱　控制温度为 (25±1)℃，可放入一个或多个渗出率测试容器。

(6) 离心机管（或容量瓶、培养管、分液漏斗等）　容量 50mL，须用聚碳酸酯、聚四氟乙烯或硼硅酸盐玻璃制造。

(7) 振荡仪　振幅 2～5cm，频率 90～120 次/min。

(8) 石墨炉原子吸收光谱仪（GF-AAS)。

(9) 取样分配器　自动化取样。

(10) pH 计　使用 Hg/HgCl 电极。

(11) 萃取溶剂　甲苯，光谱纯。

(12) 浓盐酸　密度约为 1.189g/mL。

(13) (1+9) 盐酸溶液或 (1+9) 硝酸溶液。

（14）0.1mol/L 盐酸溶液或 0.1mol/L NaOH 溶液。

（15）30g/L NaOH 溶液。

（16）人造海水　以无水态计算的工业级盐类氯化钠、硫酸钠和碳酸钠各 10g 溶于自来水中，并稀释到总量为 1L；或用 239 氯化钠（NaCl）、8.9g 十水硫酸钠（$Na_2SO_4 \cdot 10H_2O$）、9.8g 六水氯化镁（$MgCl_2 \cdot 6H_2O$）和 1.2g 无水氯化钙（$CaCl_2$）溶于自来水中，并稀释到总量为 1L。

（17）三丁基锡标准溶液Ⅰ　将氯化三丁基锡（试剂级，纯度≥96%）溶于甲醇，制备锡浓度为 10mg/L 的甲醇稀释液，再用醋酸将稀释液酸化至 pH≤4 即可得到稳定的标准贮备液。

注：除特别注明外，所用试剂均为分析纯，蒸馏水都符合 GB/T 6682—2008 规定的三级水。

3. 试样制备

（1）将未涂漆的测试筒浸于浓盐酸（密度约 1.189g/mL）中 0.5h 进行清洗，以除去测试筒表面的污染物，再用蒸馏水进行清洗。将待涂装试验区的表面用 200 目砂纸轻轻打磨以提高附着力。涂漆前应将打磨面上的灰尘清除干净。

（2）将测试筒外表面底部及上端 1～2cm 处用胶带纸覆盖，并在测试筒中部准确预留一个面积为 200cm^2 的环形试验区，涂装待测涂料样品至规定厚度。涂装完毕后，应在漆膜干透前揭去胶带纸，并应确保涂层不被损伤且胶带覆盖的空白部位未被涂料污染。

（3）涂装好的测试筒应置于温度（23±2）℃、相对湿度（50±5）%的环境中不少于 7d。用非破坏检测法测量最小干膜厚度应达到 100μm。测试过程中必须保证漆膜厚度大于 50μm，否则可根据实际情况相应增加初始的漆膜厚度。

（4）每个待测样品均制备三个平行试样和一个空白测试筒。

4. 浸泡操作

（1）向贮存槽中加入人造海水，并调节至温度（25±2）℃、pH 值 7.8～8.2、盐度 3.0%～3.5%的稳定状态。

（2）将试验测试筒和空白测试筒放入贮存槽适宜位置，漆膜应完全浸入人造海水中，并使人造海水能从其四周匀速流过。

（3）每隔 1 天监测一次人造海水的温度和 pH 值，根据需要可使用 0.1mol/L 的 HCl 溶液或 0.1mol/L 的 NaOH 溶液调节 pH 值。每 14 天检测一次盐度并进行调控。

（4）每 7 天检测一次有机锡单体的浓度。若超过极限，则应更换过滤器。初始海水中有机锡单体含量的极限最大为 10μg/L；贮存槽海水中有机锡单体含量的极限最大为 100μg/L。

（5）在浸泡至第 1d、3d、7d、10d、14d、21d、24d、28d、31d、35d、38d、42d 和 45d 取样日时，取出测试筒放入渗出率测试容器中进行有机锡析取试验。

5. 析取试验

（1）试验前，所有试验用品需浸于浓盐酸（密度为 1.189g/mL）中 0.5h 进行清洗，再用蒸馏水清洗、烘干。在每个渗出率测试容器中装入 1500mL 新鲜人造海水，温度控制在（25±1）℃。

（2）从贮存槽中取出测试筒，将其在空气中停顿约 10s，使之不再有水滴滴下后放入装有至少 500mL 人造海水的干净斜口烧杯瓶中清洗 10s，取出在空气中停顿 10s 后，立即放入渗出率测试容器中。

（3）将测试筒连接到旋转装置上，漆膜应完全浸入人造海水中，即刻开始旋转。在测试初期阶段，旋转周期可设置为1h。在随后的测试过程中，可根据实际情况调整旋转周期，以使渗出率测试容器中渗出液有机锡单体的浓度保持在100～200μg/L范围内。

(4) 到达预定旋转周期后，将测试筒取出放回贮存槽。用移液管吸取25mL渗出率测试容器中的渗出液样品至50mL离心管中，管中需装有适量的10%HCl溶液以确保渗出液样品的pH≤4.0。

(5) 用10mL甲苯萃取已酸化的渗出液样品（在振荡器上振荡15min），取出甲苯萃取液，用5mL 30g/L的氢氧化钠水溶液振荡洗涤10min。以移液管或分液漏斗进行分离，取出有机相，用石墨炉原子吸收光谱仪进行锡含量的测定。采用相同的方法制备空白溶液。

6. 溶液配制

(1) 三丁基锡标准溶液Ⅱ　准确量取1mL三丁基锡标准溶液Ⅰ于100mL容量瓶中，用甲苯稀释至刻度，得含锡量为100μg/L的三丁基锡标准溶液Ⅱ。

(2) 标准参比溶液　根据试验需求取三丁基锡标准溶液Ⅱ用甲苯配制一组锡浓度适宜的标准参比溶液。

(3) 标准校正溶液　用三丁基锡标准溶液Ⅱ制备3个已知浓度的标准校正溶液，其中一个样品的锡浓度必须为50μg/L。

(4) 示踪溶液　用三丁基锡标准溶液Ⅱ制备3份锡含量在10～50μg/L范围内的已知浓度样品，将其加入到25mL的空白渗出液中进行萃取、分析。

以上溶液均应在使用当天配制。

7. 测试分析

(1) 仪器设置　按仪器使用说明调整石墨炉，调节干燥、预灰化、灰化和雾化时间，循环使仪器达到最佳条件。以锡空心阴极灯为光源测定锡的含量，单色器波长应设置于286.3nm。

(2) 标准曲线　按仪器分析程序进行空白溶液和标准参比溶液的分析，得到以浓度为横坐标、以吸光度值为纵坐标的有机锡单体浓度标准曲线，并以标准校正溶液进行验证测试，测试结果符合要求即可进行试验测定。

(3) 试验溶液测定　用石墨炉原子吸收光谱仪检测甲苯萃取液中锡的浓度。若同一样品测试结果的相对标准偏差大于10%，则放弃这一数据，重新取样进行分析。

(4) 萃取并详细分析示踪溶液测试样品以评估萃取效率，确定试验萃取回收率达到90%～110%。

8. 结果计算

渗出液中三丁基锡单体浓度按下式计算：

$$c_{\mathrm{TBT}}=\frac{c_{\mathrm{Sn}}EF}{S}$$

式中　c_{TBT}——三丁基锡单体的浓度，μg/L；

c_{Sn}——甲苯萃取液中锡的浓度，μg/L；

E——甲苯体积，10mL；

F——锡与三丁基锡单体转换的修正因子（2.5）；

S——分析海水的总量，25mL。

当分析用海水与甲苯萃取液体积不变时，则计算公式可简化为：

$$c_{\mathrm{TBT}}=\frac{c_{\mathrm{Sn}}\times 10\times 2.5}{25}=c_{\mathrm{Sn}}$$

三丁基锡单体渗出率计算公式：

$$R=\frac{c_{TBT}VD}{TA}$$

式中　R——三丁基锡单体的渗出率，$\mu g/(cm^2 \cdot d)$；

V——渗出率测试容器中人造海水的体积，L（$V=1.5L$）；

D——二十四小时每天，24h/d；

T——浸于渗出率测试容器中测试筒旋转的时间，h；

A——漆膜表面积，cm^2（$A=200cm^2$）。

若 3 个平行样测试结果的相对标准偏差大于 20%，则应对检测过程进行复查。若其中之一的分析结果存有失误，则以其他两个试样的检测结果为准。计算三丁基锡单体的平均渗出率和 45d（或 73d）的累积渗出率。

9. 参照标准

国家标准 GB/T 6825—2002。美国 ASTM D 5108—1990(2007)。

十一、防污漆降阻性能

1. 范围及说明

降阻性能是指降低漆膜表面与海水之间摩擦阻力的能力。本方法主要是在实验室内通过涂装防污漆的圆盘在海水中以一定转速转动时转矩的变化来评定自抛光防污漆的降阻性能。

2. 仪器和材料

试验装置，见图 6-30；转矩传感器，量程不小于 5N·m；直流电动机，功率不小于 1.7kW，最大转速不小于 1000r/min；可控硅调速装置，调速范围 1∶10；转矩记录仪，C_2-8 三笔记录仪；海水槽，低碳钢板焊接而成，尺寸为 1.0m×0.7m×1.2m，钢板厚 3～5mm；天然海水或人造海水；试验用圆盘样板，形状见图 6-31。

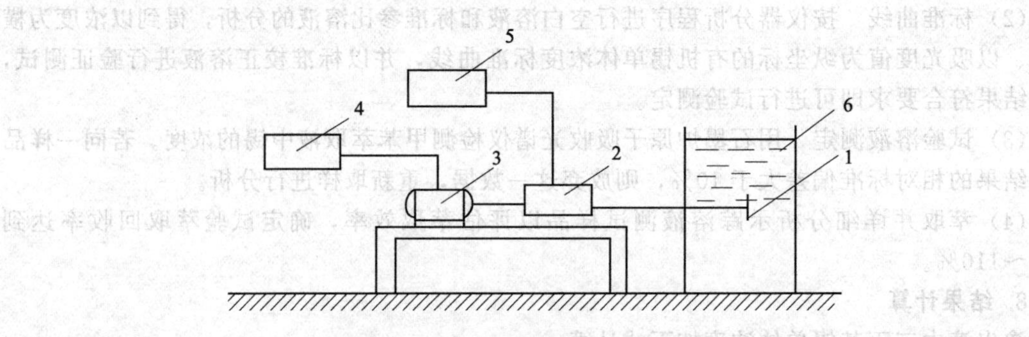

图 6-30　试验装置示意

1—旋转圆盘；2—转矩触感器；3—直流电动机；
4—可控硅调速装置；5—转矩记录仪；6—海水槽

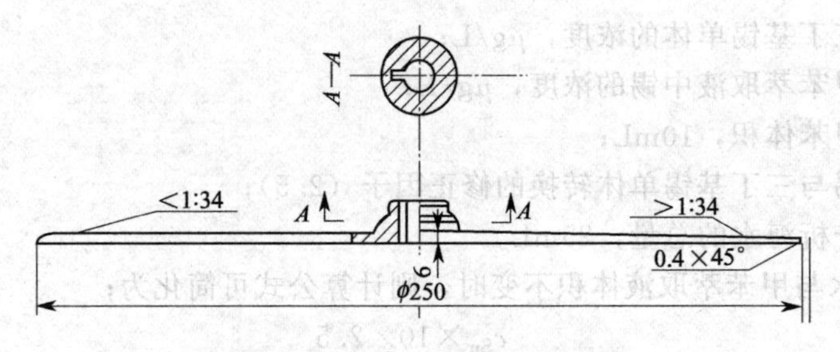

图 6-31　试验样板示意（材料：铝；比例：1∶2）

3. 测定方法

(1) 将海水注入槽中，水深小小于 1m，海水体积约为 0.7m^3。圆盘须位于水槽的中间位置，圆盘转动速度推荐为 500r/min、700r/min 或 1000r/min。

(2) 每次试验前用转矩传感器的附件进行静校，然后将涂装有自抛光防污漆的圆盘样板安装在转动轴上，以选定的一种速度旋转 2h，同时记录初始值 d_{T0}（转矩记录仪上记录笔读数，mm）。

(3) 每天规定旋转时间为 2h，其余时间浸泡在海水中，记录每天测得的 d_T（转矩记录仪上记录笔读数，mm）。每个圆盘样板至少测 10 次，或者在 d_T 超过 d_{T0} 时，试验便可终止。

4. 结果评定

(1) 用每天测得的最后 1h 的 d_T 平均值 $\overline{d_T}$ 做纵坐标、时间做横坐标，绘制曲线。当曲线下降趋势平缓、平缓区长时，自抛光防污漆的降阻性能好。

(2) 降阻率按下式计算：

$$f=(\overline{d_T}-d_{T0})/d_{T0}$$

式中　f——降阻率；

$\overline{d_T}$——测得 d_T 的平均值；

d_{T0}——初始 d_T 值。

降阻率绝对值大的自抛光防污漆降阻性能好。

5. 参照标准

国家标准 GB/T 7791—1987。

十二、涂膜溶出水的测定

1. 范围及说明

船舶、舰艇及海上钢结构所用的涂膜在接触海水的过程中，应对海洋无污染，对鱼蟹类无毒、无害，应符合人体健康、生活环境要求的各项法规。通过对涂膜溶出水的分析来检测其有害物质含量可判定其是否符合有害物质排出水的标准。

2. 仪器和材料

试验槽，圆柱形，直径 260mm，高 180mm，配有电机、传动装置和旋转轴；试验件，丙烯酸树脂圆柱，直径 25mm，高 100mm，一端为平面，另一端有孔或环；离子交换水，电导率≤0.2mS/m。

3. 测定方法

(1) 圆柱试件先用 3 号金刚砂布打毛，然后按产品要求用确认的防锈底漆和面漆配套进行涂装。

(2) 涂完最后一道面漆后，在恒温恒湿条件下[温度(23±2)℃，相对湿度 (50±5)%]放置 7d 后投入试验。

(3) 在试验过程中，要求涂膜面积/水＝235.5cm^2/7.5L。圆柱试件的尺寸符合涂膜面积约 235.5cm^2 的要求，所以往试验槽中加入定量的 7.5L 的离子交换水即可。

(4) 把试样与旋转轴连接后浸入到 (23±2)℃的离子交换水中，开动电机，保持试片旋转速度为 1m/s。

(5) 连续试验 14d 后，取出试件，按各有害物质相应的检测方法对水质进行测定。

4. 结果评定

涂膜溶出水中有害物质的含量应符合以下标准的允许限度（表 6-8）为合格。

表 6-8 涂膜溶出水中有害物质的允许限度

项目		允许限度
有害物质排出水的标准	镉	0.1mg/L
	氰化合物	1mg/L
	有机物	1mg/L
	铅	1mg/L
	6价铬	0.5mg/L
	砷	0.5mg/L
	有机汞	0

注：日本“防止水质污浊法”所规定的排水标准。

十三、层间附着力

（一）浸渍试验

1. 范围及说明

车间底漆在涂漆前要进行再清洁工作，与涂覆其上的防锈漆配套后，既要能防锈，又要有良好的附着力。本方法通过盐水浸渍试验，结合划格法，以测定层间附着力。

2. 仪器和材料

试验槽，500mm×400mm×300mm；多刃切割工具，刀刃间距 1mm、2mm；试验用钢板，150mm×70mm×(2～3)mm；盐水，3%氯化钠溶液。

3. 测定方法

将车间底漆与其上所采用的底漆各喷一道，间隔 24h，并在恒温恒湿条件下干燥 7d 后浸入盐水中，试验 7d 后，取出用滤纸吸干，在空气中暴露 4h，接着进行划格试验。

4. 结果表示

根据切割表面破坏情况定级或用“通过”或“不通过”来评定。

（二）甩水法

1. 范围及说明

本方法主要用于船底防锈漆。由于船底防锈漆的特殊处境要求有较好的附着力，既要有与底材的附着力，又要求与面漆配套合适，因此使漆膜在一定的速度下与水流接触，以模拟实际使用情况来测定附着力。

2. 仪器和材料

（1）试验装置　两端开口的圆筒形转盘，ϕ300mm，高 200mm；电机及传动装置；盐水槽，600mm×600mm×500mm。

（2）试验用钢板　200mm×120mm×(2～3)mm。

（3）盐水　3%氯化钠溶液。

3. 测定方法

防锈底漆和面漆各喷一道，间隔 24h，并在恒温恒湿条件下干燥 7d。将样板固定于圆筒形转盘四周，然后整个浸入盐水中，转盘以 24n mil/h 的线速度在水中甩动，转动一定时间后，观察漆膜起泡、脱落等情况。

4. 结果表示

以观察漆膜表面起泡、脱落为主，根据产品要求判定“通过”或“不通过”。

（三）冲击法

1. 范围及说明

本方法主要是模拟船舶在高速航行水流冲击下漆膜所受到的强烈冲刷，特别适用于船体水上部位漆和水线漆。通过在盐水喷射下漆膜耐水波冲击性可考核涂料配套性和漆膜之间的附着力。

2. **仪器和材料**

（1）试验装置　见图6-32。两端开口的圆筒形转盘，ϕ300mm，高200mm，它局部浸泡在盐水中；电机及传动装置，可提供相当于最大40kn的船速；盐水槽，1200mm×600mm×500mm；水泵，可从盐水槽中将盐水流喷向样板。

（2）试验用钢板　200mm×120mm×(2～3)mm。

（3）盐水　3%氯化钠溶液。

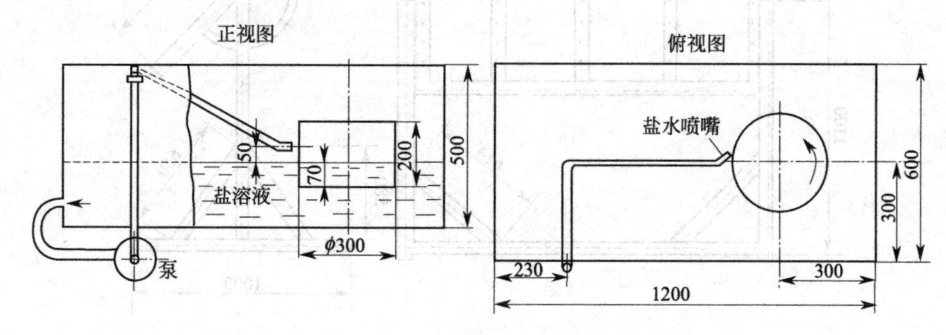

图6-32　实验装置示意（单位：mm）

3. **测定方法**

（1）按产品要求制备漆膜并干燥，再于恒温恒湿条件下放置7d后投入试验。

（2）把样板固定于圆筒形转盘四周，然后将样板浸入盐水内70mm。

（3）转盘旋转速度可以选择第一小时14kn，第二小时18kn，第三小时和第四小时为24kn，也可选择其他变速，直至最大线速度40kn/h。

（4）将盐水通过水泵以7.6MPa的压力成45°角喷向旋转的圆盘，连续进行4h为一试验周期。

4. **结果表示**

以观察漆膜表面起泡、脱落为主，根据产品要求判定“通过”或“不通过”。

5. **参照标准**

国家标准GB/T 9274—1988、国家标准GB/T 9286—1988、法国标准NF J17-060。

十四、耐盐雾性

大部分船舶涂料的技术指标中都必须检验其耐盐雾性，如货舱漆、油舱漆、甲板漆、水线漆、压载舱漆、饮水舱漆、机舱舱底漆及阳极屏涂料等。测定方法可参见本书第一章第三节十五进行检测。

十五、耐候性

（一）亚湿热带气候曝晒

船舶涂料中的船壳漆、水线漆、甲板漆等一般均要求在属于亚湿热带气候的广州地区自然曝晒一年，以作为耐久性的判定。试验方法可参见本书第一章第三节十七进行测定。

（二）海洋性气候曝晒

1. **范围及说明**

船用车间底漆是钢材经预处理除锈后在流水线上采用的一种暂时性的保护防锈底漆，因此要求其单层漆膜在船舶建造期间处于海洋大气中，对钢材至少应有3个月以上的防锈能力。本方法主要是测定车间底漆在海洋性大气中的耐候性。

2. 仪器和材料

曝晒架，见图 6-33，材质为涂漆保护的钢材，曝晒角度可调；漆膜测厚仪，0～100μm；曝晒样板，250mm×150mm×(0.8～1.5)mm。

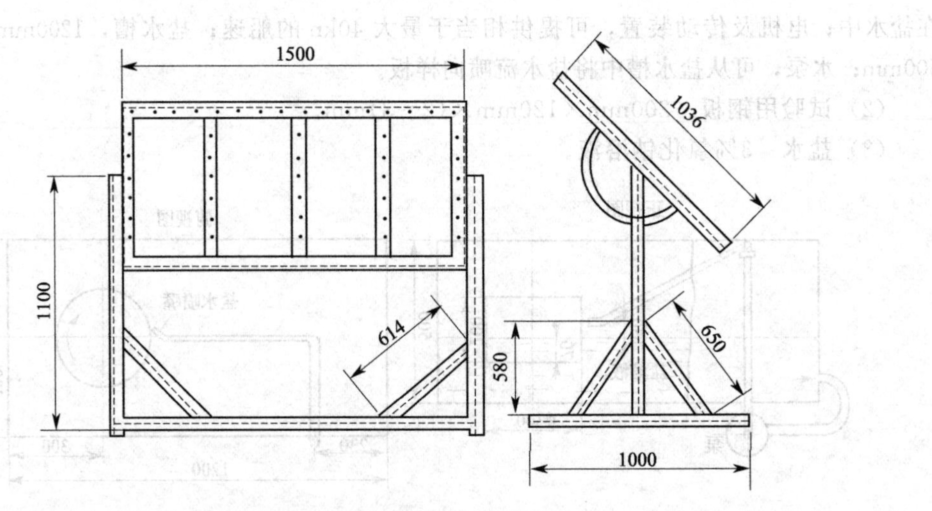

图 6-33 可调角度的曝晒架（单位：mm）

3. 测定方法

(1) 按产品要求制备漆膜并干燥，含锌粉车间底漆单层漆膜厚度为 15～20μm，不含锌粉车间底漆单层漆膜厚度为 20～25μm。

(2) 样板制备完毕，封边、编号，并在恒温恒湿条件下处置 7d 后投入试验。

(3) 样板可以垂直安放，也可漆面朝南 45°，要尽量避免浪花，但一定要曝露在室外。

(4) 曝露周期应必须包括从十月起的冬季并延续到来年三月。

4. 结果评定

含锌粉车间底漆要求 6 个月，不含锌粉车间底漆要求 3 个月，样板上出现锈点的面积不应超过产品标准规定的技术指标。

5. 参照标准

国家标准 GB/T 6747—2008、法国标准 NF J17—110。

十六、修补性能测定

1. 范围及说明

涂料的修补性能主要取决于修补后的新涂层与原涂层之间的附着力。本方法主要是测定一种涂料系统的新涂层在已自然老化或破损的同种或不同系统的旧涂层上的附着力，以评定涂料的修补性能。

2. 仪器和材料

漆膜测厚仪；划格试验器；便携式拉开法测定仪；0 号金钢砂布；试板；漆刷；修补涂料。

3. 试板准备

(1) 用于船底或重载水线以下部位的涂料体系修补试验的试板必须选用经三个月以上流动海水浸泡试验的试板，或选用进行过动态试验一个周期以上的试板。

(2) 用于水线以上部位涂料体系修补试验的试板必须为进行过海洋大气曝晒试验三个月

以上的试板。

4. **修补涂料**

（1）用于修补试验的涂料体系一般应与原涂层为同种体系，也可用不同种体系。

（2）试验涂料体系包括底漆、中层漆、面漆（或防污漆），并着以不同的颜色以便识别。

5. **油漆涂覆**

（1）把进行过流动海水浸泡试验或动态试验或海洋大气曝晒试验的样板用自来水洗刷干净后晾干。

（2）经以上处理过的试板，先用漆膜测厚仪测定干膜厚度，然后将试板沿纵向划分成宽30～40mm的8条漆带，从中间开始向两边编号，见图6-34。

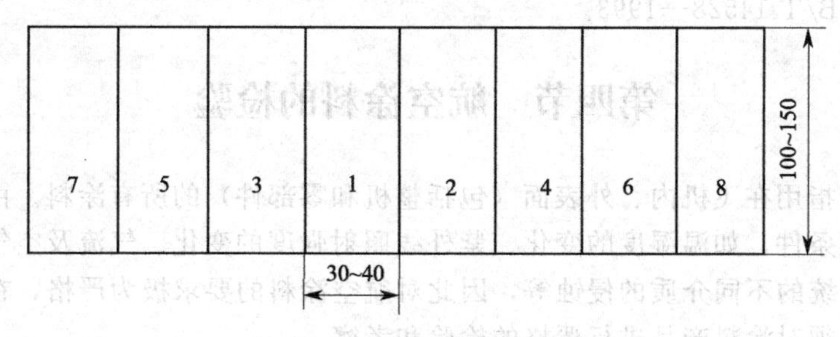

图6-34　试板漆带分布（单位：mm）

（3）在第1条漆带上，将漆膜完全除去，并用0号金钢砂布将钢板打磨至手上除锈标准St 3级。在第2条漆带上，用0号金钢砂布磨去约漆膜厚度的一半，边磨边用漆膜测厚仪进行验证。在第3～6条漆带上，用0号金钢砂布轻轻打毛。

（4）修补油漆涂装体系的分布见图6-35。在第1条漆带上刷涂底漆，在第1条漆带和第2条漆带上刷涂中间漆，在第1至第4条漆带上刷涂第一道面漆，在第1至第6条漆带上刷涂第二道面漆。

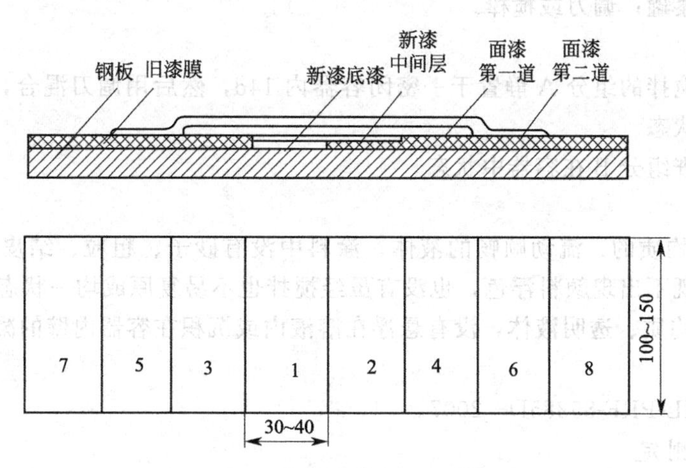

图6-35　修补油漆重叠分布（单位：mm）

（5）在涂覆过程中，应记录可能出现的咬底、渗色或软化现象。最后一道修补漆涂后，试板应在产品规定的条件下干燥一周，然后在温度（23±2）℃、相对湿度（50±5）%的环境中放置不小于16h，再进行附着力测定。

6. **性能测定**

（1）拉开法　在磨损部位及其邻近重涂漆部位和原始漆带上分别取几个有代表性的漆层

部位，切割成 30mm×30mm 的正方形小块，在每个相同涂层部位取 3～5 块进行拉开法附着力试验。

（2）划格法 在试板的每个有代表性的漆层部位分别进行划格法附着力试验。由于各部位漆膜厚度不同，应合理选择划格试验器的刀刃间距。

7. 结果评定

按附着力测试结果比较原始漆带与新漆膜在被修补部位上的附着性能。拉开法附着力试验以各漆带上所测得的附着力平均值进行比较，划格法附着力试验根据切割表面破坏情况定级并进行比较。

8. 参照标准

国家标准 GB/T 14528—1993。

第四节 航空涂料的检验

航空涂料是指用在飞机内、外表面（包括整机和零部件）的所有涂料。由于飞机涂膜要经受严酷的特定条件，如温湿度的变化、紫外线照射强度的变化、气流及空气中雨和砂粒的冲刷以及不同系统的不同介质的侵蚀等，因此对航空涂料的要求极为严格，在选择涂料或投入使用时，都必须对涂料产品进行严格的检验和考察。

一、航空涂料液态性能检测

（一）容器中状态

1. 范围及说明

本方法主要是测定飞机蒙皮用聚氨酯涂料在未混合前，其组分 A 和组分 B 在容器中的状态。

2. 工具和材料

容器，金属漆罐；调刀或搅棒。

3. 测定方法

（1）将未经搅拌的组分 A 静置于一密闭容器内 14d，然后用调刀混合，并在 5min 内检查其在容器中的状态。

（2）同时检查组分 B 在容器中状态。

4. 结果表示

组分 A 应是均质的、流动顺畅的液体，涂料中没有砂子、粗粒、结皮、结块和非正常的增稠或发胀，既不出现颜料浮色，也没有虽经搅拌也不易复原成均一状态的过量沉淀。

组分 B 应是均质、透明液体，没有悬浮在溶液内或沉积在容器内壁的凝胶或可见颗粒。

5. 参照标准

美国军标 MIL-PRF-85285D—2007。

（二）细度测定

1. 范围及说明

本方法是指用刮板细度计来测定颜料和体质颜料在涂料中的分散程度，称为研磨细度。在航空涂料中，细度是很重要的指标，由于细度控制不好，漆膜表面粗糙，当飞机在高速飞行时，就会影响飞行速度。

2. 测试仪器

刮板细度计，有单槽式和双槽式两种，刻度有微米（μm）、密耳（mil）、海格曼（Hegmann）等级和FSPT（美国油漆工艺联合会）等级，其近似关系如表6-9所示。

表6-9　研磨细度近似关系

海格曼等级	0	1	2	3	4	5	6	7	8
微米/μm	100	90	75	65	50	40	25	15	0
密耳/mil	4	3.5	3	2.5	2	1.5	1	0.05	0
FSPT等级	0	$1^1/_4$	$2^1/_2$	$3^1/_4$	5	$6^1/_4$	$7^1/_2$	$8^3/_4$	10

例如美国军用标准聚氨酯涂料要求有光涂料细度应不大于海格曼7级，即15μm，伪装涂料应不大于5级，为40μm。

3. 测定方法

参见本书第一章第一节六进行测定，对于双组分涂料，是指A、B组分混合后的细度。

4. 参照标准

国家标准GB/T 6753.1—2007。美国标准ASTM D 1210—2010。

（三）黏度测定

硝基蒙皮涂料黏度测定主要用涂-1黏度杯，醇酸、环氧、丙烯酸涂料主要用涂-4黏度杯，可参见本书第一章第一节七进行测定。聚氨酯涂料主要用旋转黏度计，有用转子型的（如NDJ-I），也有用桨式的（如斯托默黏度计）。

（四）固体含量测定

固体含量也称“不挥发分含量”，可参见本书第一章第一节八进行测定。

（五）酸值测定

1. 范围及说明

用于歼击机铝蒙皮表面的涂层中有醇酸清漆和丙烯酸清漆，而酸值是该品种技术要求中检验的项目之一。本方法采用容量分析法，即中和1g产品的不挥发物中的游离酸所需氢氧化钾（KOH）的质量（mg），以mgKOH/g表示。

2. 仪器和材料

分析天平，精确至1mg；锥形瓶，容量250mL；滴定管，容量25mL或50mL；烧杯，容量150mL；混合溶剂，由2份甲苯与1份95%（体积分数）乙醇按体积比配成，使用前应以氢氧化钾标准溶液中和该混合溶剂；氢氧化钾标准溶液，由95%（体积分数）乙醇配制成浓度$c(KOH)=0.1mol/L$的溶液，并脱除碳酸盐，以邻苯二甲酸氢钾标定其浓度；酚酞指示剂溶液，浓度为10g/L，由95%（体积分数）乙醇配制而成。

3. 测定方法

（1）为控制氢氧化钾标准溶液的消耗量在10～30mL范围内，试样的称取量可参考表6-10。

表6-10　试样称量

估算的酸值/(mgKOH/g)	试样的质量/g	估算的酸值/(mgKOH/g)	试样的质量/g
10以下	10	50～150	1
10～25	5	150以上	0.5
25～50	2.5		

（2）称取试样放入锥形瓶中，精确至1mg，加入50mL混合溶剂，使试样完全溶解。向试样溶液中加入2～8滴酚酞指示剂溶液，立即用氢氧化钾标准溶液滴定至出现红色，至少10s不消失即为终点，记下所消耗的氢氧化钾标准溶液体积（mL）。

（3）为防止滴定过程中产生沉淀，可适当增加混合溶剂至150mL，或者加入25mL丙酮。在测定过程中平行进行空白试验，试验步骤相同，但不加入试样。由于混合溶剂是经过中和的，因此空白试验结果应为零。

4. 结果表示

按下式计算酸值

$$A=56.1\times\frac{(V_1-V_0)c}{mNV}\times100$$

式中　A——酸值，mg KOH/g；

V_0——空白试验所消耗 KOH 溶液的体积，mL；

V_1——测定试样所消耗 KOH 溶液的体积，mL；

c——滴定用 KOH 溶液的实际浓度，mol/L；

m——试样的质量，g；

NV——被测定试样的不挥发物含量，以质量分数表示。

以两次测定的算术平均值作为结果，计算到小数第一位。

5. 参照标准

国家标准 GB/T 6743—1986。

（六）遮盖力测定

航空涂料中各种色漆均需测定遮盖力，一般采用两种方法，即传统的黑白格玻璃板法和用仪器测定的对比率法，可参见本书第一章第二节三进行测定。

（七）活化期测定

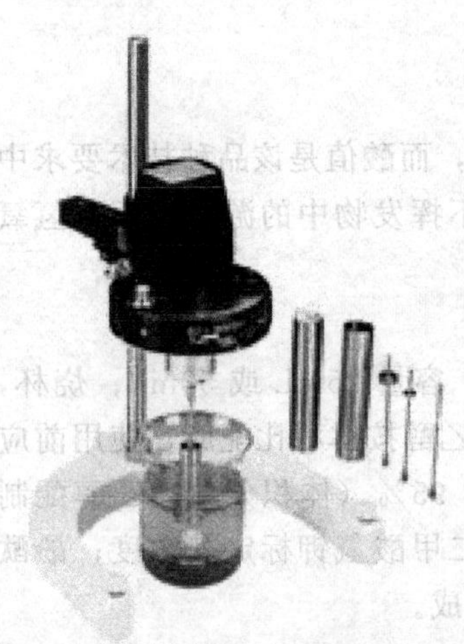

图 6-36　旋转黏度计

1. 范围及说明

活化期也称活性期、适用期是指双组分涂料混合后的可使用时间。一般可在不同时间段内测定其黏度增长情况，直至试样胶化或结块，无法使用，也可按产品要求放置规定时间后进行检查，并制板测定其他有关物性。

2. 仪器和材料

旋转黏度计，见图 6-36；流出杯；容器，容积 2L。

3. 测定方法

(1) 将试样按比例混合均匀后，先测试其初始黏度，然后放入约 2L 容器中，盖紧，在温度 (23±2)℃、相对湿度 (50±5)%的条件下放置。

(2) 到一定时间后（一般以 h 计），开盖，对试样作连续搅拌（但不要形成涡流），搅匀后进行黏度测定。继续此程序，直到试样胶化、黏度无法测定为止。

(3) 也可按产品要求放置规定的活化期时间，然后开盖检查试样情况。若一切正常，则进行制板，观察喷涂后的漆膜外观及测试有关物理性能，看是否仍符合产品要求。

4. 结果表示

若混合试样出现胶化、黏度异常增稠、喷涂有障碍，则其活化期不符合要求。

（八）混合性测定

1. 范围及说明

本方法主要考核航空涂料中常用的双组分环氧聚酰胺底漆，因其经常与聚氨酯面漆配套，使用在军用飞机和客机上，因此混合性和相容性是必须考虑的工艺性能。

2. 测定方法及评定

将组分 A 和组分 B 混合搅拌，应混合成易于平滑均匀的涂料，再用聚氨酯涂料的稀释剂稀释后，不应有不相容的迹象，稀释后 1h 内底漆不应分成可见差别的层次。

(九) 喷涂性能

1. 范围及说明

本方法适用于飞机使用的各类保护性磁漆，采用常规方法施工，以观察其喷涂性能的优劣。

2. 测定方法及评定

试样按产品标准要求的稀释剂进行稀释，并调整到合适的喷涂黏度。施工时喷枪与样板保持 0.20～0.25m 的距离，喷涂的试样应有较好的流平性，表面不得有起皱、气泡、凹点或其他不规范状态。

(十) 贮存稳定性

航空涂料贮存稳定性试验与其他涂料基本相同，也分为常温贮存和加速贮存两种方法。常温贮存是将包装好的涂料在环境温度－17～46℃的仓库内贮存 1 年后，其性能仍应符合产品标准规定的所有要求。加速贮存是将包装好的涂料在 (50±2)℃温度下放置 30d，或在 (60±3)℃温度下放置 7d (加热温度和放置时间系根据产品要求而定)。

二、航空涂料涂膜性能检测

(一) 涂膜的制备

(1) 航空涂料检验用试验样板除了柔韧件试验及特殊要求外，均采用铝合金样板，尺寸约为 150mm×75mm×0.5mm。

(2) 样板先经阳极化或化学氧化法作表面处理，在上漆前再用合适的溶剂清洗表面。混合漆样时，允许用溶剂稀释，但注意不要超过可允许的最高挥发性有机化合物含量 (*VOC*) 的限度。

(3) 按产品标准要求喷漆，控制底、面漆涂膜厚度，并按规定条件进行空气干燥、烘干以及在标准条件下调理一定时间后投入测试。

(二) 漆膜外观

1. 范围及说明

航空涂料的漆膜外观是一项很重要的指标，要求漆膜平整光滑，有良好的外观和装饰效果，这和涂料本身质量、施工性能和施工工艺密切相关，实验室只是根据底漆、中层漆、面漆的相应要求来进行制板，以做初步考察。

2. 测定方法

经搅拌均匀的试样，根据产品标准要求进行制板，并在温度 (23±2)℃、相对湿度 (50±5)%的条件下干燥 24h 后，于天然散射光线下进行观察。

3. 结果表示

干燥后的漆膜应具有均匀、光滑的表面，无流痕、流挂、气泡、起雾、发花和粗粒等缺陷。在实物涂装时，在至少 1.8m 左右距离观察时，应没有明显的橘皮现象。

(三) 干燥时间测定

1. 表干、实干测定法

可按照国家标准中的表面干燥时间和实际干燥时间测定法进行，具体测定方法参见本书

第二章第二节二。

图 6-37 透干（硬干）时间测定仪

2. 八级干燥时间测定法

（1）范围及说明　本方法可用于测定航空涂料成膜各个阶段的干燥情况和固化程度。把干燥过程分为 8 个阶段来进行，它们是触指干（set-to-touch）；不沾尘干（dust-free）；指压干（tack-free）；干，干至可触（dry-to-touch）；硬干（dry-hard）；干透（dry-through）；干可重涂（dry-to-recoat）；干，无压痕（print-free）。

（2）仪器和材料　透干时间测定仪，又称实干时间记录仪，见图 6-37；钢柱，ϕ50mm，重为 0.71kg、1.42kg、2.85kg；专用试纸，等级 R20～34；军用帆布脱脂棉；透明玻璃板，秒表。

（3）测定方法

① 触指干。先用干净的手指尖轻轻地接触漆膜。然后立即把手指尖放到一块干净而透明的玻璃板上，以观察有无漆料转移到玻璃板上。如果漆膜还有些发黏，但已不再粘手指了，则认为已触指干了。

② 不沾尘干。用镊子从脱脂棉上分出一些棉纤维来。在干燥过程中，每隔一定的时间，从漆膜表面上方 25mm 处向漆膜的一定区域飘下几根棉纤维。如果落在漆膜表面上的棉纤维能被轻轻地吹走，则认为已不沾尘干了。

③ 指压干。把一块 50mm×75mm 的专用试纸放在漆膜上，再在纸上放一个直径为 50mm、重 2.85kg 的钢柱，以产生 13.8kPa 的压力。持续 5s 以后，取走钢柱并翻转试板，如果试纸能在 10s 内掉下来，就认为漆膜已指压干了。

④ 干（干至可触）。用手指轻度触摸漆膜，已没有粘手现象，且感觉漆膜已硬实，则认为漆膜已干了。

⑤ 硬干。把人拇指尖放在漆膜上，以食指支撑试板，大拇指以最大的力量向下压，然后用软布轻轻抛光漆膜表面的被试验部分。如果试验痕迹在抛光时能除去，则认为漆膜已硬干了。

⑥ 干透（干至可搬运）。首先把试板放于水平位置上，操作者保持合适的高度，把大拇指放在漆膜上，手臂处于垂直位置。然后用手指触向漆膜，用手臂施加最大的压力，并同时使大拇指转动 90°。如果漆膜无松弛、脱落、起皱或其他破坏现象，则认为漆膜已干透。此法可通过透干（硬干）时间测定仪来进行，仪器见图 6-37。把仪器柱塞头套上聚酰胺丝网，压在试板漆膜上保持 10s，然后以 6r/min 的转速旋转 90°，立即升起柱塞并检查漆膜，若漆膜无印痕或任何损伤，则认为已达到干透状态。

⑦ 干可重涂。当第二道漆或指定的面漆涂到该漆膜上后，不会产生漆膜缺陷（例如咬底或头道漆附着力下降），且第二道漆的干燥时间不超过头道漆的最大允许时间，则认为该漆膜已达到干可重涂状态。

⑧ 干，无压痕。将一块平整的帆布放在试板一片均匀的漆膜表面上，再放上一个直径为 50mm、重 0.71kg(或 1.42kg) 的钢柱，以产生 3.5kPa(或 6.9kPa) 的压力，在标准条件下保持 18h 或其他的规定时间。取下钢柱和帆布后，用洁净的空气流吹除漆膜上的纤维和灰尘，立即检查漆膜表面印痕，干燥试验应显示漆膜达到无印痕为止。

（4）漆膜厚度　干燥试验中，若供需双方未作详细规定，则一般推荐的漆膜厚度见表 6-11。

表 6-11　一般推荐的漆膜厚度

品　种	干膜厚度/μm	品　种	干膜厚度/μm
干性油	32±6	磁漆	38±6
清漆	25±2.5	油性漆	45±5
挥发性漆	12.5±2.5	水性漆	25±2.5
树脂溶液	12.5±2.5		

(5) 参照标准　美国标准 ASTM D 1640—2009。美国军标 MIL-PRF-85285D—2007。

(四) 配套性能

1. 范围及说明

本方法主要是测试环氧聚酰胺底漆和聚氨酯面漆配套使用时，可能出现的不符合要求的漆膜病态。

2. 测定方法及评定

环氧聚酰胺底漆按产品要求制板后，在空气中干燥 1h、4h 和 18h，在干燥的各个阶段分别涂上聚氨酯面漆，观察漆膜，不应有明显的咬底或任何其他的漆膜不平整性。

3. 参照标准

美国军标 MLL-P-23377 D。

(五) 漆膜厚度

湿膜厚度可采用轮规法或梳规法，具体操作可参见本书第一章第二节九进行测定。干膜厚度测定中，钢铁底材使用磁性测厚仪，铝及铝合金底材使用非磁性测厚仪，具体操作可参见本书第一章第二节十进行测定。

(六) 涂刷性的测定

1. 范围及说明

一般飞机木质或金属框架蒙上棉布或亚麻布后，布面是柔软松弛的。当涂上涂布漆后，棉布收缩，使整个布表面在框架上绷得很紧，成为一个光滑的表面，并使布蒙皮不透气、不透水。本方法就是用于航空涂料中涂布漆涂刷性能的测定，可根据涂漆面的外观及涂漆情况来评定。

2. 仪器和材料

木框架，560mm×400mm(按内边计算)，木条厚 35mm，宽 25mm；漆刷，宽 50～65mm；蒙布，114 号丝光线平布；天平，感量 0.1g。

3. 测定方法

(1) 按木框的长、宽尺寸，蒙布四周分别在缩小 4mm(长度) 及 3mm(宽度) 处抽掉一根布丝，拉紧蒙布，将抽丝缝对齐框架边沿，用图钉绷钉在框架上。

(2) 用漆刷在蒙布的纵横方向交替各刷两层漆，漆刷不宜多次移动，涂刷各层间隔时间及每层涂漆量按产品标准规定。

(3) 如果涂布漆的黏度较高，允许加入产品标准规定的稀释剂稀释，但加入稀释量不得超过原漆量的 20%。涂布漆使用量按原漆计算。

(4) 此涂刷试验应在温度 (23±2)℃、相对湿度 (50±5)%的条件下进行。

4. 结果表示

涂刷性能应以试样在涂漆面上不凝结，漆膜分布均匀，无变白、斑点及气泡现象，蒙皮背面无点滴为合格。

5. 参照标准

行业标准 HG/T 2998—1997。

（七）重量增加测定

1. 范围及说明

飞机蒙布涂上漆后，将使重量增加，为此产品标准中有增重的控制要求，本方法适用于蒙布涂漆后重量增加的测定。将已涂漆的蒙布经规定的干燥时间后，测定其单位面积所增加的重量，以 g/m^2 表示。

2. 仪器和材料

天平，感量为 1g；漆刷，宽 50～65mm；蒙布，114 号丝光线平布；木框架，560mm×400mm(按内边计算)，木条厚 35mm，宽 25mm。

3. 测定方法

(1) 按木框的长、宽尺寸，蒙布四周分别在缩小 4mm(长度) 及 3mm(宽度) 处抽掉一根布丝，拉紧蒙布，将抽丝缝对齐框架边沿，用图钉绷钉在框架上。

(2) 蒙布上框后在天平上称重，再按产品要求将涂布漆用漆刷在蒙布上刷涂，并在恒温恒湿条件下按规定时间干燥后，称重。

4. 结果表示

蒙布涂漆后增重按下式计算：

$$X=\frac{W_2-W_1}{S}\times 10^4$$

式中 X——蒙布涂漆后的增重，g/m^2；

W_1——涂漆前蒙布及框架重，g；

W_2——涂漆后蒙布及框架重，g；

S——涂漆面积，cm^2。

5. 参照标准

行业标准 HG/T 2997—1997。

（八）收缩率测定

1. 范围及说明

当飞机蒙布涂上漆后，蒙布收缩，使整个布表面在框架上绷得很紧，成为一个光滑的表面，符合飞机表面空气动力性能的要求，但蒙布收缩率在产品标准中也有一定的控制。本方法是适用于蒙布涂漆后，在直线方向收缩性的测定。采用蒙布收缩率测定仪测定，以百分数表示。

2. 仪器和材料

蒙布收缩率测定仪；天平，感量为 0.1g；蒙布，114 号丝光线平布；漆刷，宽 25～35mm。

3. 测定方法

(1) 将仪器置于平台上，调整四角调节螺钉，使仪器成水平位置。

(2) 取宽 50mm、长 450mm 的经向蒙布试条一端置于滚筒及滚筒压板之间；另一端可由压板及压座夹住。

(3) 挂上重锤，尽量使仪器指针停在标尺的“0”位上，调整调节螺母，使涂漆垫板刚好与蒙布条接触。

(4) 在蒙布条上标出 300mm 一段，静置 30min 后，记录标尺上指针的读数。然后用漆刷在蒙布条标出的 300mm 一段上涂刷四层漆，涂刷各层间隔时间及每层用漆量按产品标准规定。

(5) 涂漆完毕，降下涂漆垫板，使蒙布条自由收缩。如蒙布条收缩时，则仪器上指针向左偏转，反之则向右偏转。

(6) 在恒温恒湿条件下，按产品标准规定时间干燥后，将指针在标尺上最后读数记录下来。

4. 结果表示

蒙布收缩率（Y,%）按下式计算：

$$Y=\frac{aR}{bL}\times 100\%$$

式中　a——蒙布条涂漆前指针在标尺上读数与终点时读数之差，mm；

R——滚筒的小轴半径（等于12mm）；

L——指针长度（等于200mm）；

b——蒙布条涂漆长度（等于300mm）。

5. 参照标准

行业标准HG/T 2999—1997。

（九）拉伸强度增加测定

1. 范围及说明

飞机蒙布涂上漆后，将布纤维束紧缩在一起，使拉伸强度有所增加，并使蒙布形成光滑均匀的表面。本方法适用于蒙布涂漆后拉伸强度增加的测定，以kg/m^2表示。

2. 仪器及材料

拉力试验机，测量范围0～200kg；木框架，560mm×400mm(按内边计算)，木条厚35mm，宽25mm；蒙布，114号丝光线平布；漆刷，宽50～65mm；砝码，200g。

3. 测定方法

(1) 按木框的长、宽尺寸，蒙布四周分别在缩小4mm(长度) 及3mm(宽度) 处抽掉一根布丝，拉紧蒙布，将抽丝缝对齐框架边沿，用图钉绷钉在框架上。

(2) 用漆刷在蒙布的纵横方向交替各刷两层漆，漆刷不宜多次移动，涂刷各层间隔时间及每层涂漆量按产品标准规定。

(3) 涂完漆后在恒温恒湿条件下干燥72h(或按产品标准规定)，将蒙布从框架上取下，放在玻璃板上，进行分条。

(4) 依照拉力试验所要求的经向及纬向，在蒙布的未涂漆面上，用尺量取长280mm、宽52mm的布样，然后用铁笔按量好的尺寸将布条分开。

(5) 将分开的布条准确量取50mm宽，把两旁多余的线条抽掉，用剪刀裁去毛边，同时要注意抽线必须抽齐，不得有中断的电子拉力试验机线条存在，也不要损坏漆膜。分别制作经向、纬向蒙布试条三个以上。

(6) 将拉力试验机上、下两夹间距离调节为20cm，下夹头下降速度为100～10mm/min。试条的一端夹在上夹内，另一端穿过下夹并挂上200g砝码，拉紧试条。

(7) 稍松上夹，校准试条中心后，旋紧上下两夹螺栓。取掉砝码，进行拉伸。当试条断裂时，立即记下读数。按同法分别做未涂漆的经向、纬向蒙布条的拉力试验。

4. 结果表示

(1) 经向蒙布拉伸强度增加量$\delta_{经}$(kg/m)　按下式计算：

$$\delta_{经}=\frac{F'_{经}-F_{经}}{b}\times 1000$$

式中　$F_{经}$——涂漆前经向蒙布条拉力，kg；

$F'_{经}$——涂漆后经向试条拉力，kg；

b——试条宽（等于50mm）。

$F'_{经}$为三条数值相近的经向试条拉力的算术平均值，其中任一条所测值与平均值之差不大于平均值的 3%。

(2) 纬向蒙布拉伸强度增加量 $\delta_{纬}$(kg/m)　按下式计算：

$$\delta_{纬}=\frac{F'_{纬}-F_{纬}}{b}\times 1000$$

式中　$F_{纬}$——涂漆前纬向蒙布条拉力，kg；

$F'_{纬}$——涂漆后纬向试条拉力，kg；

b——试条宽（等于 50mm）。

$F'_{纬}$为两条数值相近的纬向试条拉力的算术平均值，其中任一条所测值与平均值之差不大于平均值的 3%。

(3) 蒙布涂漆后，拉伸强度增加量 δ (kg/m) 按下式计算：

$$\delta=\frac{\delta_{经}+\delta_{纬}}{2}$$

5. 参照标准

行业标准 HG/T 3000—1997。

(十) 光泽测定

飞机用保护性磁漆、漆膜光泽一般按 60°角测定，包括高光、半光和无光，具体可参见本书第一章第三节二进行测定。例如，航空领域用脂肪族异氰酸酯涂料，其漆膜 60°镜面光泽的分类见表 6-12，若以 85°入射角测定，则伪装色漆的最大值为 9。

表 6-12　脂肪族异氰酸酯涂料漆膜 60°镜面光泽的分类

项　目	最小值	最大值
有光色漆	90	
半光色漆	15	45
伪装色漆(平光或无光)		5

(十一) 颜色测定

颜色测定可采用色卡法和仪器法。色卡法可使用标准色卡或公司色卡与试样进行目测比较；仪器法测定试样和指定的颜色标准 CIELAB 颜色坐标，计算其色差 (ΔE)。颜色测定可参见本书第一章第一节三。

(十二) 硬度测定

一般采用摆杆法和铅笔法，具体操作可参见本书第一章第三节四。

(十三) 耐冲击性

1. 范围及说明

飞机在飞行时，受力振动，变形较大，这就要求漆膜不仅柔韧性要好，而且要有很好的附着力。虽然不一定受到外来高速负荷的直接冲击，但通过耐冲击性试验可评定涂料产品在底材开裂或变形时的承受力。

2. 仪器和材料

BYK-Gardner 冲击仪，重锤质量约 0.9kg，冲头直径 12.7mm 或 15.9mm，导管长0.6～1.2m，见图 6-38；3M 透明胶带；10 倍放大镜；酸性硫酸铜溶液，由 10g $CuSO_4 \cdot 5H_2O$ 溶解于 90g 1.0mol/L HCl 中制得。

3. 测定方法

(1) 按产品标准要求涂装试板，然后在温度 (23±2)℃、相对湿度 (50±5)%的条件下干燥固化 7d。

(2) 将涂漆试板漆膜朝上平放在底板上，提升重锤到某一高度落下使冲头冲击试板形成凹陷，提起重锤取出试板。

(3) 用放大镜检查冲击区域的开裂情况，若分辨不清，可用硫酸铜溶液浸透的白色法兰绒布放于冲击区域的位置上，使其接触至少 15min，然后把布移去，分别检查试验区域和布上有无铜析出或铁锈污染出现。

(4) 将涂漆试板漆膜朝下平放在底座上进行反冲击，取出试板后在有漆的一面再进行附着力测试，将透明胶带用力压在漆膜上，并沿垂直方向快速揭起，检查漆膜有否裂纹、剥落或其他附着力缺陷。

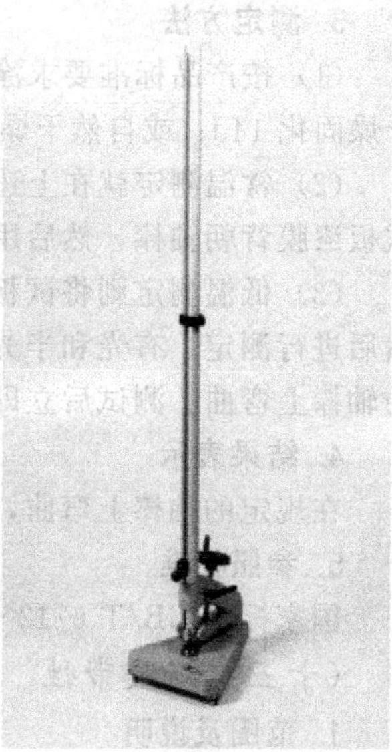

4. 结果表示

观察漆膜有无裂纹、皱纹及剥落等现象，以英寸·磅 (in·lb) 或米·千克 (m·kg) 表示。

5. 参照标准

美国标准 ASTM D 2794—2010、美国波音公司材料规范 BMS-10-60H。

图 6-38 BYK-Gardner 冲击仪

(十四) 柔韧性

1. 范围及说明

漆膜柔韧性又称漆膜弹性，航空涂料要求漆膜柔韧性要好，这样当飞机在飞行时，漆膜在反复振动变形中不会破裂。测定柔韧性的方法很多，弯曲试验、附着力、耐冲击性、杯突试验等均可直接或间接地判断漆膜的柔韧性，其中又以轴棒弯曲为主，并分常温和低温两种情况进行判定。

2. 仪器和材料

低温冷冻箱；轴棒弯曲试验仪，见图 6-39；10 倍放大镜。

图 6-39 轴棒弯曲试验仪

3. 测定方法

（1）按产品标准要求涂装试板，然后在温度（23±2）℃、相对湿度（50±5）%的条件下干燥固化14d；或自然干燥24h后接着在温度65℃干24h。

（2）常温测定就在上述标准条件下进行，在轴棒仪上插入试板，使其垂直并夹紧，并使试板漆膜背朝轴棒，然后用螺旋手柄在1～2s内均匀用力地把试板弯曲180°。

（3）低温测定则将试板连同轴棒仪一起放入温度为（−51±3）℃的低温冷冻箱中4h，然后进行测定。有光和半光色漆在直径为25mm的轴棒上弯曲，伪装色漆在直径为50mm的轴棒上弯曲。测试后立即用肉眼或放大镜进行检查。

4. 结果表示

在规定的轴棒上弯曲，漆膜不应开裂，以轴径（mm）表示。

5. 参照标准

国家标准GB/T 6742—2007、美国军标MIL-PRF-85285D—2007。

（十五）耐胶带性

1. 范围及说明

附着力是航空涂料的重要指标之一，为了达到满意的涂装质量，不论是实验室测试还是整机涂层检查，都需对漆膜附着力进行检验。胶带法是目前使用较广且简便易行的方法之一。

2. 材料

250＃压敏胶带，宽度25mm，美国3M公司；滚筒，重2kg，外包橡胶；4倍放大镜。

3. 测定方法

（1）按产品标准要求涂装试板，然后在温度（23±2）℃、相对湿度（50±5）%的条件下干燥固化不少于12h。

（2）将胶带黏贴在漆膜上，粘贴长度不少于50mm，并用一个2kg重的滚筒来回滚压胶带，使其完全紧贴。胶带贴在漆膜上保留1h，然后小心地撕下胶带，检查胶带粘贴过的部位。

4. 结果表示

如漆膜完整如初，无损伤和剥离现象，则认为附着力符合要求。对于单独底漆，底漆膜不应从金属板上剥离。对于底面漆配套体系，底漆膜不应从金属板上剥离，面漆也不应从底漆层上剥离。

（十六）刮痕附着力

1. 范围及说明

使用刮痕法来测定漆膜的附着力也是某些航空涂料中检验的一个项目。将刮环置于试板上，通过不断增加砝码的重量直至刮破涂层露出底材来评定附着力，这种方法对一系列存在着明显的附着力差异的试板作相对分级的评价时是很有用的。

2. 仪器和材料

刮杆附着力试验仪，见图6-40，仪器有一根具支点的横杆，杆上有一个成45°角的刮杆，其前端装有刮环，通过一个凸轮旋转可升降刮杆，试板则装在底座可滑动的平台上；砝码，黄铜，边上开有长槽，以便于在负载杆上增重或卸重；试板，400mm×100mm×0.8mm。

3. 测定方法

（1）按产品标准要求涂装试板，至少干燥固化48h。

（2）调节仪器横杆末端的配重，提起刮杆，将试板装在滑动平台上。然后在温度（23±

2)℃、相对湿度（50±5)%的条件下以使刮环与样板表面接触时横杆在水平面内保持平衡。

(3) 在负载杆上放上规定的砝码重量，慢慢地以25mm/(1～2s) 的速度向刮环的方向移动滑动平台，至少滑动75mm的距离。附着力测定每次增减质量以0.5kg计，若漆膜被刮掉。此负载即为附着力的终点。

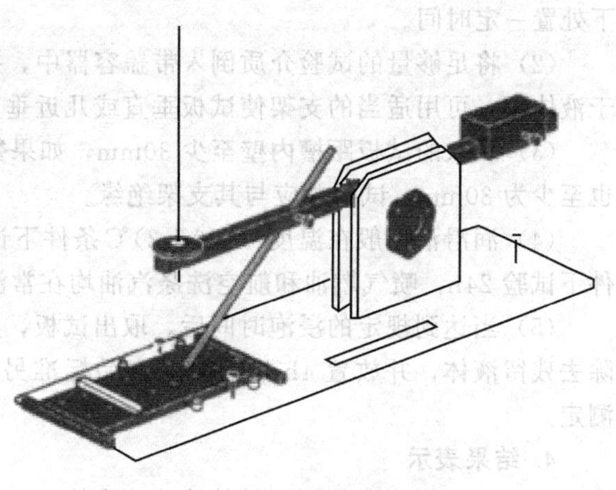

图 6-40 刮杆附着力试验仪

4. 结果表示

以漆膜未被刮破的负载（kg）来表示附着力。

5. 参照标准

美国军标 MIL-C-85285B、美国标准 ASTM D 2197。

三、航空涂料各种耐性检测

（一）耐水性

航空涂料耐水性测定采用常温浸水法或加温浸水法（38℃或 49℃)，具体操作可参见本书第一章第三节九的相关内容进行。

（二）耐溶剂性

1. 范围及说明

本方法一般用于航空领域中的聚氨酯涂料。通过耐溶剂性的测定，可判断涂层固化的交联程度。

2. 材料

溶剂，甲乙酮（MEK)；棉质厚绒布。

3. 测定方法

在达到产品规定的干燥时间后，用溶剂浸湿绒布，把食指裹在绒布中心，以稳定的手指压力在涂层上来回擦拭25次。

4. 结果表示

若涂层被擦去露出金属底材，则表示该涂层固化不完全，判为“不合格”。

（三）耐液体介质性

1. 范围及说明

本方法主要测定航空涂料接触的各种液体介质对漆膜的作用。由于实际使用中的环境不同，液体介质性质不同，因此在试验时需采用不同的温度和时间来进行，以判断漆膜耐各种液体介质性。

2. 工具及材料

(1) 带盖容器 圆形或长方形玻璃槽。

(2) 液体介质 润滑油；喷气燃油；航空液压油；航空洗涤汽油。

(3) 吸湿纸或棉布。

3. 测定方法

(1) 按产品要求制备试板并干燥，然后在温度（23±2)℃、相对湿度（50±5)%的条件下处置一定时间。

(2) 将足够量的试验介质倒入带盖容器中，把试板垂直浸入，保证试板的2/3面积浸泡于液体中，可用适当的支架使试板垂直或几近垂直位置浸入。

(3) 浸入的试板距槽内壁至少30mm，如果数个试板浸入同一个槽中，试板之间的间隔也至少为30mm，试板并应与其支架绝缘。

(4) 润滑油一般在温度（120±2)℃条件下试验24h，航空液压油在温度（65±2)℃条件下试验24h，喷气燃油和航空洗涤汽油均在常温（25±1)℃条件下试验72h和24h。

(5) 当达到规定的浸泡时间后，取出试板，立即用吸湿纸或棉布轻轻地擦拭涂漆面，以除去残留液体，并放置4h后检查。产品标准另有要求的，再进行铅笔硬度及耐冲击性等测定。

4. 结果表示

漆膜无起泡、变软、起皱等缺陷为合格，允许涂层有轻微变色和轻微污染。

5. 参照标准

国家标准GB 19274—2003。

(四) 耐盐水交替试验

1. 范围及说明

本方法可用于评价铝底材或铝合金底材上的色漆或清漆涂层所具有的防腐蚀保护作用。主要用来测试在航空领域中使用的色漆，当飞机飞行经过各种环境，包括突然的温度和压力变化，通过本试验将说明色漆体系经受这些腐蚀性环境的能力的高低。

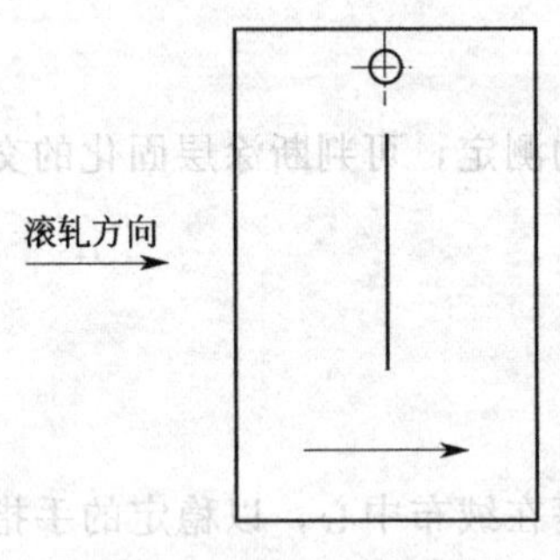

图6-41 划痕的位置

2. 仪器和材料

专用盐溶液槽，由合适材料制成且至少能为每平方厘米试板面积提供4mL测试溶液；试验箱，应能保持温度（35±2)℃和相对湿度大于80%，且能容纳专用盐溶液槽，箱内具有能垂直悬挂试板的装置并能自动升降，能使试板浸入盐溶液槽及取出；盐溶液，氯化钠30g/L，磷酸氢二钠0.19g/L，硼酸1.25g/L，pH值8±0.2(可通过加入适当浓度的盐酸或碳酸钠溶液来调节)；蒸馏水，符合GB/T 6682—2008三级水要求；非磁性测厚仪；划痕刀具。

3. 测定方法

(1) 试板制备 铝板最小尺寸约为100mm×40mm×0.8mm，且在一端有一个小孔，短边应为滚轧方向。先按规定处理样板，并将被测试样板按产品要求涂漆，样板的背面和边缘也应涂上被测试样，若不同，则应涂上耐腐蚀性比试样更好的产品。将样板在规定的条件下和时间内干燥（或烘干)，接着在温度（23±2)℃、相对湿度（50±5)%的条件下至少放置16h，并测量干膜厚度。

(2) 试板划痕 在每块试板上用划痕刀具划两条至少20mm长的划痕，长的划痕与滚轧方向垂直（见图6-41)。划痕宽（0.6±0.1)mm，并深入底材0.05～0.1mm。应使两条划痕相互垂直，并使两条划痕之间或与试板边缘的距离不小于10mm。将划痕处的碎屑清除，确保在使用10倍放大镜观察时整条划痕处的金属都能看到。若底材表面有预涂层，则划痕应穿透预涂层0.05～0.1mm。

(3) 测试操作

① 在盐溶液槽中加入测试溶液，并在槽的外壁标出液位。用尼龙线将试板系在升降装

置上，并调节线的长度使试板完全浸入测试溶液中且距离槽的底面及各边至少 20mm。当升起试板时，试板至少在测试溶液液面 20mm 以上。

② 调节试验箱温度保持在（35±2）℃和相对湿度大于 80%。用升降装置使试板全部浸入测试溶液中 2h，接着从测试溶液中取出放置 2h，重复此循环至试验周期结束。

③ 每隔两天就用蒸馏水将每个槽里的溶液添加至以前做的标记处。在试验开始后的第 3 天和第 7 天，以及其后每隔 7 天更换一次测试溶液。

4. 结果评定

在规定的试验周期结束时，将试板取出并用蒸馏水将试板表面残留的盐溶液清洗掉，用吸水纸吸干，立即检查试板表面的腐蚀情况。推荐在每套试板中包括一块已知耐久性的检查用标准板作为对照。

5. 参照标准

国际标准 ISO 15710。

（五）耐丝状腐蚀性

1. 范围及说明

航空涂料中飞机蒙皮铝合金的表面当漆膜破裂、铝层划伤和蒙皮铆钉头部磨损，在环境腐蚀介质综合因素的影响下，特别是潮气的侵蚀，腐蚀区域呈纤维状向前发展，发展的长度和方向是无规律的，但他们是近似平行和等长的，这种腐蚀称丝状或线状腐蚀。

本方法是在涂漆的试板上划痕，并暴露在盐酸蒸气中，通过恒温恒湿条件下进行涂膜耐丝状腐蚀的实验。

图 6-42　调温调湿箱

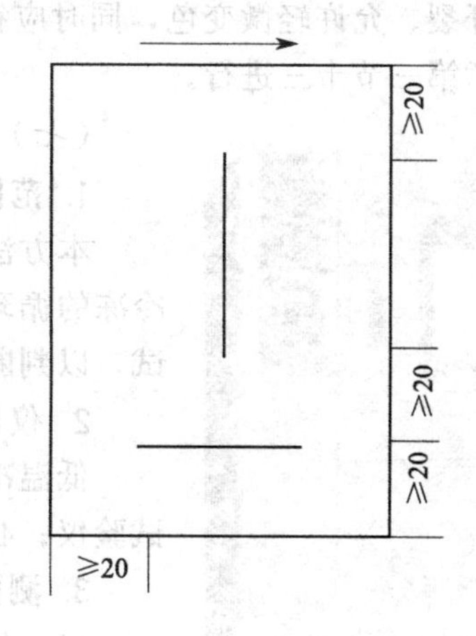

图 6-43　划痕的位置（单位：mm）

2. 仪器和材料

调温调湿箱，能保持温度（40±2）℃、相对湿度（82±5）%，箱内应有使摆放的样板在水平位置的装置，且至少间隔 20mm，如另有规定，应有垂直悬挂试板的装置，并保证相邻样板表面之间的距离至少 20mm，设备见图 6-42；容器，由耐酸材料制成，带有盖，并能夹住试板使其离酸表面（100±10）mm，且样板之间至少相隔 20mm；划痕工具，由一个锋利的工具组成，能划出本试验规定尺寸的划痕和明确的边缘；盐酸，分析纯，浓度 38%（ρ=1.18g/cm^3）；试板，铝质，尺寸为 100mm×70mm×0.8mm，短边为金属的轧制方向；10 倍放大镜。

3. 测定方法

（1）试板的制备　按规定处理样板并按产品标准的要求和方法在铝质样板上涂覆被测试

样，在试板的背面和四边也应涂上被测试样或防腐性能优于该试样的产品。在规定的条件下和时间内干燥（或烘干），并按要求养护每块已涂漆的试板，应在温度（23±2)℃、相对湿度（50±5)%的条件下至少放置16h。

(2) 试板的划痕　测量待试样板的干膜厚度，在每块样板上划两条相互垂直，至少30mm长的划痕。两条划痕的间距及每条划痕离试板边缘的距离都不得小于20mm（图6-43)，划痕的宽度应为（1±0.1)mm，去除划痕上的碎屑，用10倍放大镜观察，确信在整条划痕线上能清晰地看到底材。如果铝板表面有保护层，划痕应划透保护层0.05～1mm。

(3) 测试操作　在容器中，按每升容器体积加入（20±2)mL的盐酸。将试板放入容器中，面朝下让划痕暴露在盐酸蒸气中，试板距离液面为（100±10)mm，试板间距离至少应20mm。盖上容器盖，在温度（23±2)℃保持（60±5)min。取出试板，在温度（23±2)℃、相对湿度（50±5)%的环境下放置15～30min，然后立即将试板放入温度（40±2)℃、相对湿度（82±5)%的调温调湿箱中，直至达到规定的周期，取出后应在30min内进行评定。

4. 结果评定

测量出现最长细丝的长度和最频繁出现丝状腐蚀的长度，以mm为单位表示。分别给出两条划痕的结果，因为垂直于轧制方向，划痕将出现更多、更长的丝状腐蚀。

5. 参照标准

国际标准ISO 4623-2。

(六) 耐热性

航空涂料耐热性根据产品不同，耐热温度和保持时间也不同，要求耐热试验后漆膜不起泡、不开裂、允许轻微变色，同时应符合柔韧性和耐冲击性等性能要求。具体测定可参见本书第一章第三节十三进行。

(七) 耐低温性

1. 范围及说明

本方法适用于检验飞机用保护性磁漆。通过周期性地加热和冷冻的循环，尤其是低温的考验，再结合柔韧性和附着力的测试，以判断涂膜对低温的抵抗能力。

2. 仪器和材料

低温冷冻箱，见图6-44；恒温箱；轴棒测定器；刮杆附着力试验仪；4倍放大镜。

3. 测定方法

(1) 按产品标准要求用底、面漆配套体系的涂料来进行制板，并在温度（23±2)℃、相对湿度（50±5)%的条件下干燥固化7d。

(2) 将试板放入71℃的恒温箱中，保持25min，然后立即把试板放入－53℃的冷冻箱内，保持5min，这样组成一个循环，共进行24次循环。

图6-44　低温冷冻箱

(3) 在最后一次循环后，将试板放在－53℃冷冻箱中，保持5h，并在－53℃的低温条件下，在直径为100mm的轴棒上做弯曲试验，同时取出试板立即做刮痕附着力测定。

4. 结果表示

试验后漆膜不应有裂痕、起皱或附着力丧失等现象。

5. 参照标准

美国波音公司材料规范BMS-10-60H。

（八）耐湿冷热循环性

1. 范围及说明

涂料在使用过程中，由于环境的复杂性，不可避免地会受到各种气候因素的影响，而使漆膜产生破坏现象。本方法是通过浸水、冷冻、加热的组合循环测试涂膜耐湿、冷、热几个因素交变作用的抵抗能力。

2. 仪器和材料

低温箱，能使温度控制在（−20±2)℃范围以内；恒温烘箱，能使温度控制在（50±2)℃范围以内；恒温水槽，能使温度控制在（23±2)℃范围以内；试板，150mm×50mm×0.5mm；试板架，确保放置的试板间距不小于10mm。

3. 测定方法

（1）按产品标准要求用底、面漆配套体系的涂料来进行制板，并在温度（23±2)℃、相对湿度（50±5)%的条件下养护7d。

（2）将试板置于水温为（23±2)℃的恒温水槽中，浸泡18h，浸泡时试板间距不得小于10mm。

（3）取出试板，侧放于试板架上。然后将装有试板的试板架放入预先降温至（−20±2)℃的低温箱中冷冻3h。

（4）从低温箱中取出装有试板的试板架，立即放入已预先升温至（50±2)℃的烘箱中，恒温3h。

（5）以上24h为一循环，共进行5次循环，也可按产品标准要求的循环数进行。取出试板后，在上述的标准温、湿度条件下放置2h，然后检查试板。

4. 结果表示

在散射日光下目测检查，如三块试板中有两块未出现起泡、开裂、剥落、掉粉、明显变色、明显失光（允许轻微变色和失光）等现象，则评为“无异常”。

5. 参照标准

行业标准HG/T 2454—2006。

（九）耐高温砂蚀试验

1. 范围及说明

本方法主要模拟航空涂料在高空飞行中、在高温条件下，机身和发动机等可能遇到的砂粒、雨水冲刷、飞禽撞击等苛刻条件使保护涂层受到高温砂蚀的破坏作用。涂层高温砂蚀性能的评定是通过在一定压力的高温空气流中，以一定的速度吹入规定重量的磨料至涂层试件上，用称量经高温砂蚀后的试片重量计算出涂层的重量损失来判定。

2. 仪器和材料

涂层高温砂蚀试验仪，工作原理见图6-45，仪器压缩空气应经过滤、除水、除油，表盘压力可调范围为0～0.3MPa，试验温度可调范围为20～300℃，落砂速度的变化范围为3～10g/s；分析天平，精确至0.2mg；工业天平，精确至0.2g；磨料，70～80目石英砂，试验前应过筛，并置于100～110℃烘箱中烘烤，以除去水分。

3. 测定方法

（1）试板经表面处理后，用胶带保护不需喷涂的部位。然后按产品标准要求用底、面漆配套涂料进行制板，并在温度（23±2)℃、相对湿度（50±5)%的条件下处置规定的时间。

（2）在分析天平上对试板一一称重，准确至0.2mg，按规定的落砂量，在工业天平上一一称重，准确至0.2g，备用。

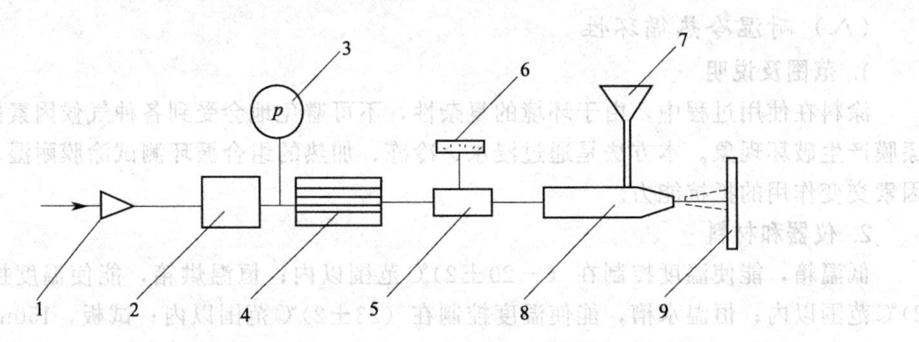

图 6-45 高温砂蚀试验仪工作原理

1—空气入口；2—过滤减压器；3—压力指示表；4—空气加热器；
5—测温装置；6—温度指示；7—漏斗；8—喷嘴；9—试板

（3）接通压缩空气，调节压力，开启空气加热器电源，把磨料注入漏斗，在磨料自重及压缩空气的引射作用下被吸入到喷嘴，与热压缩空气一起，垂直地吹射到试板中心部位。

（4）试验时各项参数的选择，如空气压力、温度、每次吸砂用磨料重量、落砂速度等，可根据涂层性能与实际使用条件来定。

（5）取下试板，将残留的磨料清理干净，待冷却至常温后，再在分析天平上称重，记录吹射前后的涂层损失量。每种受试涂层至少应制备三块试板，进行平行试验。

4. 结果表示

取三次涂层重量损失的算术平均值。

（十）耐湿热性

1. 范围及说明

本方法主要测试航空涂料底、面配套体系的耐潮湿性能，也可用于评定各种底、面漆的配套性能。

2. 仪器和材料

调温调湿箱；蒸馏水。

3. 测定方法

可采用试板在箱内温度（49±2)℃、相对湿度 100％的条件下试验 30d；也可采用温度(47±1)℃、相对湿度（96±2)％的条件下试验 30d，即恒温恒湿试验周期。具体操作可参见本书第一章第三节十四进行。

4. 结果表示

漆膜不应失去附着力、起泡、变软或其他漆膜缺陷。

5. 参照标准

国家标准 GB/T 1740—2007、美国 ASTM D 2247。

（十一）耐盐雾性

1. 范围及说明

本方法主要测试航空涂料的耐盐雾性能，尤其是各种防锈底漆，是必测的项目之一。通过盐雾试验可判断底漆的防腐蚀性能，以及底、面漆体系的配套合理性。

2. 仪器和材料

盐雾试验箱；氯化钠溶液。

3. 测定方法

主要采用中性盐雾试验，常用的试验条件为 5％NaCl 溶液，温度（35±1)℃，连续喷雾；或3.5% NaCl溶液，温度（40±1)℃，连续喷雾，试验时间以h计，通常采用24h倍数的试验周期。底漆要求在漆膜表面划两条交叉线，刻划深度达金属底材。盐雾试验具体操作可参见本书第一章第三节十五进行。

4. 结果表示

漆膜不应出现起泡、鼓起、生锈以及由划痕处腐蚀蔓延超出可允许限度。

5. 参照标准

国家标准GB/T 1771—2007、美国标准ASTM G 85。

（十二）耐候性

1. 范围及说明

耐候性试验可分为天然曝晒试验和人工暴露试验。航空涂料要求在阳光照射和风吹雨淋的条件下，漆膜保色性和保光性要好，能维持较长时间不变色；能保持2～3年时间光泽不降低。另外，曝晒或暴露到一定时间后，还需对漆膜进行物性检测，如耐冲击性、柔韧性、胶带附着力等。

2. 仪器设备

天然曝晒架，见图6-46，经涂刷防腐涂料的钢材制成；氙弧灯人工老化试验机，见图6-47，6000W氙弧灯；荧光紫外（UV）老化试验箱，见图6-48，UVA-340紫外灯管。

3. 测定方法

(1) 天然曝晒试验　试验可采用朝南45°，当地纬度（ϕ），垂直角度以及上半年采用春、夏季最热角度（ϕ约25°），下半年则调节成秋、冬季最热角度（$0.893\phi+24°$）等各种曝晒方式。

(2) 人工暴露试验

① 采用氙弧灯人工老化试验条件为箱温（42±3)℃、黑板温度（63±3)℃、相对湿度（50±5)%、辐照度0.35～0.5W/(m^2·nm)（在340nm波长处）。试验周期为102min光照，18min光照喷水，交替循环至产品规定的试验时间为止。

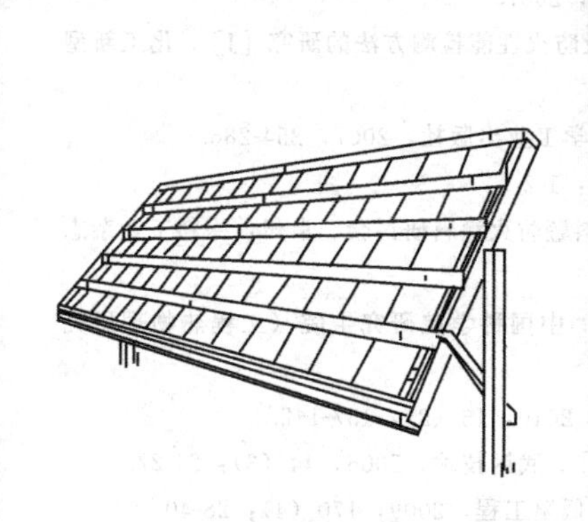

图6-46　天然曝晒架

图6-47　氙弧灯人工老化试验机

图6-48　荧光紫外（UV）老化试验箱

② 采用荧光紫外老化试验条件为光照8h、辐照度0.77W/(m^2·nm)（在340nm波长处）、箱内黑板温度保持在（60±3)℃，然后凝露4h，黑板温度保持在（50±3)℃，交替循环至产品规定的试验时间为止。

4. 结果表示

(1) 样板经天然曝晒1年，漆膜不应有微裂等破坏迹象，光泽和颜色变化应符合产品技术标准要求。

(2) 经氙弧灯人工老化试验500h或荧光紫外老化试验300h，漆膜应无缺陷。有光漆膜光泽最小为80，半光漆膜光泽最小为15，伪装色漆膜光泽最小为5。漆膜颜色应无明显变化，ΔE(色差值)≤1.0。

5. 参照标准

美国标准ASTM G 154—2006。美国标准ASTM G 155—2005a。

思考与练习

1. 特种涂料有哪几种分类？其特点是什么？
2. 防火涂料的常规测试包含哪些内容？
3. 如何进行防火涂料阻燃性能的评判？分别简述其标准及测试手段。
4. 如何测定延燃能力？
5. 铁道涂料的耐性检验是指什么？
6. 简述旋转黏度的测试方法？
7. 船舶涂料的常规性测试及专用性能测试分别是什么？
8. 什么是铜离子渗出率？检测方法可选用哪两种？
9. 船舶涂料防污性测试有几种？试验样板有哪些规定？
10. 如何进行双组分涂料活化期的测定？
11. 解释倾角法的概念。其测试原理是什么？测定方法是什么？
12. 航空涂料的液态性能测试包括哪些内容？
13. 航空涂料涂膜性能包括哪些内容？如何进行收缩率测试以及拉伸强度增加测试。
14. 名词解释：干密度、耐盐雾腐蚀性、耐冻融循环性、火焰传播比值、稠度、涂刮性、杯突。
15. 几种特种涂料的耐溶剂性能的测试方法有哪些异同？

参考文献

[1] 倪玉德. 涂料制造技术 [M]. 北京：化学工业出版社，2003.

[2] 虞莹莹. 涂料工业用检验方法与仪器大全 [M]. 北京：化学工业出版社，2007.

[3] 邓小波，杨森，高萍等. 钢结构防火涂料的研究现状、应用、发展方向及防火性能检测方法的研究 [J]. 化工新型材料，2010，38 (9)：57-60.

[4] 舒中俊，徐晓楠，李响. 聚合物材料火灾燃烧性能评价 [M]. 北京：化学工业出版社，2007，254-286.

[5] 程海丽. 钢结构防火涂料的耐久性问题 [J]. 装饰装修材料，2003，(9)：1-2.

[6] 狄志刚，付敏，等. 玻璃钢格栅用耐高温阻燃涂料 [C]. 第3届特种涂料暨防火涂料研讨会. 常州：涂料工业杂志社，2010：7-10.

[7] 王伟刚. 微重力和弱浮力环境下固体燃料表面火焰传播机理研究 [D]. 中国科学院研究生院（工程热物理研究所），2004.

[8] 张夏，于勇. 热薄材料表面火焰传播的三维效应 [J]. 燃烧科学与技术，2010，16 (2)，137-142.

[9] 欧阳德刚，胡铁山，王海青等. 含碳耐火材料防氧化涂料的实验研究 [J]. 武钢技术，2006，44 (3)：24-27.

[10] 吴姮，龚领会，徐向东等. 非金属绝热材料低温热导率测试装置 [J]. 低温工程，2009，170 (4)：28-40.

[11] 金晓鸿. 新型船舶涂料性能评定和标准 [J]. 中国涂料，2005 (6)：4-5.

[12] 陈凯峰. 船舶涂料重涂性能测试方法简介 [J]. 上海涂料，2008，46 (7)：31-33.

[13] 曹文忠，夏拥军，张慧. 原子吸收光谱法测定涂料中可溶性镉和总镉 [J]. 光谱实验室，2011，28 (1)：157-159.

[14] 中华人民共和国出入境检验检疫行业标准. 塑料及其制品中铅、汞、铬、镉、钡、砷的测定电感耦合等离子体原子发射光谱法 [S]. SN/T 2046—2008. 北京：中国标准出版社，2008.

第七章 涂料仪器分析

学习目的

本章介绍了涂料分析设备，重点在于常用涂料仪器分析设备的掌握，磁力显微术、透射电子显微术、透射电镜-图像分析法、X射线衍射法、拉曼光谱法及光子相关谱法等测试方法必须理解，难点在于熟悉仪器设备的实际应用。

第一节 常用涂料仪器分析设备

大型仪器大致可分为色谱仪、光谱仪、质谱仪、热分析仪等几类，常用的涂料仪器分析设备见表7-1。

表7-1 常用的主要仪器[1~16]

序号	中文名称	英文名称	型号	国别
1	场发射扫描电子显微镜（带EDAX能谱仪）	FE-SEM(Field emission scanning electron microscope with EDAX)	Sirion,FEI	美国
2	透射电子显微镜	TEM(Transmission electron microscopy)	FP 5021/20 Tecnai G^2 S-TWIN	捷克和斯洛伐克
3	紫外光谱仪	UV-Vis(UV-Vis-NIR spectrophotometer)	Cary 500 Scan, Varian corp	美国
4	荧光光谱仪	Eclipse fluorescence spectrophotometer	Varian corp	美国
5	红外光谱仪	FT-IR(Fourier transform infrared)	Magna 560	—
6	气相色谱仪	GCS,Gas chromatograp spectrometers	—	美国
7	荧光显微镜	Fluorescence microscopy	TE2000-U,Nikon	日本
8	X射线衍射仪	SAXRD(Small-angel X-ray diffractometer)	PX13-010,18kW	—
9	X射线电子能谱	Energy dispersive X-ray measurements	EDS	—
10	自动界面张力计	Automated surface tensiometer	JYW-200B,Chengde instruments Ltd.	中国
11	数字式黏度计	A digital viscometer	SNB-1,Shanghai cany-technology Ltd	中国
12	电导率仪	A conductivity meter	DDSJ-308,Shanghai cany-technology Ltd	中国
13	表面光电压谱仪	Surface photoelectricity meter	—	—
14	高压静电发生器	High-voltage power supply(0-30kV,ZH-6)	Beijing pressure technology Ltd	中国
15	核磁共振波谱仪	NMR,Nuclear magnetic resonance spectrometers	300MHz Bruker	瑞士
16	流动注射泵	Syringe pump	AJ-5803	—
17	旋转蒸发器	Rotary evaporator	—	—
18	电子天平	Balance(220g/0.0001g)	BP221S Sartorius	—
19	自制反应装置	Self-reaction equipment	—	德国
20	X射线光电子能谱	XPS(X-ray photoelectron spectroscopy)	—	—
21	表面光电压谱仪	Surface photovoltage spectroscopy(SPS)	—	—
22	质谱仪	Mass spectrograph	F900	—

第二节 磁力显微术（MFM）

磁力显微术（MFM）（magnetic force microscopy）是通过测量扫描探针与样品表面间磁力的变化信号来观察样品表面微区形貌和磁特性的分析技术[17]。

一、MFM 的有关知识

1. 磁矩

磁矩是表示物体磁性强弱的物理量。磁矩（M）为物体的磁化强度（J）与物体的体积（V）之乘积，$M=JV$。磁化强度为一矢量，故磁矩也为一矢量。

物质的磁性来源于粒子的磁矩和粒子的磁相互作用。粒子磁矩主要是原子的磁矩，在原子中，核外电子带有负电荷，是一种带电粒子，电子的自转会使电子本身具有磁性，成为一个小小的磁铁，具有 N 极和 S 极；核外电子又像很多小小的磁铁绕原子核旋转。在原子中，电子因绕原子核运动而具有轨道磁矩和电子自旋磁矩，构成了原子的总磁矩，物质中所有的原子磁矩的矢量和即为物质的磁矩。物质中的原子磁矩可以是混乱排列（顺磁性）（图 7-1），所以无外磁场时总磁矩为零，也可以是有序排列（铁磁性、亚铁磁性、反铁磁性），使物质宏观呈现磁性（图 7-2）。

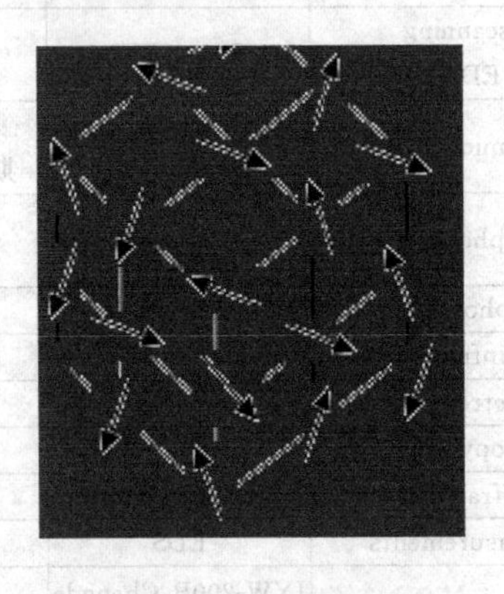

图 7-1 顺磁性

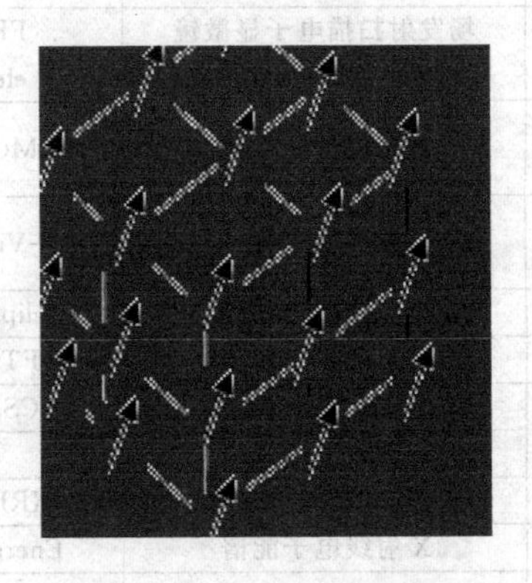

图 7-2 磁性有序排列

2. 磁畴

磁畴是指磁性物质在居里（Curie）温度以下，相邻电子之间存在着一种很强的耦合作用，在无外磁场的情况下，它们的自旋磁矩能在一个个微小区域内自发地整齐排列起来形成自发磁化区，其内部所形成的这个小自发磁化区称为磁畴。每个区内部包含大量原子，这些原子的磁矩都像一个个小磁铁那样沿特定的方向整齐排列，但各区域内原子磁矩的方向不同，如图 7-3 所示，磁畴的尺寸从几十纳米到几厘米，每个磁畴约有 10～15 个原子。

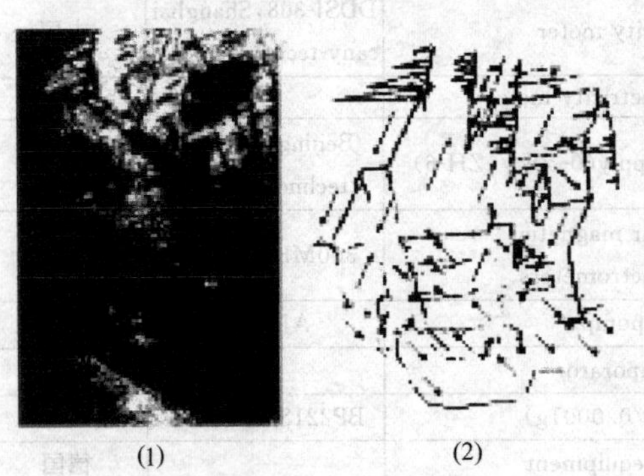

(1) (2)

图 7-3 用粉纹法在 Si-Fe 单晶的（001）面上观察到的磁畴结构

（1）实际观察显微图；（2）对应磁畴分析

各个磁畴之间的界面称为磁畴壁（见图 7-4 和图 7-5），是自旋磁矩取向改变的过渡层。在无外磁场的情况下，物质中虽然每一磁畴内部都有确定的自发磁化方向，有很大的磁性，但大量磁畴的磁化方向各不相同，使得磁性物质总的矢量和为零，因而不显磁性。

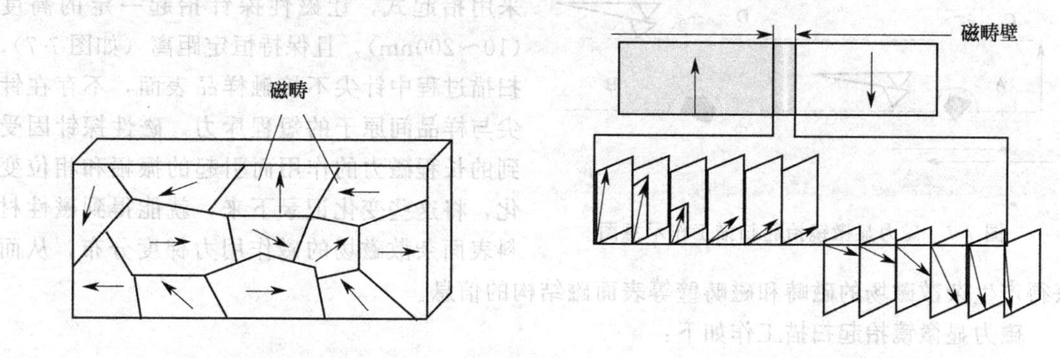

图 7-4 磁畴示意　　　　图 7-5 磁畴壁结构

磁畴结构直接影响物体的磁化行为，图 7-6 微观上说明铁磁质的磁化机理，也就是说磁性材料在正常情况下并不对外显示磁性，只有当磁性材料被磁化以后，它才能对外显示出磁性。

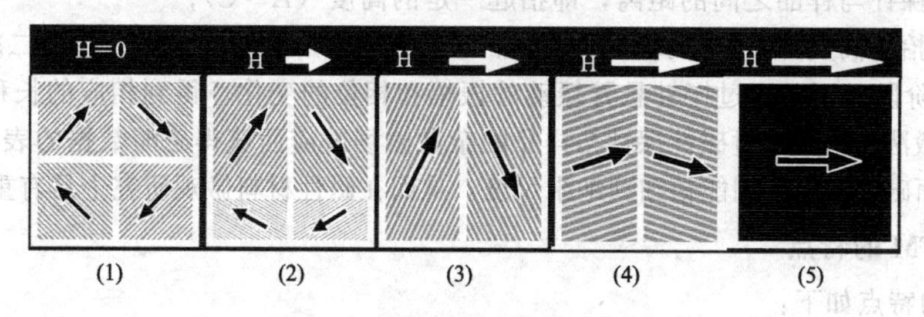

图 7-6 铁磁质的磁化微观机制

图 7-6(1) 各磁畴磁化方向混乱，整体不显磁性。图 7-6(2) 磁壁运动，磁畴的自发磁化方向与外场方向相同或相近的磁畴体积扩大，反之缩小，磁畴壁发生运动。图 7-6(3) 磁壁运动，磁畴的自发磁化方向与外场方向相同或相近的磁畴体积扩大，反之缩小，磁畴壁发生运动。图 7-6(4) 磁畴转向，磁畴的自发磁化方向转向外场方向。图 7-6(5) 饱和磁化，全部磁畴方向转向外场方向，并对外显示出磁性。

最后需要指出，当铁磁体的尺寸很小时（如微粒或薄膜），即使在外磁场为零时，铁磁体也不分割成磁畴，而沿某一方向自发磁化，即单畴体。也就是说，根据材料的磁性，存在一个临界尺寸，当物体体积小于临界尺寸时，就不再形成磁畴结构。

3. 居里温度

铁磁性物质的磁性随温度的变化而改变，随着温度的升高，由于物质内部基本粒子的热振荡加剧，磁性材料内部的微观磁偶极矩的排列逐步紊乱，使物质内部的磁畴逐渐瓦解，当温度上升到某一温度时，铁磁性消失变为顺磁性，这个临界温度称为居里温度或居里点，以T_C表示。居里温度是磁性材料的本征参数之一，在此温度以下，原子磁矩一致排列，产生自发磁化，材料呈铁磁性。

二、MFM 的工作原理

磁力显微术用磁力显微镜来进行分析，磁力显微镜采用纳米尺度的磁性探针尖，在纳米尺度的扫描高度对样品表面进行扫描，探针尖端像一个条状磁铁的北极或南极，与样品中磁畴相互作用而感受到磁力，这种极其微弱的作用力约 10^{-9}N，如一只苍蝇重量的万分之一，它能使其共振频率发生变化，从而改变其振幅，获得反映样品表面磁性质的扫描结果，形成磁力图。检测时对样品表面的每一行都进行两次扫描，第一次扫描采用轻敲式，得到样品在

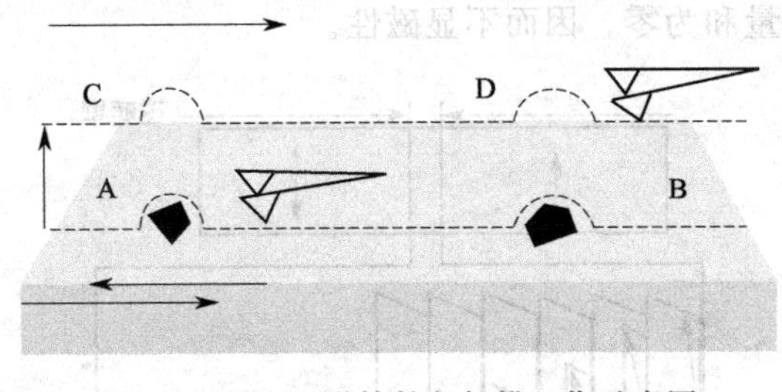

图 7-7　磁力显微镜抬起扫描工作示意图

这一行的高低起伏并记录下来；第二次扫描采用抬起式，让磁性探针抬起一定的高度（10～200nm），且保持恒定距离（如图 7-7），扫描过程中针尖不接触样品表面，不存在针尖与样品间原子的短程斥力，磁性探针因受到的长程磁力的作用而引起的振幅和相位变化，将这些变化记录下来，就能得到磁性材料表面杂散磁场的磁作用力梯度分布，从而获得产生杂散磁场的磁畴和磁畴壁等表面磁结构的信息。

磁力显微镜抬起扫描工作如下：

① 第一次探针在样品表面扫描（A→B），得到样品的表面形貌信息，这个过程与在轻敲模式中成像一样；

② 探针返回到当行的开始点（B→A）；

③ 增加探针与样品之间的距离，即抬起一定的高度（A→C）；

④ 保持抬起高度，始终保持探针与样品之间的距离，沿样品表面进行第二次扫描（C→D），在这个阶段，可以通过探针悬臂振动的振幅和相位的变化，得到相应的长程力的图像。

磁力显微法，就是通过磁性探针与样品的杂散磁场效应而获得磁畴数据的表面成像技术，它对材料表面磁结构的观测能精细到纳米尺度，从而在磁性材料微观研究中具有重大意义。

三、MFM 的特点

MFM 的特点如下：

① MFM 的分辨力和灵敏度主要取决于所用的磁探针，MFM 的横向分辨率能达到 20～50nm，比通常观察磁畴的偏光显微镜高 10 倍以上。

② MFM 可以在大气、常温下测量。

③ 磁针可以用于测定磁通量密度。在一磁场中磁针在其平衡方向左右的小幅摆动（振荡）的周期是与磁通量的二次方根成反比。

④ MFM 得到图像与探针的选用和样片的磁性有关，目前所使用的探针为标准的镀 Co/Cr 探针，文献上亦有在不同状况下使用的特殊探针，如软磁探针（NiFe），超顺磁性探针（Fe/SiO_2），MFM 图像的结果与探针选择、操作条件的设定有关。

四、磁力显微镜

1987 年 Y. Martin 和 H. K. Wichramasinghe 将原子力显微镜上的探针换上具有磁性的探针，这样除了可以获得样品的表面形貌以外，还可得到磁性样品磁区分布磁力影像，这就诞生了第一台磁力显微镜。1992 年 MFM 的正规产品进入市场，并广泛应用于各种磁性材料的分析和测试。磁力显微镜见图 7-8。

图 7-8　磁力显微镜

五、MFM 在纳米材料表面磁结构表征中的应用

1. 磁记录介质的表面形貌和磁结构的观测分析

中科院上海冶金研究所马斌等人使用磁力显微镜观测了硬磁盘、磁光盘、录像带、录音带

和磁卡的表面形貌和磁结构。硬磁盘、磁光盘、录像带、录音带和磁卡都采用磁性粉末溅射成膜或涂布成膜的方法制成，对介质上已记录信息的磁结构的 MFM 分析表明，对于不同的记录模式，介质的磁结构截然不同，并且表面平整度也有差别，记录密度越高，介质表面越平整。

图 7-9 硬磁盘的形貌是在铝基板上溅射成膜而制备的，表面均匀，高低起伏小于 5nm，盘表面出现刮痕；磁盘上磁结构的信息单元约 $1.1\times8.9\mu m^2$，信息间距约 $3.1\mu m$，是密度较低的硬盘。

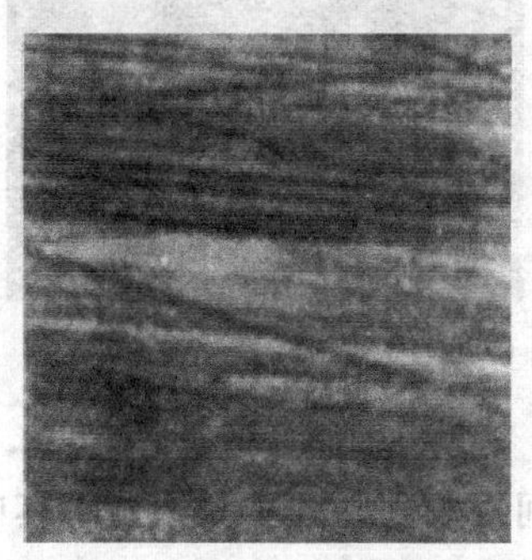
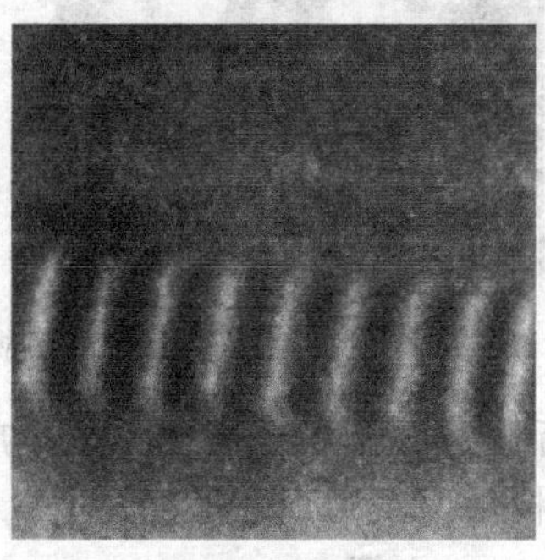

图 7-9　硬磁盘的形貌（左）和磁结构（右）

图 7-10 磁光盘的形貌，由明暗相间的平行条纹构成，是平台和凹槽结构，没有任何划痕，表面也很平整，高低起伏小于 5nm，信息记录在平台上；磁光盘磁结构使用圆形光斑记录点，直径约 $0.4\mu m$，间距约 $7\mu m$。

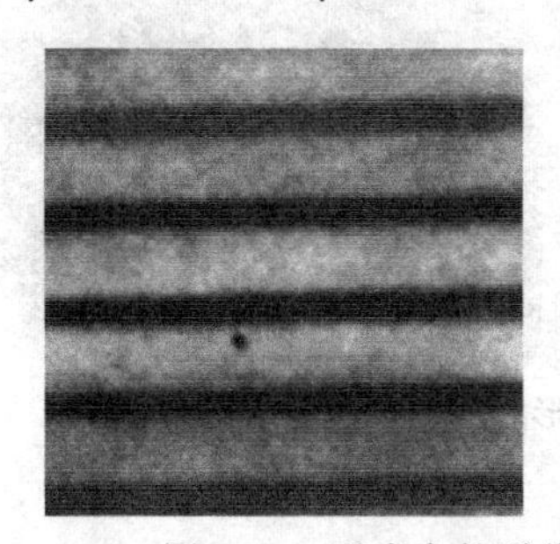
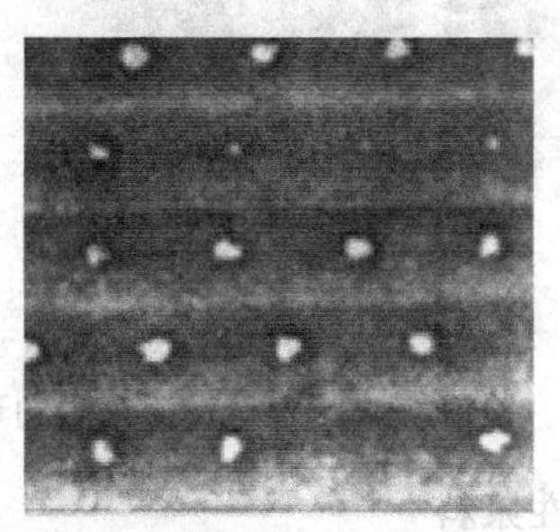

图 7-10　磁光盘的形貌（左）和磁结构（右）

图 7-11 录像带的形貌是表面明显不平，高低起伏高于 $0.1\mu m$。明、暗区域杂乱分布，形状很不规则。录像带是采用磁性粉末涂布的方法制备，由于其自身的颗粒特性，表面高低起伏要求在厚度的 3%以下，由于不同的设备和工艺流程，平整度有很大差别，特别是经过反复播放后，表面磁性颗粒脱落，平整度明显劣化；录像带的磁结构由明暗相间的条纹构成，条纹的宽度变化不大，约 $0.5\sim0.7\mu m$。

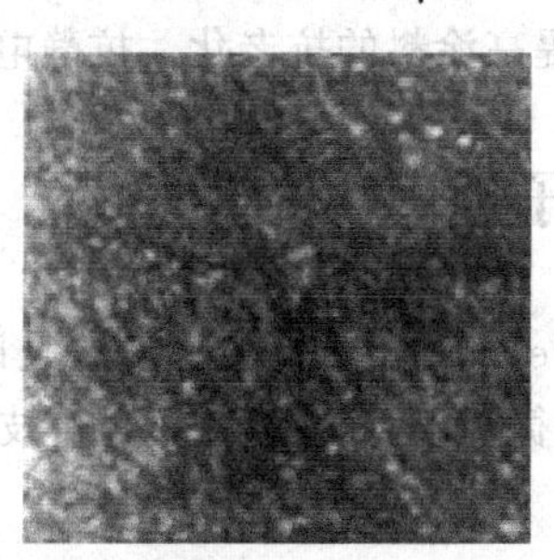
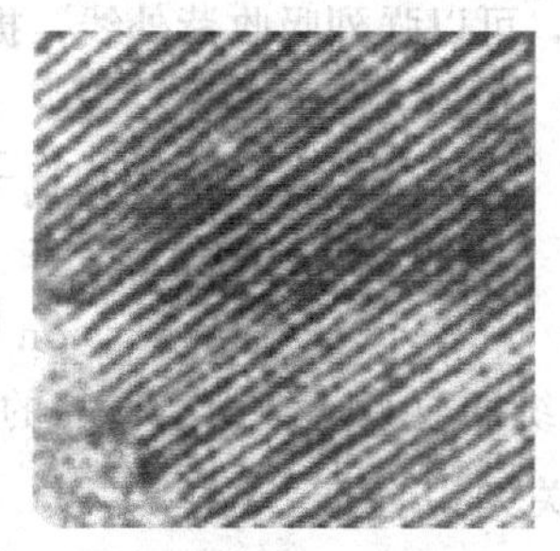

图 7-11　录像带的形貌（左）和磁结构（右）

图 7-12 录音带的形貌是表面不平整，明、暗对比度大，出现白点和黑斑，高低起伏超

过0.3μm，并且明暗区域的尺寸约10×10μm^2；录音带的磁结构也是由明暗相间的条纹组成，条纹宽度不同，对应于不同的记录频率，条纹宽度一般在4～60μm之间。

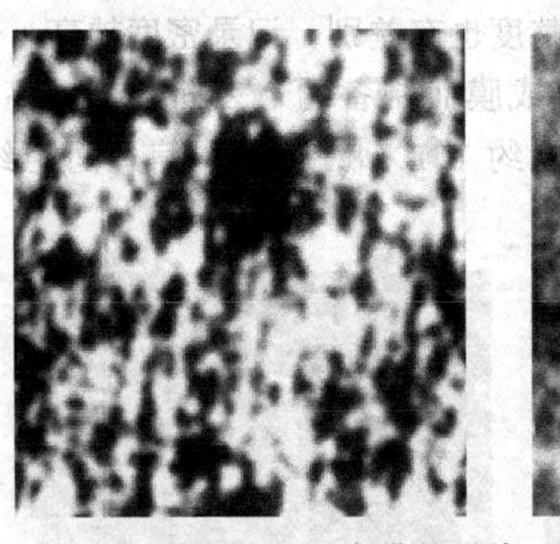
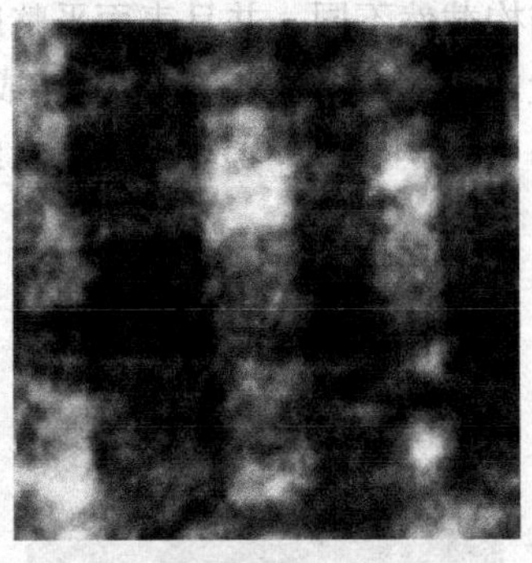

图7-12 录音带的形貌（左）和磁结构（右）

图7-13为银行储蓄磁卡的形貌和磁结构。磁卡的表面平整度很差，高低起伏超过了0.5μm；磁卡磁结构由两条磁记录信息构成，间距较大，图中只给出了其中的一条记录信息的结构，在60～100μm之间。

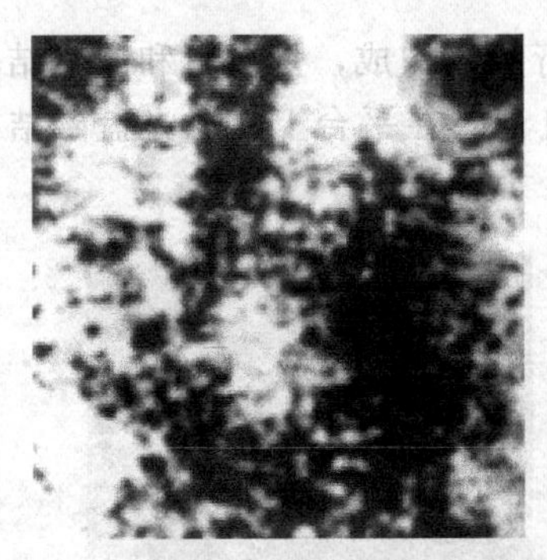
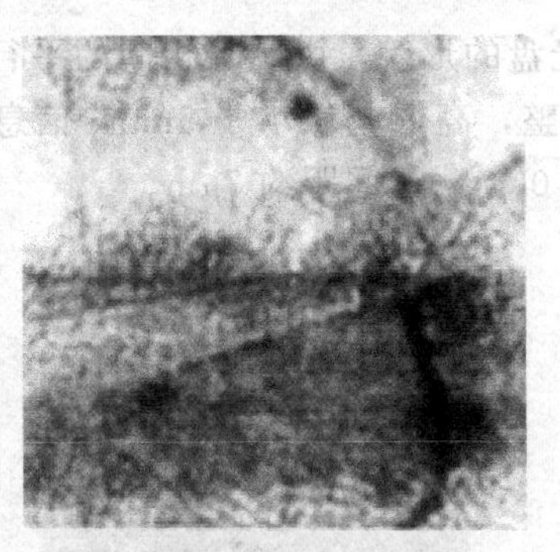

图7-13 银行储蓄磁卡的形貌（左）和磁结构（右）

2. 水基纳米磁性浆料

南京工业大学材料学院林本兰等人撰文介绍，研制出表面改性纳米磁性粉体和稳定分散的水基和有机基纳米磁性浆料，其中水基浆料静置一年仍能很好地分散，纳米磁性粉体有纳米磁性Fe_3O_4、TiO_2、ZnO、SiO_2、MgO、$CaCO_3$、CeO_2、Al_2O_3等纳米氧化物，纳米Ag、纳米Ni等纳米金属，以及纳米SiC、纳米Si_3N_4、碳纳米管（CNTS）等粉体及其浆料。制得的各种纳米浆料，主要包括纳米磁性液体，纳米环保、抗菌、自清洁浆料，纳米光催化浆料，纳米抗老化浆料，纳米导电浆料，纳米隐身浆料，随角异色效应型纳米浆料和高强度纳米浆料等。将此浆料添加到涂料中，可以强烈吸收紫外线，提高涂料的抗老化，抗静电等性能。

第三节　透射电子显微术（TEM）

透射电子显微术（TEM）（transmission electron microscopy）是以透射电子为成像信号，通过电子光学系统的放大成像观察样品的微观组织和形貌的分析技术。

一、TEM的有关知识

1. 背散射电子和透射电子

当电子射入试样后，受到原子的弹性和非弹性散射，有一部分电子的总散射角大于

90°，重新从试样表面逸出，称为背散射电子。其主要特点是能量很高，有相当部分接近入射电子能量 E_0，在试样中产生的范围大，分辨率低，背散射电子图像排除成分特征的影响，着重反映样品的表面形貌和原子序数的分布等。当试样厚度小于入射电子的穿透深度时，就会有相当数量的入射电子穿透样品，从另一表面射出，被装在样品下方的检测器接收，称为透射电子。

2. 弹性散射和非弹性散射

弹性碰撞和非弹性碰撞，是粒子间碰撞的两种情况。当两粒子碰撞后只有动能的交换，粒子的类型及其内部运动状态并无改变，这种碰撞称为弹性散射或弹性碰撞。如在高能物理 $e^-+e^-\rightarrow e^-+e^-$、$e+p\rightarrow e+p$、$p+p\rightarrow p+p$ 等过程中，始末态粒子的类型及其内部运动状态并无改变，分别称之为高能电子-电子、电子-质子、质子-质子弹性散射；当两粒子碰撞后除有动能交换外，粒子的数目、类型和内部状态有所改变或转化为其他粒子，则称为非弹性散射或非弹性碰撞。

弹性散射和非弹性散射过程的研究对于了解许多物理现象具有很重要的意义。

二、TEM 工作原理

透射电子显微镜是把经加速和聚集的电子束，照射到非常薄的样品上，由于电子和物质相互作用，产生弹性和非弹性散射，电子与样品中的原子碰撞而改变方向，产生透射电子（主要是散射电子），从而使这些电子带上了所观察物体的形貌和结构特征等信息，此信号通过电磁透镜将其聚焦成像，并经过多级放大后，在荧光屏上显示出样品结构信息的明暗不同的电子图像，由于电子束的波长要比可见光和紫外光短得多，并且电子束的波长与发射电子束的电压平方根成反比，也就是电压越高波长越短，而显微镜的分辨率与波长有关，因此 TEM 具有很高的分辨力（0.2nm）。电子束投射到样品时，可随样品组织密度不同而发生相应的电子发射，透射电子显微镜的成像可分为三种情况。

① 吸收像。当电子射到密度大的样品时，电子被散射的多，通过的较少，因此投射到荧光屏上的电子少，主要的成像作用是散射电子作用，呈现的是高分辨电子显微镜图像。

② 衍射像。当一束平行电子束照射到非常薄的晶体样品上，除了产生透射束外，还会产生各级衍射束，样品不同位置的衍射波振幅分布对应于样品中晶体各部分不同的衍射能力，当出现晶体缺陷时，缺陷部分的衍射能力与完整区域不同，使衍射振幅分布不均匀，这样可以得到晶体衍射谱象。

③ 相位像。当样品薄至 100nm 时，电子可以透过样品，波的振幅变化可以忽略，成像来自于相位的变化。

透射电子显微镜以原子尺度的分辨能力，可以得到样品内部微观结构及样品外部形状的观察信息，能同时测试纳米材料的粒度、粒度分布、结构、形貌和成分。

三、TEM 的特点

TEM 的特点如下。

① 分辨率高，已接近或达到仪器的理论极限分辨率（点分辨率 0.2～0.3nm，晶格分辨率 0.1～0.2nm）；对材料的晶粒方向、同质异型结构、异质异型结构、同质同型结构有敏锐的分析力。

② 放大倍率高，变换范围大，其放大倍数为几万至百万倍。

③ 图像为二维结构平面图像，可以观察非常薄的样品，样品厚度可为 50nm 左右。

④ 样品须制备成超薄切片，通常为 50～100nm，常用的制备方法有超薄切片法、冷冻

超薄切片法、冷冻蚀刻法、冷冻断裂法等。对于液体样品，通常是挂在预处理过的铜网上进行观察。

四、透射电子显微镜

1934 年德国物理学家 Ernst Ruska 发明了以电子束为光源的透射电子显微镜。透射电镜一般是由电子光学系统、真空系统和电器系统三大部分组成，透射电子显微镜光路图见图 7-14 所示，外形见图 7-15。

① 电子光学系统完全置于镜筒之内，自上而下顺序排列着电子枪、聚光镜、样品室、物镜、中间镜、投影镜、观察室、荧光屏或照相机构等装置。

② 真空系统由机械泵、油扩散泵、换向阀门、真空测量仪及真空管道组成，它的作用是排除镜筒内气体，使镜筒真空度要在 10^{-4}Pa 以上。如果真空度低，电子与气体分子之间的碰撞引起散射会影响成像衬度，还会使电子栅极与阳极间高压电离导致极间放电，残余的气体还会腐蚀灯丝，污染样品。

③ 电器系统包括电子光学系统、真空系统所需电源及自动控制电路、显示和记录系统的电器、各种附件（图像增强器、图像处理、二次电子像、X 射线能谱仪、能量损失谱仪等）的电器部件。

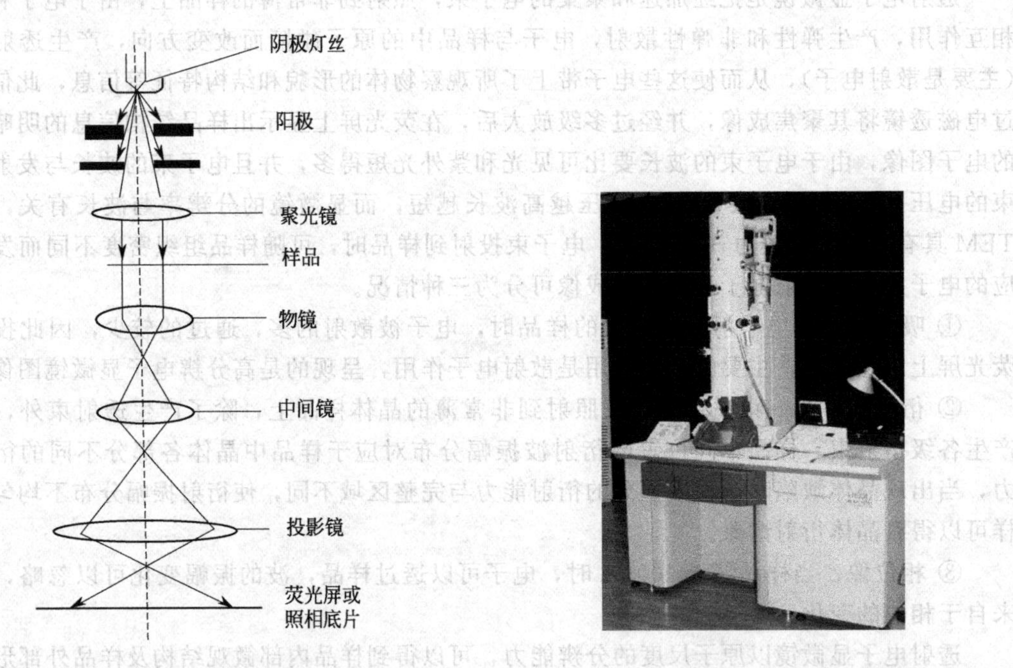

图 7-14 透射电子显微镜光路图

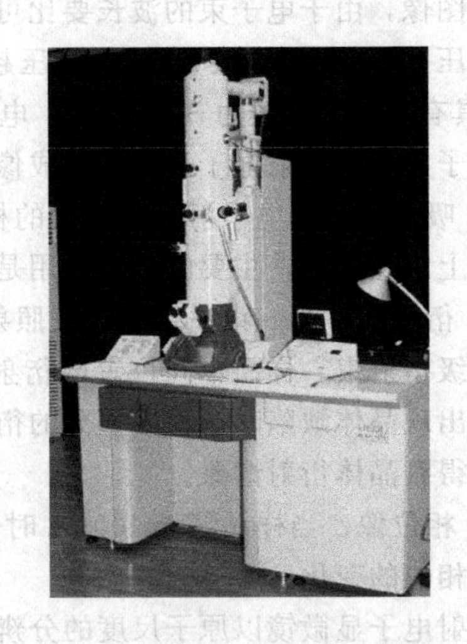

图 7-15 透射电子显微镜外形图

五、TEM 的应用

透射电子显微镜主要用于生命科学、医学方面的分析研究，在物理、化学方面主要用于新材料领域如纳米材料、超导材料、表面涂层等结构及粒径分布的分析。

1. 纳米 SiO_2材料改性乳胶涂料性能研究

北京首创纳米科技有限公司苗海龙等人撰文介绍，通过对纳米 SiO_2 材料改性乳胶涂料性能进行的系统的检测、分析研究，发现纳米 SiO_2 材料可以使乳胶涂料的涂膜耐老化能力提高 2 倍、附着力提高 2～3 级、耐水性耐碱性提高 60%，而且纳米 SiO_2 材料具有十分优良的耐沾污性和杀菌性能。涂料中纳米 SiO_2 材料的含量不同，对涂料性能影响程度也不同。

纳米 SiO_2 材料粒度大小及分布见图 7-16。

2. 降解空气有机污染物纳米涂料的研究

北京化工大学贺建云等人撰文介绍，用溶胶-凝胶法制备了纯 TiO_2 和掺杂改性 TiO_2 纳米溶胶涂料，并用浸-拉法把此纳米涂料涂覆于基体表面。掺杂改性与未改性 TiO_2 纳米溶胶涂料的结构用 X 射线衍射仪进行了分析，纳米表面形貌用透射电镜（TEM）进行了观测（见图 7-17），并进行了降解丙酮的实验研究。结果表明：掺杂适量的 Ce 离子对 TiO_2 改性，所制备的纳米材料改性涂料能够在一定程度上降解空气污染物。

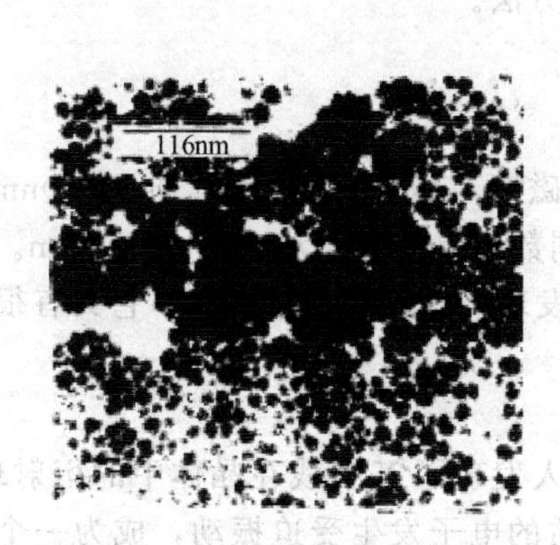

图 7-16　纳米 SiO_2 材料 TEM

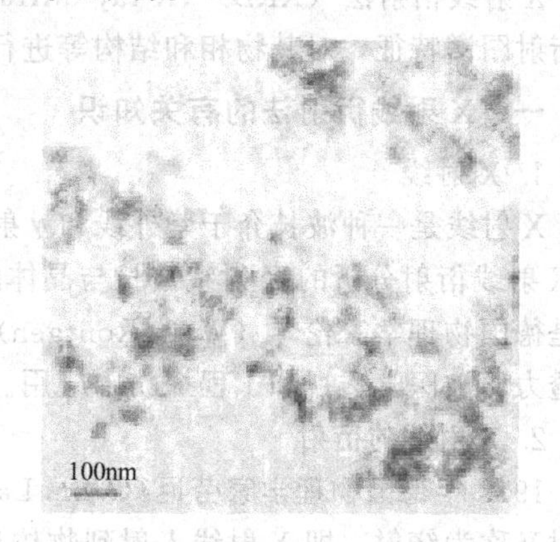

图 7-17　掺杂改性的 TiO_2 纳米粒子后，涂料的表面形 TEM 图

第四节　透射电镜-图像分析法

透射电镜-图像分析法（transmission electron microscopy-image analysis）是利用电子显微镜成像分析系统测量纳米粉末的形貌和粒度分布的分析方法。

一、透射电镜-图像分析法介绍

该方法是将透射电子显微镜与图像分析系统联机，使透射电子显微镜的图像实时转换成数字图像，并送入计算机进行高分辨显示、存贮、处理、测量和打印。使用户不需要冲洗印制照片，直接利用先进的数字图像处理技术对图像进行处理和修饰，显示原图像无法显示的细节，同时还可对图像进行定量测量和分析。

透射电镜-图像分析法的主要功能和特点：实时图像采集、图像处理、图像编辑；显示、打印；设定时间的信号积累采集，适应弱信号观察；图像数据库储存量大、管理和检索功能强；颗粒大小及分布测量，具有自动断开粘连颗粒功能，可测量面积百分含量；测量数据存入通用的 ACCESS 数据，方便和外界交换数据。

图像分析系统有普及型、研究型和高档型三种配置，可满足不同层次的需要，图像分析系统主要技术指标见表 7-2。

表 7-2　图像分析系统技术指标

项目	普及型	研究型	高档型
闪烁体	超细荧光粉	超细荧光粉/YAP 单晶	YAP 单晶
CCD 像素	1536×1024	2048×2048	4096×4096
灰度分辨率	8bit(256 级)	12bit	14bit
制冷方式	无制冷	电制冷	电制冷

二、透射电镜-图像分析法应用

刘玉新等人在《中国粉体技术》2000 年 03 期撰文，论述了用透射电镜-图像分析法测定分子筛晶粒和聚苯乙烯（PS）标准小球的粒度及分布的方法，考察了其精密度和准确度。

第五节　X 射线衍射法（XRD）

X 射线衍射法（XRD）（X-ray diffractometry）是采用 X 射线衍射法，根据物质的 X-射线衍射图谱特征，对其物相和结构等进行测定的分析方法。

一、X 射线衍射法的有关知识

1. X 射线

X 射线是一种波长介于紫外线和 γ 射线之间的电磁波，其波长范围约 0.001～10nm，用于 X 射线衍射分析的 X 射线波长与晶体的点阵常数同数量级，通常为 0.05～0.25nm。X 射线是德国物理学家伦琴（W. C. Rontgen）于 1895 年发现，故又称伦琴射线，它具有很强的穿透力而被医学透视和工程探伤中应用。

2. X 射线的衍射

1912 年德国物理学家劳厄（Von. Laue Max）等人发现了 X 射线在晶体中的衍射现象。衍射又称为绕射，即 X 射线入射到物体后，被照物质的电子发生受迫振动，成为一个电磁波的发射源，向周围辐射一小部分波长不变方向被改变的散射射线，因为各电子散射射线波长相同，在空间相遇时会相互干涉，产生相干散射，并形成相互加强或减弱的衍射现象。衍射线的方向、强度和线形包含了大量的物质结构信息，衍射线的方向决定于晶体的点阵类型、点阵常数、晶面指数以及 X 射线波长；衍射的强度除与上述因素有关外，还决定于晶体各元素的性质及原子在晶胞中的位置；衍射线的线形则反映了晶体内部的缺陷信息。晶体产生衍射的情况如图 7-18。

1913 年英国物理学家布拉格父子（W. H. Bragg，W. L. Bragg）在劳厄衍射的基础上，成功地测定了 NaCl、KCl 等的晶体结构，创立了衍射理论，并提出了作为晶体衍射基础的著名公式——布拉格（Bragg）方程：

$$2d\sin\theta = n\lambda$$

式中 λ——X 射线的波长；

n——任何正整数；

θ——入射角的余角，参见图 7-19。

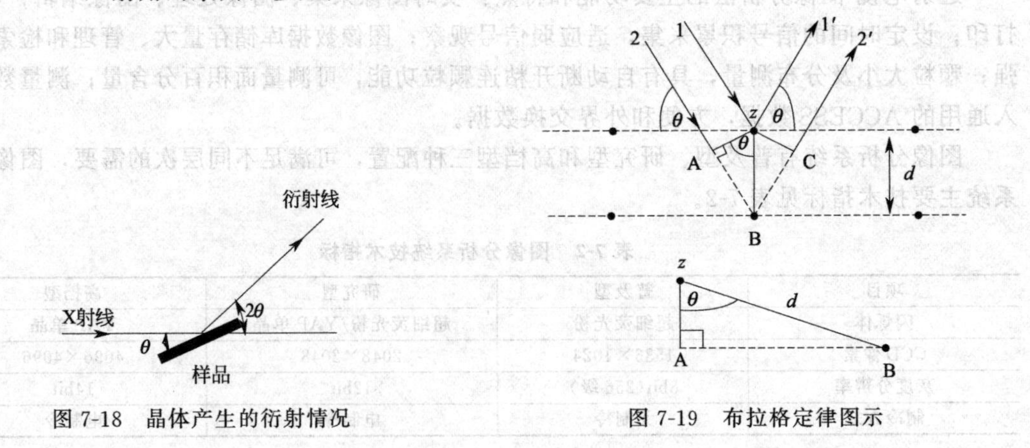

图 7-18　晶体产生的衍射情况　　图 7-19　布拉格定律图示

布拉格方程是联系X射线的入射方向、衍射方向、波长和点阵常数的关系式，表达了X射线在反射方向上产生衍射的条件，即单色射线只能在满足布拉格方程的特殊入射角下有衍射，衍射线来自晶体表面以下整个受照区域中所有原子的散射贡献。

3. X射线衍射图谱

X-射线衍射图谱是根据特定波长，特定入射角度的X射线与晶体晶面间距满足布拉格条件，所产生衍射而形成的衍射花样（实际就是对应的倒易点阵），每种晶体物质都有特定的晶体结构，在X射线的照射下都有一一对应的特定的衍射花样（衍射线的位置和强度）。X射线衍射得到样品的衍射图谱后，将这种衍射花样记录下来进行标定，形成PDF标准图谱卡，共衍射谱157048个，其中，实验谱92011个，计算谱65000个，无机物谱约133000个，有机物谱约25000个。测试实验时，只要将所得的衍射花样与标准图谱对照，就可以确定样品是何种晶体。完整的X射线衍射谱图能够定义或表征特定晶形，可以用来鉴定晶体结构、物相。

二、X射线衍射法的工作原理

晶体是由原子或原子团在三维空间按一定周期重复排列而成的。由于晶体中原子、离子或分子排列的周期大小和X射线波长相当，所以晶体是X射线的天然的三维光栅，晶面间距一般为物质的特有参数，当X射线照射两个晶面距为d的晶面时，受到晶面的反射，两束反射X光程差$2d\sin\theta$是入射波长的整数倍时，即$2d\ \sin\theta=n\lambda$（λ为X射线的波长，n为整数，θ为衍射角，是入射角的余角），两束光的相位一致，发生相长干涉，形成晶体中各原子或电子的次生X射线之间相互干涉的衍射，晶体对X射线的这种折射规则称为布拉格定律，它表达了衍射所必须满足的条件，是晶体衍射的基础。

每种物质的X射线衍射图里携带着该物质晶体内部结构的信息，当分析解读这些图时，便可以对样品的结构进行测定，这个结构包括电子结构、晶体结构，各种缺陷结构，结构应变，晶粒尺寸，结晶度，材料的织构等等。X射线衍射分析法又是一种无损坏、非破坏性的分析方法。

X射线衍射技术主要有劳厄法、旋转晶体法和粉末法三种方法。劳厄法所用X射线为波长范围很宽的连续谱，用于测定单晶取向和某些对称要素；旋转晶体法所测试样为单晶，使用单色X射线，由于可取得更宽的角度范围，通常用于分析晶体结构；粉末法也称作多晶体法或德拜-谢乐（Debye-Scherrer）法，试样为无规则取向的晶体粉末组合。

三、X射线衍射仪

X射线衍射法使用的仪器是X射线衍射仪，它包括X射线发生器、衍射角广角测角仪、探测器、测量与记录系统、衍射图库。X射线发生器包括超高强度的旋转阳极X射线发生器、电子同步加速辐射，高压脉冲X射线源；记录系统主要是闪烁计数器；衍射图数据库含11.7万张标准衍射图谱。X射线衍射仪的工作原理示意见图7-20，外观如图7-21，其测量与记录系统如图7-22。

X射线衍射仪的基本功能是通过测定大量（几千甚至上万条）衍射线的方向和强度，确定晶体结构在三维空间中的重复周期（即晶胞参数）和晶胞中每个原子的三维坐标，从而可以准确地测定样品的分子和晶体结构。如粉末样品经磨细之后，在样品架上压成平片，安放在测角器中心的底座D上。计数管始终对准中心，绕中心旋转。样品每转θ，计数管转2θ，计算机记录系统或记录仪逐一将各衍射线记录下来。在记录得到的衍射图中，一个坐标表示

衍射角 2θ，另一个坐标表示衍射强度的相对大小。典型的 X 射线衍射图如图 7-23 所示。

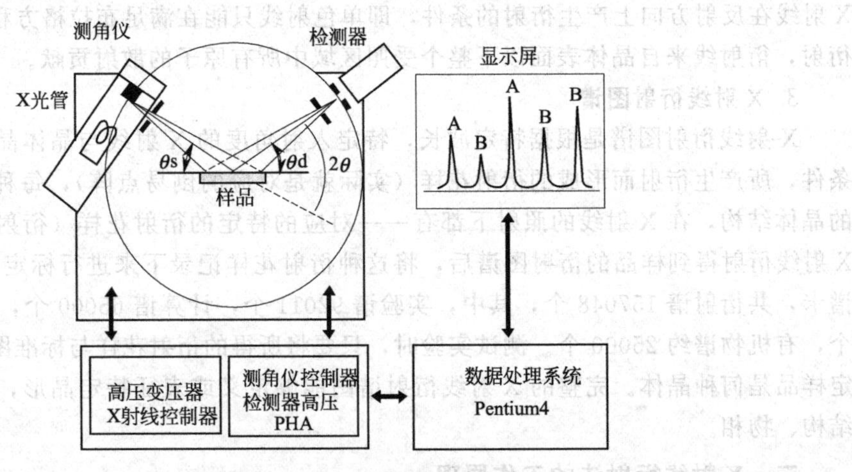

图 7-20　X 射线衍射仪工作原理示意图

图 7-21　X 射线衍射仪外形图

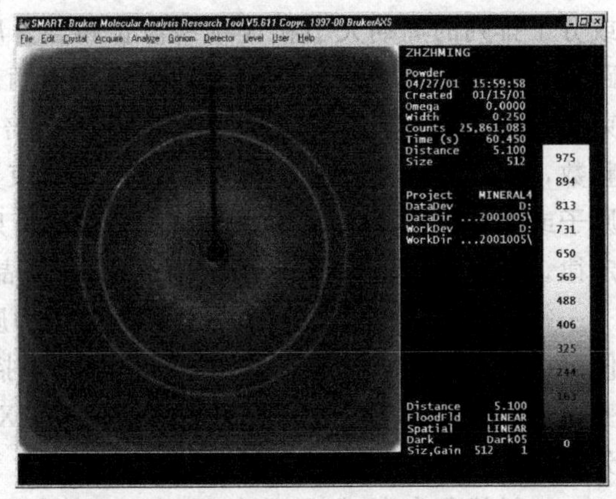

图 7-22　X 射线衍射仪测量与记录系统

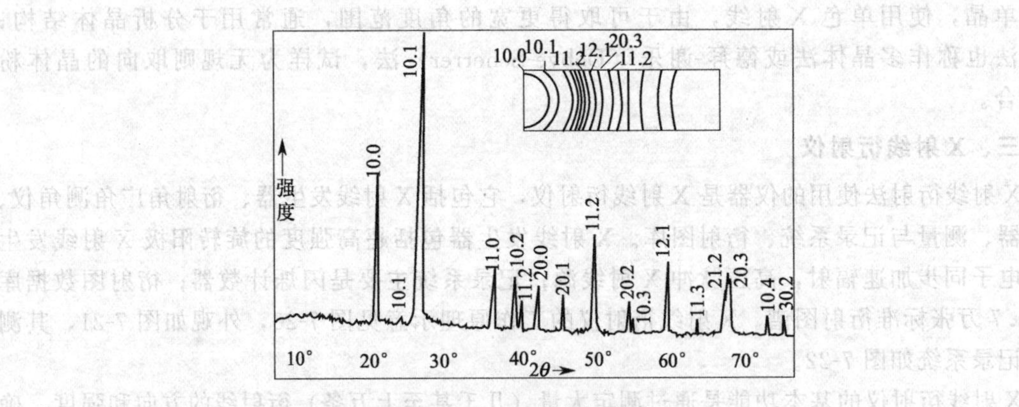

图 7-23　X 射线衍射图

四、XRD 在纳米材料表征中的应用

X 射线衍射法是测量纳米微粒的常用手段，它不仅可确定试样材料的物相、晶体结构、局部结构、缺陷、键型、多晶组构、空间群等，还可判断颗粒尺寸大小。

1. XRD 在纳米材料改性可解毒墙面涂料中的应用

当墙面涂料中掺入了纳米级的二氧化钛和碳酸钙的微粒，即使其具有了能降解有毒的苯类、醛类和其他有毒气体的功能，这是因为纳米级二氧化钛的比表面积比微米级二氧化钛材料增加几个数量级，能够在物体表面产生大量悬键，从而使纳米微粒活性要高得多，在光照下原子激发释放出的电子遇到空气中气体原子或分子很快会变成负离子，从而有较高的光催化氧化能力，相当于波长为 387nm 的能量，这正好处于紫外区，对于许多难以降解的有机物，在光照下，二氧化钛表面富集的电子和氧化性极强的空穴，使有机物分子的 OH 反应生成大量的 OH 自由基，这种活泼的 OH 自由基可以把很多难以降解的有机物分子氧化成 CO_2 和水等无机物。其过程是将酯类转化成醇，醇再转化成醛，醛再氧化变成酸，酸再进一步氧化成水和 CO_2。这就是纳米墙面漆氧化降解有毒的苯类、醛类和其他有毒气体的光催化效应。

采用 X 射线衍射法（XRD）检测出这种纳米材料改性可解毒墙面涂料中的二氧化钛和碳酸钙的微粒尺度均在 50nm 以下，主填料滑石粉的粒径在 80nm 以下。

2. XRD 测定光催化剂纳米 TiO_2 粉

常阳光触媒公司研制出的光催化剂纳米 TiO_2 粉，颗粒是纯度接近 100％锐钛型 TiO_2；其一次性颗粒尺寸是 7nm，采用无机黏结剂，耐磨且具有极高的附着强度，是一种具有特定性能的新型超细材料。其 XRD 图见图 7-24。

从图 7-24 可知，X 射线衍射峰（纵坐标）和对应的角度（横坐标）都证实该纳米粒子是锐钛型二氧化钛，在角度约为 26°的衍射主峰同时表明二氧化钛粒子的直径为 7nm。

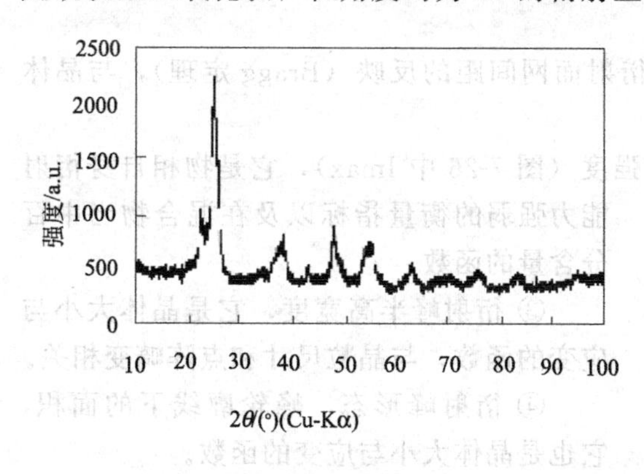

图 7-24　锐钛型 TiO_2 X 射线衍射图

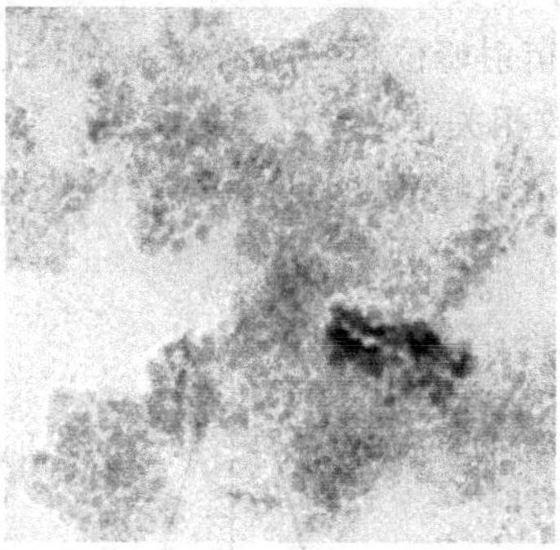

图 7-25　锐钛型 TiO_2 透射电子显微镜的照片

透射电子显微镜观察（见图 7-25）显示，最小颗粒约为 7nm，再次证明其公司的产品尺寸和特性。

第六节　X 射线衍射线宽化法（XRD-LB）

X 射线衍射线宽化法（XRD-LB）（X-ray diffractometry line broadening method）是根据晶粒纳米化和/或晶格畸变所引起的衍射线宽化现象来测定晶粒尺寸和晶格畸变的分析方法。

一、XRD-LB 的有关知识

1. 晶格畸变

晶格是表示晶体中原子排列形式的空间格子。晶格的最小单元是晶胞，晶胞中原子排列的规律能完全代表整个晶格中原子排列的规律，研究金属的晶格结构，一般都以晶胞来研究。晶格参数有晶胞棱边长度 a、b、c 和棱边夹角 α、β、γ（轴间夹角）。各种金属元素的主要差别就在于晶格类型和晶格参数的不同。然而实际晶体原子的规律排列常受到干扰和破坏，晶体中的某些原子会偏离正常位置，造成原子排列的不完全性而形成晶体缺陷。晶体缺陷按几何形状分可有点缺陷、线缺陷、面缺陷和体缺陷。

点缺陷是晶体中的原子在其位置上作热振动时，当温度升高，动能高的原子就脱离周围原子的束缚，进入别的晶格间隙处，成为"间隙原子"或跑到金属表面上去，而原来的位置成为无原子的"空位"，空位和间隙原子的出现，使它们失去平衡而造成晶格歪扭畸变；线缺陷是晶体中有一列或若干列原子发生有规则的错排现象，晶体中呈线状分布的缺陷；面缺陷是晶体中有一维空间方向上尺寸很小，另外两维方向上尺寸有较大的缺陷，这类缺陷主要是指多晶体的相邻两晶粒间不同晶格方位的过渡区，即晶界和亚晶界区域内的原子排列不整齐，偏离平衡位置，产生晶格畸变；体缺陷是晶体中出现空洞、气泡、包裹物、沉积物等。晶体的缺陷影响晶体的性质，既可使晶体的某些性能降低，又可利用由缺陷改变某些晶体性能。

纳米粒子的内部晶格和表面层晶格都存在着不同程度的畸变，并且其晶格畸变程度随晶粒尺寸的减小而增大，晶格畸变可以引起纳米材料许多性质变化，如居里温度降低，热稳定性改变，电运输行为异常，电导率发生变化，光吸收带"蓝移"等，纳米粒子的晶格畸变是研究纳米粒子结构和性质之间关系的一个重要参数。

2. 小晶粒衍射峰的宽化效应

国际结晶学界明确提出任何单个 XRD 峰是由五个基本要素组成，各要素都具有其自身的物理学意义。

① 衍射峰位置（图 7-26 中的峰位），它是衍射面网间距的反映（Bragg 定理），与晶体点阵参数相关。

② 衍射峰高度，即衍射峰的位置最大衍射强度（图 7-26 中 Imax），它是物相自身衍射能力强弱的衡量指标以及在混合物当中百分含量的函数。

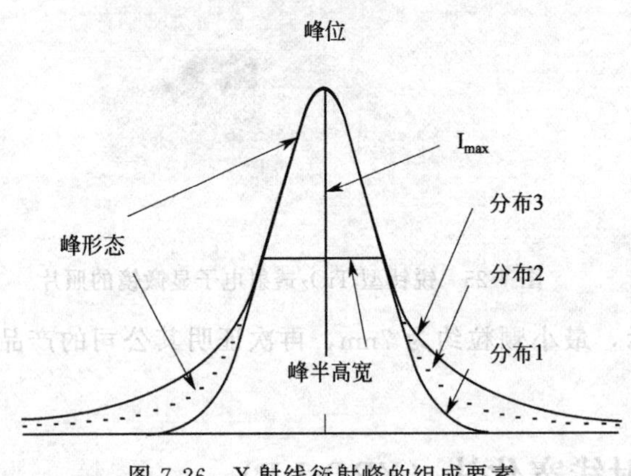

图 7-26 X 射线衍射峰的组成要素

③ 衍射峰半高宽度，它是晶体大小与应变的函数，与晶粒尺寸和点阵畸变相关。

④ 衍射峰形态，峰轮廓线下的面积，它也是晶体大小与应变的函数。

⑤ 衍射峰的对称性，它是光源聚敛性、样品吸收性、仪器装置等因素及其他衍射峰或物相存在的函数。

衍射峰形可用函数表述，讨论影响峰形各因素之间的相互作用可以通过讨论函数之间的相互作用来进行。

当 X 射线入射到小晶体 hkl 面上（h、k、l 为互质的整数）（见图 7-27），小晶粒中共有 p 层这种晶面，其晶面间距为 d，当入射角为 θ，满足 $2d\sin\theta = n\lambda$（布拉格条件）关系时产生衍射，当衍射方向有一个小的偏离，衍射角为（$\theta+\varepsilon$）时，程差也将有相应的改变 $2d\sin(\theta+\varepsilon) = n\lambda + \Delta l$，若程差改变量 Δl 的大小对应为 0.01λ，第 1 个晶面与第 n 个晶面之间的程差为 $\Delta l_{n-1} = 0.01(n-1)\lambda$，这样第 1 与第 51 两个晶面之间与 ε 相关的散射波因程差为半波长而相抵消。按此关系第 2 与第 52；第 3 与第 53，……，相关的散射波也都将相抵消。当 $p\to\infty$ 时，终因全部成对抵消使得（$\theta+\varepsilon$）处的衍射波强度为零，衍射角也为 θ。由于实际晶体都是有限的，都存在不能抵消的部分，晶粒越小，不能抵消的比例越大，在（$\theta\pm\varepsilon$）处的衍射波强度越不可忽视。此时衍射波的强度将在（$\theta\pm\varepsilon$）范围内展开，衍射峰因此而宽化。晶粒越小，宽化程度也越大。因此晶粒细化导致衍射线加宽，当晶粒度>10^{-3}cm 时，衍射线是由许多分立的小斑点所组成；晶粒度<10^{-3}cm 时，由于单位体积内参与衍射的晶粒数增多，衍射线变得明锐连续；晶粒度<10^{-5}cm 时，由于晶粒中晶面族所包含的晶面数减少，因而对理想晶体的偏离增大，晶粒越小，使衍射线条变宽程度越大。

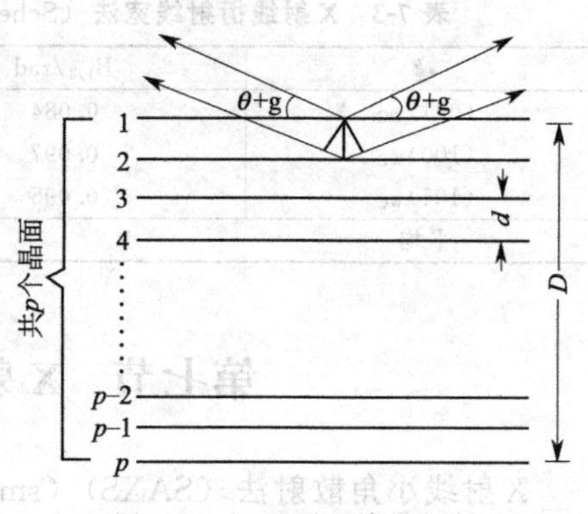

图 7-27 *hkl* 平面族的衍射

X 射线衍射理论指出，衍射线宽化主要影响因素除了晶粒细化或晶格畸变外，还有 Kα 双线引起宽化和仪器因素引起的增宽，故依照衍射峰宽化的程度数值测定晶粒的大小时必须分离其他因素的影响。

二、X 射线衍射线宽化法的基本原理

X 射线衍射宽化法测量的是为同一点阵所贯穿的小单晶的大小，它是一种与晶粒度含义最贴切的测试方法，也是统计性最好的方法。衍射峰宽化的计算基于谢乐（Scherrer）理论和 W-A(Warren-Averbach）理论。谢乐理论主要阐述了完整晶体衍射峰的宽化与晶体平均大小的关系；根据谢乐理论公式：

$$D=K\lambda/(B-B_0)\cos\theta$$

式中 D——晶粒平均粒径；

K——与宽化度有关的形态常数（Scherrer 常数 0.89）；

λ——测定时所用 X 射线波长；

B_0——晶粒较大时无宽化时的衍射线的半宽高；

B——待测样品衍射线的半宽高，$B-B_0=\Delta B$ 要用弧度表示；

θ——布拉格（Bragg）衍射角。

谢乐公式说明，衍射峰的半高宽 β 是晶体大小的函数，衍射峰的半高宽 β 变小，晶粒尺寸增大，衍射峰的半高宽 β 变大，晶粒尺寸减小。根据晶体衍射峰的宽化与晶体平均大小的这个关系，可以计算出材料的平均晶粒粒径。Warren-Averbach 理论主要阐述了晶体完整性和晶体大小与衍射峰形态的总体关系。它用 Fourier 分析低角度和高角度峰的峰形，考虑角度相关的峰变宽，给出较准确的结果。

三、XRD-LB 在纳米材料表征中的应用

北京有色金属研究总院粉末冶金及特种材料研究所林晨光等人在《中国有色金属学报》第 15 卷第 6 期（2005 年 6 月）上撰文，介绍了通过改进金相样品的制备方法，将纳米晶 WC-10Co 硬质合金在场发射扫描电镜 10 万倍放大倍率下，可获得衬度良好、WC 晶粒轮廓清晰的二次电子像。根据合金中 WC 在低角度（$2\theta\leqslant50°$）$(001)_{WC}$、$(100)_{WC}$ 和 $(101)_{WC}$ 晶面衍射峰数据，用 X 射线衍射线宽法（Scherrer 公式）分别测定的 WC 平均晶粒度的统计平均值为 91nm（表 7-3），与合金微观组织的定量分析结果接近并都进入了纳米尺度范畴。

表 7-3 X 射线衍射线宽法（Scherrer 公式）分别测定的 WC-10Co 硬质合金的晶粒度

峰	$B_{1,2}$/rad	2θ/(°)	d/nm
$(001)_{WC}$	0.084	31.41	97
$(100)_{WC}$	0.097	35.54	85
$(101)_{WC}$	0.095	48.19	91
平均			91

第七节 X 射线小角散射法（SAXS）

X 射线小角散射法（SAXS）（small angle X-ray scattering）是利用 X 射线在倒易点阵原点（000 结点）附近的相干散射现象来测定长周期结构和纳米粉末颗粒分布的分析方法。

一、SAXS 法的有关基础知识

1. 晶体的周期结构

组成晶体的原子（或离子、分子）在空间的排列是有规律的，这种按一定的方式不断重复排列的性质称为晶体结构的周期性，晶体结构周期性通过空间点阵来描述，就是用一系列的点子在空间的排列来模拟晶体内部的结构，这些点子代表晶体内原子（或离子、分子）的重心，它们按一定的规则排列分布在三维空间的点子称为空间点阵。用三维平行线把这些点子连接起来，就构成一个空间格子，整个空间格子就是由 AB—AC—AD 一个小六面体不断重复排列的结果（图 7-28）。

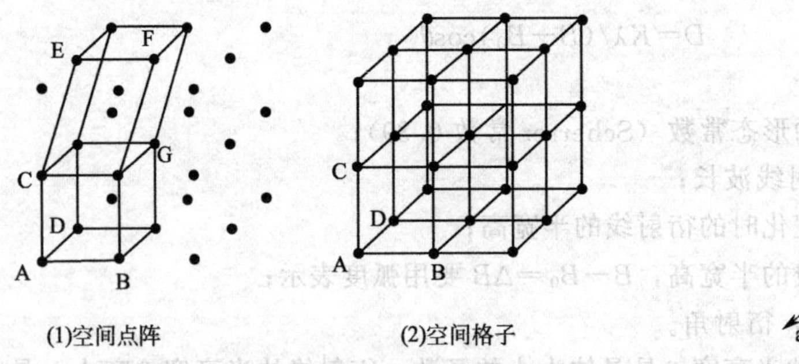

图 7-28 空间点阵与空间格子示意

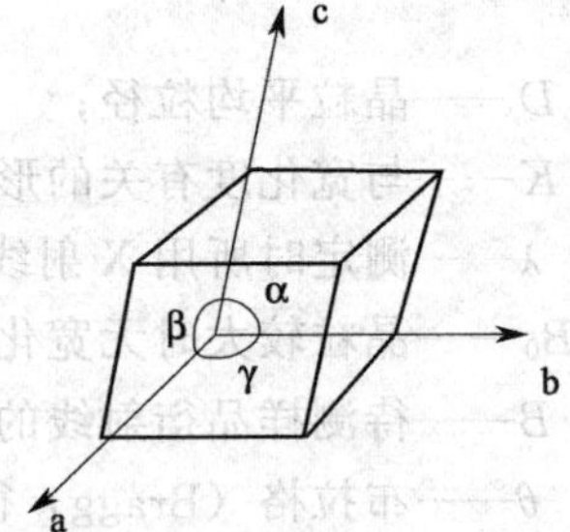

图 7-29 晶体基元图

空间格子的重复单元称为晶胞（基元）（图 7-29），用三个边长 AB=a、AC=b、AD=c 以及 a、b、c 之间的夹角 α、β、γ 来表示，它们是确定晶胞（基元）形状和大小的参数，称为晶格参数，a、b、c 就是空间格子的基矢，晶体由基元沿空间三个不同方向，各按一定的距离周期性地平移而构成，基元每一平移距离称为周期，即晶体结构具有按周期长程有序特征。

2. 倒易点阵

由晶体结构的周期性规律抽象出的点阵，形成晶体点阵。如果晶体点阵的基矢为 a、b 和 c，那么晶体点阵（正点阵）就是由 a、b、c 在三维空间平移组成。倒易点阵也是一种点阵，它是德国厄瓦尔德（P. Ewald）于 1912 年创立的，同样也从晶体点阵中抽象出来，并与晶体正点阵有着某种对应关系，定义倒易点阵的基矢为 a^*、b^*、c^*，规定两种点阵的矢量间存在如下关系：$a^*=b\times c/V$、$b^*=c\times a/V$、$c^*=a\times b/V$（V 为原胞的体积），倒易矢量 g

(a^*、b^*、c^*) 垂直于正点阵的 hkl 晶面 (100、010、001)，倒易矢量长度 r 是 hkl 晶面的面间距 $dhkl$ 的倒数 $r=1/dhkl$（图 7-30）。

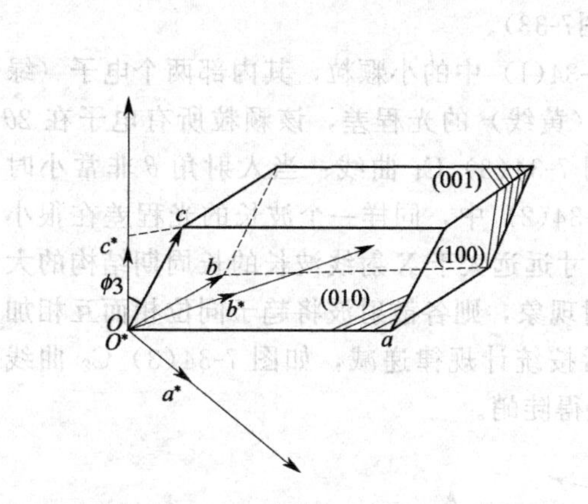

图 7-30　正点阵与倒易点阵基矢关系图

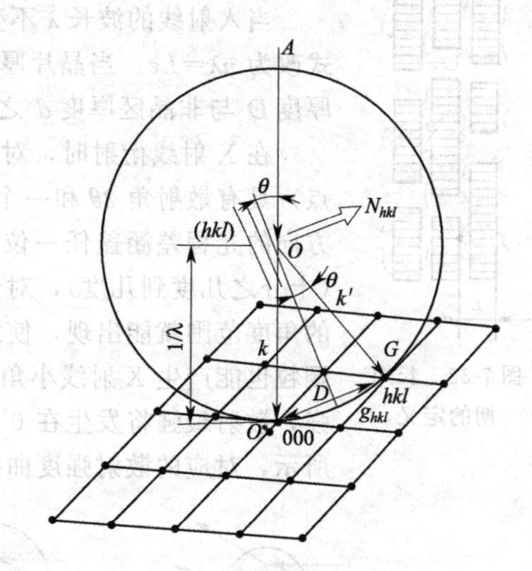

图 7-31　倒易球分析图

下面通过分析倒易球（图 7-31），了解倒易点阵与电子衍射的关系，图 7-32 中，OO^*是倒易球半径，大小为 $1/\lambda$，角 O^*OG 的大小就是 2θ——布拉格衍射角，等腰三角形 O^*OG 的角平分线就是正点阵的实际晶面 hkl，图中已经把晶面层画出来了。因为倒易矢量 g (a^*、b^*、c^*) 和 (hkl) 垂直，$g=2\sin\theta/\lambda$，而根据 $n\lambda=2d\sin\theta$（布拉格方程，$n=1$），就可以求出 $g=l/d$。由于电子的波长很小，所以倒易球半径 $1/\lambda$ 很大，因而 g 相对入射波矢量OKO'都很小，可以把球面看做平面。从图中知，单晶电子衍射花样的光斑就是该倒易球图中的 G，它就代表着一个晶面，也是一个倒易矢量。这表明倒易点阵上的节点是对应着正点阵的一组晶面。

倒易球图直观地显示出布拉格定律，图中有实际的晶面，也有倒易矢量，而且可以看到射线束、衍射束、布拉格角等几何关系。分析表明，利用倒易点阵的概念可以形象地表示晶体的衍射几何学，因此倒易点阵理论在衍射和量子力学中占据重要的地位。

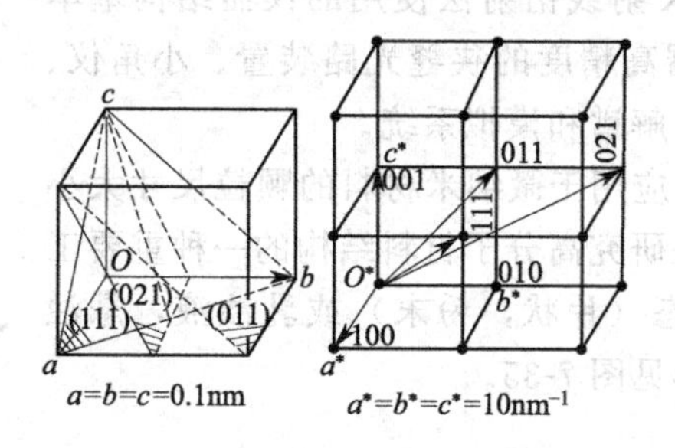

图 7-32　正点阵与倒易点阵的几何对应关系

二、SAXS 法的基本原理

SAXS 法是一种区别于 X 射线大角（2θ 从 5°～165°）衍射的结构分析方法。利用 X 射线照射样品，相应的散射角在 2θ（5°～7°）小范围内进行 X 射线小角散射。SAXS 法和 X 射线衍射是 X 射线衍射的两个应用方向，大角获得小尺寸结构（0.1～5nm）信息，小角获得大尺寸结构（5～100nm）信息。其原理都用布拉格定律来解释，从布拉格方程 $2d\sin\theta=n\lambda$

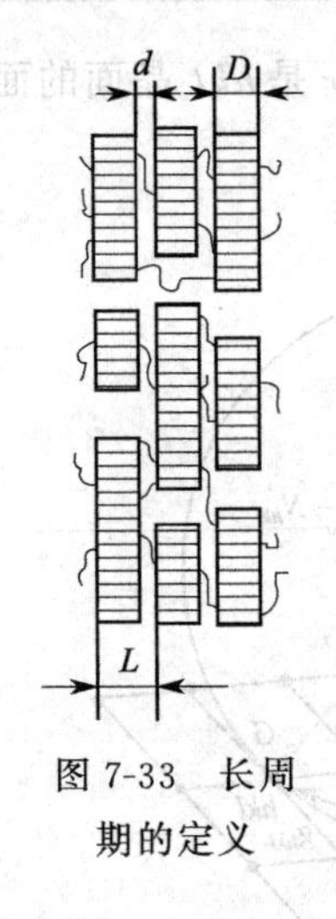

图 7-33 长周期的定义

的三个变量分析：入射线经过样品时的光程差 Δ（对于一般晶体材料，主要由面间距 d 决定）；入射角度 θ；入射线的波长 λ。

当入射线的波长 λ 不变，在散射角 ε 很小时，$\varepsilon=2\theta=\sin2\theta$，布拉格公式改为 $n\lambda=L\varepsilon$。当晶片厚度 D 时，L 为长周期，长周期 L 是多晶中晶片厚度 D 与非晶区厚度 d 之和（图7-33）。

在 X 射线衍射时，对于图 7-34(1) 中的小颗粒，其内部两个电子（绿点）具有散射角 2θ 和一个波长（黄线）的光程差，该颗粒所有电子在 2θ 方向的光程差涵盖任一位相，图 7-34(3) C_1 曲线；当入射角 θ 非常小时（十分之几度到几度），对于图 7-34(2) 中，同样一个波长的光程差在很小的角度范围就能出现，使那些尺寸远远大于 X 射线波长的长周期结构的大颗粒也能产生 X 射线小角度散射现象，则各散射波将趋于同位相而互相加强，散射最强将发生在 0°，然后按统计规律递减，如图 7-34(3) C_2 曲线所示，对应的散射强度曲线将变得陡峭。

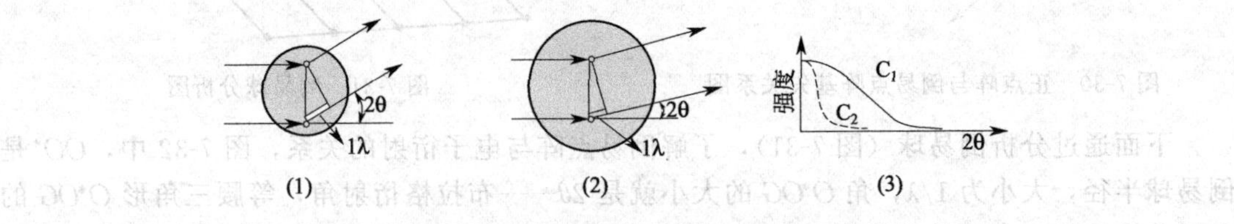

图 7-34 颗粒的散射现象与散射强度

(1) 单个小颗粒的散射现象；(2) 大颗粒的散射现象；(3) 颗粒的散射强度曲线

基于晶体结构的周期性，晶体中各个电子的散射波可相互干涉相互叠加形成相干散射。散射方向取决于晶体的周期或晶胞的大小，散射强度是由晶胞中各个原子及其位置决定的。因此测得 X 射线小角度散射谱，就能分析特大晶胞长周期结构的物质以及测定粒度在几十个纳米以下超细粉末粒子（或固体物质中的超细空穴）的大小、形状及分布。

三、SAXS 法的仪器

X 射线小角散射仪和 X 射线衍射法使用的仪器结构基本相同，它包括 X 射线发生器高精度的狭缝光路装置、小角仪、探测器、测量与记录系统、解谱和模拟系统。

X 射线小角散射仪主要应用于微纳米材料的颗粒尺寸大小和分布、孔大小的测定，是研究高分子材料结构的一种重要工具，样品的状态可以是固态（片状，粉末）或乳浊液，悬浊液。X 射线小角散射仪外形见图 7-35。

图 7-35 X 射线小角散射仪外形图

四、SAXS 法的应用

X 射线小角度散法特别适合于研究复杂及多分散系统，如分析晶胞巨大的无机化合物、高分子、生物分子的结构、测定固体物质的微空穴和粒子（沉淀相、溶质富集区）的大小、形状和分布。随着 X 射线小角散射实验技术及理论的不断完善（实验数据处理、高强度辐射源、位敏检测器和锥形狭缝系统的使用），其应用范围愈加扩大。

1. **纳米氟硼酸钾粉末的制备及表征**

北京钢铁研究总院柳学全等人在《功能材料》2007 年 04 期上撰文，介绍了用高能球磨法制备纳米 KBF_4 粉末的工艺过程及影响因素。通过选择合适的球磨工艺及表面活性剂，以普通 KBF_4 粉末为原料成功制备出粉末的粒度均径为 81.2nm、比表面积为 $28.26m^2/g$ 的纳米级 KBF_4 粉末。采用 X 射线小角度散射法（SAXS）及扫描电镜对纳米 KBF_4 粉末进行了表征。

2. **表面活性剂组合使用对纳米金刚石在水介质中分散行为的影响**

上海交通大学分析测试中心许向阳等人采用 RDC-25S（离子型）和 RGN-10（非离子型）表面活性剂组合，利用机械力和化学力共同作用，对纳米金刚石表面进行改性，从而实现纳米金刚石在水介质中的分散和稳定，采用不同的机械化学处理工艺，使体系在酸性和碱性介质条件下均保护良好的分散，探讨了表面活性剂在纳米金刚石表面发生了化学吸附，同时彼此间可能还发生了缔合，存在协同作用的分散机理。

利用 X 射线小角度散射（SAXS）对纳米金刚石样品原料的一次粒径进行检测（图 7-36），其一次粒径平均值为 12nm，中位径为 8.5nm，粒子粒径分布在 1～60nm 之间，占 88.3%；利用 SAXS 法对 RDC-25S（离子型）和 RGN-10（非离子型）、RGN-40、RGN-20 表面活性剂改性纳米金刚石样品粒径进行检测（图 7-37），所得水介质分散体系静置 45d 后的粒度检测结果如图 7-37，从粒度分布可以看出，经过长时间的放置，体系仍然保持良好的分散状态。体系中纳米金刚石粒度均在 100nm 以下。

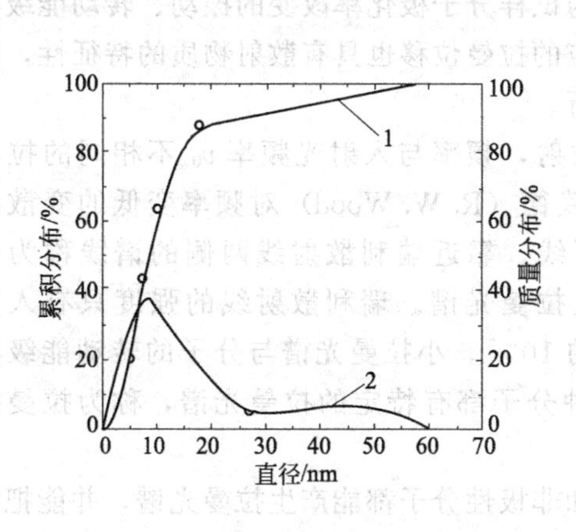

图 7-36　SAXS 法测定纳米金刚石原料的一次粒径

1—累积分布；2—质量分布

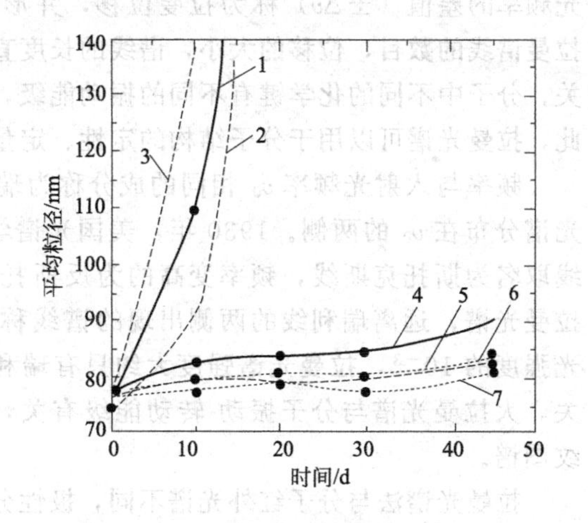

图 7-37　SAXS 法测定 RDC-25S（离子型）和 RGN-10（非离子型）表面活性剂对纳米金刚石改性后样品粒径

1—RGN-10；2—RGN-40；3—RGN-20；4—RDC-25S；5—RDC-25S+RGN-10；6—RDC-25S+RGN-40；7—RDC-25S+RGN-20

第八节　拉曼光谱法（RS）

拉曼光谱法（RS）（Raman spectrometry）是以单色光照射试样，有一小部分入射光与样品分子碰撞后产生非弹性散射，由于此谱线的产生往往涉及分子的振动能级的变化[18]。

拉曼光谱是一种散射光谱，是基于拉曼散射效应来测定试样的组成、分子结构等的方法。

一、拉曼光谱法的基础知识

1928年2月28日，印度加尔各答大学学者拉曼（Sir Chandrasekhara Venkata Raman，1888～1970），采用单色光作光源照射物体，从目测分光镜中看散射光，看到在蓝光和绿光的区域里，有两根以上的尖锐亮线，每一条入射谱线都有相应的变散射线，一般情况下，这个变散射线的频率比入射线低，偶尔也观察到比入射线频率高的散射线，但强度更弱些。为此，人们把这种光的频率在散射后会发生变化的新发现称为“拉曼效应”，这种散射现象被命名为“拉曼散射”。1930年拉曼获得诺贝尔物理学奖，以表彰他研究了光的散射和拉曼散射定律。

拉曼散射的实质是当光子与物质分子发生碰撞后，光子的运动方向发生变化，大部分的光子只改变方向不改变频率，发生弹性散射；而少部分光子不仅改变光的传播方向，且频率也与激发光不同，即光子失去能量而物质分子得到相等能量，分子由基态被激发至振动激发态，产生了能量交换的非弹性散射。

二、拉曼光谱法的基本原理

拉曼光谱法是以拉曼效应为基础建立起来的分子结构表征技术，其信号来源于分子的振动和转动，当激发光照射到分子表面时，它与分子相互作用，大部分的光子只改变方向发生反射，少部分光子不仅改变光的传播方向，且频率也于激发光不同，这种拉曼散射光与入射光频率的差值（$\pm\Delta\upsilon$）称为拉曼位移，并形成一系列对称分布的若干条很弱的拉曼谱线，拉曼谱线的数目，位移的大小，谱线的长度直接与试样分子极化率改变的振动、转动能级有关，分子中不同的化学键有不同的振动能级，相应的拉曼位移也具有散射物质的特征性，因此，拉曼光谱可以用于分子结构的定性、定量分析。

频率与入射光频率 υ_0 相同的成分称为瑞利散射，频率与入射光频率 υ_0 不相同的拉曼光谱分布在 υ_0 的两侧。1930年，美国光谱学家武德（R. W. Wood）对频率变低的变散射线取名为斯托克斯线，频率变高的为反斯托克斯线。靠近瑞利散射线两侧的谱线称为小拉曼光谱，远离瑞利线的两侧出现的谱线称为大拉曼光谱。瑞利散射线的强度只有入射光强度的 10^{-3}，拉曼光谱强度大约只有瑞利线的 10^{-3}。小拉曼光谱与分子的转动能级有关，大拉曼光谱与分子振动-转动能级有关，各种分子都有特定的拉曼光谱，称为拉曼指纹图谱。

拉曼光谱法与分子红外光谱不同，极性分子和非极性分子都能产生拉曼光谱，并能把处于红外区的分子能谱转移到可见光区来观测，因此拉曼光谱与红外光谱结合，可得到非常完整的分子振动能级跃迁信息。红外、拉曼光谱能量示意图如图7-38所示。

三、拉曼光谱法的特点

拉曼光谱法的特点如下。

① 拉曼光谱法可以提供快速、简单、可重复、对样品无损伤的定性定量分析。它无需样品准备，样品可直接通过光纤探头进行测量，拉曼光谱谱峰清晰尖锐，更适合定量研究、数据库搜索以及运用差异分析进行定性研究。在化学结构分析中，独立的拉曼区间的强度与功能基团的数量相关。

② 拉曼光谱法不受水的影响，由于水的拉曼散射很微弱，拉曼光谱是研究水溶液中的化学化合物和生物样品的理想工具。拉曼系统特别适用于反应过程监控、产品识别、遥感、水溶液、凝胶体和其他介质中高散射粒子的判定。

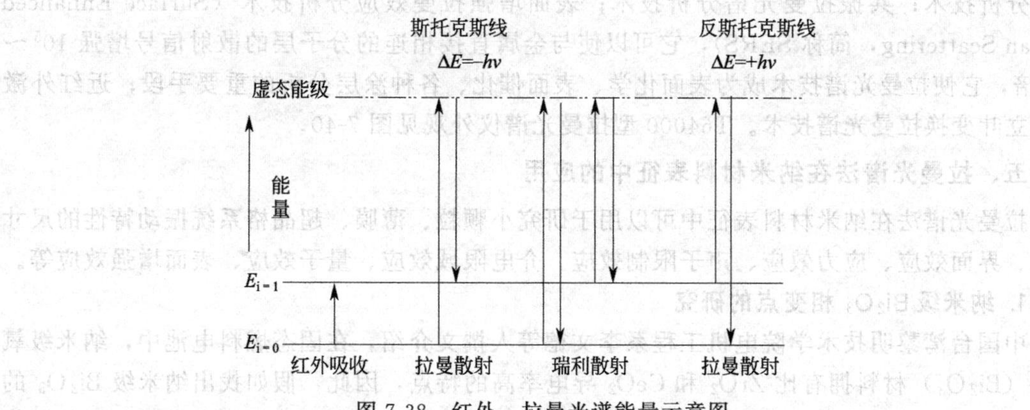

图 7-38　红外、拉曼光谱能量示意图

③ 拉曼光谱法一次可同时覆盖 50～4000cm^{-1}波数的区间，可对无机物、有机物以及高聚物进行分析，而红外光谱法覆盖相同的区间则必须改变光栅、光束分离器、滤波器和检测器。

④ 拉曼光谱分析只需要少量的样品，拉曼显微镜物镜可以将激光束直径聚焦至 20μm 甚至更小，因此可分析更小面积的样品，这使拉曼光谱比红外光谱分析更有优势。

⑤ 拉曼光谱研究高分子样品的最大缺点是荧光散射，多半与样品中的杂质有关，须采用傅立叶变换拉曼光谱仪，来克服这一缺点。

四、拉曼光谱仪及系统分析技术

拉曼光谱仪由激光光源、样品室、空间滤波器、接收散射光并将频率光分开的光路分光系统、光电检测器、记录仪、计算机和 Raman 光谱数据采集、数据处理及数据分析的测量操作软件。ZLX-RS 系列拉曼光谱测量系统结构如图 7-39。

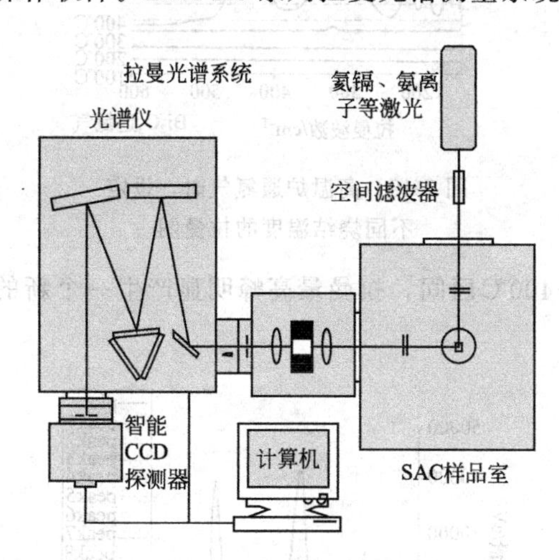

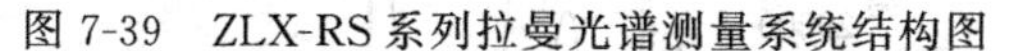

图 7-39　ZLX-RS 系列拉曼光谱测量系统结构图

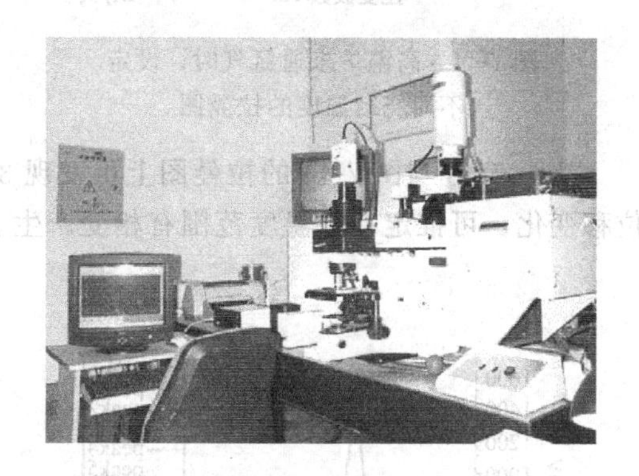

图 7-40　T64000 型拉曼光谱仪外观图

拉曼光谱仪是红外光谱仪的互补仪器，可分为色散型和傅立叶变换拉曼光谱仪两大类型。傅立叶变换拉曼光谱仪可消除荧光干扰，且具扫描速度快、分辨率高波数精度及重现性好等优点。

目前重要的拉曼光谱分析技术有以下几种：单道检测的拉曼光谱分析技术；以 CCD 为代表的多通道探测器用于拉曼光谱的检测仪的分析技术；采用傅立叶变换技术的 FT-Raman

光谱分析技术；共振拉曼光谱分析技术；表面增强拉曼效应分析技术（Surface Enhanced Raman Scattering，简称 SERS），它可以使与金属直接相连的分子层的散射信号增强 10^5～10^6 倍，它使拉曼光谱技术成为表面化学、表面催化、各种涂层分析的重要手段；近红外激发傅立叶变换拉曼光谱技术。T64000 型拉曼光谱仪外观见图 7-40。

五、拉曼光谱法在纳米材料表征中的应用

拉曼光谱法在纳米材料表征中可以用于研究小颗粒、薄膜、超晶格系统振动特性的尺寸效应、界面效应、应力效应、声子限制效应、介电限域效应、量子效应、表面增强效应等。

1. 纳米级 Bi_2O_3 相变点的研究

中国台湾黎明技术学院电机工程系李文德等人撰文介绍，在固态燃料电池中，纳米级氧化铋（Bi_2O_3）材料拥有比 ZrO_2 和 CeO_2 导电率高的特点，因此，假如找出纳米级 Bi_2O_3 的相变温度点，则在维持纳米级 Bi_2O_3 材料稳定操作的范围内，将可以把固态燃料电池的操作温度尽量降低。通过采用高温炉设定不同的烧结温度，烧出数组不同的样品，再使用拉曼光谱仪获得拉曼图谱，寻找出纳米材料 Bi_2O_3 的相变点。实验结果发现，在 300～400℃区间，拉曼图谱显示拉曼位移变化，可推定在这温度范围有相变产生。

由图 7-41 与图 7-42 的拉曼数据可以得知，烧结时通氮气能将高温管炉的杂质带走，因此得到的数据将比没通氮气时所得的数据更为准确，并可推测 Bi_2O_3 相变点大约介于 300～400℃之间。

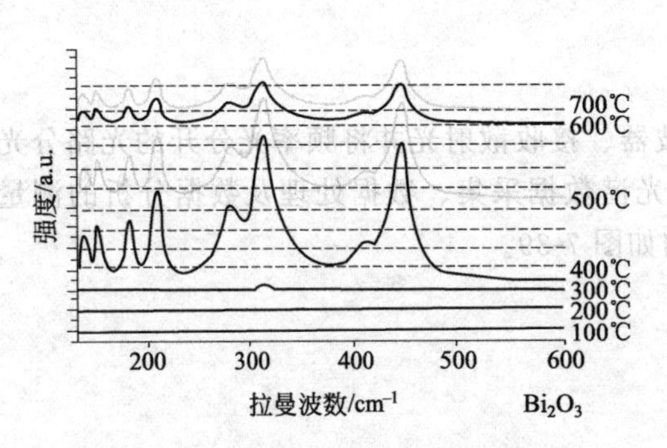

图 7-41 高温炉未通氮气时，设定不同烧结温度的拉曼图

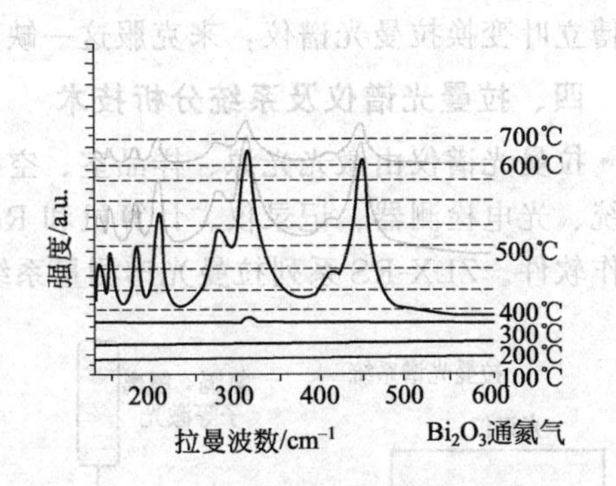

图 7-42 高温炉通氮气时，设定不同烧结温度的拉曼图

从图 7-43 与图 7-44 的拉曼图上可发现 300～400℃区间，拉曼最高峰明显产生一个新的位移变化，可推定在这温度范围有相变产生。

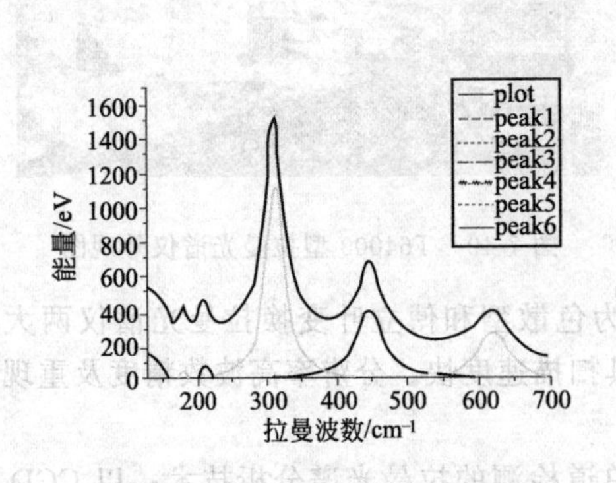

图 7-43 300℃时 Bi_2O_3 的拉曼图

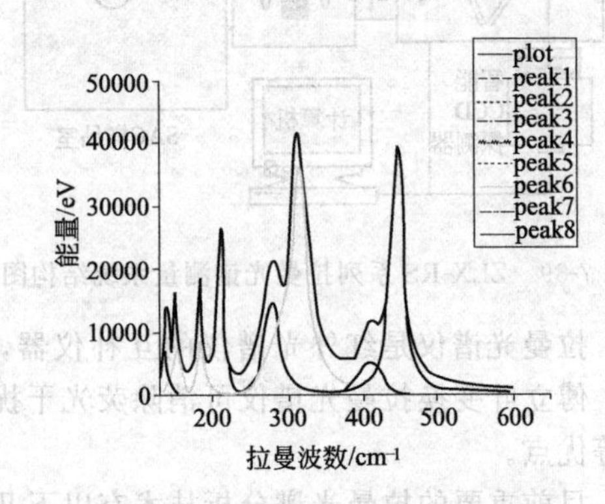

图 7-44 400℃时 Bi_2O_3 的拉曼图

2. 拉曼光谱法研究碳纳米管

丁佩等人在《光散射学报》2001 年 3 期文章"碳纳米管拉曼光谱研究新进展"中，重点介绍了用拉曼光谱测定金属性和半导体性碳纳米管的共振拉曼效应、表面增强拉曼效应和偏振拉曼效应，同时也介绍了碳纳米管的温度效应、压力效应和杨氏模量的拉曼光谱研究。碳纳米管的拉曼光谱见图 7-45。

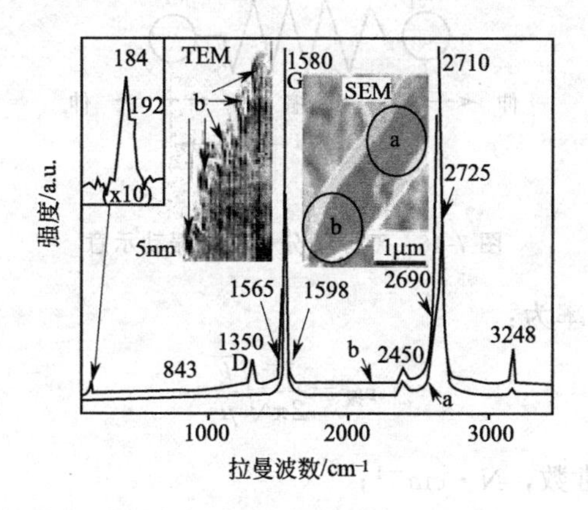

图 7-45　碳纳米管拉曼光谱

第九节　红外吸收光谱法（IR）

红外吸收光谱法（IR）（infrared absorption spectroscopy）是研究红外辐射与试样分子振动和（或）转动能级相互作用，利用红外吸收谱带的波长位置和吸收强度来测定样品组成、分子结构等的分析方法。

一、红外吸收光谱法的有关基础知识

1. 光谱分析法

光是一定波长范围的电磁波。光谱是复色光经过色散系统（如棱镜、光栅）分光后，被色散开的单色光按波长（或频率）大小而依次排列的图案，例如太阳光经过三棱镜后形成按红、橙、黄、绿、青、蓝、紫次序连续分布的彩色图案。红色到紫色波长在 0.77～0.38μm 的区域，是可见光，红端之外为波长更长的红外光，紫端之外为波长更短的紫外光，这些光不能为肉眼所觉察，但能用仪器记录。

光谱分析法是当物质与光辐射能作用时，内部发生量子化的能级之间的跃迁，测量此时所产生的吸收、发射或散射的波长和强度所产生特征光谱的分析方法。按光辐射波长区域可分为红外光谱，可见光谱和紫外光谱；按产生的基本粒子可分为原子光谱、分子光谱；按产生的方式可分为发射光谱、吸收光谱和散射光谱；按光谱表观形态可分为线光谱、带光谱和连续光谱。

光谱分析法是由德国物理学家 G. R. 基尔霍夫和化学家罗伯特·威廉·本生在 1859 年发现和创立起来的，他们证明光谱学可以用作定性化学分析，并利用这种方法发现了新的化学元素铯（Cs）和铷（Rb）。

2. 分子的振动和振动光谱

（1）分子的振动　分子是由原子组成，原子通过一定的作用力，以一定的次序和排列方式结合成分子。分子在不停地运动，分子除进行平移运动外，还存在分子的转动和分子内原

子的各种类型的振动。以双原子分子振动分析（见图 7-46），分子中的化学键犹如一根弹簧，弹簧的长度 r 就是分子化学键的长度，原子以平衡点为中心，两个键连原子又如弹簧两端质量为 m_1 和 m_2 的钢体小球，这样的简谐振子模型，其振动频率可按虎克（Hooke）定律来计算。

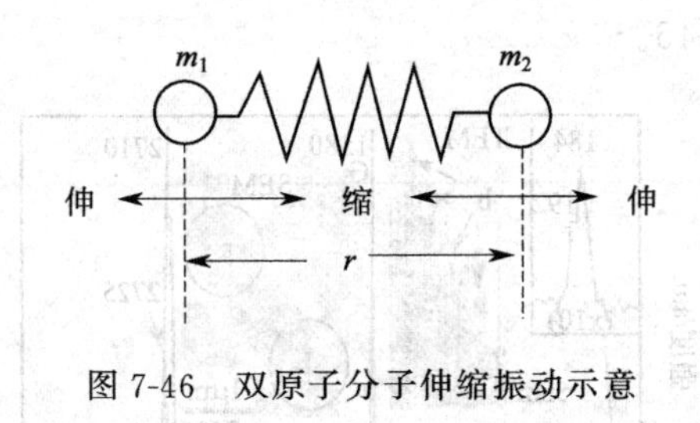

图 7-46 双原子分子伸缩振动示意

其双原子分子振动频率为：

$$\nu_{振}=\frac{1}{2\pi}\sqrt{\frac{k}{\mu}}$$

式中 k——化学键的力常数，$N\cdot cm^{-1}$；

μ——折合质量 $\mu=m_1m_2/m_1+m_2$；

m_1，m_2——两个原子的质量。

这即为分子振动方程式，而红外光谱中吸收的频率与分子振动模式密切相关。

（2）分子的振动模式

① 简正振动。简正振动是最简单、最基本的振动，即分子中各原子以相同频率和相同位相，在平衡位置附近所作的简谐振动。每个原子的状态都可用空间直角坐标系 x、y、z 来描述，有 3 个平动和 3 个转动状态。如果分子由 n 个原子组成，分子的振动就有 $3n$ 个运动状态，但在这 $3n$ 种运动状态中，包括 3 个整个分子的质心沿 x、y、z 方向平移运动和 3 个整个分子绕 x、y、z 轴的转动运动。这 6 种运动都不是分子振动，因此，一个由 n 个原子组成的分子有 $3n-6$ 种简正振动，对于直线形分子，若贯穿所有原子的轴是在 x 方向，则整个分子只能绕 y、z 轴转动，因此，直线形分子的振动形式为 $3n-5$ 种。简正振动方式随分子中 n 数增加而增加。

② 分子振动的类型。简正振动分为伸缩振动和弯曲振动两大类及若干小类；如下所示：

- 伸缩振动
  - 对称伸缩振动
  - 不对称伸缩振动
- 弯曲振动
  - 面内弯曲振动
    - 剪式振动
    - 平面摇摆
  - 面外弯曲振动
    - 面外摇摆
    - 扭曲振动

伸缩振动（见图 7-47）是原子沿键轴方向伸缩，键长发生变化而键角不变的振动称为伸缩振动，它又分为对称伸缩振动和不对称伸缩振动。对同一基团，不对称伸缩振动的频率要稍高于对称伸缩振动。

弯曲振动（变形振动或变角振动）指两个键角发生周期变化而键长不变的振动称为弯曲振动，它又分为面内弯曲振动（见图 7-48）和面外弯曲振动。

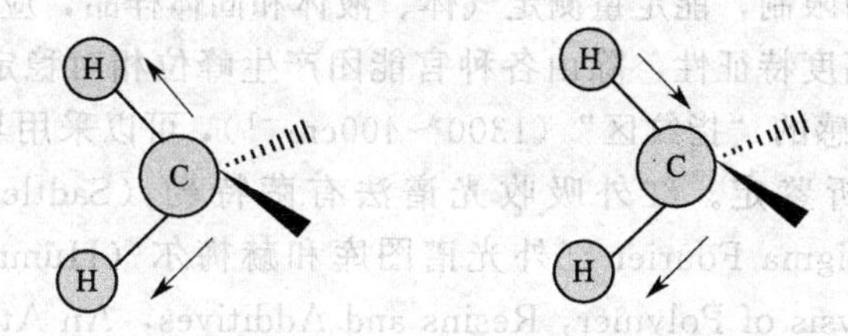

图 7-47　分子的伸缩振动

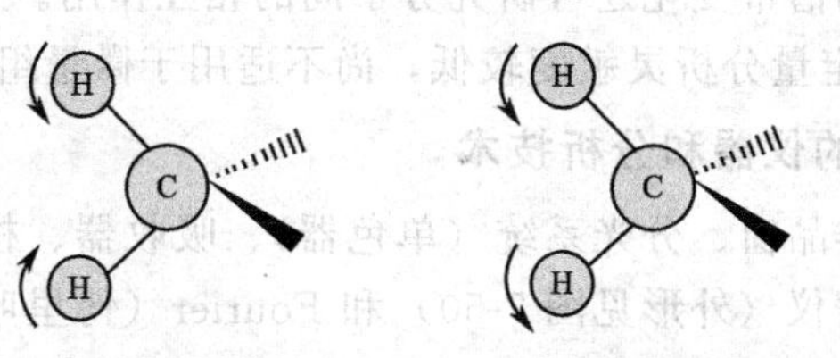

图 7-48　分子的两种面内弯曲振动

红外吸收光谱图常用 T-δ 或 T-λ 曲线表示，在红外光谱图中，纵坐标表示谱带的强度，常用透过率（T）或吸收率（A）表示。透过率（T）是透射光强度（I）占入射光强度（I_o）的百分比。吸收率（A）是透过率（T）的负对数：$T=I/I_o$，$A=\log 1/T$。横坐标表示谱带的位置，以等间隔波数（cm^{-1}）或波长（μm）来表示。如 2-丙炔醇的红外光谱图可表示为图 7-49。红外光谱区的划分见表 7-4。

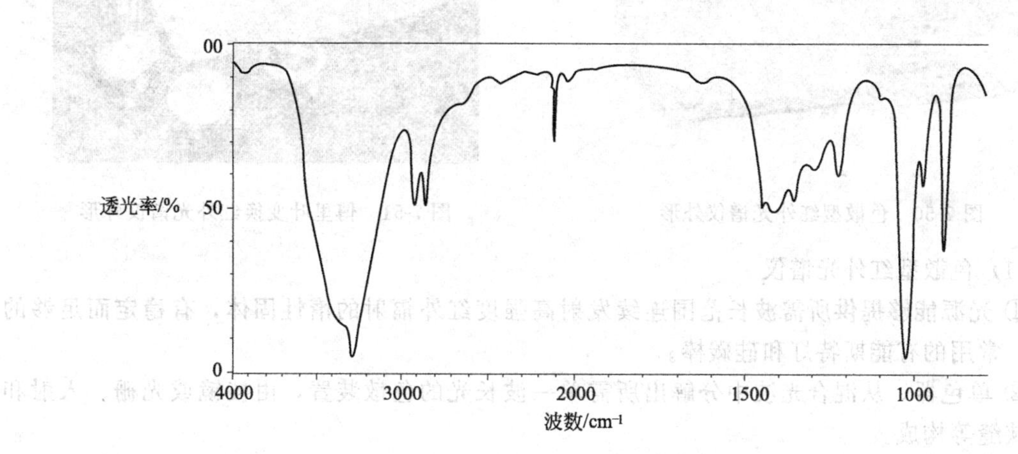

图 7-49　C_3H_4O（2-丙炔醇）的红外吸收光谱图

表 7-4　红外光谱区的划分

名　　称		波长范围/μm	波数范围 /cm^{-1}	能级跃迁类型
近红外	照相区	0.78～1.3	12820～7700	分子中O—H，N—H及C—N的倍频吸收
	泛频区	1.3～2.0	7700～5000	
中红外	基本振动区	2.0～25	5000～400	分子中原子的振动及分子的转动
远红外	转动区	25～300	400～33	分子的转动，晶格振动

二、红外吸收光谱法的特点

红外吸收光谱法的特点如下。

① 不受样品状态的限制，能定量测定气体、液体和固体样品，应用广泛。

② 红外光谱具有高度特征性，除由各种官能团产生峰位相对稳定特征吸收峰外，还有对分子结构变化极为敏感的“指纹区”（1300～400cm^{-1}），可以采用与标准化合物的红外光谱对比的方法来做分析鉴定。红外吸收光谱法有萨特勒（Sadtler）标准红外光谱图、Aldrich红外谱图库、Sigma Fourier红外光谱图库和赫梅尔（Hummel）和肖勒（Scholl）等著的《Infrared Analysis of Polymer，Resins and Additives，An Atlas》。

③ 红外吸收光谱法根据谱带的特征频率研究未知物成分（定性分析），根据谱带强度确定样品中某个组分含量（定量分析），它还可研究分子结构（如官能团、化学键）、鉴定异构体判断化合物结构，又利用谱带变化还可研究分子间的相互作用。

④ 红外吸收光谱法的定量分析灵敏度较低，尚不适用于微量组分的测定。

三、红外吸收光谱法的仪器和分析技术

红外光谱仪由光源、样品窗、分光系统（单色器）、吸收器、检测器和记录系统6部分组成。分为色散型红外光谱仪（外形见图7-50）和Fourier（傅里叶）变换红外光谱仪两类（外形见图7-51）。

图7-50 色散型红外光谱仪外形

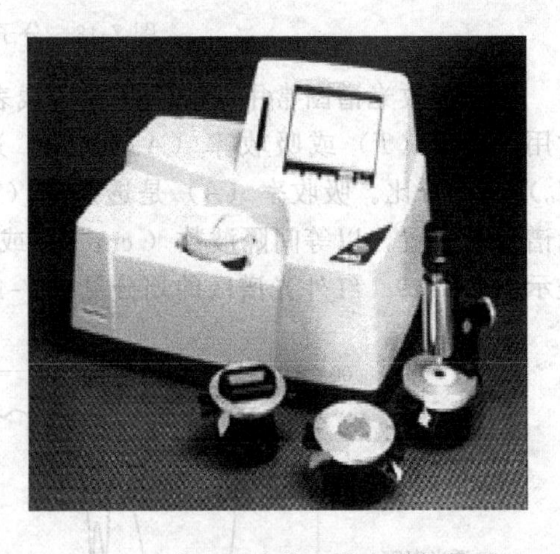

图7-51 傅里叶变换红外光谱仪外形

（1）色散型红外光谱仪

① 光源能够提供所需波长范围连续发射高强度红外辐射的惰性固体，有稳定而足够的强度。常用的有能斯特灯和硅碳棒。

② 单色器，从混合光波中分解出所需单一波长光的色散装置，由棱镜或光栅、入射和出射狭缝等构成。

③ 吸收器，用可透过红外光的NaCl、KBr、CsI、KRS-5等材料制成窗片。用来盛溶液，各杯壁厚规格要完全相等，否则将产生测定误差。

④ 检测器，真空热电偶，热释电检测器和碲镉汞检测器。

⑤ 记录系统，由记录仪自动记录图谱。

（2）傅里叶变换红外光谱仪 傅里叶变换红外光谱仪（FT-IR）（Fourier Transform Infrared Spectrometer结构见图7-52）是利用干涉调频技术和傅里叶变换方法获得物质红外光谱的仪器。它是非色散型的，主要由光源（硅碳棒、高压汞灯）、Michelson干涉仪、检测器、计算机和记录仪组成。其核心部分是一台双光束干涉仪，当仪器中的动镜移动时，经过干涉仪的两束相干光间的光程差发生改变，探测器所测得的光强也随之变化，从而得到干涉

图，再经过傅里叶变换的数学运算后，就可得到样品吸收入射光的光谱。

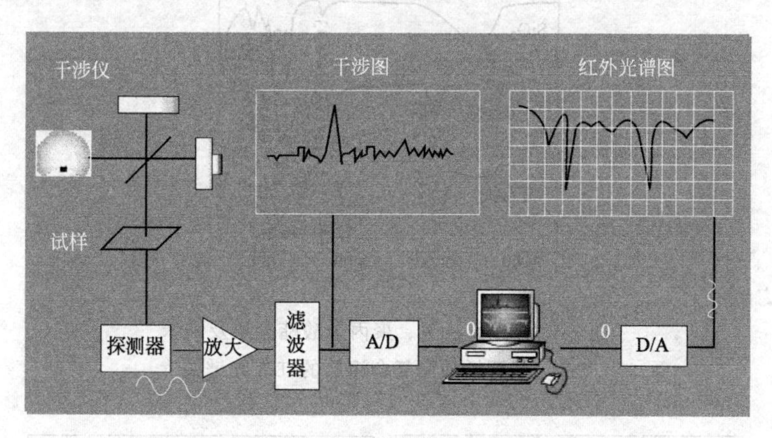

图 7-52　傅里叶变换红外光谱仪（FT-IR）结构图

这种仪器的特点为：多通道测量，使信噪比提高；光通量高，提高了仪器的灵敏度；波数值的精确度可达 0.01cm^{-1}；增加动镜移动距离，可使分辨本领提高；工作波段可从可见区延伸到毫米区，可以实现远红外光谱的测定，是目前使用最普遍的一种红外光谱仪。

四、IR 的应用

由于红外光谱具有高度特征性，在纳米材料的表征中，特别适用于有机化合物和一些无机化合物的定性分析和结构变化分析。

1. 纳米 SiO_2/聚丙烯酸酯复合涂层的热降解

湖南大学材料科学与工程学院王亚强等人在《应用化学》第 23 卷 12 期撰文，介绍了以经过硅烷偶联剂表面改性的纳米 SiO_2 为种子，制备了纳米 SiO_2/聚丙烯酸酯复合乳液及其涂层，采用 IR、FT 分析表征，纳米 SiO_2/聚丙烯酸酯复合涂层兼具纳米 SiO_2 和聚丙烯酸酯涂层的特征吸收峰，热分析结果表明，加入质量分数为 3% 的纳米 SiO_2 后，热分解速率最大的温度（413℃），比聚丙烯酸酯（350℃）提高了 60℃以上，通过计算得到 SiO_2 质量分数为 3% 样品的热降解活化能为 29840 kJ/mol，比纯聚丙烯酸酯增加了 90kJ/mol。

从图 7-53 中可见，3439cm^{-1}处的宽峰（—OH 伸缩振动吸收峰），1096cm^{-1}（Si—O 伸缩振动吸收峰）和 475cm^{-1}（Si—O 弯曲振动吸收峰）处的强峰及 1633cm^{-1}（Si—OH 吸收峰），959cm^{-1}（—OH 弯曲振动吸收峰），809cm^{-1}（Si—OH 吸收峰）处的弱峰为纳米 SiO_2 的特征峰。2957cm^{-1} 和 2853cm^{-1} 处分别为甲基不对称和对称伸缩振动峰，1451cm^{-1}和 1391cm^{-1}处分别为甲基不对称和对称变形振动峰，1241cm^{-1}，1146cm^{-1}和 1064cm^{-1}处为羧酸中 C—O 的吸收峰，1736cm^{-1}处为 CO 的吸收峰，这些峰为聚丙烯酸酯的特征吸收峰。由此可见，纳米 SiO_2/聚丙烯酸酯复合涂层既具有纳米 SiO_2 的特征吸收峰，又具有聚丙烯酸酯涂层的特征吸收峰。

图 7-54(左) 中，热处理后仅有 1736cm^{-1}处 CO 吸收峰减弱并移动到 1743cm^{-1}处，以及 1640cm^{-1}处 CC 吸收峰稍微增强外，其余大部分特征峰（2957cm^{-1}，1451cm^{-1}，1391cm^{-1}，1241cm^{-1}和 1146cm^{-1}等）并未出现较大变化，说明涂层热降解产物主要为聚丙烯酸酯短链片断，聚丙烯酸酯乳液为甲基丙烯酸甲酯（MMA）和丙烯酸丁酯（BA）的无规共聚物，而这两种分子链段的降解方式各不相同，PBA 链段无规断裂，形成内酯(Scheme2a)，从而造成 1736cm^{-1}处 CO 吸收峰减弱并移到 1743cm^{-1}处。而 PMMA 链段由于受到分子中 PBA 链段的阻碍，发生分子内转移（Scheme2b），生成具有 CC 的短链片断，

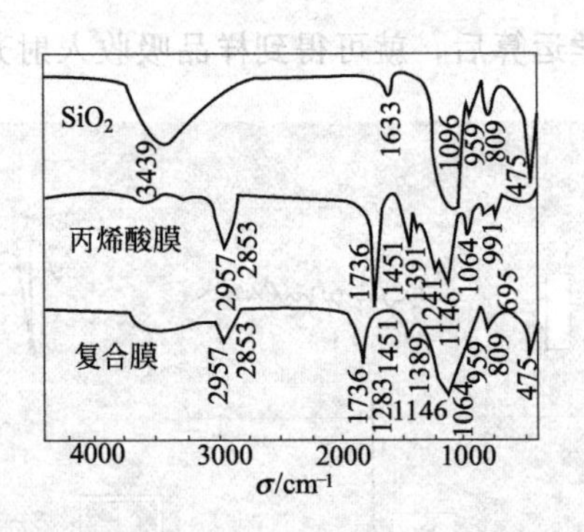

图 7-53　纳米 SiO_2、聚丙烯酸酯涂层及纳米 SiO_2/聚丙烯酸酯复合涂层的红外光谱图

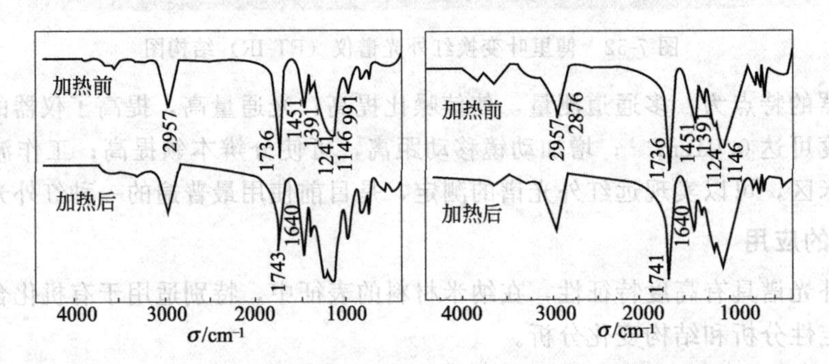

图 7-54　（左）聚丙烯酸酯涂层热处理（320℃，1h）前后的红外光谱图；（右）纳米 SiO_2/聚丙烯酸酯复合涂层热处理（320℃，1h）前后的红外光谱图

而不分解为单体，从而造成 $1640cm^{-1}$处 CC 吸收峰稍有增强。图 7-54（右）中，其吸收峰变化规律与聚丙烯酸酯涂层基本一致，说明纳米 SiO_2 的加入并没有改变聚丙烯酸酯的热降解行为。

2. 有机-无机杂化纳米复合材料合成及涂层性能测试

南京航空航天大学材料科学与技术学院王秀华等人在《功能材料》上撰文，介绍采用溶胶-凝胶法，以甲基三乙氧基硅烷（MTEOS）和正硅酸乙酯（TEOS）及纳米氧化硅为原料，制备了有机-无机杂化纳米复合材料及涂层。以 X 射线衍射（XRD）、傅立叶红外光谱（FTIR）、扫描电子显微镜（SEM）和原子力显微镜（AFM）等手段研究了杂化材料的工艺与结构及性能的关系，并对涂覆于铝合金基体上的纳米复合材料涂层的防腐蚀性能进行了实验检测，结果表明，有机-无机杂化纳米复合材料涂层具有优良的抗腐蚀性能。

由图 7-55 可以看出，位于 $920cm^{-1}$处的吸收峰是由于 Si—OH 键的存在，当热处理温度高于 200℃时，这一吸收峰随温度上升逐渐向高波数方向移动且强度变弱，至 600℃时，几乎完全消失，这说明随着温度提高，Si—OH 键逐步向 Si—O—Si 键转变。位于 $1275cm^{-1}$处的吸收峰是涂层中的 Si—C 键，从 300℃至 500℃，这一吸收峰的强度基本不变，至 600℃消失。这说明 Si—C 键具有很高的热稳定性，这种稳定性使涂层在 500℃热处理时尚有碳存在而呈棕色。这种耐高温性能是一般有机涂层难以达到的。图中其他吸收峰多来源于有机基团的振动，通过 300℃以下热处理，这些有机基团基本上完全分解或氧化，并从涂层中消失。

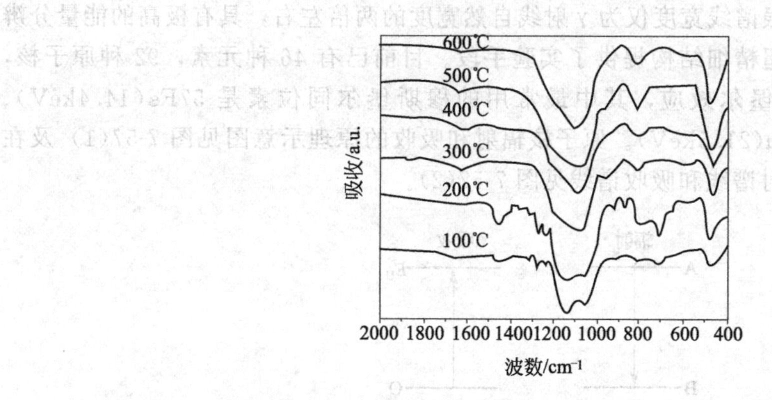

图 7-55 不同温度热处理下涂层的傅里叶红外光谱图

通过红外光谱图表征出 C—Si 键的稳定性，使有机-无机杂化纳米复合材料在高温下(500℃以上)，仍兼备有机材料和无机材料的综合性质。

第十节 穆斯堡尔谱法

穆斯堡尔谱法（imossbauer spectrometry）是利用物质中特定的原子核对于γ射线的共振吸收，测量原子核与其核外环境（核外电子、近邻原子及晶体结构等）之间的相互作用，从而得到核外电子、近邻原子及晶体结构的分析方法[19,20]。

一、穆斯堡尔谱法的基础知识

1. γ射线

γ射线是原子核从激发态跃迁到基态时产生的强电磁波（或称γ光子流、γ粒子流）(见图 7-56)。由法国科学家 P. V. 维拉德发现。它的波长极短（通常指 10^{-8}cm 以下），以光速（3×10^5km/s）运动，中性不带电。当原子核由能量较高的不稳定状态，在不改变其组成成分的情况下转变到稳定或较稳定的低能状态时，即发出γ射线；另外，在带电粒子改变运动方向和运动速率，基本粒子的正电子和电子相互作用，原子核的衰变和核反应时也都能产生γ射线。通常放射性同位素所产生的γ射线的能量很高，一般在几十千电子伏特至几个兆电子伏特，这种射线具有极大的穿透本领，能穿透几十厘米厚的水泥墙和几厘米厚的铅板，但它的电离作用却很小。

2. 穆斯堡尔效应（Mossbauer Effect）

1958 年德国物理学家穆斯堡尔（R. L. Mossbauer）通过一系列设计和实验，将发射和吸收高能量γ射线的原子核各自嵌在适合的固体晶格中，这样就避免了因原子核放出一个光子时，自身所具有的反冲动量使激发能减少，同样也避免了吸收光子的原子核前冲动量使激发能进一步减少的损失，因为此时承受反冲效应不再是单一的原子核，而是整个晶体，而晶体质量远远大于单一的原子核的质量，反冲能量就减少到可以忽略不计的程度，这样就使长期难以实现的原子核在发射和吸收γ射线时无反冲共振吸收有了根本性的突破，使同类原子核发射出和吸收到的γ射线能量完全相同，为此，原子核对γ射线的无反冲发射与共振吸收效应被命名为穆斯堡尔效应。穆斯堡尔也分享到 1961 年诺贝尔物理学奖。

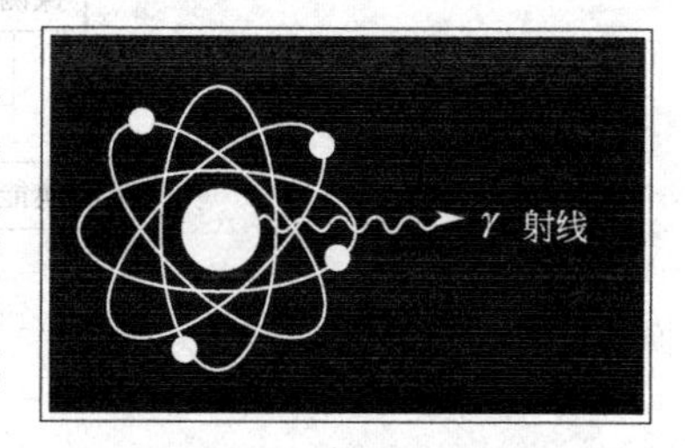

图 7-56 原子核产生的γ射线

同时由于观察到的共振谱线宽度仅为γ射线自然宽度的两倍左右，具有极高的能量分辨能力，这为研究核能级的超精细结构提供了实验手段。目前已有46种元素，92种原子核，112种跃迁观察到了穆斯堡尔效应，其中最常用的穆斯堡尔同位素是57Fe(14.4keV)、119Sn(23.8keV)和151Eu(21.5keV)。原子核辐射和吸收的原理示意图见图7-57(1)及在穆斯堡尔效应中γ射线辐射谱线和吸收谱线见图7-57(2)。

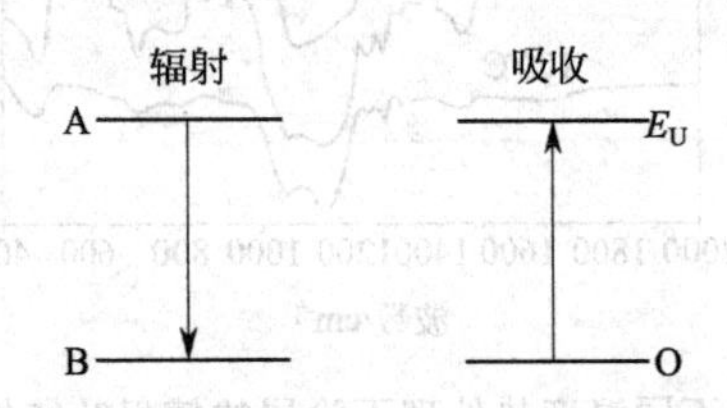

图7-57(1) 原子核从激发态跃迁到基态时发出γ射线（左），在与同类原子核作用时，产生原子的共振吸收（右）。

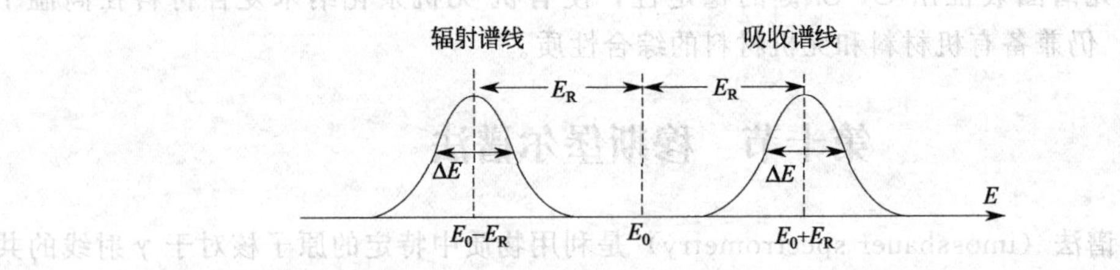

图7-57(2) 穆斯堡尔效应中γ射线辐射谱线和吸收谱线

二、穆斯堡尔谱法的基本原理

1. 基本原理

穆斯堡尔谱法以穆斯堡尔效应为基础，通过放射性同位素核发生的γ辐射被另一个同类核素无反冲共振吸收，使原子核与核外环境发生超精细相互作用，获得一系列穆斯堡尔参数，来对物质作微观结构分析。当穆斯堡尔放射源的振子，借助于发射源与吸收体之间作相对高速运动而产生附加多普勒能量来补偿反冲所引起的能量损失时，它就使吸收体（样品）产生共振吸收，此时探测器探测到的γ射线共振吸收后的强度随速度换能发生变化，因此在能量的坐标轴上，就可以找到被吸收γ光子的能量位置。这种经吸收后所测得的γ光子强度随入射γ光子能量的变化的关系，就形成了样品共振吸收的穆斯堡尔谱图。穆斯堡尔谱法原理方框见图7-58。

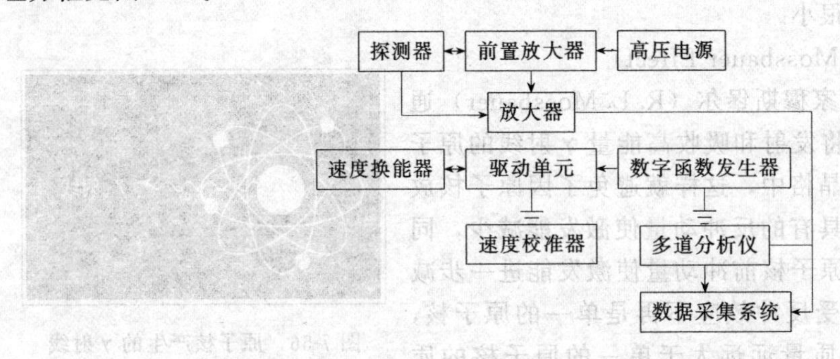

图7-58 穆斯堡尔谱法原理方框图

2. 穆斯堡尔谱法的超精细相互作用

原子核总是处于核外环境所产生的电磁场中，原子核与核外环境所产生的电磁相互作用称作超精细互相作用，称作超精细相互作用，作用一方是原子核，它具有电荷、电四极距

(electric quadraple moment density) 和磁偶极矩；另一方是核外电子，邻近原子以及晶体结构等所形成的电荷分布、电场梯度和磁场环境。原子核受到超精细相互作用后，核能级发生变化，核能简并部分或全部消除，形成核能级的超精细结构。一般来说，超精细相互作用所引起的能级分裂状态，比原子的精细结构要小三个数量级。但由于穆斯堡尔效应的高灵敏性，这些能级的微小变化都能获得。

3. 穆斯堡尔参数

原子核与核外环境所发生的超精细相互作用，提供了原子核特性和核周围环境因素变化的一系列穆斯堡尔参数。

(1) 同质异能移　由于原子核电荷与核所在处电子电荷密度分布间的库仑作用，改变了原子核激发态和基态的能级位置，从而改变了跃迁能量，产生放射源能量和吸收体能量差，即出现了能量位移。它可以用来确定电子结构，进而研究穆斯堡尔原子的价态和自旋态、化学键性质、氧化态和配位基的电负性等性质。

(2) 四极矩劈裂　由于原子核的电四极矩与原子核外电子所形成的电场梯度相互作用，产生了核四极矩超精细劈裂。它可以确定共振核周围电子分布对称性，最近邻的原子或离子分布对称性，晶格对称性和电子组态。

(3) 超精细磁场　原子核与核外环境所产生的电磁相互作用中，磁偶极相互作用产生磁分裂，形成超精细磁场，它可以测定不同晶位、不同局域环境下的磁矩变化，磁相变、表面与界面的磁性。

(4) 谱线强度　当γ射线传播方向与磁场方向之间的夹角变化，其跃迁概率也发生变化，穆斯堡尔谱线强度就与原子核跃迁中角动量的变化有关，这种谱线强度与角度相关的性质可用来研究晶粒和磁矩取向（磁结构）等信息。

(5) 各子谱线的吸收面积　如果穆斯堡尔元素电子组态不同或占据了不同的晶位，那么它们之间的近邻环境也有所不同，这样穆斯堡尔谱会由不同的子谱叠加而成。各子谱线的吸收面积正比于与之相对应晶位的穆斯堡尔共振核的占位数，因此利用各子谱的吸收面积比可研究原子的择优占位情况。

(6) 无反冲分数　实验中原子核在发射或吸收光子时无反冲的概率叫做无反冲分数（穆斯堡尔分数），它与光子能量、晶格的性质以及环境温度有关。穆斯堡尔参数所提供的物质的微观信息见表 7-5。

表 7-5　穆斯堡尔参数所提供的物质微观信息

穆斯堡尔参数	原子核	与核外环境有关的因子	所提供微观信息
同质异能移	激发态核半径与基态核半径之差	原子核所处的电子密度	化学键、价态和配位基电负性
四极矩劈裂	电四极矩	电场梯度	键的性质、分子和电子的结构
超精细磁场	核磁矩	磁场强度	原子的局域磁矩、磁结构
谱线强度：	γ射线角度	磁矩取向	晶粒和磁矩取向及结构
各子谱面积		共振核数	原子的择优占位状态
无反冲分数	γ射线波长(能量)	晶格振动	晶格特征

4. 穆斯堡尔谱的方法

穆斯堡尔谱法有两种方法（见图 7-59），表述如下。

(1) 透射法　也称共振吸收法，是通过测量透过吸收体的γ射线计数而获得谱线。当吸收体发生共振吸收时，透过计数器最小，形成倒立的吸收峰，在谱线上会出现一个凹谷，即吸收线。透射法实验装置简单且计数率高，很容易获得质量较好的谱图，但样品必须是薄片形状，且有一定的厚度限度。

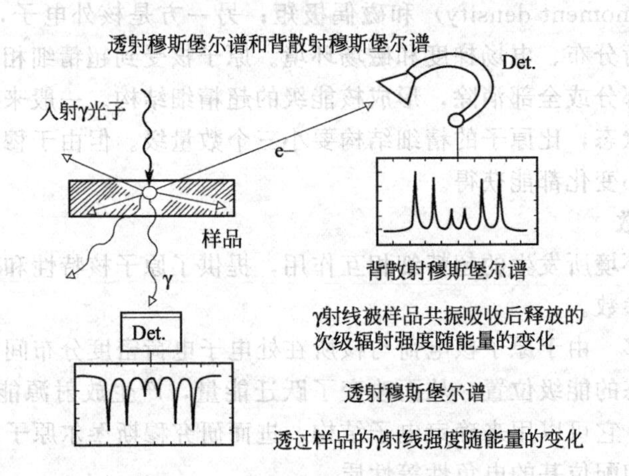

图 7-59 穆斯堡尔谱法的两种方法

(2) 背散射法 也称共振散射法，是通过测量由吸收体散射的 γ 射线计数得到的穆斯堡尔谱线。即吸收体共振吸收所处于激发态，再向基态跃迁时发射出 γ 射线，内转换电子和二次 X 射线到探测器内计数，其谱线是正立的峰。背散谱法对样品没有厚薄要求而且无需制备样品，因而是一种无损测量的方法。

5. 穆斯堡尔谱

穆斯堡尔谱图的横坐标表示 γ 射线的能量刻度，纵坐标是样品对 γ 射线的相对吸收强度，利用多普勒效应对 γ 射线光子的能量进行调制，通过调整 γ 射线辐射源和吸收体之间的相对速度使其发生共振吸收，吸收率（或透射率）与相对速度之间的变化曲线叫做穆斯堡尔谱（图 7-60），一般磁有序物质的穆斯堡尔谱为 6 条吸收线谱线（图 7-61）。

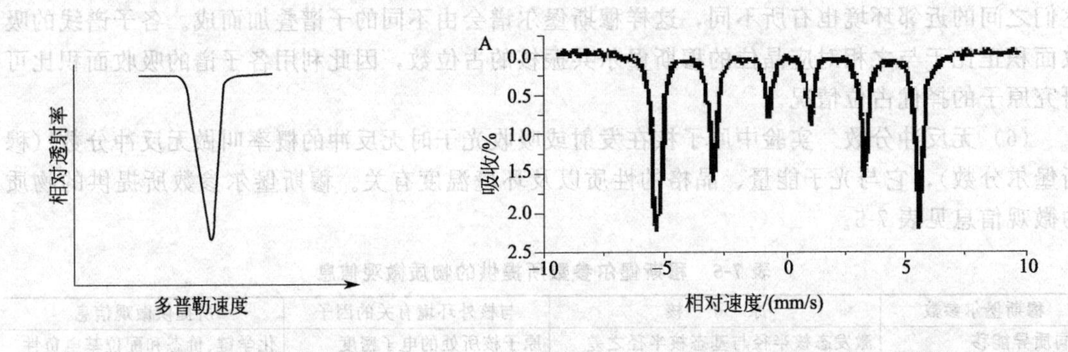

图 7-60 穆斯堡尔谱线的基本形式

图 7-61 以相对速度和透射率之间的变化曲线的 6 条吸收线峰穆斯堡尔谱线图

穆斯堡尔谱线宽度很窄，理想线宽仅为能级自然宽度的两倍，通常这比原子核-核外环境间超精细相互作用引起的核能级的移动和分裂小得多。因此可以直接利用它的高分辨率来测量很小的能量变化、速度变化，使其成为研究穆斯堡尔原子与其周围环境超精细相互作用的有力手段。

三、穆斯堡尔谱法的特点

穆斯堡尔谱法的特点如下。

(1) 穆斯堡尔谱法具有极高的能量分辨能力，对于其共振原子所处的状态及周围环境的微小变化非常灵敏，它和其他谱学比较可见表 7-6。

表 7-6　一些常见谱学手段探测到的能量差

谱　学	对　象	探测能量差/eV
X 射线	内层电子状态	10^3
光电子	电子状态	10
可见-紫外	价电子状态	1
红外-拉曼	振动状态	10^{-1}
核磁共振	磁场中的核自旋状态	10^{-7}
穆斯堡尔	原子核的状态	10^{-8}

(2) 它是一种非破性或很少破坏的分析方法，所需样品量少（100mg），且对其纯度、品价质量要求不高，样品的形态可以是晶体、非晶体、薄膜、固体表层、粉末、颗粒、冷冻溶液等。

(3) 穆斯堡尔谱分析一般须在低温条件下进行。

(4) 穆斯堡尔谱分析抗干扰能力强。

(5) 穆斯堡尔谱法对探测原子具有选择性，因具有穆斯堡尔效应的只有 40 多种元素，所以有局限性。

四、穆斯堡尔谱法的仪器

研究穆斯堡尔效应并测量其能谱的装置称穆斯堡尔谱仪（外观见图 7-62），一般由 γ 射线源、多普勒速度驱动器、吸收体、内转换探测器、前置放大器、样品架、多道分析器、数据采集处理系统、计算机、打印机等部件组成。

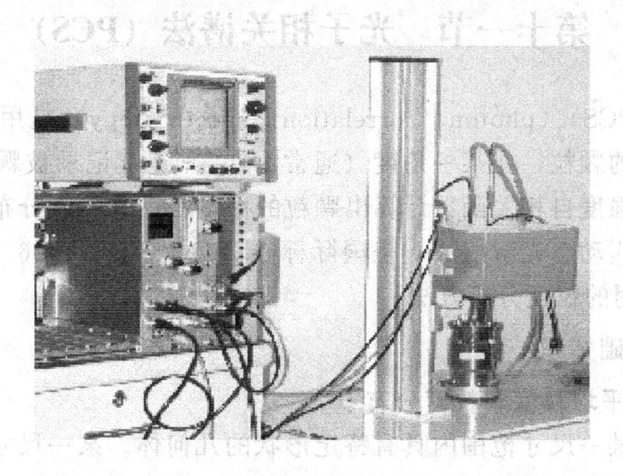

图 7-62　穆斯堡尔谱仪外观图

穆斯堡尔谱仪分为：发射型穆斯堡尔光谱仪；低温发射型穆斯堡尔谱仪；高温穆斯堡尔谱仪；散射型穆斯堡尔光谱系统；超导型穆斯堡尔谱仪。

五、穆斯堡尔谱法在纳米材料表征中的应用

穆斯堡尔谱法对于纳米材料中原子结构的排列、超精细场分布、磁结构、晶位占据和磁弛豫效应等方面，都可以提供极有价值的信息。

1. 纳米 SnO_2 材料的穆斯堡尔谱研究

中国科学技术大学物理系张道元等人撰文介绍，对实验室用水热法制得并经手工研磨的纳米 SnO_2，采用 X 射线衍射、透射电子显微镜和穆斯堡尔谱法测量，表征出半导体 SnO_2 材料为纳米级，获得了该材料的结构特点和 Sn 原子核的超精细参量，并发现 600℃时纳米的 SnO_2 会转变成晶态大颗粒的 SnO_2。

2. Sm-Fe-Ga-C 纳米复合永磁材料的穆斯堡尔研究

中国科学院物理研究所磁学国家重点实验室成昭华撰文，介绍 Sm-Fe-Ga-C 纳米复合永磁材料中剩磁增强现象。在 Sm2（Fe，Ga）17Cx/Fe 纳米复合永磁材料中，当快淬速率为 $v_s=17.5m/s$ 和 18.5m/s 时，在晶界附近出现少量非晶相，发现了非晶相的有“居里温度”增强现象。为深入研究居里温度增强现象，采用穆斯堡尔谱方法并结合分子场理论成功解释了非晶晶界相居里温度增强的机理，实验结果如图 7-63、图 7-64 所示。

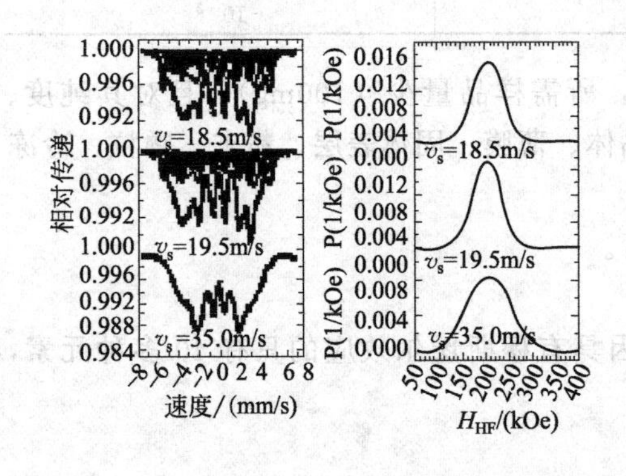

图 7-63 $Sm_2Fe_{15}Ga_2C_2/Fe$ 在不同快淬速率下的穆斯堡尔谱和非晶相的超精细磁场分布

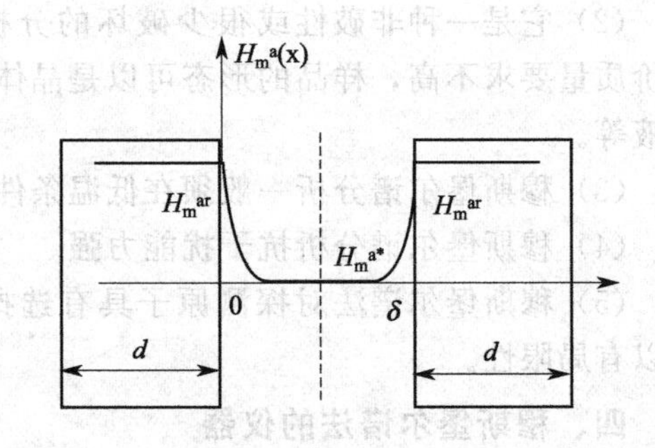

图 7-64 分子场在非晶晶界相内的分布示意图

第十一节 光子相关谱法（PCS）

光子相关谱法（PCS）（photon correlation spectroscopy）是用一单色相干的激光光束照射分散于液体中的颗粒，在某一角度（通常为 90°）连续记录被颗粒散射的光，并传至相关器，应用散射光强度自相关函数计算出颗粒的平均粒度和粒度分布宽度的分析方法[21]。

光子相关谱法也叫动态光散射法，是国际标准 ISO 13321：1996（E）和国家标准 GB/T 19627—2005 所采用的粒度分析方法。

一、PCS 有关基础知识

1. 颗粒、粒度、平均粒度和粒度分布

（1）颗粒 指在某一尺寸范围内具有特定形状的几何体。某一尺寸一般在毫米到纳米之间，颗粒形态可以是固体、雾滴、油珠等。

（2）粒度 指颗粒的尺寸大小。均匀球形颗粒的球直径就是颗粒粒度，对于非球形不规则颗粒粒度，一般采用等效粒径来表示，等效粒径是指当被测颗粒的某种物理特性或物理行为与某一直径的同质球体最相近时，就把该球体的直径作为被测颗粒的等效粒径。等效粒径有以下表述：等效体积径，与实际颗粒体积相同的球的直径；等效沉速径，在相同条件下与实际颗粒沉降速度相同的球的直径；等效电阻径，在相同条件下与实际颗粒产生相同电阻效果的球形颗粒的直径；等效投影面积径，与实际颗粒投影面积相同的球形颗粒的直径。

（3）平均粒度 用统计的方法得到颗粒群的各种粒径后，对粒径分布加权平均，得到一个反映颗粒平均粒度的量，有以下表述：线性平均粒度；重量平均粒度；体积平均粒度；面积平均粒度；个数平均粒度等。

（4）粒度分布 用特定的仪器和方法表示出不同粒径颗粒占颗粒总量的百分数。有区间分布和累计分布两类，区间分布表示一系列粒径区间中颗粒的百分含量；累计分布表示小于

或大于某粒径颗粒的百分含量。粒度分布有以下表述方法：表格法，用表格的方法将粒径区间分布、累计分布一一列出；图形法，在直角标系中用直方图和曲线形式表示，最简单的方法是直方图，即将测量颗粒体系最小至最大粒径范围，划分为若干逐渐增大的粒径分级（粒级），以与它们对应尺寸颗粒出现的频率作图（图 7-65）。函数法，用数学函数表示粒度分布的方法，一般在理论研究时用，如著名的 Rosin-RammLer 分布就是函数分布。

2. 光子及康普顿效应

光子是光线中携带能量的粒子，是全频率的电磁波。一个光子能量的多少与波长相关，波长越短，能量越高。当一个光子被分子吸收时，就有一个电子获得足够的能量从内轨跃迁到外轨，具有电子跃迁的分子就从基态变成了激发态。图 7-66 为光子图。

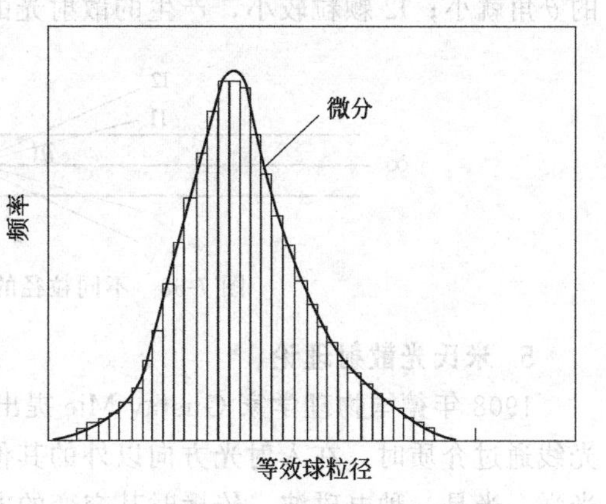

图 7-65　颗粒粒径分布直方图与微分图

1923 年美国物理学家康普顿（Arthur Holly Compton），研究了 X 射线被较轻物质（石墨、石蜡等）散射后光的成分，发现散射谱线中除了有与原波长相同的成分外，还有波长较长的成分，这种散射现象称为康普顿散射或康普顿效应。

图 7-66　光子图

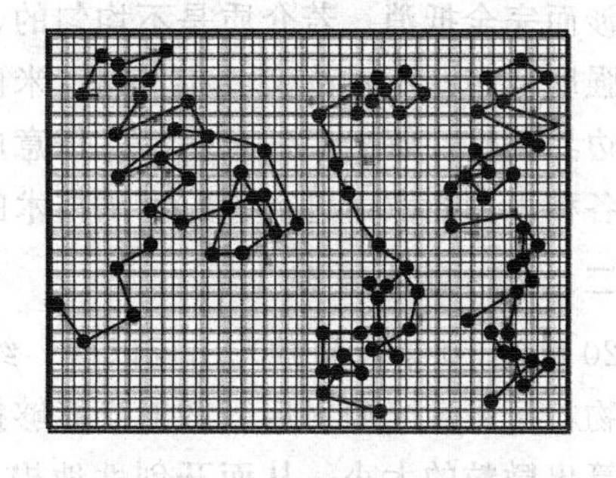

图 7-67　布朗运动示意图

3. 布朗运动

悬浮微粒不停地做无规则运动的现象叫做布朗运动（Brownian movement）。这是 1827 年英国植物学家 R. 布朗（1773～1858）用显微镜观察悬浮在水中的花粉状态时是发现的。后来就把液体中各种不同的悬浮微粒（直径约 10^{-7}～10^{-5}m），在周围液体或气体分子的碰撞下，出现涨落不定无规则运动的现象，称作布朗运动（见图 7-67）。它间接地证实了分子的无规则热运动，也就成为分子运动论和统计力学发展的基础。

4. 光的散射

光束通过不均匀媒质时，部分光束偏离了原来方向而分散传播的现象，叫做光的散射。引起光散射的原因是由于媒质中存在着其他物质微粒，或者媒质本身密度不均匀。理论和实验都证明了光的散射现象与粒径有关，颗粒大引发的散射光的角度小，颗粒小，散射光与基轴间的夹角就大，这些不同角度的散射光通过透镜后，在焦平面上将形成一系列有不同半径的光环，由这些光环组成的明暗交替的光斑中包含着丰富的粒度信息，半径大的光环对应着较小的粒径，半径小的光环对应着较大的粒径，光环的强弱，反映粒径颗粒的数量信息，当在焦平面上放置一系列的光电接收器，将不同粒径颗粒散射的光信号转换成电信号，并传输到计算机中进行系统处理，就可以得到粒度的分布，这是一种静态光散射法；当颗粒小到一定的程度时，颗粒在液体中受布朗运动的影响，呈现一种随机运动中的光散射状态，其运动距离与运动速度与颗粒的大小有关，颗粒的动态散射光信号具有分形特征，通过相关技术来识别和分析计算这些颗粒的运动状态，就可获取颗粒粒径和粒度分布的信息，这就是一种动态光散射法，它主要用来测量纳米材料的粒度和分布。图 7-68 中 I1 大颗粒，产生的散射光的 θ 角就小；I2 颗粒较小，产生的散射光的 θ 角就较大。

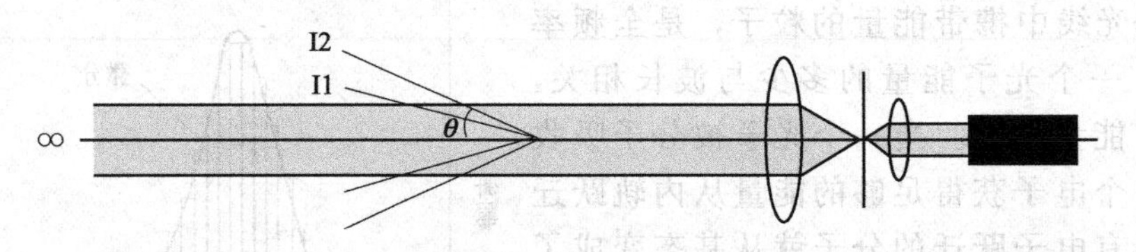

图 7-68　不同粒径的颗粒产生不同角度的散射角

5. 米氏光散射理论

1908 年德国物理学家 Gustav Mie 提出了在介质中的粒子对光散射的米氏理论。当一束光线通过介质时，在入射光方向以外的其他方向上都能观察到光散射现象，并能检测到散射光强，光是一种电磁波，传播时其交变的电磁场与介质中的分子发生相互作用，使分子中的电子发生强迫振动而产生电偶极子，振动着的偶极子是个次波源，它犹如一根天线向各个方向发散电磁波，这就是散射光波。如果介质是完全均匀的，则所有的偶极子的散射光波因相互干涉而完全抵消。若介质是不均匀的，则这些散射光波不会完全抵消，这时所显现的散射光的强度分布既不对称又分布不同。米氏应用经典波动光学理论的麦克斯韦方程组，加上适当的边界条件，解出了任意直径、任意成分的均匀球型粒子的散射光强分布的严格数学解。当前各种采用光散射进行颗粒测试技术的基本原理主要就是基于米氏光散射理论。

二、PCS 基本原理

20 世纪 70 年代初激光出现以后，约翰霍普金斯大学的凯尤曼斯教授，通过发现溶液中悬浮物粒子受激光照射后，散射光能够提供微粒有关布朗运动的定量信息，并且根据这些信息计算出微粒的大小。从而开创性地提出了光子相关光谱的概念和理论，目前 PCS 已发展成为一种高效快速的激光粒度分析技术，其原理是被测样品颗粒以适当的浓度分散于液体介质中，当一束狭窄的单色相干光源，即真空中波长 λ_0（氦-氖激光源 $\lambda_0=632.8$nm）的激光光束，通过产生布朗运动的颗粒时，由于溶液中局部颗粒浓度变化，会出现一定频移的散射光，并在某一固定空间位置（90°）形成干涉，其散射光强度 $I(t)$ 将沿时间轴而涨落，该点光强的时间相关函数的衰减与颗粒粒度大小有一一对应的关系，PCS 就是通过研究光子信号的时间序列的相关函数，来检测获取影响这种变化的颗粒粒径信息。

为了有效地测量不同角度上的散射光的光强，需要运用光学手段对散射光进行处理。如图 7-69 所示，在光束中的适当的位置上放置一个富氏透镜，在该富氏透镜的后焦平面上放置一组多元光电探测器，这样不同角度的散射光通过富氏透镜就会照射到多元光电探测器上，将这些包含粒度分布信息的光信号转换成电信号并传输到电脑中，通过米氏光散射理论专用计算软件对这些信号进行处理，就会准确地得到所测样品的粒径和粒度分布，光子相关光谱法已被证明是一种适于测量微米以下颗粒粒度的有效方法。

三、PCS 分析特点

PCS 分析特点如下。

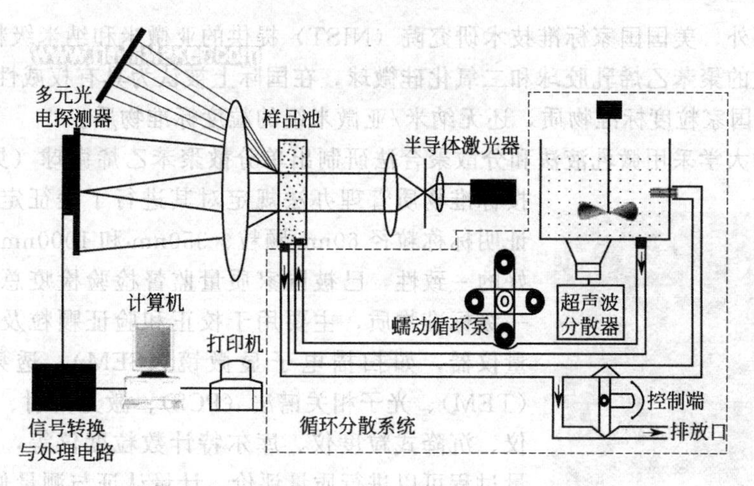

图 7-69　PCS 原理图

(1) PCS 分析粒度测量范围广（1nm～5μm），测定速度快（一般只需 1～1.5 min），自动化程度高，测量重现性好，可以研究分散体系的稳定性。

(2) PCS 分析样品可以是稀溶液，半稀、浓溶液，对于浓度特别高的样品，会因为光线无法正常穿过，而造成散射光强的波动微弱，使系统无法提取有用的信号获得结果。

(3) PCS 测试的样品要进行光学净化，否则样品溶液中的尘粒所强烈散射的光，将掩盖溶液中真正的分子散射。光学净化包括器皿净化和溶液制备净化。

(4) PCS 不适用于颗粒形状不规则、粒度分布宽的样品测定，因为颗粒的状态分散使分析结果误差大。

四、光子相关谱仪

光子相关光谱仪（外形见图 7-70），由以下几部分组成：光源，功率为 30mW 的 He-Ne 激光光源，波长为 632.8nm；起偏器，用于得到垂直偏振光；光阑小孔，排出外界杂散光；聚焦透镜，光束经透镜聚焦后，增强了测量区内的照射光强度，可显著提高信噪比；样品池，采用石英比色皿；光探测器，光子计数专用光电倍增管，其输出是经过信号放大和幅度甄别后的等幅脉冲；数字相关器，进行相关运算；微机，根据相关器得到的自相关函数，按米氏光散射理论公式进行计算，得到颗粒粒径。

图 7-70　光子相关谱仪外形

五、PCS 技术的应用

1. 纳米/亚微米级粒度标准物质的研究

中国石油大学重质油国家重点实验室董鹏等人在《中国粉体工业》2006 年第 6 期上撰

文，介绍了国外，美国国家标准技术研究院（NIST）提供的亚微米和纳米级粒度标准物质，通常是单分散的聚苯乙烯乳胶球和二氧化硅微球，在国际上被认为具有权威性。我国目前只有 2～100μm 国家粒度标准物质，还无纳米/亚微米级的粒度标准物质。

中国石油大学采用微乳液法和分散聚合法研制出单分散聚苯乙烯微球（见图 7-71），并按标准物质管理办法规定对其进行了表征定值，检测结果证明标称粒径 60nm 颗粒、350nm 和 1000nm 的颗粒具有良好的一致性，已被国家质量监督检验检疫总局批准为国家一级标准物质，主要用于校正和验证颗粒及粉体粒径的测量仪器，如扫描电子显微镜（SEM）、透射电子显微镜（TEM）、光子相关谱法（PCS）、激光衍射、激光散射粒度仪、沉降式粒度仪、库尔特计数粒度仪等，从而对颗粒测量过程可以进行质量评价，计量认证与测量仲裁。

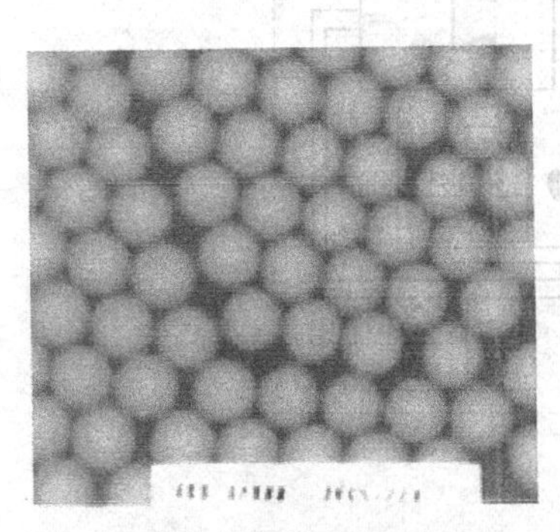

图 7-71 亚微米/纳米级粒度标准物质聚苯乙烯微球

2. 光子相关谱法测定汽车修补漆中的颜料和颜料分散剂

光子相关谱法在油漆涂料领域，可以用来测定着色颜料粒度、添加剂的颗粒大小。各种涂料中的颜料颗粒，其粒度以及形状对于涂料的着色力、遮盖力、成膜能力以及稳定性等性能影响很大。如汽车修补用的金属底色漆是以大分子量的丙烯酸酯树脂或聚酯树脂与醋酸丁酸纤维素为主要基料，施工固体分为 12%～20%，面漆多以聚氨酯-丙烯酸酯为主要基料的色漆，施工固体分在 45%以上，在金属颜料中，要加入不同的纳米级的色母粒，不仅调出不同色调，而且还能随角异色，流平性要非常好，才能使修补的涂层有高光泽和高清晰度。为此选定颜料品种后，颜料粒度大小和分散是制备色母的关键，通常采用光子相关谱法来分析测定纳米颜料粒度，颜料粒度不合适，将会在配色过程中出现发花、浮色、絮凝等现象，这会影响调色的准确性。

不同的颜料有不同的表面活性，需要不同的颜料分散剂进行分散，选择颜料分散剂也要考虑颗粒大小和与基料的混溶性，也多采用光子相关谱法实验严格确定最适用的分散剂的品种和颗粒大小。

第十二节 激光粒度仪

激光粒度仪是专指通过颗粒的衍射或散射光的空间分布（散射谱）来分析颗粒大小的仪器，根据能谱稳定与否分为静态光散射粒度仪和动态光散射激光粒度仪。

静态光散射激光粒度仪，能谱是稳定的空间分布，主要适用于微米级颗粒的测试，经过改进也可将测量下限扩展到几十纳米；动态光散射原理的激光粒度仪，根据颗粒布朗运动的快慢，通过检测某一个或两个散射角的动态光散射信号分析纳米颗粒大小，能谱是随时间高速变化。动态光散射原理的粒度仪仅适用于纳米级颗粒的测试。

一、激光粒度仪基础知识

物理光学告诉我们，颗粒对于入射光的散射服从经典的米氏散射理论，米氏散射理论是麦克斯韦电磁波方程组的严格数学解，因此对于确定粒径，并且具有一定粒度分布的球形颗粒，其散射光在空间的强度分布可以根据米氏光散射理论得到：

$$I(\theta) = K\int_0^{\infty} i(\theta,\alpha,m)f(\alpha)\mathrm{d}\alpha$$

其中，α 为无因次粒径，θ 为散射角，m 是颗粒与介质的相对折射率，$i(\theta, \alpha, m)$ 是光强分布函数，$f(\alpha)$ 是粒径分布，K 为一常系数，$I(\theta)$ 是某角度上的光强。实际上往往将这一积分形式离散化。

$$\begin{bmatrix} E_1 \\ \vdots \\ \vdots \\ \vdots \\ \vdots \\ \vdots \\ E_n \end{bmatrix} = \begin{bmatrix} T_{1,1} & \cdots & \cdots & \cdots & \cdots & \cdots & T_{1,m} \\ \vdots & \ddots & & & & & \vdots \\ \vdots & & \ddots & & & & \vdots \\ \vdots & & & \ddots & & & \vdots \\ \vdots & & & & \ddots & & \vdots \\ \vdots & & & & & \ddots & \vdots \\ T_{1,n} & \cdots & \cdots & \cdots & \cdots & \cdots & T_{n,m} \end{bmatrix} \times \begin{bmatrix} N_1 \\ \vdots \\ \vdots \\ \vdots \\ \vdots \\ \vdots \\ N_m \end{bmatrix}$$

其中 $(E_1, E_2, \cdots, E_n)^r$ 是指在 n 个光能量检测器上测量到的光能量值。$(N_1, N_2, \cdots, N_n)^r$ 是指将整个粒度分布范围离散成 m 个粒级后，各个粒级含有的颗粒个数。而矩阵 $T_{i,j}$ 是指一颗具有 j 粒级的颗粒在第 i 个检测器上的散射光能量。并可简单表示为：$\overline{E}=\overline{TN}$。

在实际测量过程中，因为光能量的分布是可以通过光检测器测量得到的，矩阵 T 也是可以根据光散射理论计算的，所以实际上求解的是上述问题的 Inverse 过程，即：$\overline{N}=T^{-1}E$。

求得各个粒级含有的颗粒个数后，即可得到具体的颗粒大小的分布，因此我们只需测出光能量分布就可求得粒径分布。

二、激光粒度仪基本原理

激光粒度仪是基于光衍射现象而设计的，当颗粒通过激光光束时，颗粒表面会衍射光，而衍射光的角度与颗粒的粒径成反向的变化关系，即大颗粒衍射光的角度小，小颗粒衍射光的角度大，如图 7-72 所示。

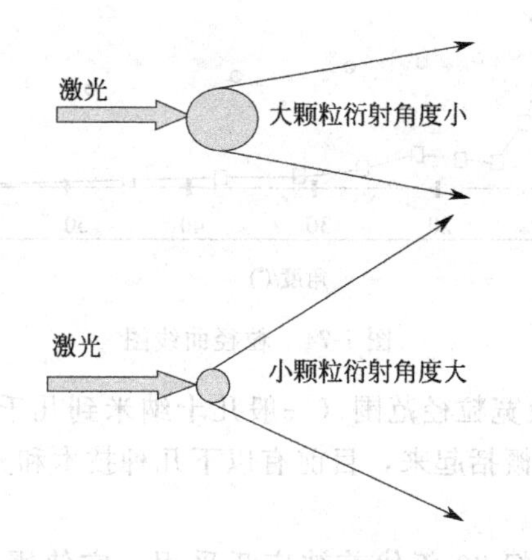

图 7-72　激光衍射光的角度与颗粒粒径关系示意图

不同大小的颗粒在通过激光光束时其衍射光会落在不同的位置，位置信息反映颗粒大小；如果同样大的颗粒通过激光光束时其衍射光会落在相同的位置，即在该位置上的衍射光的强度叠加后就比较高，所以衍射光强度的信息反映出样品中相同大小的颗粒所占的百分比多少，如图 7-73 所示。这样，如果能够同时测量或获得衍射光的位置和强度的信息，就可得到粒度分布的结果。实际上激光衍射法就是采用一系列的光敏检测器来测量未知粒径的颗粒在不同角度（或者说位置）上的衍射光的强度，使用衍射模型，再通过数学反演，然后得到样品颗粒的粒度分布。检测器的排列在仪器出厂时就已根据衍射理论确定，在实际测量时，分布在某个角度（或位置）上的检测器接收到衍射光，说明样品中存在有对应粒径的颗粒。

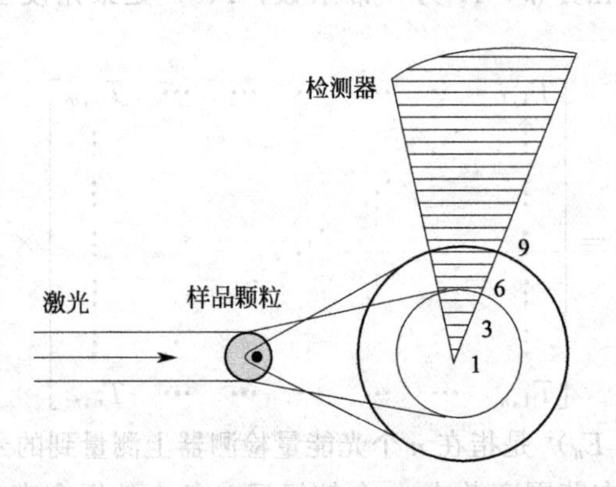

图 7-73　激光衍射光强与粒度含量检测关系示意图

然后再通过该位置的检测器所接收到的衍射光的强度，得到所对应粒径颗粒的百分比含量。但是，颗粒衍射光的强度对角度的依赖性是随着颗粒粒径的变小而降低，如图 7-74 所示。当颗粒小到几百纳米时，其衍射光强对于角度几乎完全失去依赖性，即此时的衍射光会分布在很宽的角度范围内，而且单位面积上的光强很弱，这无疑增加了检测的难度。

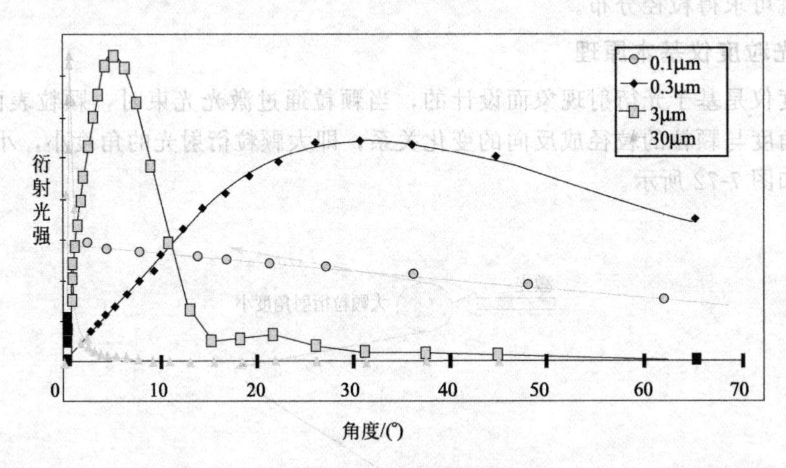

图 7-74　粒径曲线图

如何实现对 1μm 以下及宽粒径范围（一般几十纳米到几千微米）的样品的测量是激光衍射法粒度仪的技术关键。概括起来，目前有以下几种技术和光路配置被采用。

1. 多透镜技术

多透镜系统曾在 20 世纪 80 年代前被广泛采用，它使用傅里叶光路配置即样品池放在聚焦透镜的前方，配有多个不同焦距的透镜以适应不同的粒径范围，如图 7-75 所示，优点是设计简单，只需要分布于几十度范围的焦平面检测器，成本较低。缺点是如果样品粒径范围宽的时候需要更换透镜，不同透镜的结果需要拼合，对一些未知粒径的样品用一个透镜测量时可能会丢失信号或对于由于工艺变化导致的样品粒径变化不能及时反映。

2. 多光源技术

多光源技术也是采用傅里叶光路配置，即样品池在聚焦透镜的前方，一般只有分布于几十度角度范围的检测器，为了增大相对的检测角度，使该检测器能够接收到小颗粒的衍射光

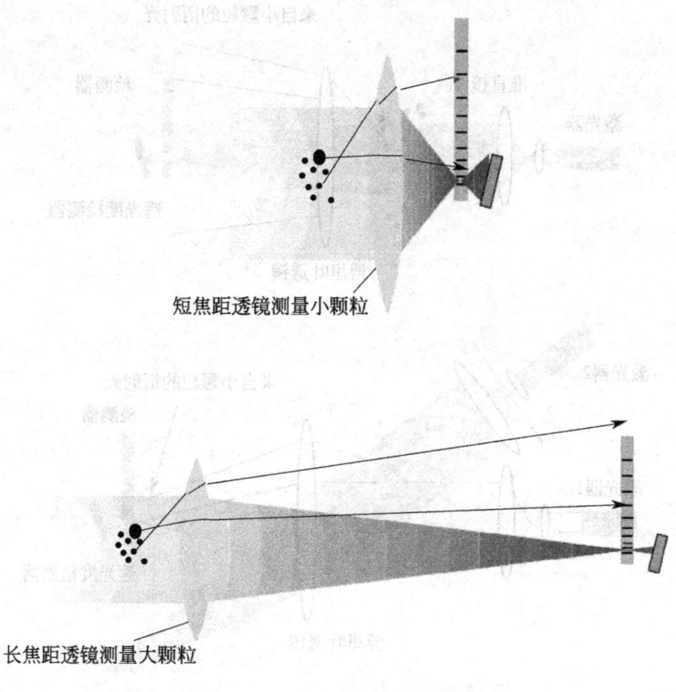

图 7-75　复合多透镜系统示意图

信号，在相对于第一光源光轴的不同角度上再配置第一或第二激光器，如图 7-76 所示。这种技术的优点是只需分布于几十度角度范围的检测器，成本较低，测量范围特别是上限可以比较宽，缺点是分布于小角度范围的小面积检测器。同时也被用于小颗粒测量，由于小颗粒的衍射光在单位面积上的信号弱，导致小颗粒检测时的信噪比降低，这就是为什么多光源系统在测量范围上限超过 1500μm 左右时，若要同时保证几微米以下小颗粒的准确测量，需要更换短焦距的聚焦透镜。另外，多透镜系统在测量样品时，不同的激光器是依次开启，而在干法测量时，由于颗粒只能一次性通过样品池，只有一个光源能被用于测量，所以一般采用多透镜技术的干法测量的粒径下限很难低于 250nm。

3. 多方法混合系统

多方法混合系统指的是将激光衍射法与其他方法混合而设计的粒度仪，激光衍射法部分只采用分布于几十度角度范围的检测器，再辅以其他方法如 PCS 等，一般几微米以上用激光衍射法测量，而几微米以下的颗粒用其他方法测量，理论上讲粒径下限取决于辅助方法的下限，这种方法的优点是成本低，总的测量范围较宽，但因为不同的方法所要求的最佳的测量条件如样品浓度等都不一样，通常难以兼顾。另外由于不同方法间存在的系统误差，在两种方法的数据拟合区域往往较难得到理想的结果，除非测量前已经知道样品粒径只落在衍射法范围内或辅助方法的范围内。另外多方法混合系统需采用两个不同的样品池，这对于湿法测量来讲不是问题，因为样品可以循环，但对干法而言样品只能一次性通过样品池而不能循环，不能用两种方法同时测量，因而多种方法混合系统在干法测量时的粒径下限只能到几百纳米。

4. 非均匀交叉大面积补偿的宽角度检测技术及反傅里叶光路系统

非均匀交叉大面积补偿的宽角度检测及反傅里叶光路系统是 20 世纪 90 年代后期发展起来的技术，采用反傅里叶光路配置即样品池置于聚焦透镜的后面，这样使检测器在极大的角

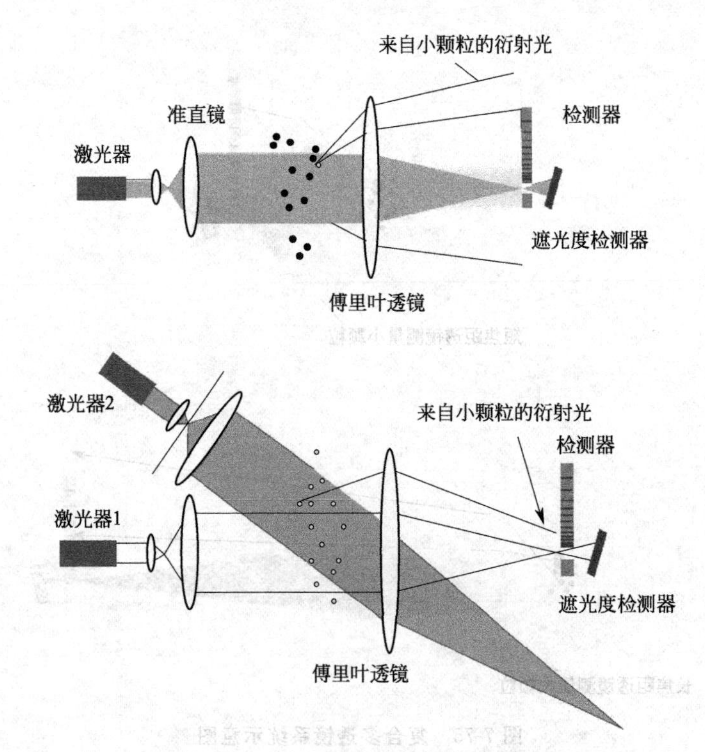

图 7-76　多光源技术光衍射示意图

度范围内排列，一般真正物理检测角度可达 150°，从而使采用单一透镜测量几十纳米至几千微米的样品成为可能，光路示意图如图 7-77 所示，在检测器的设计上采用了非均匀交叉而且随着角度的增大检测器的面积也增大的排列方式，既保证了大颗粒测量时的分辨率也保证了小颗粒检测时的信噪比和灵敏度。无需更换透镜及辅助其他方法就可测量从几十纳米到几千微米的颗粒，即使是干法测量，其下限也可达到 0.1μm。这种方法的缺点是仪器的成本相对于前面的几种方法而言偏高。

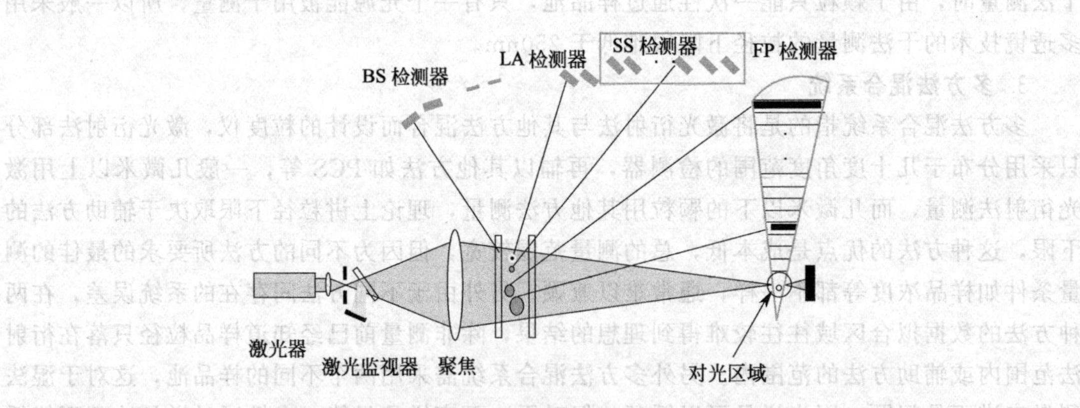

图 7-77　宽角度检测及反傅里叶光路系统光散射图

三、激光粒度仪特点

激光粒度仪特点如下。

(1) 采用湿法分散技术　机械搅拌使样品均匀散开，超声高频震荡使团聚的颗粒充分分散，电磁循环泵使大小颗粒在整个循环系统中均匀分布，从而在根本上保证了宽分布样品测试的准确重复。

（2）输出数据丰富直观　仪器的软件可以在各种计算机视窗平台上运行，具有操作简单直观的特点，不仅对样品进行动态检测，而且具有强大的数据处理与输出功能，用户可以选择和设计最理想的表格和图形输出。

（3）测试操作简便快捷　放入分散介质和被测样品，启动超声发生器使样品充分分散，然后启动循环泵，实际的测试过程只有几秒钟。测试结果以粒度分布数据表、分布曲线、比表面积、D10、D50、D90 等方式显示、打印和记录。

四、激光粒度仪系统分析技术

激光粒度仪由以下几部分组成：激光器、样品池、光电探测器和计算机系统等部分组成[22]，其结构如图 7-78 所示。

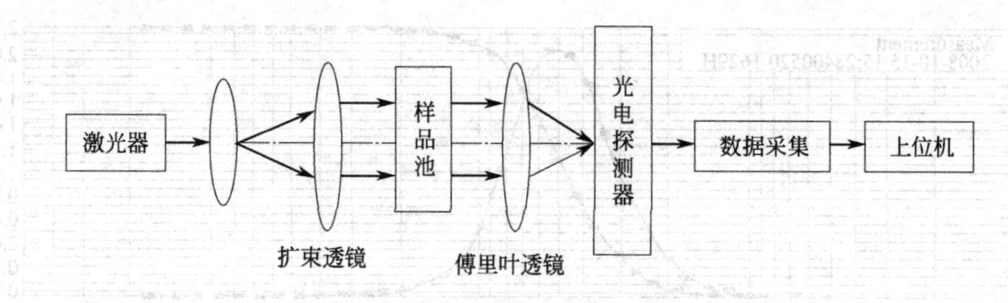

图 7-78　激光粒度仪测量原理图

He-Ne 激光器产生单色相干性极好的激光，经滤波扩束透镜后，得到一个扩展的、照明散射颗粒理想化的光束，激光与分散好的颗粒在样品窗内相互作用而散射形成一定的空间光强分布，设在探测区的 40 单元阵列光电探测器将光信号转变为电信号并送入计算机，按事先编制的程序根据散射理论进行数据处理，把散射谱的空间分布反演为颗粒大小的分布。

五、激光粒度仪在涂料分析测试中的应用

中海油常州涂料化工研究院张永刚等人讨论了两种分散方法分析测试试样时仪器参数的设置原则，并以锌粉的分析测试为例，对两种分散方法的测试结果进行了比较，提出了获得准确粒度分析结果的测试条件[23]。

（1）干分散法测定锌（Zn）粉粒度及粒度分布　测定条件，振动槽频率 70％；压力 0.4MPa；评估法 HRLD；测试时间 10s。选择 R_1、R_3、R_5 镜头分别进行测试，结果如表 7-7。

表 7-7　Zn 粉干分散法测试结果

镜头	R_1	R_3	R_5
$X_{50}/\mu m$	4.89	4.91	4.10
第一通道累计分布含量/％	0.65	0.05	55.61
VMD（体积平均粒径）/μm	5.58	5.53	4.84
C_{opt}（遮光率）/％	8.93	9.02	8.95
累积分布含量为 100％的通道组数	2	8	20
测试图	图 7-79	图 7-80	图 7-81

（2）湿分散法测定锌（Zn）粉粒度及粒度分布　分散介质水；分散剂六偏磷酸钠；搅拌速度 40％；超声分散时间 30s。测试结果见表 7-8。

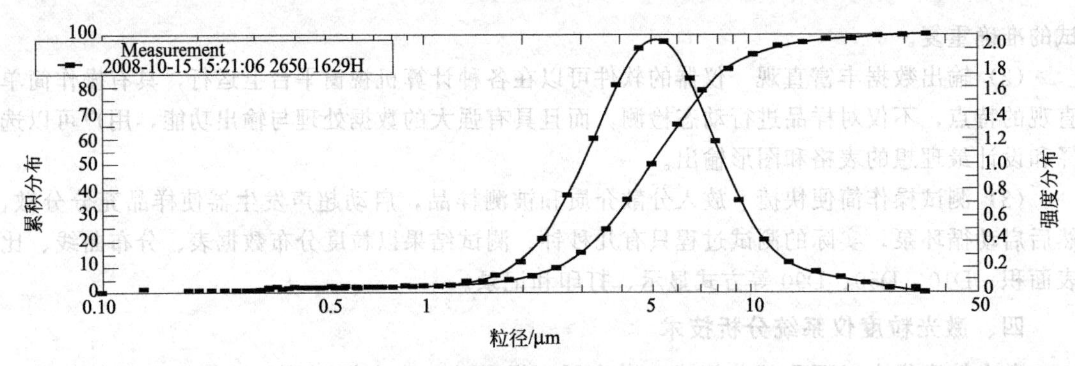

图 7-79　Zn 粉干分散法 R_1 镜头测试图

注：图中左边坐标为累积分布坐标，右边坐标为强度分布坐标。所有曲线图坐标相同。

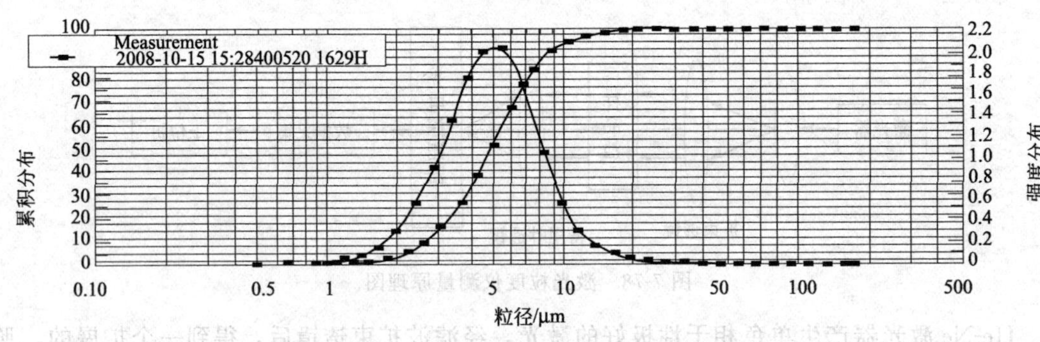

图 7-80　Zn 粉干分散法 R_3 镜头测试图

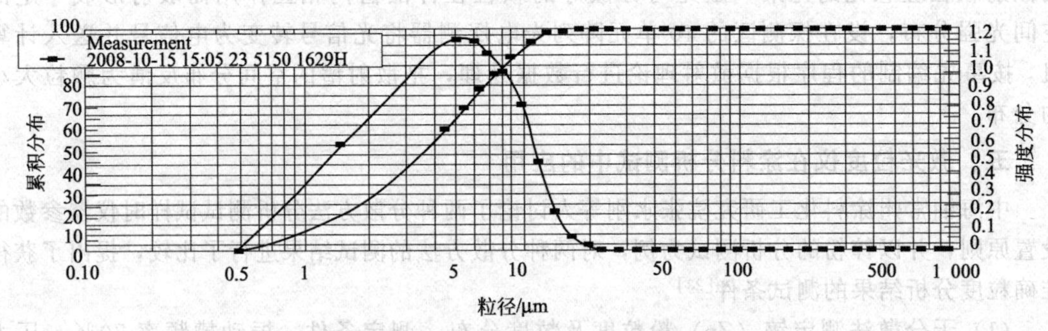

图 7-81　Zn 粉干分散法 R_5 镜头测试图

表 7-8　Zn 粉湿分散法测试结果

镜头	R_1	R_3	R_5
X_{50}/μm	5.31	6.65	5.45
VMD(体积平均粒径)/μm	5.96	7.95	6.00
C_{opt}(遮光率)/%	23.57	22.31	22.41
测试图	图 7-82	图 7-83	图 7-84

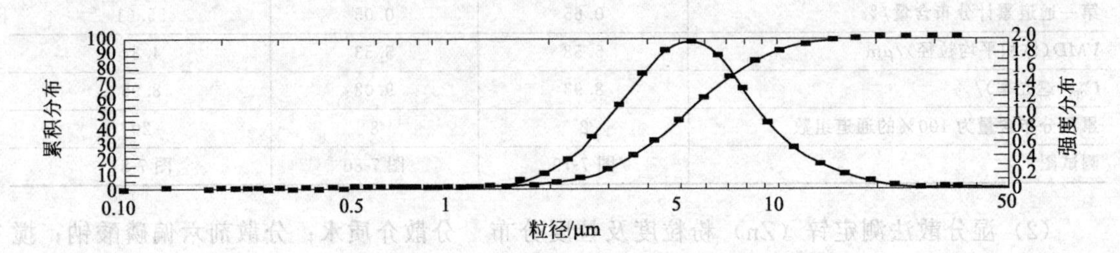

图 7-82　Zn 粉湿分散法 R_1 镜头测试图

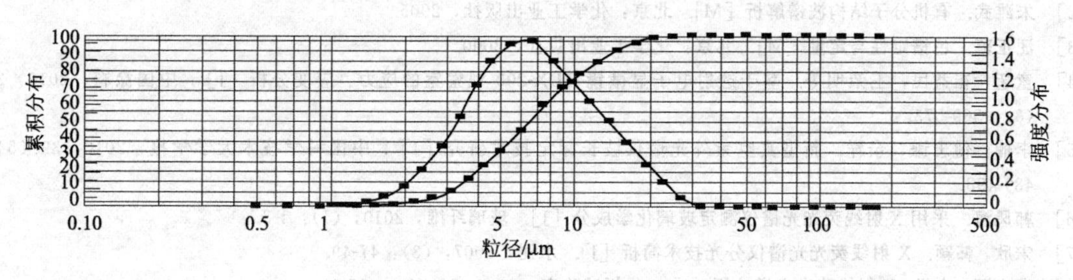

图 7-83 Zn 粉湿分散法 R_3 镜头测试图

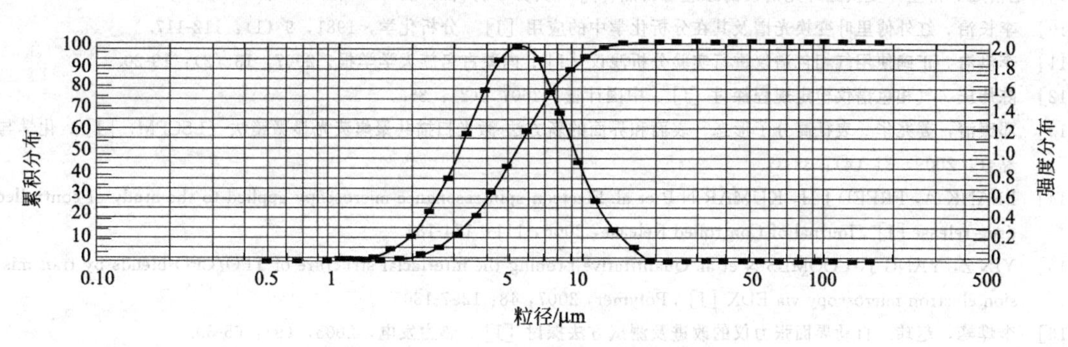

图 7-84 Zn 粉湿分散法 R_5 镜头测试图

思考与练习

1. 常用涂料分析设备有哪些？
2. 简述磁力显微术的概念、原理、测试方法？
3. 解释铁磁质的磁化微观机制？
4. 简述透射电子显微术的概念、工作原理及测试方法？
5. 什么是背散射电子和投射电子？弹性散射和非弹性散射？
6. 请列举 TEM 的几种应用实例？
7. X 射线衍射图谱包含哪些内容，如何进行分析？
8. X 射线衍射的工作原理是什么？
9. X 射线衍射宽化法原理及应用？
10. X 射线小角散射法的原理是什么？如何应用？
11. 拉曼光谱法的用途和特点分别是什么？
12. 拉曼光谱仪的系统组成及测试原理是什么？
13. 简述分子振动的模式？
14. 简述红外吸收光谱的工作原理？
15. 穆斯堡尔效应是指什么？
16. 简述穆斯堡尔谱法的基本原理。
17. 颗粒、粒度、平均粒度和粒度分布分别指什么？
18. 什么是康普顿效应？
19. 简述光子相关谱仪的工作原理？
20. 光子相关谱仪的仪器由哪些部分组成？

参 考 文 献

[1] 翁诗甫．分析仪器使用与维护丛书-傅里叶变换红外光谱仪［M］．北京：化学工业出版社，2005.

[2] 朱濉武. 有机分子结构波谱解析 [M]. 北京：化学工业出版社，2005.
[3] 汪正范. 色谱定性与定量 [M]. 北京：化学工业出版社，2000.
[4] 童超，崔益民，王荣明等. 基于透射电子显微镜 TDX-200 观察室的应力、应变分析 [J]. 中国涂料，2010，29 (6)：569-573.
[5] 李楠，傅忠谦，余洋. 新型真空紫外光谱仪波长标定技术研究 [J]. 中国科学技术大学学报，2010，39 (5)：489-493.
[6] 韩凤海. 采用X射线荧光光谱仪测定玻璃化学成分 [J]. 玻璃纤维，2010，(1)：1-3.
[7] 宋欣，韩颖. X射线荧光光谱仪分光技术简析 [J]. 水泥，2007，(3)：47-49.
[8] 卓尚军，吉昂. X射线荧光光谱分析 [J]. 分析试验室，2003，22 (3)：12-13.
[9] 范松灿. 傅里叶变换红外光谱仪的原理与特点 [J]. 高分子材料研究，2007，(11)：40-41.
[10] 李长治. 红外傅里叶变换光谱及其在分析化学中的应用 [J]. 分析化学，1981，9 (1)：112-117.
[11] 李洪浩. 正确使用气相色谱仪进行实验分析浅议 [J]. 内蒙古名族大学学报，2007，13 (2)：19-20.
[12] 陈炜庆. 气相色谱仪检定规程探讨 [J]. 中国计量，2007，(2)：85.
[13] 邓康清，姜兆华. 表征高分子形态、表面和界面的新方法-激光扫描共聚焦荧光显微镜法 (LSCFM) [J]. 化学与黏合，2009，31 (4)：33-37.
[14] BLANK A，FREED J H，KUMAR N P et al. Electron spin resonance microscopy applied to the study of controlled drug release [J]. Journal of Controlled Release，2006，111：174-184.
[15] YIN Z，YANG J，COOMBS N et al. Quantitative probing the interfacial structure of TPO/CPO blends by transmission electron microscopy via EDX [J]. Polymer，2007，48：1297-1305.
[16] 李烨峰，赵玮. 自动界面张力仪的改进及测试方法探讨 [J]. 热力发电，2003，(9)：65-69.
[17] 陈吉祥，享耳. 磁力显微术 [J]. 光电子技术与信息，1995，(1)：17-18.
[18] 张力群 李浩然. 利用红外光谱和拉曼光谱研究离子液体结构与相互作用的进展 [J]. 物理化学学报，2010，(11)：2877-2889.
[19] Safdar Habibi. Length Change Measurements and Mossbauer Study of Amorphous Metallic Alloy [J]. Journal of Materials Science and Engineering，2010，4 (8)：31-34.
[20] 贺小祥，王兴庆. 纳米粒度测量方法浅析 [J]. 粉末冶金工业，2006，16 (6)：31-36.
[21] 王少清，娄本浊，张军等. 自拍外差混合光子相关谱与微粒粒径测量 [J]. 光电工程，2008，35 (3)：44-47.
[22] 潘为刚，肖海荣. 全自动激光粒度仪的研制 [J]. 微计算机信息，2008，24 (7)，185-186.
[23] 张永刚，黄宁，周湘玲等. 激光粒度仪在涂料分析测试中的应用 [J]. 中国涂料，2009，24 (7)，31-35.